GERD KRÜSSMANN · DIE NADELGEHÖLZE · 3. AUFLAGE

DIE NADELGEHÖLZE

Eine Nadelholzkunde für die Praxis

Von Dr. h. c. GERD KRÜSSMANN
Dendrologe und ehem. Direktor des Botanischen Gartens in Dortmund

Dritte, neubearbeitete Auflage

1244 Gehölzbeschreibungen
mit 328 Abbildungen im Text und auf 8 Farbtafeln

1979

VERLAG PAUL PAREY · BERLIN UND HAMBURG

1. Auflage 1955

2. Auflage 1960

CIP-Kurztitelaufnahme der Deutschen Bibliothek

Krüssmann, Gerd:

Die Nadelgehölze : e. Nadelholzkunde für d. Praxis / von Gerd Krüssmann. — 3., neubearb. Aufl. — Berlin, Hamburg : Parey, 1979.
ISBN 3-489-60222-6

Einband- und Schutzumschlaggestaltung: Christian Honig, Neuwied am Rhein

 Anschriften: Lindenstraße 44—47, D-1000 Berlin 61; Spitalerstraße 12, D-2000 Hamburg 1. Printed in Germany by Vereinigte Druckereien Chmielorz & A. W. Hayn's Erben GmbH, 1000 Berlin 44. Buchbinderei: Lüderitz & Bauer, 1000 Berlin 61.

ISBN 3-489-60222-6

„Arborum reges Coniferae“

Vorwort zur dritten Auflage

Diese Neuauflage erscheint erst 18 Jahre nach der zweiten Auflage; das liegt daran, daß in der Zwischenzeit mein „Handbuch der Nadelgehölze“ (1970—1972) herausgegeben wurde. Da das „Handbuch“ nicht nur im deutschsprachigen Raum, sondern auch weithin im Ausland eine erfreulich gute Aufnahme fand, war es zunächst nicht erforderlich, an eine Neuauflage des kleineren Buches zu denken. Seither war ich jedoch zweimal in Nordamerika, in Ostasien, Nord- und Südafrika sowie ungezählte Male in den wichtigsten europäischen Ländern. Hier fand ich im Laufe dieser wenigen Jahre rund 200 Arten und Formen von Koniferen, die in meinem „Handbuch“ noch nicht beschrieben sind. Nahezu alle diese Nadelgehölze sind bei uns winterhart und auch in Baumschulvermehrung. Was liegt deshalb näher, als diese Koniferen in der vorliegenden Neuauflage vorzustellen; sie sind mit einem ■ hinter der Beschreibung markiert. Es ist dies nun keineswegs ein Trick von mir, dem kleinen Buch neben dem „Handbuch“ etwas Beachtung zu verschaffen, nein, die Neuauflage sollte eigentlich nur das Sortiment behandeln, das in den Baumschulen (allerdings nicht nur der Bundesrepublik) in Kultur ist. Daß so viele neue, teilweise in der Literatur bisher noch nie beschriebene Formen behandelt werden, ist in erster Linie das Ergebnis meiner Reisen.

Es ist aber auch sonst noch einiges verändert: Der Satz ist jetzt zweispaltig, sehr viele neue Fotos, auch 8 Farbtafeln, sind hinzugekommen, die subtropischen und tropischen Koniferen wurden auf jene beschränkt, denen man im Mittelmeerraum nicht selten begegnet. Bei Gattungen mit vielen Cultivaren sind deren Namen in Übersichten zusammengestellt, damit man die Zugehörigkeit zu den einzelnen Arten rasch feststellen kann. Die Bezeichnung des Gartenwertes wurde aus der letzten Auflage übernommen und etwas ergänzt; sie fußt teilweise auf früher veröffentlichten Ergebnissen von Sortimentsprüfungen im In- und Ausland, teils sind es meine eigenen Ansichten. Soweit die behandelten Arten und Cultivare nicht abgebildet sind, werden Abbildungen im „Handbuch“ nachgewiesen; auf Bildnachweise in sonstiger Literatur wurde hier verzichtet, weil das Buch in erster Linie für den Praktiker bestimmt ist, dem die weitere Literatur nur selten zugänglich sein dürfte.

Für die Hilfe, die mir bei der Bearbeitung dieser Neuauflage von vielen Seiten zuteil wurde, habe ich mich herzlich zu bedanken. Im Arnold Arboretum, Morton Arboretum und im U.S. National Arboretum habe ich sehr viel Neues sehen können, vor allem in dem letzteren, wo sich die berühmte Gotelli-Sammlung (Zwerg-Koniferen) befindet, und im Morton Arboretum, das eine sehr umfangreiche *Juniperus*-Sammlung besitzt. In Deutschland muß ich mich bedanken bei J. D. zu Jeddeloh, der die größte Sammlung von *Pinus*-Arten und -Formen in Deutschland (vielleicht in Europa) besitzt, und bei Günther Horstmann, Schneverdingen, der eine einmalige Sammlung von Hexenbesen zusammengetragen und in Vermehrung genommen hat. Im Proeftuin in Boskoop, den ich regelmäßig besuche, ist alles zu sehen, was es in den holländischen Baumschulen Neues gibt, und das international Neueste findet man stets auch bei Minier in Angers, Frankreich.

Der Verlag Paul Parey hat, wie stets, meinen Vorschlägen bereitwillig zugestimmt, insbesondere den eingangs erwähnten Änderungen; und er hat meinem Wunsche entsprochen, zahlreiche neue Abbildungen sowie acht Farbtafeln aufzunehmen. Dafür herzlichen Dank.

Bad Salzuflen, Herbst 1978 GERD KRÜSSMANN

Inhalt

Erläuterungen der benutzten Symbole und Abkürzungen

Symbole für den Gartenwert der Nadelgehölze

Die nun schon seit vielen Jahren wohlbekannten „Sterne“ sind unverändert aus der vorigen Auflage übernommen. Sie waren von den Mitgliedern der seinerzeitigen „Arbeitsgemeinschaft für die Selektion und Züchtung von Ziergehölzen und Rosen“, deren Federführender der Verfasser war, bei der ersten Fassung des Buches gegeben worden und stellen daher die Meinung der beteiligten Personen dar. Sie dürfen also lediglich als Empfehlungen angesehen werden. Berücksichtigt wurden auch die Ergebnisse der Sortimentssichtungen in Boskoop, da diese auch für uns von Bedeutung sind. Es bedeuten (Gartenwert):

für den allgemeinen Anbau zu empfehlen

- ✶ gut (232mal genannt)
- ✶✶ sehr gut (127mal genannt)
- ✶✶✶ vorzüglich (25mal genannt)

für Liebhaber

- Ⓢ Spezialsorte (43mal genannt)

Botanische Zeichen und Abkürzungen

♂	männlich
♀	weiblich
×	Hybride
cv.	Cultivar (Schreibweise der Namen von Cultivaren zwischen Einzelanführungszeichen, z. B. ‘Rheingold’, ‘Pumila’)
f.	forma — Form
var.	varietas — Varietät

Hinweise auf Abbildungen im „Handbuch der Nadelgehölze“

Pflanzen, welche im vorliegenden Buch nicht dargestellt sind, wohl aber im „Handbuch der Nadelgehölze“ (Verlag Paul Parey, Berlin 1972), hier abgekürzt „KHN“, sind mit einem Hinweis versehen.

Beispiele: KHN 86 = Abb. 86 im Handbuch
KHN Taf. 90 = Tafel 90 im Handbuch

Erstbeschreibungen

Eine beträchtliche Anzahl von Gartenformen sind im vorliegenden Buch zum ersten Male beschrieben und im „Handbuch der Nadelgehölze“ noch nicht behandelt. Diese Formen und Cultivare sind am Schluß der Beschreibungen mit einem ■ versehen. Insgesamt sind es 182 neue Formen, die dem Verfasser in den 7 Jahren seit dem Erscheinen des „Handbuches“ bekannt wurden.

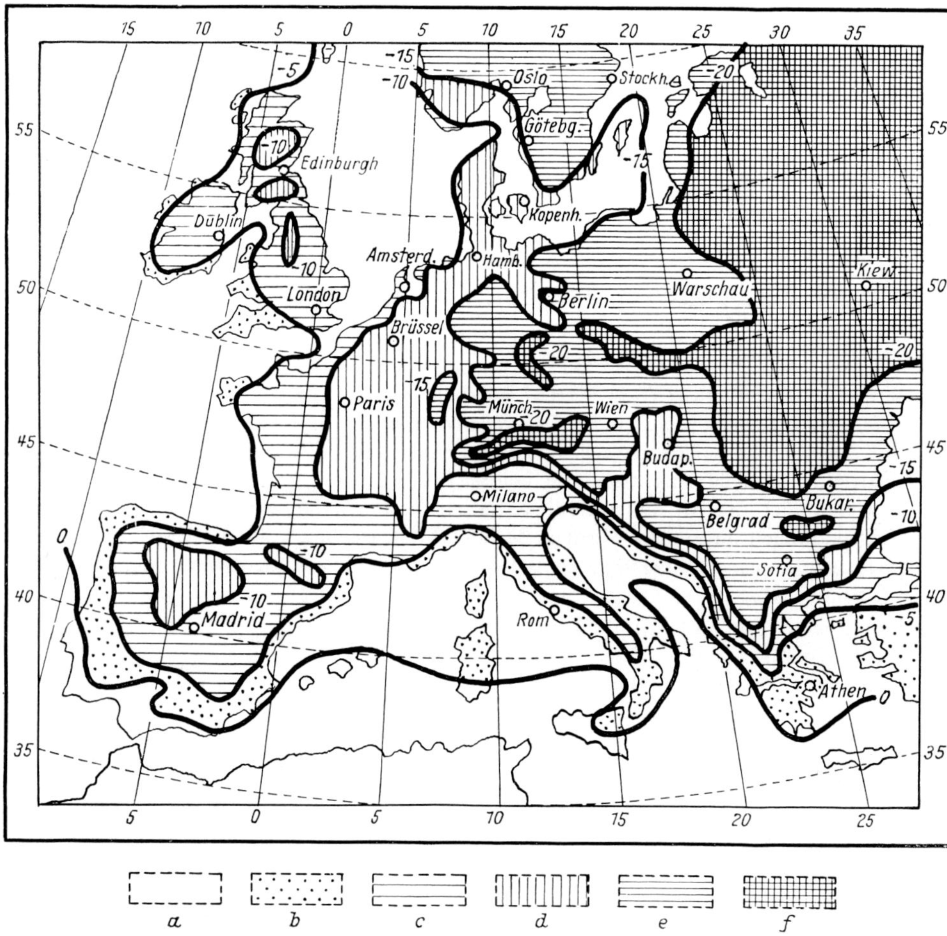

Abb. 1. Mittlere Jahresminimum-Temperaturen
(nach Köppen-Geiger, Handbuch der Klimatologie, Bd. III, Teil M, umgezeichnet und ergänzt)

Obige Karte soll dem Benutzer des Buches folgende Übersichten vermitteln:

1. den Geltungsbereich des Buches; es werden die Gehölze behandelt, welche in den Zonen c bis f winterhart sind, ausnahmsweise auch solche Gehölze, welche nur für die Zone b in Frage kommen.
2. Zonen mit den mittleren Jahresminimum-Temperaturen, dargestellt durch Isothermen von 5 zu 5 °C.
3. Winterhärte-Angaben. Die im Text angegebenen Zeichen für die Winterhärte fußen auf dieser Karte. Es bedeuten:

keine Angaben = in Zone e—d winterhart, in Zone f wahrscheinlich für manche Gehölze Winterschutz erforderlich;

∧ = in Zone d—c winterhart, in Zone e bereits Winterschutz;

∧∧ = in Zone c—b winterhart, in Zone d Winterschutz, in Zone e Kalthausüberwinterung;

∧∧∧ = in Zone b winterhart, in Zone c Winterschutz, in Zone d und e Kalthausüberwinterung;

(MM) = nur in der Zone a—b schutzlos winterhart, in den übrigen Zonen meist Überwinterung unter Glas notwendig (MM = Mittelmeerklima).

Alle Winterhärte-Angaben gelten nur als Anhalt. Es kann darauf hingewiesen werden, daß das Kleinklima mancher Gebiete innerhalb einer Zone von den angegebenen Werten beträchtlich nach unten oder oben abweichen kann. Geschützte Lagen in Wäldern, an Südhängen oder in Städten usw. bieten bei sachkundiger Pflege oft die Möglichkeit, Gehölze noch in einer Zone zu pflanzen, deren Temperatur im allgemeinen für diese zu kalt wäre.

Über die Namen der Pflanzen

Über die richtige Bezeichnung der Pflanzen mit wissenschaftlichen Namen gibt es internationale Regeln, die im „Internationalen Code der Botanischen Nomenklatur" (Deutsche Ausgabe Berlin 1954) verankert sind. Die Benutzer dieses Buches sollten sich wenigstens in groben Zügen mit den wichtigsten Regeln für die Nomenklatur der Pflanzen, insbesondere auch der Gartenformen (Cultivare) vertraut machen.

Allgemeine Gesichtspunkte und leitende Grundsätze

Die wesentlichen Absichten der Nomenklatur sind:

1. Beständigkeit der Namen anzustreben.
2. Formen und Namen, die zu Irrtümern oder falschen Deutungen Anlaß geben oder Verwirrung in der Wissenschaft anrichten können, zu vermeiden oder zu verwerfen. Namen, die einer Regel widersprechen, können nicht beibehalten werden.
3. Sonstige Gesichtspunkte, wie völlige grammatikalische Richtigkeit oder Wohlklang der Namen, mehr oder weniger allgemein verbreiteter Gebrauch (z.B. *Pinus montana, Picea excelsa, Pseudotsuga douglasii* usw.), Rücksicht auf Personen usw. sind trotz ihrer unbestreitbaren Wichtigkeit von verhältnismäßig nebensächlicher Bedeutung.

Priorität

Jede Ordnung oder jedes Taxon von niedrigerer Rangstufe mit bestimmter Umgrenzung, Stellung und Rangstufe hat nur einen einzigen korrekten Namen.
Der korrekte Name ist der älteste regelmäßige (legitime), der auf derselben Rangstufe gültig veröffentlicht wurde. Der Name eines Taxons kann daher keinen Anspruch auf Anerkennung durch die Botaniker haben, wenn er nicht gültig veröffentlicht ist. Als Ausgangspunkt wird das Datum einer gültigen Veröffentlichung angesehen, in diesem Falle der 1. Mai 1753 (LINNÉ, Species Plantarum, ed. 1).

Internationale Regeln für die Nomenklatur der Kulturpflanzen

Der „Internationale Code der Botanischen Nomenklatur" gilt sowohl für den Gebrauch der wissenschaftlichen Namen bei Wild- wie auch Kulturpflanzen. Für letztere gibt es jedoch einige wichtige Ergänzungen:

Cultivar ist ein internationaler Ausdruck und ist gleichbedeutend mit dem deutschen Wort „Sorte", „variety" (englisch), „variété" (französisch), „razza" (italienisch), „ras" (niederländisch), „sort" in skandinavischen Sprachen und Russisch.

Bildung von Namen für Cultivare. Vom 1. Januar 1959 an müssen die Cultivare Fantasienamen tragen, d. h. sie müssen von wissenschaftlichen Namen in lateinischer Form deutlich verschieden sein. Das bedeutet aber nicht, daß lateinische Cultivar-Namen, die vor dem 1. Januar 1959 veröffentlicht wurden, nun verworfen werden müßten, weil sie lateinisch sind; sie müssen aber deutlich als Sortennamen gekennzeichnet werden, insbesondere dann, wenn sie unmittelbar an einen wissenschaftlichen Namen anschließen. Dies geschieht in einfacher und klarer Weise durch Vorsetzen der Abkürzung „cv." (= Cultivar) oder aber durch Einschließen des Sortennamens in Einzel-Anführungsstriche und Großschreibung.

Beispiele: *Picea abies* cv. Nidiformis oder *Picea abies* 'Nidiformis'

Es ist wünschenswert, daß der Cultivar-Name möglichst nur aus einem einzigen Wort oder zwei Wörtern besteht, jedenfalls darf er nicht länger sein als drei Wörter.

Beispiele: *Thuja occidentalis* 'Columbia'; *Thuja occidentalis* 'Silver Queen';
Thuja occidentalis 'Cloth of Gold'

Veröffentlichung der Cultivar-Namen. Damit der Name als gültig veröffentlicht gilt, muß er mit einer genügend ausführlichen Beschreibung über die botanische Zugehörigkeit, Unterschied gegenüber ähnlichen Sorten, besondere Merkmale, geschichtliche Daten, Abstammung, Name des Züchters oder Einführers in einer Druckschrift (Zeitschrift usw.), möglichst mit einer Abbildung, in einer modernen Sprache (möglichst Englisch, Französisch, Deutsch, Russisch oder Spanisch) veröffentlicht werden. Dem Namen wird keine Autorenbezeichnung beigefügt, da diese ausschließlich den wissenschaftlichen Pflanzennamen für Wildpflanzen vorbehalten ist. Der Name des Züchters wird, sofern bekannt, an den Cultivar-Namen in einer Klammer angehängt; es muß ausdrücklich betont werden, daß es sich bei diesen Namen also immer nur um die Züchternamen handelt und nicht etwa um Autorenbezeichnungen.

Beispiele: *Juniperus chinensis* 'Blue Tower' (Grootendorst)
Thuja occidentalis 'Columna' (Späth)
Taxus baccata 'Silver Green' (W. B. Clarke)

Für eine Reihe von Pflanzen sind Registrierungs-Stellen eingerichtet worden. Für Koniferen besteht eine solche Stelle noch nicht.

Lit. International Code of Nomenclature for cultivated Plants. Utrecht 1958 (28 Seiten).

Einführung in die Terminologie

Unter Nadelgehölzen im landläufigen Sinne versteht man alle nacktsamigen Bäume und Sträucher, besser gesagt, die Koniferen, *Taxus*-Gewächse, *Ephedra* und *Ginkgo*. Die Bezeichnung „Nadelgehölze" kann deshalb nur als ein ungenauer, volkstümlicher Begriff angesehen werden. Die Wissenschaft bezeichnet diese Pflanzen als Gymnospermen oder Nacktsamer, weil ihre Samen im Gegensatz zu den Angiospermen nicht in einem Fruchtknoten liegen, sondern frei. Die Bezeichnung Koniferen (deutsch „Zapfenträger") umfaßt nur einen Teil der Gymnospermen, ohne Taxales, *Ephedra* und *Ginkgo*.

Ebenso wie die Laubgehölze haben auch die Nadelgehölze Wurzel, Stamm, Blätter, Blüten und Früchte; diese Teile sind jedoch nicht so verschiedenförmig ausgebildet wie bei den Laubgehölzen. Es ist jedoch ratsam, die zur Beschreibung verwendeten Fachausdrücke vorher zu studieren, weil manche von ihnen mitunter anscheinend gleichbedeutend sind, in Wirklichkeit aber doch feine, wichtige Unterschiede bezeichnen.

1. WURZEL

Die Wurzel spielt bei der Beschreibung der Nadelgehölze keine Rolle; interessant sind jedoch die bei *Taxodium* auftretenden Bildungen an den Wurzeln, die sogenannten Atemknie, die sich vor allem bei Stand in Sumpfböden entwickeln und dort bis 1 m hoch werden können. Diese Atemknie sind innen hohl und stellen Durchlüftungsvorrichtungen des Baumes dar.
Eine weitere merkwürdige Erscheinung tritt bei *Ginkgo biloba* auf. An der Unterseite der Äste sehr alter Bäume findet man gelegentlich stalaktitartige Holzwucherungen, wegen ihrer Blattlosigkeit Luftwurzeln nicht unähnlich. In Deutschland ist diese Erscheinung erst wenig beobachtet worden (Esser[1]), in Japan jedoch, wo sie als „Tschitschi" bezeichnet wird, häufiger.

[1] Esser, Ausbildung der Tschitschi an einem Ginkgobaum im Schloßpark Dyck. MD **40**, 121—126, 1928 (m. Abb.).

2. STAMM

Der Stamm wächst aufrecht, er ist stets holzig; an seiner Basis entspringen mitunter einige Nebenstämme. Sind die Nebenstämme nur dünn und erreichen sie nur eine verhältnismäßig geringe Höhe, so spricht man von einem Strauch, während Bäume in der Regel einstämmig sind, gelegentlich auch mehrere starke, hohe Nebenstämme ausbilden.

Die **Krone** ist der obere, beastete Teil des Baumes; sie wird gebildet aus Ästen (stärkeren, älteren Nebenstammen im oberen Teil des Baumes) und Zweigen (ein- und zweijährigen Trieben). Die jüngsten diesjährigen Triebe bezeichnet man auch als Zweiglein.

Krone und Stamm geben dem Baum seine besondere Tracht, seinen **Habitus.** Bei den Nadelgehölzen herrschen folgende Formen vor:

regelmäßige Formen:

kegelförmig (conicus, pyramidalis, fastigiatus)	vor allem bei *Picea, Abies, Pinus* u. a. (Die Bezeichnung „pyramidal" wird in diesem Buch kaum verwendet, weil zum Begriff der Pyramide eine vieleckige Grundfläche gehört, auf der ebenso viele, an den Kanten zusammenstoßende Dreiecke mit einer gemeinsamen Spitze stehen; es ist besser, von einer Kegelform, mit kreisrunder Grundfläche, zu sprechen.)
säulenförmig (columnaris)	dadurch entstehend, daß die Äste dem Stamm entweder alle ganz dicht angedrückt sind oder aber abstehend und sehr kurz, dabei aber gleich oder fast gleich lang;
rundlich (globosus)	d. h. kugelförmig oder
eiförmig (ovatus)	
unregelmäßige Formen:	Äste verschieden lang und nach verschiedenen Richtungen abstehend, auch sparrig (divaricatus) oder hängend (pendulus) oder, kurz gesagt, strauchig, wenn ein Hauptstamm fehlt.

a) **Wuchsrichtung** des Stammes

aufrecht (erectus)	senkrecht nach oben wachsend;
straff aufrecht (strictus)	sämtliche Zweige auffallend senkrecht nach oben strebend;
gerade (rectus)	d. h. gerade, im Gegensatz zu gebogen;
übergebogen (cernuus)	aufrecht wachsend, Spitze gebogen, zum Horizont zeigend;
überhängend (nutans)	aufrecht wachsend, Spitze gebogen, zur Erde zeigend;
niedergebogen (declinatus)	zuerst aufrecht, dann in großem Bogen zur Erde gebogen;
hängend (pendulus)	entweder Stamm ganz senkrecht und Äste dann schlaff nach unten hängend oder Stamm schräg aufwärts wachsend und Äste dabei mähnen- oder peitschenartig schlaff herabhängend;
aufsteigend (ascendens)	nur anfangs dem Boden aufliegend, dann aufrecht wachsend;
niederliegend (procumbens) niedergestreckt (prostratus) bodengestreckt (humifusus)	Zweige dem Boden flach aufliegend, nicht aufgerichtet, bei den Formen von *Picea abies* mitunter in dichten Lagen stapelförmig übereinandergepackt;
liegend (decumbens)	Zweige der Länge nach dem Boden aufliegend, Spitzen bogig nach oben gerichtet, ohne Wurzelbildung;
kriechend (repens, reptans)	Zweige dem Boden aufliegend, dabei Wurzeln bildend;
gedreht (tortus, tortuosus)	Stamm und Zweige mehr oder weniger wirr gedreht.

b) **Oberfläche** des Stammes und der Äste

glatt (laevis)	soviel wie ohne Vertiefungen;
kahl (glaber)	soviel wie unbehaart und auch ohne Harz;
harzig (resinosus)	entweder mit Harzüberzug oder aber mit Harzbeulen am Stamm, wie bei *Abies, Pseudotsuga*;
gefurcht (sulcatus)	Furchen zwischen den Blattpolstern;

gestreift (striatus)	mit mikroskopisch feinen Längslinien;
bereift (pruinosus)	mit feinem Wachsüberzug wie bei manchen *Pinus*-Arten. *Juniperus* u. a.

c) Borke

Hier finden wir beträchtliche Unterschiede, mitunter innerhalb einer Art; die Borke ist die derbe, vieljährige Rinde, die in der Regel im Alter von tiefen Rissen durchzogen ist (*Pinus*) oder in Schuppen abblättert (*Picea*), korkartig (*Abies arizonica*) oder schwammig und sehr dick ist (*Sequoia*), oder birkenartig abblättert (*Abies squamata*). Auch die Färbung der Borke spielt eine Rolle; sind es in der Regel nur braune oder graue Farbtöne, so findet man aber auch herrliche Muster darunter, z. B. bei *Pinus bungeana* (Weiß mit Braun und Grau).

d) Stellung der Äste

wechselständig (alternans)	allgemein als Gegensatz zu gegenständig;
gegenständig (oppositus)	wie bei *Metasequoia*;
quirlig (verticillatus)	Zweige sternförmig von einer Stelle am Stamm sich ausbreitend;
schraubig (spiralis)	Zweige spiralig um den Stamm gestellt, in der Regel in mehreren Reihen.

Neben diesen allgemeinen Stellungen können die Äste noch waagerecht stehen oder hängend oder ansteigend oder bogig oder tellerförmig (d. h. in etagenartig angeordneten Quirlen mit mehr oder weniger großem Zwischenraum, wie bei *Araucaria*, einigen Formen von *Picea pungens* usw.).

e) Merkmale der Zweige

Manche Merkmale der Zweige treten auch schon bei den Ästen auf und brauchen hier nicht wiederholt zu werden; andere hingegen sind bei den Ästen nicht so ausgeprägt.

Man unterscheidet zunächst bei manchen Gattungen Langtriebe und Kurztriebe (*Cedrus*, *Larix*), bei denen die Blätter nicht nur eine andere Stellung, sondern auch ein anderes Aussehen haben.

Sie sind mitunter gegliedert (*Libocedrus*) oder deutlich eingeschnürt (*Pseudolarix*) oder sehr stark und fein verästelt (*Callitris*) oder fächerförmig und muschelförmig (manche Formen von *Chamaecyparis obtusa* und *C. pisifera*) oder kraus oder monströs (*Cryptomeria, Thuja, Chamaecyparis*) oder fadenförmig.

Die Zweiglein stehen nicht immer in einer waagerechten Ebene geordnet, sondern können auch senkrecht ausgerichtet sein, wie bei *Thuja orientalis* und ihren Formen.

Während im allgemeinen der Querschnitt der Zweige kreisrund ist, kann er aber auch abgeflacht, kantig oder ausgeprägt 2seitig sein, z. B. bei den Cupressaceae.

Von ganz wenigen Ausnahmen abgesehen sind die Zweige bleibend, d. h. ausdauernd; nur bei *Taxodium* und *Metasequoia* fallen im Herbst die jüngsten Zweiglein ab. Die Zweige sind entweder zäh oder brüchig, fest oder schlaff, steif oder biegsam. Ihre Färbung ist für viele Arten charakteristisch, ebenso auch die Behaarung. Eine sehr auffallende Eigenart ist die Alternanz in der Behaarung bei *Picea meyeri* und *P. aurantiaca,* bei der in einem Jahr die Jungtriebe dicht behaart sind, im darauffolgenden Jahre jedoch ganz kahl.

f) Merkmale der Zweiglein

Wie bereits gesagt, werden die jüngsten Triebe bei den Cupressaceae und Pinaceae als Zweiglein bezeichnet; vor allem aber sind die Zweiglein bei den *Chamaecyparis*- und *Thuja*-Gartenformen charakteristisch; die Behaarung oder die Färbung ist hier besonders ausgeprägt, auch eventuell ein Wachsüberzug; die Zweiglein können in einer Ebene flach ausgebreitet sein oder aber nicht in einer Ebene stehen (*Cupressus*-Arten) oder einseitig oder zweiseitig verzweigt sein (*Chamaecyparis, Thuja*).

g) Knospen

Die Knospen spielen ebenfalls bei der Identifikation, namentlich von *Picea* und *Pinus*, eine große Rolle; zu beachten ist hier die unterschiedliche Größe und Form, Farbe und Harzüberzug, Stellung und Größe der Knospenschuppen sowie deren Saum; bei vielen Arten gibt es neben der Endknospe auch einige Seitenknospen, die mitunter auch etwas tiefer oder gar am Zweig selbst stehen können. Mitunter ragen die Knospen aus den Nadeln hervor oder sind ganz darunter versteckt oder sind an ihrer Basis kranzartig von Nadeln umgeben oder überhaupt kaum ausgebildet.

Form der Knospen:	rund, kegelig, eiförmig, spindelförmig, zylindrisch;
Knospenschuppen:	lose anliegend oder fest angedrückt, verharzt oder harzfrei, ganz gerade oder an der Spitze zurückgebogen oder zurückgerollt; Saum der Knospenschuppen fransig, gewimpert, verwebt oder auch ganzrandig.

3. BLÄTTER

Die Blätter werden bei den Gymnospermen häufig als Nadeln bezeichnet, insbesondere bei den Koniferen. Es ist im Text dieses Buches nicht so scharf darauf geachtet worden, nur den Ausdruck „Blatt" zu verwenden, da auch in den anderen europäischen Sprachen im allgemeinen der Ausdruck „Nadeln" gebräuchlicher ist. Während die Form der Blätter bei einer sehr großen Anzahl von Koniferen nur als nadelförmig oder pfriemförmig, gelegentlich auch als dolchförmig bezeichnet wird, so können bei näherer Untersuchung doch feinere Unterschiede in der Beschaffenheit, Querschnitt, Anheftung, Färbung, Spaltöffnungslinien (Stomabänder) sowie in der Ausbildung der Nadelspitze oder des Fußes festgestellt werden, die für die eine oder andere Art charakteristisch sind.

Bei manchen Koniferen sind Blattoberseite und -unterseite verschieden gefärbt und auch verschieden ausgebildet; mitunter werden die Nadeln eines Zweigleins von seiner Basis zur Spitze allmählich kleiner (manche *Picea* und *Abies*). Auch hierzu seien die wichtigsten Merkmale zusammengestellt. Bei den Keimblättern ist auch deren Anzahl bemerkenswert.

a) Beschaffenheit der Blätter

dünn	(*Metasequoia, Larix*)
derb	(*Araucaria, Abies, Agathis*)
lederartig	(*Agathis, Phyllocladus, Taxus*)
steif	(*Abies, Juniperus*)
starr	(*Juniperus*)

b) Stellung der Blätter (Phyllotaxis, Abb. 2)

gegenständig	(*Libocedrus, Metasequoia*, Cupressaceae)
quirlständig	(*Juniperus*)
wechselständig	(Pinaceae)
zweizeilig	(*Taxus, Pseudotsuga*)
schraubig, spiralig	(*Araucaria, Sequoia, Cryptomeria*)
dicht gedrängt oder weiter entfernt	(*Abies, Picea*)
bürstenförmig dicht oder mit Scheitel oder V-Furche	(*Abies*)
radial abstehend nach allen Seiten	(*Picea*)
zu 1, 2, 3, 4 oder 5 beisammen	(*Pinus*)
pinselförmig gehäuft an den Triebenden	(*Pinus*)
verstreut	(Langtriebe von *Larix, Cedrus, Taxodium*)
büschelig	(Kurztriebe von *Larix, Cathaya* und *Cedrus*)
dachziegelig (imbricatus)	bei vielen *Juniperus* u. a.

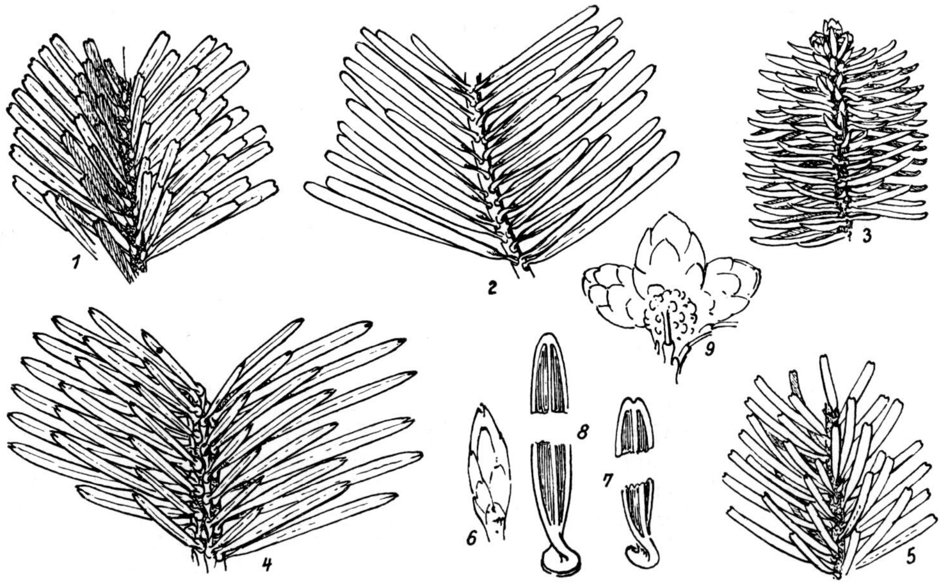

Abb. 2. Die Stellung der Blätter bei den *Abies*-Arten. 1 Nadeln auf der Zweigoberseite, die schmale Längsfurche zwischen den Nadeln frei; 2 Nadeln flach abstehend; 3 Nadeln allseitig abstehend; 4 Zweige fichtenähnlich gefurcht; 5 Nadeln ungescheitelt; 6 Knospe von *A. bracteata* (nach BEISSNER); 7 ausgerandete Nadeln; 8 an der Spitze abgerundete Nadeln ; 9 Endknospen von *A. nordmanniana*

c) Anheftung der Blätter

Sitzend, gestielt, frei oder angewachsen, angedrückt oder abstehend; vielfach sitzen die Nadeln auch auf ausgeprägten Blattkissen oder Blattpolstern (pulvini), die vor allem bei *Picea* mehr oder weniger stark verdickt (geschwollen) sein können.

d) Form der Blätter (Nadeln)

linealisch (linearis)	bei *Taxus, Abies ,Picea, Larix*
lanzettlich (lanceolatus)	bei *Cryptomeria, Sequoia, Abies*
länglich (oblongus)	bei *Agathis, Podocarpus*
fächerförmig (zweilappig, bilobus)	bei *Ginkgo*
schuppenförmig (squamatus)	bei sehr vielen Cupressaceae
kahnförmig (navicularis)	bei Cupressaceae
nadelförmig (acicularis)	
dolchförmig (pugioniformis)	vor allem bei *Juniperus, Abies, Picea*
pfriemförmig (subulatus)	
Doppelnadeln oder Cladodien	(zwei in einer Längsrichtung an einer Seite ganz verwachsene Nadeln) bei *Sciadopitys*
scheidenförmig (spathaceus)	bei manchen *Ephedra*-Arten

Bemerkenswert ist auch noch ein Dimorphismus der Blätter mancher Koniferen (Schuppen- und Nadelblätter bei *Juniperus*; Doppelnadeln und dreieckige, winzige Nadeln bei *Sciadopitys*), der entweder dauernd sein kann (wie bei den den vorgenannten Gattungen) oder nur in bestimmten Stadien auftritt (Jugendformen mit Nadelblättern, adulte Formen mit Schuppenblättern, so bei *Chamaecyparis, Thuja, Widdringtonia*), zwischen Jugend- und Altersform gibt es mitunter noch eine Übergangsform oder ein Übergangsstadium, in dem beide Blattformen gleichzeitig vorkommen (*Chamaecyparis pisifera* 'Intermedia').

Bei den Gattungen *Chamaecyparis, Thuja, Libocedrus* u.a. unterscheidet man bei den in 4 Reihen angeordneten Schuppenblättern je 2 Reihen Kantenblätter und Flächenblätter (vgl. Abb. bei diesen Gattungen).

Über Phyllocladien vgl. bei *Phyllocladus.*

e) **Blattrand**

Hier gibt es nur wenige Eigenschaften, ganz im Gegensatz zu den Laubgehölzen. Der Rand der Nadeln ist entweder ganz glatt und scharf (wie eine Messerkante) oder aber mehr oder weniger fein gezähnt (*Tsuga*) oder die Zähnung ist mikroskopisch fein (manche *Pinus*). Mitunter ist der Rand längs eingerollt (*Abies recurvata*).

f) **Blattspitze** (Abb. 3)

Vor allem bei *Abies* ist die Beachtung der Blattspitze notwendig, obwohl die Form auch an einer einzigen Pflanze mitunter recht unterschiedlich sein kann. Die Möglichkeiten einer Abwandlung der Nadelspitze sind naturgemäß nur gering; sie müssen daher sorgfältig angesehen werden.

spitz (acutus)	als Gegensatz zu stumpf, allgemein;
stumpf (obtusus)	ganz allgemein für stumpf;
zugespitzt (acuminatus)	im oberen Teil allmählich spitz zulaufend;
stachelspitz (mucronatus)	auf der Spitze befindet sich noch ein deutlicher Stachel, Blätter dadurch stechend;
abgerundet (rotundatus)	rundlich abgestumpft;
gestutzt (truncatus)	quer abgestumpft, wie abgeschnitten;
ausgerandet (emarginatus)	vgl. Abb. 3, *Abies grandis*;
eingeschnitten (incisus)	vgl. Abb. 3, *Abies firma*.
zweispitzig (bifidus)	

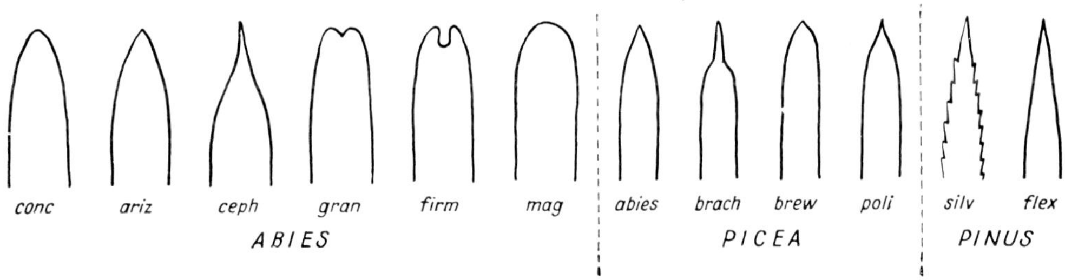

Abb. 3. Einige der häufig vorkommenden Nadelspitzen bei *Abies, Picea* und *Pinus*

g) **Blattgrund** [vgl. auch unter c) Anheftung der Blätter]

Im allgemeinen sind die Nadeln der Koniferen und Taxales an ihrer Basis keilförmig zugespitzt oder abgerundet, jedoch gibt es auch hier manche andere Möglichkeiten.

frei	(*Abies, Picea, Pseudotsuga*)
angewachsen	(*Araucaria*)
breit herablaufend	(*Sequoia, Cryptomeria*)
keilförmig oder rund	(*Abies, Cephalotaxus, Keteleeria, Taxus*)
deutlich gestielt	(*Tsuga, Pseudotsuga, Taxus, Cephalotaxus*)
Basis schildförmig verbreitert	(*Abies*)
mit einer Scheide	(*Pinus*)

h) **Dauer der Blätter**

Genau wie bei den Laubgehölzen sind auch hier die Blätter

sommergrün	(*Larix, Taxodium, Metasequoia, Ginkgo*)
oder	
immergrün	(alle übrigen Gattungen)

Die Haltbarkeit ist sehr verschieden, von 4—5 Jahren bei *Pinus, Abies, Picea* bis zu 10 oder 15 Jahren bei *Araucaria.*

i) Färbung der Blätter

Die Färbung der Blätter ist durchaus nicht nur grün, sondern es gibt hier eine große Zahl von Abstufungen:

besonders hellgrün	bei *Larix, Chamaecyparis obtusa*-Formen;
blaugrün	bei vielen *Picea, Abies, Pseudotsuga, Taiwania*;
dunkelgrün	bei *Taxus, Cephalotaxus, Torreya*;
schwarzgrün	bei *Abies balsamea* var. *hudsonia*;
weißbunt	bei vielen *Chamaecyparis*-Formen, *Thuja, Cryptomeria, Juniperus*;
gelbbunt oder auch goldgelb	(vor allem im Austrieb) wie vorige;
quer gebändert	bei *Pinus*-Arten in der Aufsicht von der Zweigspitze kokardenartig aussehend und meist als 'Oculus draconis' bei japanischen Gartenformen bezeichnet;
purpurn überlaufen	bei *Juniperus horizontalis,* vor allem im Winter;
braun	als Winterfarbe bei vielen Gartenformen von *Thuja occidentalis* und bei *Cryptomeria japonica* 'Elegans';
violett	als Winterfarbe bei *Cryptomeria japonica* und *Cryptomeria japonica* 'Elegans';
orange	als Winterfarbe bei vielen sonst gelbnadeligen Formen.

Manche *Abies*- und *Picea*-Formen treiben zunächst weiß oder gelb aus, vergrünen aber nach mehr oder weniger langer Zeit (*Albospica*-Formen).

k) Epidermis der Blätter

Sie ist bei manchen Arten charakteristisch und kann glänzend sein oder matt, auf einer Seite oder beiden Seiten gekielt oder gefurcht (vgl. bei Querschnitten); sehr bemerkenswert sind aber noch die bei sehr vielen Koniferen auftretenden meist weißen Bänder auf den Unterseiten der Blätter, seltener auch auf der Oberseite oder auf beiden Seiten. Diese Bänder bestehen, wie man unter einer Lupe sehen kann, aus Spaltöffnungsreihen oder -linien (Spaltöffnungen oder Stoma, Mehrzahl Stomata). In der Regel ist beiderseits der Mittelrippe unterseits die gleiche Anzahl durchlaufender Stomalinien vorhanden, während auf der Oberseite (bei manchen *Abies*) diese Stomalinien teils nur als kurze Linien an der Spitze zu sehen sind, seltener aber auch dort ganz durchlaufen. Bei einigen *Libocedrus*-Arten haben die Stomata eine abweichende Form und Stellung, vgl. dort. Die Stomabänder sind meist weiß oder bläulich, bei *Taxus* gelblich oder auch grünlich, die Zahl der Linien bei einer Art ziemlich beständig.

l) **Blattquerschnitt** (Abb. 4)

Bei schwierig zu unterscheidenden Arten muß auch der Querschnitt der Nadeln beachtet werden, vor allem bei *Picea, Abies* und *Pinus.* Er kann sein

flach oder eben	*Tsuga, Pseudotsuga,* viele *Abies, Taxus, Larix* u. a.;
gefurcht	die Furche auf der Oberseite kommt bei manchen Gattungen vor, die sonst ebene Nadeln haben;
gekielt	d. h. mit einer erhabenen Mittelrippe, entweder ober- oder unter- oder beiderseits wie bei *Picea*;
dreieckig	3- und 5nadelige *Pinus*-Arten;
viereckig	bei *Picea*;

halbrund	bei den 2nadeligen *Pinus*-Arten;
kreisrund	nur bei *Pinus cembroides* var. *monophylla*.

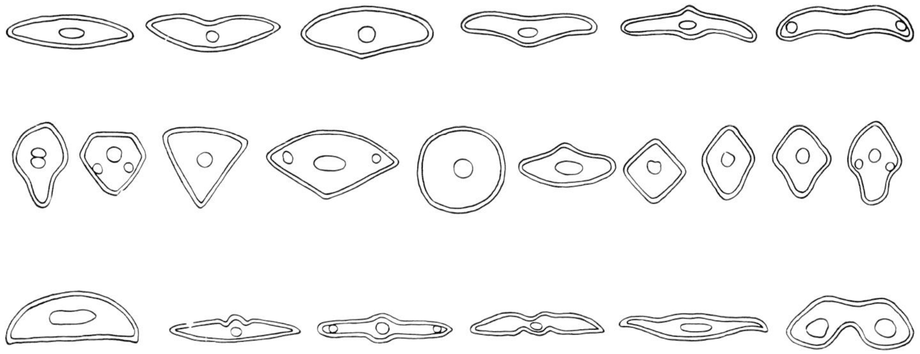

Abb. 4. Schematische Blattquerschnitte (jeweils von links nach rechts). Obere Reihe: *Abies concolor, A. nordmanniana, A. pinsapo, A. arizonica, Taxus baccata, Abies amabilis*; mittlere Reihe: *Cryptomeria japonica, Cedrus libani, Pinus cembra, Pinus ponderosa, Pinus cembroides* var. *monophylla, Picea omorika, P. asperata, P. polita, P. abies, P. smithiana*; untere Reihe: *Pinus silvestris, Cephalotaxus fortunei, Larix gmelinii* var. *japonica, Tsuga canadensis, Cunninghamia lanceolata, Sciadopitys verticillata*

Im Querschnitt stellt man auch noch die Lage der Harzkanäle fest, deren Zahl und Größe vor allem bei der sicheren Bestimmung von *Pinus*-Arten beachtet werden muß, aber auch bei *Abies* und *Picea*. Auf die Harzkanäle und andere mikroskopische Merkmale soll jedoch im Rahmen dieses Buches nicht näher eingegangen werden.

m) Blattnarben

Nach dem Blattfall bleiben bei den Nadelgehölzen, wie bei den Laubgehölzen, auffällige Narben zurück an den Stellen, an denen sich die Blätter lösten. Diese sind bei den *Picea*-Arten viereckig, bei *Abies* kreisrund und etwas vertieft, bei *Picea, Tsuga, Pseudotsuga* auf einem Blattkissen, wodurch nach dem Abfallen der Nadeln die Zweige raspelartig rauh sind.

4. BLÜTEN

Die Blüten spielen bei der Bestimmung der Koniferen bzw. der Nadelgehölze nur eine sehr geringe Rolle und mögen, da sie im einzelnen bei der Besprechung der Familien- und Gattungsmerkmale ausführlich erläutert sind, hier kurz behandelt werden. Im allgemeinen kommt ihnen auch keinerlei Schmuckwert zu. Die Nadelgehölze sind immer eingeschlechtig (die Laubgehölze meist zwittrig) und einhäusig oder zweihäusig. Der weibliche Zapfen wird heute als ein Blütenstand angesehen, nicht etwa als eine Einzelblüte; Einzelblüten gibt es nur bei den Taxales, bei den übrigen Koniferen mit Einzelfrüchten faßt man diese als reduzierte Zapfenträger auf. Blütenblätter fehlen, ebenso ein Fruchtknoten. Die Samenanlagen liegen frei auf den Fruchtblättern (Fruchtschuppen), daher die Bezeichnung „Nacktsamer“ (= Gymnospermae). Der Wind bringt den Blütenstaub unmittelbar auf die Samenanlage, da eine Narbe fehlt. Im Gegensatz zu dem weiblichen Blütenstand sind die männlichen Blüten meist zu kleinen Köpfchen vereinigt und werden als eine Einzelblüte angesehen. Die Pollenkörner haben häufig Flugblasen.

Mitunter werden auch die Ausdrücke Mikrosporophyllen für Staubblätter und Makrosporophyllen für Fruchtblätter verwendet.

Die Samenanlagen haben nur eine Hülle (Integument); der freie Zugang zur Eianlage (Nucellus) heißt Mikropyle. Bei *Ephedra* ist das Integument röhrenartig ausgezogen und wird Tubillus genannt (Abb. bei Abschnitt *Ephedra*).

Die Zeit von der Bestäubung bis zur Befruchtung ist unterschiedlich lang; sie beträgt bei *Pinus* und auch bei *Juniperus sabina* etwa 1 Jahr, bei vielen anderen Gattungen hingegen nur 1—2 Monate.

Im übrigen darf auf die botanischen Lehrbücher hingewiesen werden, in denen über die Vorgänge bei der Befruchtung ausführlich nachgelesen werden kann.

5. FRÜCHTE UND SAMEN

Bei den Früchten der hier behandelten Gymnospermen kommen vor:

Zapfen (coni, strobili) — entstanden aus den verholzten und vergrößerten weiblichen Blütenständen; hierbei sind zahlreiche holzige oder lederartige Fruchtschuppen spiralig um eine Spindel gestellt; die gleichfalls an den Fruchtzapfen vorkommenden häutigen Schuppen heißen Deckschuppen (Brakteen). Die Zapfen spreizen bei der Reife entweder die Schuppen auseinander und lassen die geflügelten Samen ausfliegen (*Picea, Pseudotsuga, Larix*) oder zerfallen ganz, und es bleiben nur noch die Spindeln auf den Zweigen stehen (*Abies, Cedrus, Pseudolarix*). Die leeren Zapfen fallen entweder bald ab (*Picea*) oder bleiben noch jahrelang an der Pflanze (*Pinus banksiana*). Die Zapfen sind in ihrer Größe und Form sehr charakteristisch, bei den *Pinus* auch die Schuppenschilder mit einer mittelständigen, oft verdornten Warze (Apophyse);

Beerenzapfen (galbuli) — bei *Juniperus,* bestehend aus 3zähligen Schuppenquirlen, von denen der oberste sich nach der Bestäubung zusammenschließt und fleischig wird, wodurch eine kugelige, fleischige Scheinbeere entsteht;

Früchte — bei *Cephalotaxus, Torreya, Taxus, Podocarpus, Ginkgo.* Bei *Taxus, Torreya* und *Austrotaxus* sind die Samen mit einem fleischigen Samenmantel (Arillus) umgeben; bei *Podocarpus* nur eine Deckschuppe mit einseitigem und stark entwickeltem Samenwulst oder Samenhülle (Epimatium), das den Samen mitunter ganz einhüllt; bei *Cephalotaxus* Steinfrüchte; bei *Saxegothaea* kugelige Zapfen mit fleischigen Schuppen.

Die Samen der Koniferen sind meist Nüßchen mit lederartiger oder harter Schale, eirund oder länglich, oft zusammengedrückt, nicht selten auch geflügelt. Die Größe der Samen ist sehr unterschiedlich; bei *Chamaecyparis* und *Thuja* sind sie sehr klein, nur wenige Millimeter lang, bei *Araucaria* dagegen einige Zentimeter. Bei *Pinus, Picea* und *Abies* hat das Samenkorn einen großen Flügel, bei *Libocedrus* einen großen und einen kleinen Flügel, während bei *Chamaecyparis* und *Thuja* die Samen ringsum geflügelt sind; viele andere Samen dagegen sind überhaupt nicht geflügelt (*Juniperus, Pinus cembra* u. a.).

Systematische Übersicht über die rezenten Gymnospermen (ausschließlich Cycadales)

Diesem Buch liegt die Einteilung der Gymnospermen nach Florin zugrunde, die von der bisherigen Einteilung beträchtlich abweicht, vor allem durch die Einreihung der Taxales zwischen Coniferae und Gnetales. Sodann wurde auch die neue Einteilung der Cupressaceae von Li übernommen.
Um die stammesgeschichtliche Entwicklung der Gymnospermen deutlicher aufzuzeigen, wurden in der nachstehenden Übersicht auch die fossilen Reihen und einige wichtigere fossile Familien aufgenommen, während im Text später nur die rezenten Gymnospermen behandelt werden, und zwar

aus der 7. Reihe	die Gattung *Ginkgo*;
aus der 9. Reihe	die wichtigsten in Mitteleuropa im Freien aushaltenden Arten und Gartenformen, dazu aus Gründen eines besseren Überblicks auch einige nicht winterharte Arten;
aus der 10. Reihe	wie vorige;
aus der 11. Reihe	die Gattung *Ephedra*.

XVI. Abteilung	**GYMNOSPERMAE**	
1. Klasse	CYCADOPSIDA	
1. Reihe	Pteridospermae	nur fossil
2. Reihe	Caytoniales	nur fossil
3. Reihe	Cycadales	heute lebende Gattungen schon im Tertiär bestehend
4. Reihe	Nilssoniales	nur fossil
5. Reihe	Bennettitales	nur fossil
6. Reihe	Pentoxylales	nur fossil
7. Reihe	Ginkgoales	
Familie	**Ginkgoaceae**	*Ginkgo*
2. Klasse	CONIFEROPSIDA	
8. Reihe	Cordaitales	nur fossil
9. Reihe	Coniferae	
Familien	Lebachiaceae, Voltziaceae, Cheirolepidaceae, Protopinaceae	alle nur fossil
Familie	**Pinaceae**	
Unterfamilie	Abietoideae	*Abies, Keteleeria, Cathaya, Pseudotsuga, Tsuga, Picea*
Unterfamilie	Laricoideae	*Pseudolarix, Larix, Cedrus*
Unterfamilie	Pinoideae	*Pinus*
Familie	**Taxodiaceae**	a) *Sequoia, Sequoiadendron* b) *Metasequoia* c) *Taxodium, Glyptostrobus* d) *Cryptomeria* e) *Cunninghamia* f) *Sciadopitys* g) *Athrotaxis, Taiwania*
Familie	**Cupressaceae**	
Unterfamilie	Callitroideae	
Tribus	Actinostrobeae	*Actinostrobus, Callitris, Fitzroya*
Tribus	Libocedreae	*Neocallitropis, Widdringtonia, Diselma, Papuacedrus, Pilgerodendron, Austrocedrus, Libocedrus, Calocedrus*
Tribus	Tetraclineae	*Tetraclinis*
Unterfamilie	Cupressoideae	
Tribus	Cupresseae	*Cupressus, Chamaecyparis, Cupressocyparis, Fokienia*
Tribus	Thujopsideae	*Thujopsis, Thuja*
Tribus	Junipereae	*Juniperus*

Familie	**Podocarpaceae**	
Unterfamilie	Pherosphaeroideae	*Microstrobos*
Unterfamilie	Phyllocladoideae	*Phyllocladus*
Unterfamilie	Podocarpoideae	*Saxegothaea, Microcachrys, Dacrydium, Podocarpus, Acmopyle*
Familie	**Cephalotaxaceae**	*Cephalotaxus*
Familie	**Araucariaceae**	*Agathis, Araucaria*
3. Klasse	TAXOPSIDA	
10. Reihe	TAXALES	
Familie	**Taxaceae**	*Amentotaxus, Torreya, Austrotaxus, Nothotaxus, Taxus*
4. Klasse	CHLAMYDOSPERMAE	
11. Reihe	GNETALES	
Familie	**Welwitschiaceae**	*Welwitschia*
Familie	**Ephedraceae**	*Ephedra*
Familie	**Gnetaceae**	*Gnetum*

Die einzelnen Reihen, Familien und Gattungen werden in der nachfolgenden systematischen Übersicht näher beschrieben.

Kurze systematische Beschreibung der in diesem Buch behandelten rezenten Gymnospermen (Reihen, Familien, Gattungen)

(nach BEISSNER, umgearbeitet und ergänzt)

Reihe GINKGOALES und Familie **Ginkgoaceae**

Nur eine Gattung mit den Merkmalen der Familie und Reihe.

Ginkgo L. Ginkgo. Reich verästelte Bäume mit Lang- und Kurztrieben und laubartigen, keil- bis fächerförmigen, eingeschnittenen Blättern; Blüten 2häusig, ♂ Blüten (Mikrosporophyllen) an einer verlängerten Achse einzeln endständig, mit je 2—7 hängenden Pollensäcken, ♀ Blüten (Makrosporophyllenstände) einzeln, achselständig, mit verzweigtem oder einfachem Stiel und 1—2 aufrechten Samenanlagen, diese am Ende des Stieles und am Grunde von einem kragenförmigen Wulst (Kupula) umgeben, Befruchtung durch Spermatozoiden, die aus einem 2½mal spiralig gewundenem Kopf, zahlreichen Zilien und einem spitzen Schwanzende bestehen (die Befruchtung tritt erst in der abfallenden Samenanlage ein, nachdem 2 Monate vorher die Bestäubung und von der Pollenkammer aus die Entwicklung eines verzweigten Pollenschlauches erfolgt; vor der Befruchtung erfolgt die Verschleimung des oberen Teiles der Embryosackwandung und Abstreifung des gewimperten Teiles der Spermatozoiden, wie bei den Cycadales); Samen groß, rundlich, mit fleischigem Mantel und innerer Steinschale, im 1. Jahre reifend; Keimling groß, mit 2 Keimblättern und reichlichem Nährgewebe. — Nur 1 Art, China.

Reihe CONIFERAE

Meist immergrüne Bäume mit verzweigtem Stamm, seltener Sträucher, öfters mit Lang- und Kurztrieben, Gefäßbündel endarch, Stamm mit kleinem Mark, Holzkörper stark entwickelt, mit Jahresringen, ohne Gefäße, aus langgestreckten Zellen (Tracheiden) mit großen, einreihigen, seltener mehrreihigen Hoftüpfeln an den Radialwänden und schmalen Markstrahlen, häufig auch mit Harzgängen, Rinde ziemlich schmal, oft mit starker Borke; Nadeln meist mehrjährig, seltener im Herbst abfallend (*Larix, Pseudolarix, Metasequoia, Taxodium*), ungeteilt, spiral, gegenständig, selten wirtelig, nadelförmig mit einem Mittelnerv, oft angewachsen herablaufend, einzeln oder an Kurztrieben zu 2 bis vielen, oft auch schuppenförmig, seltener breit und mehrnervig; Blüten eingeschlechtig, ♂ Blüten nackt, am Grunde oft mit Knospenhülle, Staubblätter zahlreich, schuppenförmig, mit je 2—6(—20) Pollensäcken, ♀ Blüten zu einem zapfenförmigen Blütenstand vereinigt, mit vielen oder wenigen, dicht gestellten Fruchtblättern, entweder die Samenanlagen unmittelbar tragend oder als „Deckschuppe" an der Bauchseite mit einem oft größeren Auswuchs (Fruchtschuppe, Schuppenwulst), an dessen innerer Seite sich dann die Samenanlagen befinden, meist zu 2, seltener einzeln; bei der Reife Samenschuppe allein oder das Verwachsungsprodukt von Deck- und Samenschuppe (Zapfenschuppe) sich weiter entwickelnd und einen holzigen, selten fleischigen Samenzapfen bildend, der in 1, 2 oder 3 Jahren reif ist, Samen meist Nüßchen mit lederartiger oder harter Schale, eirund oder länglich, oft zusammengedrückt, nicht selten geflügelt; Keimblätter 2—16. — Meist in den gemäßigten und kalten Regionen der nördlichen Halbkugel, große Waldungen bildend, 6 Familien mit etwa 43 Gattungen.

Die fossilen Familien Lebachiaceae, Voltziaceae, Cheirolepidaceae und Protopinaceae bleiben hier unberücksichtigt.

Familie **Pinaceae**

Bäume, seltener Sträucher, Zweige mit spiralig gestellten, meist immergrünen Nadelblättern; Blüten meist einhäusig, ♂ Blüten mit zahlreichen, spiralig gestellten Staubblättern, Pollensäcke je 2, unterseits angewachsen, Pollenkörner meist mit Luftblasen (ausgenommen *Larix* und *Pseudotsuga*), ♀ Blütenzapfen mit zahlreichen spiralig gestellten Deckschuppen, auf ihrer Oberseite die kleinere, nur an der Basis angewachsene flache Samenschuppe mit den 2, oberseits der ganzen Länge nach angewachsenen und umgewendeten Samenanlagen, Mikropyle nach innen gerichtet; Fruchtzapfen holzig, aus den verholzten Fruchtschuppen und den größeren oder kleineren oder ganz verkümmerten Deckschuppen gebildet, Samen einseitig geflügelt oder ungeflügelt; Keimblätter 3—18. — 10 Gattungen in der ganzen nördlichen Halbkugel.

1. Unterfamilie: Abietoideae

Pflanzen nur mit Langtrieben (ausgenommen bei *Cathaya*); Samenzapfen im 1. Jahr reifend.

Abies Miller. Tanne. Große, pyramidale, immergrüne Bäume; Nadeln mit mehr oder weniger verbreitertem Grunde dem Zweige aufsitzend, nach dem Abfallen eine kreisrunde, flache Narbe zurücklassend; ♂ Blüten einzeln in den Achseln der oberen Nadeln, Pollenkörner mit 2 Flugblasen, ♀ Blüten einzeln, endständig, aufrecht, Deckschuppen nach der Blütezeit oft sich vergrößernd und über die Fruchtschuppen hinwegragend; Zapfen aufrecht, bei der Reife zerfallend, Samen mit Harzbläschen, geflügelt; Keimblätter 4—8. — Etwa 40 Arten in den außertropischen Regionen der nördlichen Halbkugel.

Keteleeria Carriere. Stechtanne. Große Bäume mit nadelförmigen, beiderseits gerippten Blättern, die wie bei *Abies* nach dem Abfallen eine rundliche Narbe zurücklassen; ♂ Blüten in Gruppen zu 5—10 auf einem gemeinsamen Stiel, Pollenkörner mit Flugblasen, ♀ Blüten an benadelten Seitenzweigen endständig; Zapfen mit bleibenden, nicht abfallenden Fruchtschuppen, bei der Reife im ganzen abfallend, Deckschuppen zwischen den Fruchtschupppen versteckt, Samen groß, mit Harzlücken, geflügelt; Keimblätter 2. — 3—4 Arten in China.

Cathaya Chun & Kuang. Hohe, immergrüne Bäume, Zweige dimorph, sterile Seitentriebe verkürzt wie bei *Larix* und *Cedrus*; Nadeln linealisch, an den Kurztrieben fast quirlartig einander genähert, junge Nadeln zuerst wimperrandig; einhäusig, ♀ Blüten kurz gestielt bis fast sitzend, Fruchtschuppen spiralig, in mehreren Reihen oder dachziegelig, Deckschuppen schwanzförmig zugespitzt, ♂ Blüten in aufrechten Kätzchen; Zapfen jahrelang sitzen bleibend, Samen obovoid, geflügelt. — 1 Art in China (nicht behandelt).

Pseudotsuga Carriere. Douglasie, Douglasfichte. Sehr hohe, fichtenähnliche Bäume, Knospen groß; Nadeln mit dem verschmälerten Grund einem wenig hervortretenden, schiefen

Höcker aufsitzend, mit 2 seitlichen Harzgängen; ♂ Blüten einzeln in den Achseln der vorjährigen Nadeln, Pollen ohne Luftblasen, ♀ Blüten am Grunde mit zahlreichen dachziegeligen Schuppen; Zapfen länglich, im 1. Jahre reifend, nicht zerfallend, Deckschuppen 3spitzig, länger als die fast kreisrunden Fruchtschuppen, Samen ohne Harzbläschen, geflügelt; Keimblätter 5—8. — 7 Arten im westlichen Nord-Amerika und in Ost-Asien.

Tsuga Carriere. Schierlingstanne. Mittelgroße bis hohe Bäume; Nadeln mit einem kniefömig gebogenen Stiel, einem hockerförmigen Blattkissen aufsitzend, meist flach oder oberseits rinnig, mit einem Harzgang; ♂ Blüten einzeln, achselständig, die ♀ an vorjährigen Zweigen endständig; Zapfen klein, im 1. Jahre reifend, aber am Baum bleibend und nicht zerfallend, Deckschuppe am reifen Zapfen $^1/_2$—$^1/_3$ so lang wie die Fruchtschuppe, Samen mit Harzbläschen, geflügelt; Keimblätter 3—6. — 14 Arten vom Himalaja bis Japan und im gemäßigten Nord-Amerika.

Picea Dietrich. Fichte. Immergrüne, oft hohe Bäume; Nadeln einem kurzen, am Zweig herablaufenden Stielchen aufsitzend, das nach dem Nadelabfall zurückbleibt (dadurch die Zweige dann raspelartig rauh, bei jeder Art verschieden); ♂ Blüten in den Achseln von Nadeln an vorjährigen Zweigen, Pollenkörner mit Luftblasen, ♀ Blüten einzeln am Ende vorjähriger Zweige; Zapfen hängend oder seitlich abstehend, bei der Reife nicht zerfallend, Deckschuppen nach der Blüte kaum vergrößert, am reifen Zapfen kürzer als die zahlreichen, derben Fruchtschuppen, Samen ohne Harzbläschen, geflügelt; Keimblätter 4—15. — Etwa 40 Arten in den gemäßigten und kühlen Regionen der nördlichen Halbkugel. (Einteilung der Gattung → Abschnitt *Picea.*)

2. Unterfamilie: Laricoideae

Langtriebe und die mehrere Jahre weiter wachsenden Kurztriebe mit Nadelblättern, die an den Kurztrieben gebüschelt stehen.

Pseudolarix Gordon. Goldlärche. Hoher Baum mit weichen, sommergrünen, nadelförmigen Blättern; ♂ Blüten zu vielen gebüschelt am Ende blattloser Kurztriebe, Pollenkörner mit Flugblasen, ♀ Blüten kugelig, einzeln an kurzen, beblätterten Zweigen; Deckschuppen kürzer als die Fruchtschuppen, Zapfen aufrecht, im 1. Jahre reifend, eiförmig, mit großen, spitzen, bei der Samenreife abfallenden Fruchtschuppen, Samen geflügelt; Keimblätter 4. — 1 Art in Nordost-China.

Larix Link. Lärche. Hohe Bäume mit abfallenden, weichen Nadeln, Zweige als Lang- oder Kurztriebe ausgebildet, die letzteren nach wenigen Jahren absterbend und als trockene Höcker zurückbleibend; ♂ Blüten an dicken, blattlosen Kurztrieben endständig, Pollenkörner ohne Flugblasen, ♀ Blüten an beblätterten Kurztrieben, fast kugelig; Deckschuppen zur Blütezeit die Fruchtschuppen weit überragend, später entweder kürzer oder länger als diese, Zapfen meist klein, eiförmig oder fast kugelig, am Ende des 1. Jahres reifend, nicht zerfallend, noch 2—3 Jahre am Baum bleibend, mit lederig-holzigen, am oberen Rand abgerundeten Fruchtschuppen, Samen ohne Harzlücken, geflügelt; Keimblätter meist 6. — 10 Arten in den kälteren Regionen der nördlichen Halbkugel.

Cedrus Trew. Zeder. Immergrüne hohe Bäume mit nadelförmigen, ausdauernden Blättern; ♂ Blüten einzeln am Ende von Kurztrieben, Pollenkörner mit Luftblasen, ♀ Blüten einzeln, endständig, von einem Nadelbüschel umgeben; Deckschuppen viel kürzer als die Fruchtschuppen, Zapfen aufrecht, im 2. oder 3. Jahre reifend, mit großen, holzigen, bei der Samenreife abfallenden Fruchtschuppen, Samen mit Harzlücken, geflügelt; Keimblätter 8—10. — 4 Arten im Mittelmeergebiet und im westlichen Himalaja.

3. Unterfamilie: Pinoideae

Pflanzen nur mit häutigen Schuppenblättern und axillären Kurztrieben, letztere mit einigen Schuppenblättern und meist 2—5 (seltener 1—8) ausdauernden Nadelblättern, schon im 1. Jahre ihre Entwicklung abschließend; ♂ Blüten am Grunde junger Langtriebe ährenförmig gehäuft; Fruchtschuppen meist mit Schuppenschild (Apophyse).

Pinus L. Kiefer. Immergrüne Bäume, seltener Sträucher, Langtriebe in der Regel aus einem einzigen Internodium bestehend (eingliederig), zuweilen aus mehreren Etagen gebildet (mehrgliederig), die Zapfen im ersteren Falle subterminal, im letzteren seitenständig; Blätter entweder schuppen- oder nadelförmig; ♂ Blüten zu vielen gedrängt am Grunde diesjähriger Langtriebe, Pollenkörner mit Luftblasen, ♀ Blüten an der Spitze der Zweige unmittelbar unter der Endknospe oder an mehrgliederigen Zweigen seitenständig; Deckschuppen sehr klein, später verkümmert, Zapfen im 2., seltener im 3. Jahre reifend, bei der Reife meist aufspringend, zuweilen viele Jahre geschlossen am Baume bleibend, Fruchtschuppen meist mit verdickter Endfläche (Schuppenschild oder Apophyse), diese oft mit einer bedornten Warze (Nabel), Samen meist geflügelt; Keimblätter 4—15. — Etwa 90 Arten in der nördlichen Halbkugel und den Sunda-Inseln, in den Tropen auf den Gebirgen. (Einteilung der Gattung → Abschnitt *Pinus*.)

Familie **Taxodiaceae**

Hohe Bäume; Blätter pfriemlich, schuppenförmig, nadelförmig oder sichelförmig, fast stets (außer *Metasequoia*) spiralig, immergrün oder (bei *Metasequoia, Taxodium* und *Glyptostrobus*) nur sommergrün; Blüten einhäusig, ♂ Blüten einzeln end- oder achselständig in köpfchen- oder rispenförmigen Blütenständen, Staubblätter mit kurzem Stiel und breiter Endschuppe, Pollensäcke 2—9, frei, am Grunde angewachsen, Pollenkörner ohne Luftblasen, ♀ Blütenstände einzeln, endständig; Fruchtschuppen mehr oder weniger mit den Deckschuppen verwachsen, zuerst wulstförmig, später sich vergrößernd und die Deckschuppen überragend, bei *Taiwania* fehlend; Samenanlagen 2—9, aufrecht oder umgewendet, Zapfenschuppen bei der Reife meist holzig, aus dem Samenwulst und der zugehörigen Deckschuppe entstehend, Zapfen bei der Reife aufspringend, Samen schmal geflügelt; Keimblätter 2—9. — 10 Gattungen (ausgesprochene Reliktformen und Reste einer in der Kreide und im Tertiär weit ausgebreiteten Gruppe) von eigenartiger Ausbildung und ohne näheren verwandtschaftlichen Zusammenhang; im südöstlichen Nord-Amerika, über Kalifornien und Mexiko bis Ost-Asien sowie auf Tasmanien.

Sequoia Endl. Küstensequoia. Immergrüner, hoher Baum, Borke streifig gefurcht, mit faserigen Schuppen; Nadeln dimorph, wechselständig, an Langtrieben schuppenförmig und spiralig, angedrückt oder etwas abstehend, mit Stomabändern auf der Unterseite, an Seitenzweigen 2zeilig, linealisch, mit 2 weißen Stomabändern auf der Unterseite; einhäusig, ♂ Blüten end- und achselständig, mit zahlreichen, spiralig stehenden Staubblättern, ♀ Blüten endständig, mit 15—20 Schuppen, jede mit 3—7 Samenanlagen; Zapfen ovoid, hängend, im 1. Jahr reifend, Samen 2flügelig; Keimblätter 2. — 1 Art an der Westküste von Nord-Amerika.

Sequoiadendron Buchholz. Mammutbaum. Immergrüner, hoher Baum, Borke tief rissig, schwammig, sehr dick; Nadeln spiralig, angedrückt oder abstehend, schuppenförmig, scharf zugespitzt, oberseits mit 2 Stomabändern; einhäusig, ♂ Blüten sitzend, endständig an Kurztrieben, ♀ Blüten endständig, mit 25—40 Schuppen, jede mit 3—12 Samenanlagen; Zapfen ellipsoid, im 2. Jahre reifend und viele Jahre an den Zweigen haftend, holzig, Samen 2flügelig; Keimblätter meit 4 (3 bis 5). — 1 Art in Kalifornien.

Metasequoia Miki. Sommergrüner Baum mit gegenständigen Ästen und Zweigen; Nadeln gegenständig, sitzend oder fast sitzend, linealisch, unterseits mit 2 Stomabändern zu je 4—6 Reihen; einhäusig, ♂ Blüten achsel- und endständig in verzweigten Blütenständen, Staubblätter etwa 20, Pollenkörner ohne Luftblasen, ♀ Blüten mit 22—26 Fruchtblättern, kreuzweise gegenständig, unterste und oberste Paare steril; Zapfen hängend, langgestielt, Zapfenschuppen schildförmig, holzartig, Samen zu 5—9, zusammengedrückt, ringsum geflügelt. — 1 Art in Zentral-China, zuerst fossil gefunden.

Taxodium Rich. Sumpfzypresse. Hohe Bäume mit beblätterten seitlichen Trieben, die im Herbst im ganzen abfallen; mit Atemwurzeln; ♂ Blüten in langen, oft rispenartigen Ähren, jede einzelne von Schuppen umhüllt, ♀ Blüten wenige, zur Blütezeit klein; Fruchtblätter (Deckschuppen) zugespitzt, mit einem später sich vergrößernden Schuppenwulst, Samenanlagen 2, Zapfen rundlich oder eiförmig, holzig, im 1. Jahre reifend, nach dem Ausfall der Samen bleibend, Zapfenschuppen schildförmig nebeneinander liegend, in einen dünnen Stiel verschmälert, nach vorn plötzlich in eine unregelmäßige 4seitige Scheibe verbreitert, der kleinere untere Teil von der Deckschuppe, der durch eine Furche abgetrennte obere Teil durch den vergrößerten Schuppenwulst gebildet, Samen 3kantig, schwach 3flügelig; Keimblätter 4—9. — 3 Arten im südöstlichen Nord-Amerika (Charakterbäume der Swamps) bis Mexiko.

Glyptostrobus Endl. Wasserfichte. Kleiner Baum mit 3gestaltigen, sommergrünen Blättern; ♂ Blüten zahlreich am Ende kurzer Zweige, ♀ Blüten ähnlich wie bei *Taxodium*; die Deckschuppen vom Schuppenwulst überragt, Samenanlagen 2, aufrecht, Zapfen birnförmig oder länglich, Zapfenschuppen verlängert, am oberen Rande gekerbt, sich dachartig deckend, Samen 2, geflügelt; Keimblätter 4—5. — 1 Art in China; bei uns nicht hart.

Cryptomeria D. Don. Sicheltanne. Immergrüner, hoher Baum mit beschuppten Knospen und herablaufenden, 3—4kantigen, sichelförmig einwärts gekrümmten, pfriemlichen Blättern; ♂ Blüten einzeln endständig, an jungen Zweigen ährenförmig gehäuft; Deckschuppe im unteren Teil mit der Fruchtschuppe verwachsen, der obere freie Teil spitz, Fruchtschuppe zuerst als kleiner Wulst ausgebildet, später stark vergrößert, Samenanlagen 2—5, aufrecht, Zapfen im 1. Jahre reifend, aufspringend, mit 20—30, im unteren Teil aus der verwachsenen Frucht- und Deckschuppe gebildeten Schuppen, der freie Teil der Fruchtschuppe 4—6zähnig, den freien Teil der Deckschuppe überragend, Samen mit 2—3 Flügelkanten; Keimblätter meist 3. — 1 Art in Japan.

Cunninghamia R. Brown. Spießtanne. Mittelhoher oder hoher Baum mit linealisch-sichelförmigen, 2reihig gestellten, lederartigen Blättern; ♂ Blüten zu vielen kopfig gehäuft an den Zweigenden, ♀ Blüten zu 1—3 endständig, rundlich, mit zahlreichen Schuppen; Fruchtschuppe mit der Deckschuppe verwachsen, mit einem freien, 3lappigen Rand, Samenanlagen 3, Zapfen mit wenig erhärteten, locker dachziegeligen, an der Spitze oft sparrig abstehenden Spitzen, Samen schmal geflügelt; Keimblätter 2. — 3 Arten in China und auf Formosa.

Sciadopitys Sieb & Zucc. Schirmtanne. Hoher, immergrüner Baum, Triebe 2gestaltig, Langtriebe mit kleinen, trockenhäutigen Schuppenblättern besetzt, an der Spitze der Triebe die Schuppen gehäuft, mit quirlförmig gedrängten, blattartigen Sprossen (Cladodien) in den Achseln (die Cladodien werden auch als Kurztriebe mit 2 zusammengewachsenen Nadeln [Doppelnadeln] angesehen); ♂ Blüten an den Enden der Zweige kopfförmig gehäuft, ♀ Blüten mit verwachsenen Deck- und Fruchtschuppen, der freie häutige Vorderrand der ersteren später auf dem Rücken der Schuppe sichtbar; Samenanlagen 7—9, umgewendet, Zapfen mit holzigen, bleibenden Schuppen, im 2. Jahre reifend, Samen ringsum geflügelt; Keimblätter 2. — 1 Art in Japan.

Athrotaxis Don. Schuppenfichte. Immergüne Bäume mit schuppenförmigen oder kurz nadelartigen Blättern; ♂ Blüten an kurzen Zweigen einzeln endständig, ♀ Blüten mit 12—25 eiförmigen Deckschuppen, diese mit einem später sich mehr oder weniger vergrößernden Schuppenwulst; Samenanlagen 3—6, umgewendet, Zapfen denen von *Cryptomeria* ähnlich, mit holzigen Schuppen, deren unterer stielförmiger Teil senkrecht von der Zapfenachse absteht. — 3 Arten auf Tasmanien.

Taiwania Hayata. Taiwanie. Hoher, immergrüner Baum mit dichtstehenden, schuppen- oder nadelförmigen Blättern; ♂ Blüten zu 5—7 am Ende kurzer Zweiglein, Schuppen der ♀ Blüten ohne erkennbare Gliederung in Frucht- und Deckschuppe; Samenanlagen 2, umgewendet, Zapfen lederig, bleibend, Samen ringsum breit geflügelt. — 1 Art auf Formosa.

Familie **Cupressaceae**

Aufrechte oder niederliegende, reichverzweigte Sträuche oder Bäume; Blätter kreuzweise gegenständig oder in Quirlen zu 3, seltener zu 4, Jugendblätter nadelförmig, abfallend, Folgeblätter seltener kurz nadelförmig, meist klein schuppenförmig, dicht gestellt, oft die Kantenblätter an den abgeflachten Zweigen von den Flächenblättern verschieden; Blüten 1- oder 2häusig, ♂ Blütenzapfen klein, meist einzeln endständig an kurzen Zweiglein, Staubblätter gegenständig oder wirtelig, mit kurzen Stielen und breiter Endschuppe, Pollensäcke unter sich frei, ♀ Blütenzapfen mit wenigen gekreuzten Paaren oder Wirteln von fertilen, zum Teil sterilen Deckschuppen; Samenwulst einseitig mit 1 bis vielen Samenanlagen, diese an der Basis angeheftet und aufrecht, Zapfen entweder holzig mit dachig sich deckenden oder klappigen oder schildförmig nebeneinander liegenden Schuppen oder beeren- oder steinfruchtartig mit vereint bleibenden (nur bei *Juniperus* und *Arceuthos*) Schuppen, Samen frei oder zu einem Steinkern verbunden, geflügelt oder ungeflügelt; Keimblätter 2(—6). — 19 Gattungen, teils auf der nördlichen Halbkugel (besonders in Nord-Amerika und Ost-Asien bis Mittelmeergebiet) und auf der südlichen Halbkugel.

Unterfamilie Callitroideae

Tribus Actinostrobeae (*Actinostrobus, Callitris, Fitzroya*)

Actinostrobus Miq. Schuppenzypresse. Starkverzweigte, pyramidale Sträucher, Zweiglein 3kantig oder rundlich, gegliedert; Blätter schuppenförmig, steif, scharf zugespitzt, der freie Teil 3kantig, an sterilen Trieben oft nadelförmig; Zapfen im unteren Teil von zahlreichen unfruchtbaren Schuppen umhüllt, Zapfenschuppen, 6, jede auf dem Rücken durch die angedrückten unfruchtbaren Schuppen mit einem Anhängsel versehen, Samen 3kantig, 2—3flügelig. — 2 Arten in West-Australien (nicht behandelt).

Callitris Ventenat. Schmuckzypresse. Bäume oder Sträucher mit zahlreichen, gabelteiligen Zweigen, Zweiglein gegliedert; Blätter zu 3 quirlig, herablaufend, mit sehr kleiner, freier, 3kantiger Spitze, an jungen Pflanzen nadelförmig; Zapfen nicht von unfruchtbaren Schuppen umhüllt (wie bei den folgenden Gattungen), Zapfenschuppen zumeist 6 (selten 8), in 2 Quirlen, Zapfen bei der Reife klappig geöffnet, mit Mittelsäule. — Etwa 20 Arten in Australien, Tasmanien, Neukaledonien.

Fitzroya Hook. fil. Alerce. Immergrüner Baum mit rötlicher, in schmalen Streifen abblätternder Borke und grünen, dünnen Zweiglein; Blätter schuppenförmig, zu 3 quirlig, Zapfenschuppen etwas dachig, zu 9 in 3 Quirlen, die untersten 3 Schuppen klein und unfruchtbar, die mittleren leer oder mit einem 2flügeligen Samen, die obersten größer mit je 2—6 2—3flügeligen Samen, Zapfen holzig, im 1. Jahre reifend. — 1 Art im südlichen Chile und in Nord-Patagonien.

Tribus Libocedreae (*Neocallitropsis, Widdringtonia, Diselma, Papuacedrus, Pilgerodendron, Austrocedrus, Libocedrus, Calocedrus*)

Neocallitropsis (Compton) Florin (= *Callitropsis* Compton). Mittelhoher, immergrüner Baum mit ungegliederten, zylindrischen, dicht beblätterten Zweiglein; Blätter zu 4 quirlig, schuppenförmig, nicht herablaufend, außen gekielt, mit eingebogener Spitze; Zapfenschuppen 8, in 2 Quirlen, nicht verholzt, schmal, dick, bei der Reife auseinanderweichend, mit kleiner Mittelsäule. — 1 Art auf Neukaledonien (nicht behandelt).

Widdringtonia Endl. Widdringtonie. Immergrüne, kleine bis hohe Bäume oder Sträucher von zypressenartigem Aussehen, Zweiglein ungegliedert; Blätter schuppenförmig, nicht dachziegelig, an jungen Pflanzen oft nadelförmig, gegenständig oder an kräftigen Zweiglein mehr oder weniger wechselständig, auf dem Rücken oft mit einer Drüse; Zapfenschuppen 4, dick, holzig, unterhalb der Spitze stachelspitzig, zuerst fest geschlossen, bei der Reife weitklappig aufspringend, Zapfen zu mehreren gedrängt. — 5 Arten in Süd-Afrika und im tropischen Afrika.

Diselma J. D. Hooker. Aufrechter, reich verzweigter Busch oder kleiner Baum mit 4kantigen Zweiglein; Blätter gegenständig, klein, schuppenförmig, dichtstehend; Blüten 2häusig, ♀ Blüten sehr klein, mit 4 paarweise gegenständigen Schuppen, die sich etwas decken und von denen nur die oberen fruchtbar sind; Zapfen sehr klein. — 1 Art aus Tasmanien (nicht behandelt).

Papuacedrus Li. Immergrüne Bäume; Blätter kreuzweise gegenständig, Stomabänder der Kantenblätter unterseits unterteilt. — 3 Arten auf Neuguinea und den Molukken. Bei uns nicht hart und auch wohl nicht in Kultur (nicht behandelt).

Pilgerodendron Florin (= *Libocedrus uvifera* Pilg.). Immergrüner Baum mit 4kantigen Zweigen; Blätter gegenständig, alle gleichförmig, 2seitig, nur auf der Oberseite mit Stomata, abstehend bis angedrückt und dachziegelig; Zapfenschuppen 4, in 2 gegenständigen Paaren, das obere fruchtbar, mit je 2 Samenanlagen, alle Schuppen auf dem Rücken mit einem steifen, mittelständigen, einwärts gekrümmten Dorn. — 1 Art in Süd-Chile bis Patagonien.

Austrocedrus Florin et Boutelje. Immergrüner Baum; Blätter dimorph, kreuzständig, Kantenblätter viel länger als die Flächenblätter, unten weiß gezeichnet; Zapfen klein, 4 Schuppen, auf dem Rücken mit einer kleinen Warze. — 1 Art in Süd-Amerika.

Libocedrus Endl. (s. str.). Schuppenzeder. Immergrüne Bäume mit zusammengedrückten Zweigen, Zweiglein in einer Ebene; Blätter schuppenförmig, gegenständig, angedrückt oder abstehend, die seitlichen meist hoch gekielt, Kantenblätter und Flächenblätter verschieden, Flächenblätter zwischen den Kantenblättern kurz sichtbar; Zapfenschuppen über den Fruchtblättern nicht plattenartig verwachsen, höchstens durch einen kleinen Achsenfortsatz angedeutet, Samen mit 2 Flügeln, jedoch der kleinere Flügel nur als schmaler Hautrand ausgebildet. — 5 Arten in Neuseeland und Neukaledonien.

Calocedrus Kurz. Weihrauchzeder. Immergrüne Bäume, Zweiglein abgeflacht; Blätter in Scheinquirlen zu 4, schuppenförmig, lederartig, deutlich dimorph, Kantenblätter an der Fläche nicht zusammenstoßend, Stomata auf der Ober- und Unterseite; Zapfen eiförmig, mit 6 Schuppen, unterhalb der Spitze mit einem Dorn, 2 Schuppenpaare am Zapfen über den Fruchtblättern zu einer flachen Platte verwachsen, Samen mit 2 ungleichen Flügeln. — 3 Arten in Nord-Amerika und Südost-Asien.

Tribus Tetraclineae (*Tetraclinis*)

Tetraclinis Masters. Gliederzypresse. Kleiner Baum mit gegliederten Zweiglein; Blätter zu 4 in Quirlen, lang herablaufend, der freie obere Teil sehr klein, schuppenförmig; Zapfenschuppen 4, in 2 Paaren, Zapfen fast würfelförmig, 4klappig geöffnet, ohne Mittelsäule. — 1 Art in Süd-Spanien, Marokko, Algier und Tunis.

Unterfamilie Cupressoideae

Tribus Cupresseae (*Cupressus, Cupressocyparis, Chamaecyparis, Fokienia*)

Cupressus L. Zypresse. Immergrüne Bäume oder Sträucher mit etwas kantigen, seltener zusammengedrückten Zweiglein; Blätter an jungen Pflanzen nadelförmig, später schuppenförmig, gegenständig, alle gleich oder an abgeflachten Zweiglein die seitlichen von den vorderen und hinteren etwas verschieden; Staubblätter mit je 3—5 Pollensäcken, Fruchtblätter am Grunde mit oder weniger zahlreichen Samenanlagen, Zapfen im 2. Jahre reifend, Samen breit oder schmal geflügelt; Keimblätter 2. — Etwa 15 Arten im westlichen Nord-Amerika, Ost-Asien bis östlichen Mittelmeergebiet.

× **Cupressocyparis** (*Cupressus* × *Chamaecyparis*) Dallimore.

Chamaecyparis Spach. Scheinzypresse. Immergrüne, teils hohe Bäume mit mehr oder weniger flachen Zweiglein; Erstlingsblätter linealisch, Jugendformen durch Stecklingsvermehrung fixiert (mit kurznadelförmigen Blättern früher als „Retinospora" bezeichnet), spätere Blätter schuppenförmig, ungleich, gegenständig; Staubblätter mit je 2—3 Pollensäcken, Fruchtblätter mit wenigen (meist 2—4) Samenanlagen, Zapfen im 1. Jahre reifend, Samen breit geflügelt; Keimblätter 2. — 6 Arten in Nord-Amerika und Ost-Asien.

Fokienia A. Henry & H. H. Thomas. Fokienie. Bäume mit gegenständigen, schuppenförmigen Blättern; ♀ Blüten mit 6—8 Paaren gegenständiger Fruchtblätter; Zapfen im 2. Jahre reifend, fast kugelig, mit von außen schildförmigen, zuletzt auseinanderweichenden Schuppen, Samen mit 2 ungleich großen Flügeln. — 3 Arten in China.

Tribus Thujopsideae (*Thujopsis, Thuja*)

Thujopsis Sieb. & Zucc. Hiba. Immergrüner Baum, in Kultur meist nur strauchig, Zweige und Zweiglein zusammengedrückt, flach, ziemlich breit; Blätter schuppenförmig, dunkelgrün, lederig, gegenständig, unterseits silbergrau; ♀ Blüten mit 6—10 paarweise angeordneten Schuppen, davon nur die mittleren fruchtbar, reife Zapfen kugelig, fast aufrecht, mit dicken, lederig-holzigen, weitklaffenden Schuppen. — 1 Art in Japan.

Thuja L. Lebensbaum. Immergrüne Bäume oder Sträucher mit flachen Zweigen; Blätter gegenständig, schuppenförmig, angedrückt, dachziegelig, alle fast gleich oder an seitlichen Zweiglein oft die seitlichen Blätter hoch gekielt, auf den Breitseiten flach; ♀ Blüten mit 6—8(—12) Schuppen, davon 2—6 (oder auch 1—3) fruchtbar; Zapfen klein, mit mehr oder weniger klaffenden, sich deckenden, lederigen oder holzigen Schuppen. — 6 Arten in Ost-Asien und Nord-Amerika, doch durch Kultur weit verbreitet.

Tribus Junipereae (*Juniperus* einschließlich *Arceuthos*)

Juniperus L. Wacholder. Immergrüne, 1- oder 2häusige Bäume oder Sträucher; Blätter gegenständig oder zu 3 quirlig, an jugendlichen Pflanzen nadelförmig, später nadel- oder schuppenförmig; Zapfen kugelig, aus 3—6 verwachsenen, fleischig werdenden Schuppen gebildet, nicht aufspringend, im 1. oder 2. Jahre reifend, Samen zu 1—10, hartschalig; Keimblätter 2, selten bis 5. — Etwa 60 Arten auf der nördlichen Halbkugel, südlich bis West-Indien und Malawi, Ost-Afrika (Einteilung der Gattung → Abschnitt *Juniperus*).

Familie **Podocarpaceae**

Immergrüne Bäume oder Sträucher mit spiraligen (bei *Microcachrys* kreuzweise gegenständigen) schuppen- oder nadelförmigen oder aber flachen lanzettlichen bis eiförmigen Blättern, zuweilen mit blattartigen Kurztrieben (*Phyllocladus*); ♂ Blüten an Laubzweigen end- oder achselständig, meist mit zahlreichen Staubblättern und je 2 Pollensäcken, Pollenkörner mit Luftsäcken, ♀ Zapfen oder Blütenstand mit vielen oder nur 1 spiralig oder dekussiert oder wirtelig gestellten Deckschuppen, in ihren Achseln je 1 aufrechte oder umgewendete Samenanlage mit allseitigem oder einseitigem, seltener fehlendem Samenwulst, der sich bei der Reife zu einer einseitigen Samenhülle (Epimatium) entwickelt; keine Holzzapfen; Keimblätter 2. — 7 Gattungen in den tropischen und subtropischen Gebieten, viele in der südlichen Halbkugel, besonders in den Gebirgen.

Unterfamilie Pherosphaeroideae

Niederliegende oder höhere Sträucher mit schuppenförmigen Blättern; ♂ Blüten endständig, fast kugelig oder breit ellipsoid, die ♀ endständig, zurückgekrümmt; Fruchtblätter wenig zahlreich, zurückgekrümmt, Epimatium fehlend, Samenanlagen am Grunde der Fruchtblätter aufrecht.

Microstrobos Garden & Johnson. Nur diese Gattung mit den Merkmalen der Unterfamilie. — 2 Arten in den alpinen Regionen von Tasmanien und Neusüdwales (nicht behandelt).

Unterfamilie Phyllocladoideae

Immergrüne Bäume und Sträucher mit Langtrieben und blattähnlichen, lederartigen Kurztrieben; Blätter an den Langtrieben klein, schuppenförmig, zuweilen ganz fehlend; Blüten 1- oder 2häusig, die ♂ in Büscheln am Ende kurzer Zweige, die ♀ einzeln in den Achseln von Schuppenblättern am Grunde erst später auswachsender Zweige oder an blattartigen Kurztrieben sitzend oder deren Stelle einnehmend; Samenanlagen aufrecht, am Grunde von einem Diskusring umgeben, der am Samen zu einem gelappten Arillus auswächst.

Phyllocladus Rich. Blatteibe. Einzige Gattung mit den Merkmalen der Unterfamilie. — 7 Arten in Neuseeland, Tasmanien, Neuguinea, Borneo, Philippinen.

Unterfamilie Podocarpoideae

Sträucher oder Bäume mit sehr verschieden gestalteten Blättern; Blüten 1- oder 2häusig, ♂ Blüten end- oder achselständig; 1 Deckschuppe mit einseitigem und stark entwickeltem Samenwulst bzw. Samenhülle (Epimatium), den Samen oft völlig einhüllend, Samenanlagen aufrecht oder umgewendet.

Saxegothaea Lindl. Patagonische Eibe. Immergrüner Baum mit linealischen, fast 2reihig abstehenden Blättern; Blüten 1häusig, die ♂ in achselständigen Ähren, die ♀ an kurzen beblätterten Zweiglein endständig; Fruchtblätter ziemlich zahlreich, dachziegelig, Samenanlage in einer Grube am Grunde der viel größeren Fruchtblätter, umgewendet, Epimatium die Samenanlagen außen umgehend, innen offen, Samenzapfen kugelig, dickfleischig, mit dicklichen, fast verwachsenen Schuppen. — 1 Art in den Wäldern Süd-Chiles und den Anden von Patagonien.

Microcachrys Hook. f. Kleinfrüchtige Eibe. 1häusiger, immergrüner, kriechender, verzweigter Strauch mit kleinen, gegenständigen, dicht dachziegeligen Blättern; ♀ Blüten endständig, klein, eiförmig-kugelig; Fruchtblätter zahlreich, dick, stumpf, Epimatium kaum vergrößert, Samenanlage am Grunde der Fruchtblätter, umgewendet, Samen frei, nur am Grunde vom Epimatium umgeben, Zapfen klein, fast kugelig, reif scharlachrot, fleischig-saftig, maulbeerenförmig. — 1 Art aus den Gebirgen Tasmaniens (nicht behandelt).

Dacrydium Sol. Harzeibe. Immergrüne Bäume oder Sträucher, Blätter klein, meist schuppenförmig oder an jüngeren Pflanzen linealisch, allmählich in die Schuppenform übergehend; Blüten 2häusig, selten 1häusig, Fruchtblätter 1—6, frei, Samenanlagen zuerst umgewendet und von dem stets gut entwickelten Epimatium ganz eingehüllt, später mehr oder weniger aufrecht, das Epimatium meist überragend, dieses mit der Samenhülle nicht verwachsen, Samen eirund, in dünner, fast fleischiger Hülle, im 2. Jahre reifend. — Etwa 20 Arten auf den australischen Inseln sowie Inseln im Großen Ozean und Chile.

Podocarpus L'Herit. Steineibe. Immergrüne, kleinere bis sehr hohe Bäume, seltener Sträucher; Blätter meist sehr groß, linealisch oder lanzettlich bis eiförmig, selten schuppenförmig; Blüten 2häusig, sehr selten 1häusig, die ♀ meist einzeln achselständig, meist mit einem lebhaft gefärbten, fleischigen Fuß (aus den verwachsenen, fleischigen Grundteilen der Schuppen gebildet); Fruchtblätter 1—2, mit je 1 umgewendeten Samenanlage, Epimatium groß, gebogen, mit der Samenanlage fest verwachsen und diese völlig umgebend, Samen von einer äußeren fleischigen Schicht und einer mehr oder weniger harten Samenschale umgeben; Keimblätter 2. — Etwa 100 Arten in tropischen und subtropischen Regionen Asiens, Afrikas und im bergigen Gebiet Süd-Amerikas.

Acmopyle Pilger. Baum von 15—20 m Höhe; Blätter verschieden gestaltet, schuppenförmig und linealisch-lanzettlich, mit Übergangsformen; ♂ Blüten zu 1—3 endständig, die ♀ an einem dicht beschuppten, längeren Stiel, mit einem aus mehreren Schuppenblättern gebildeten fleischigen, warzighöckerigen Fuß; Fruchtblätter meist einzeln, Epimatium völlig mit der Samenhülle verwachsen, Samen mehr oder weniger aufrecht, nur am Grunde vom Epimatium umgeben. — 2 Arten auf den Gebirgen Neukaledoniens und den Fidschi-Inseln (nicht behandelt).

Familie **Cephalotaxaceae**

Immergrüne Bäume oder Sträucher mit 2reihig abstehenden, schmal linealischen Blättern, die denen von *Taxus* sehr ähnlich sind; Blüten 2häusig, die ♂ zu mehreren in rundlichen Blütenständen achselständig, ♀ Blüten zu wenigen in den Achseln von kleinen Schuppenblättern am Grunde ganz kurzer, später austreibender Zweige; Fruchtblätter kreuzweise gegenständig, mit je 2 Samenanlagen am Grunde, Samen groß, steinfruchtartig, aus der Schuppe lang hervorragend, im 1. Jahre reifend; Keimblätter 2. — 1 Gattung: *Cephalotaxus*.

Cephalotaxus Sieb. & Zucc. Kopfeibe. Kleine Bäume oder Sträucher mit anfangs grünen Zweigen; ♂ Blüten zu 6—11 in kugeligen Blütenständen in den Blattachseln junger Zweige, mit je 7—12 Staubblättern, ♀ Blüten zu 1—3 blattachselständig; Samenanlagen am Grunde der Fruchtblätter in diese eingesenkt, aufrecht. — 6 Arten, vom Himalaja bis Ost-Asien.

Familie **Araucariaceae**

Immergrüne Bäume der südlichen Erdhälfte mit breiten oder nadelartigen, zusammengedrückten Blättern; Blüten 2häusig, selten 1häusig, die ♂ groß, zapfenförmig, mit zahlreichen Staubblättern, ♀ Blüten an kurzen Zweigen endständig; Fruchtblätter sehr zahlreich, mit verdicktem, später holzigem Ende, mit oder ohne Auswuchs (Ligularschuppe), Samenanlage umgewendet, einzeln, Fruchtzapfen groß, rundlich, zerfallend, Samen ungeflügelt oder seitlich geflügelt; Keimblätter 2, selten 4. — 2 Gattungen: *Agathis, Araucaria.*

Agathis Salisbury. Dammaratanne. Hohe, harzreiche (Dammaraharze!) Bäume mit eiförmig-länglichen oder lanzettlichen, dick lederartigen Blättern; ♂ Blüten meist achselständig, bis 6 cm lang, Staubblätter mit 5—15 Pollensäcken, ♀ Blütenzapfen an kurzen, mit Schuppen besetzten Zweigen endständig; Fruchtblätter lederig-holzig, breit 3eckig, Ligularschuppe fehlend, Samenanlage einzeln, mit dem Fruchtblatt nicht verwachsen, Samen 1seitig geflügelt, im 2. Jahre reifend. — Etwa 20 Arten, von Indonesien bis Ost-Australien und Neuseeland.

Araucaria Jussieu. Schmucktanne. Hohe Bäume; Blätter lederartig, spiralig vielreihig angeheftet, bald schuppenförmig locker dachziegelig, die Zweige allerseits bedeckend, bald lanzettlich, länglich, dolchartig spitz, abstehend; ♂ Blüten an kurzen Verzweigungen endständig, groß, mit sehr zahlreichen Staubblättern, diese mit je 6—19 Pollensäcken, ♀ Blüten zapfenförmig; Fruchtblätter zahlreich, dick, mit einem scharfen, fast blattartigen Ende, Ligularschuppe entwickelt, bis auf die Spitze mit der Fruchtschuppe verwachsen, Samenanlage einzeln, mit der Ligularschuppe völlig verwachsen, Samen stark verdickt. — Etwa 15 Arten auf der südlichen Halbkugel.

Reihe TAXALES

Reichverzweigte Sträucher oder kleine Bäume mit spiralig, seltener dekussiert stehenden Blättern, keine Harzgänge in Holz und Blättern; ♂ Blüten, einzeln oder in kleinen Ähren in den Blattachseln, mit schuppenartigen Hüllblättern, Staubblätter schuppen- oder schildförmig, mit 2—8 Pollensäcken, ♀ Blüten einzeln, direkt in den Blattachseln oder (bei *Torreya* und *Taxus*) zu 1, 2, seltener zu mehreren, als sekundäre Seitensprosse am Ende kurzer, axillärer und mit Schuppen besetzter primärer Blütensprosse, jede Blüte mit meist paarig gestellten, sterilen Schuppenblättern und einer endständigen, aufrechten, am Grunde von einem niedrigen Ringwulst (Arillus) umgebenen Samenanlage; Same hartschalig, mit allseitig dickfleischigem Samenmantel (Arillus, Kupula), aus dem Ringwulst entwickelt, Verbreitung durch Vögel. Keimblätter 2. — Die moderne Systematik sieht die Taxales als einen selbständigen Stamm an.

Familie **Taxaceae**

Bäume oder Sträucher mit nadelförmigen oder (*Austrotaxus*) linealisch-lanzettlichen Blättern; ♂ Blüten achselständig, einzeln oder (*Austrotaxus*) in Ähren, Staubblätter mit 2—8 Pollensäcken, ♀ Blüten an kleinen seitenständigen Sprossen, am Grunde mit dachziegelartig angeordneten Schuppen, am Ende mit 1 Samenanlage; Samen von einer fleischigen Hülle (Arillus) ganz oder teilweise eingehüllt; Keimblätter 2. — 5 Gattungen: *Amentotaxus, Torreya, Austrotaxus, Nothotaxus, Taxus.*

Amentotaxus Pilger. Kätzcheneibe. Holzgewächse mit gegenständigen Zweigen und Blättern; ♂ Blüten sitzend, in kätzchenförmigen, herabhängenden Ähren, am Grunde von Knospenschuppen umgeben, Staubblätter an der sehr kurzen Blütenachse büschelförmig geordnet, meist mit 3 Pollensäcken, ♀ Blüten mit 5 Paaren dekussierter Schuppenblätter. — 1 Art in West-China (nicht behandelt).

Torreya Arnott. Stinkeibe. Immergrüne, 2häusige Bäume; Blätter nadelartig, stechend, an seitlichen Zweigen 2zeilig abstehend; ♂ Blüten einzeln, ♀ Blüten 1blütig, paarweise achselständig, jede mit 2 Schuppenblattpaaren; Arillus (siehe oben) zuerst als Wulst am Grunde der flaschenförmigen Samenanlagen, später sich vergrößernd und den Samen ganz einhüllend, fast bis zur Spitze mit ihm verwachsend, Samen im 2. Jahre reifend. — 5 Arten in Ost-Asien und im südlichen Nord-Amerika.

Austrotaxus Compton. Ähreneibe. Großer Baum mit dichter, buschiger Krone; ♂ Blüten in achselständigen Ähren, Staubblätter 1—5, mit je 2—4 Pollensäcken, ♀ Blüten an achselständigen Zweiglein, die dicht mit dachziegelig angeordneten, breiten und dicken Schuppenblättern besetzt sind; Samenanlagen einzeln, endständig, aufrecht, Samen von einem fleischigen Arillus ganz umschlossen. — Nur 1 Art im nördlichen Neukaledonien (nicht behandelt).

Nothotaxus Florin. Strauch, 2—4 m hoch, immergrün, Äste quirlig; Blüten 2häusig, ♂ Blüten einzeln in den Blattachseln, zahlreich, ♀ Blüten einzeln in den Blattachseln der jüngsten Triebe, oft sehr zahlreich, 2—7 mm lang; Samen 5 mm lang, 4 mm breit, umgeben von einem weißen, glockenförmigen Arillus. — Nur 1 Art in West-China; bisher vermutlich nicht eingeführt (nicht behandelt).

Taxus L. Eibe. Immergrüne, 2häusige, selten 1häusige Bäume, seltener Sträucher, mit meist 2reihig abstehenden, nadelförmigen Blättern; ♂ Blüten einzeln, ♀ Blüten 1blütig, paarweise an winzigen achselständigen Sprößchen (eine Blüte meist verkümmert), jede mit 3 Schuppenblattpaaren; Arillus zuerst den Grund der Samenanlage becherartig umgebend, später fleischig, den Samen ganz einhüllend, nur am Grunde mit ihm verwachsen, Samen im 1. Jahre reifend. — 7—8 Arten in der nördlichen Halbkugel.

Reihe Gnetales

Rutensträucher mit entfernten, quirligen Schuppenblättern (Ephedraceae) oder Pflanzen mit holzigem, höchstens 30 cm hohem Kurzstamm und 2 gegenständigen, ausdauernden, bandförmigen Blättern (Welwitschiaceae) oder kletternde, selten baum- oder strauchartige Gewächse mit netzadrigen Blättern, die denen der Dikotylen ähnlich sind (Gnetaceae), Holz mit echten Gefäßen im sekundären Holz, ohne Harzgänge (im Gebiet ist nur die zuerst genannte Familie vertreten); Blüten 2-, selten 1häusig, die ♂ mit mindestens 2 verwachsenen Hüllblättern, Staubbeutel 1—3fächerig, ohne Staubfäden, aber auf stielförmiger Blütenachse über die Blütenhülle erhoben, ♀ Blüten mit 1—2 Hüllen und einer aufrechten Samenanlage, deren röhrenförmige Mikropyle (Hals) aus der Blütenhülle hervorragt; Keimblätter 2. — 3 Familien: Welwitschiaceae, Ephedraceae, Gnetaceae.

Familie **Welwitschiaceae** (nicht behandelt)

Pflanzen mit holzigem Kurzstamm, dieser nur wenig über dem Erdboden hervortretend, dick, rübenförmig, oben abgeflacht, an alten Exemplaren bis 1 m breit, mit einem Gewirr einzelner Leitbündel und mit starker, tiefgehender Pfahlwurzel; Blätter 2, mit den bald verschwindenden Keimblättern abwechselnd, lang riemenförmig, lederig, ausdauernd, während der ganzen Lebensdauer fortwachsend und sich in zahlreiche kleine Streifen spaltend; ♂ Blüten mit 6 unter-

Abb. 5. Die größte bekannte *Welwitschia* nördlich Swakopmund, S-Afrika (Foto: E. Jensen, Walfishbay)

wärts in eine Röhre verwachsenen Staubblättern und einer verkümmerten Samenanlage, Staubbeutel 3fächerig, ♀ Blüten mit breit geflügelter Hülle und lang röhrenförmiger Mikropyle. — 1 Art, *Welwitschia mirabilis,* in der nebelreichen Küste Südwest-Afrikas (Abb. 5).

Familie **Ephedraceae**

Rutensträucher mit relativ geringem Sekundärholz, Äste gerillt, von schachtelhalmartigem Aussehen; Blätter entfernt, quirlig, schuppenförmig; Blüten meist 2häusig, in einzelnen oder zu mehreren stehenden, kurzen bis geknäulten Ähren, mit je 2 Hüllblättern und 1 stielförmigen Säule mit 2—8 Staubbeuteln, ♀ Blüten zu 1—3 aus einer taschenförmigen Hülle gebildet, die 1 Samenanlage mit röhrenförmiger, aus der Hülle hervorgestreckter Mikropyle enthält; Früchte (Fruchtzäpfchen) oft beerenartig. — Nur 1 Gattung.

Ephedra L. Meerträubel. Mit den Merkmalen der Familie. — Etwa 40 Arten, xerophil, von Innerasien bis Mittelmeergebiet, einige in Mittel-Europa, westlichem Nord-Amerika bis Mexiko, südliche Anden.

Familie **Gnetaceae**

Kletternde oder aufrechte Holzgewächse mit gegenständigen, netzadrigen Blättern; ♂ Blüten zahlreich in den Achseln verbundener Hochblattpaare, aus einer taschenförmigen Hülle und einem Stiel mit 1—2 Staubbeuteln bestehend, ♀ Blüten quirlig, mit 2 Hüllen und 1 röhrenförmigen Keimmund.

Gnetum L. Einzige Gattung mit den Merkmalen der Familie. — Etwa 15 Arten in den Tropen (nicht behandelt).

Beschreibung der Nadelgehölze

ABIES Mill. — TANNE — PINACEAE

Immergrüne, große, kegelig wachsende Bäume mit abstehenden, mehr oder weniger quirlständigen Ästen, Borke alter Bäume dick und rissig, an jungen Bäumen meist glatt, oft mit Harzblasen; Triebe glatt, seltener mit Furchen; Knospen harzig oder auch ohne Harz, kugelig, eiförmig bis spindelförmig; Nadeln meist gescheitelt, oft auch rings um den Zweig gestellt, an seitlichen Trieben oft 2zeilig-kammförmig, flach, am Grunde stielartig verschmälert, mit verbreiterter Basis dem Zweig aufsitzend, nach dem Abfallen eine kreisrunde, flache Narbe hinterlassend, oben meist gefurcht, mit oder ohne Stomabänder, unten mit Stomabändern, mit 2, seltener 4 Harzkanälen; Blüten 1häusig; ♂ Blüten einzeln in den Achseln der oberen Nadeln, hängend, Pollenkörner mit 2 Flugblasen; ♀ Blüten einzeln, aufrecht, endständig; Deckschuppen nach der Blüte oft sich vergrößernd und dann über die Fruchtschuppe hinausragend; Zapfen aufrecht, eilänglich bis zylindrisch, bei der Reife bis auf die stehenbleibende Achse (Spindel) zerfallend; Samen mit Harzbläschen und angewachsenem Flügel, Keimblätter 4—10; $x = 12$. — Etwa 40 Arten in der nördlichen gemäßigten Zone sowie Nord-Afrika und im Himalaja.

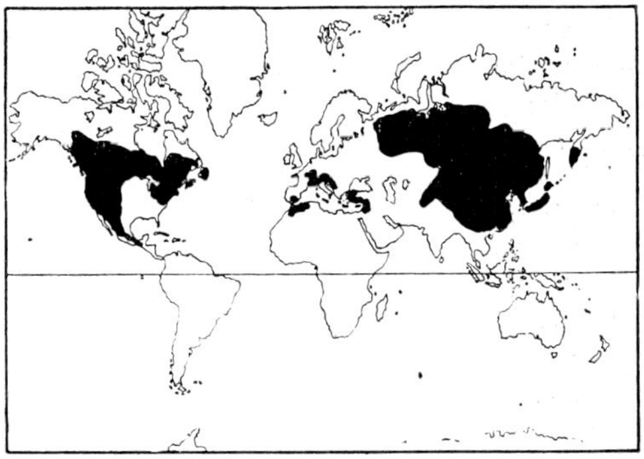

Abb. 6. Arealkarte der Gattung *Abies*

Wichtige Merkmale der besprochenen Arten

Abies-Arten	Jungtriebe						Knospen			
	gefurcht	nicht gefurcht	kahl	behaart	stark behaart	Färbung	harzfrei	leicht harzig	stark harzig	Form
firma	× —	×			×	graubraun		×		klein
holophylla	× —	×	×			graugelb		×		eiförmig, klein
delavayi	×		×			rotbraun		×		dick, eiförmig
— *delavayi*	×		×	×		gelbbraun		×		eiförmig
fargesii	×		×			rötlich		× —	×	rund
homolepis	×		×			gelb		×		eiförmig
kawakamii	×			×		gelblich	×			eiförmig, klein
religiosa	×			×		rotbraun-rötlich		×		eiförmig
sachalinensis	×			×		grau			×	eiförmig
spectabilis	×			×		rotbraun		×		kugelig, groß
delavayi faxoniana	×				×	rötlich			×	eiförmig
koreana	×				×	gelblichrot		×		rund
bracteata		×	×			grünlich	×			spindelförmig
numidica		×	×			gelbgrün	×			eiförmig, groß
concolor		×	×			gelbgrün		×		rund
chensiensis		×	×			graugelb		×		eiförmig
pinsapo		×	×			braun		×		eiförmig
pindrow		×	×			graugelb		×		kegelförmig, groß
insignis		×	×			rostbraun		×		eiförmig
vilmorinii		×	×			rostbraun		×		dick, stumpf
recurvata		×	×			graugelb			×	eiförmig
equi-trojani		×	×			gelblich			×	eiförmig
cephalonica		×	×			braunrot			×	eiförmig
nordmanniana		×	× —	×		grüngelb	×			spitzeiförmig
sutchuenensis		×	× —	×		dunkelbraun		×		eiförmig
delavayi forrestii		×	× —	×		dunkelbraun			×	verkehrteiförmig
alba		×		×		graubraun	×			klein
cilicica		×		×		graubraun	×			eiförmig, klein
sibirica		×		×		grau		×		kugelig
mariesii		×		×		rostbraun		×		rund, klein
excelsior (*grandis*)		×		×		olivgrün		×		eiförmig
lasiocarpa		×		×		aschgrau		×		eiförmig, klein
— *arizonica*		×		×		gelbbraun		×		eiförmig, klein
magnifica		×		×		bräunlich		×		rund, klein
procera		×			×	braunrot		×		rund, klein
veitchii		×		×		braun			×	rund, klein
nephrolepis		×			×	graugelb		×		eiförmig
borisii-regis		×			×	gelblich		×		eiförmig
nebrodensis		×			×	braun		×		eiförmig
balsamea		×			×	graugelb			×	eiförmig, klein
fraseri		×			×	graugelb			×	rund, klein
squamata		×			×	braun			×	kugelig
amabilis		×			×	graubraun			×	rund, klein
bornmuelleriana		×			×	braun			×	spitzeiförmig

(×) = Stoma oberseits nur an der Spitze.

Abies-Arten	Nadeln Länge in mm	Spitze	Stoma oben	Stoma unten	
firma	35	tief gekerbt	(×)	×	Nadeln unten grünlichweiß
holophylla	20—40	rund—spitz		×	Nadeln unten grauweiß
delavayi	15—25	kerbig—2spitzig		×	Nadeln unten weiß
— *delavayi*	15—25	rund		×	Nadeln stehen sehr dicht
fargesii	20—30	kerbig		×	Nadeln unten weiß
homolepis	20—30	kerbig		×	Nadeln unten breit weiß
kawakamii	15—25	spitz—kerbig		×	Nadeln unten weiß
religiosa	15—35	spitz (kerbig)		×	Nicht winterhart bei uns!
sachalinensis	40	rund—kerbig		×	Nadeln unten mattweiß
spectabilis	30—60	rund—kerbig		×	Nadeln unten breit weiß
delavayi faxoniana	15—25	rund—kerbig		×	Nadeln unten weiß
koreana	10—20	rund—kerbig		×	Nadeln unten kalkweiß
bracteata	30—60	dornspitzig		×	Knospen 20—25 mm lang
numidica	15—20	rund—kerbig		×	nur wenige Stoma
concolor	40—60	spitz—kerbig	×	×	Nadeln unten blaßgrün
chensiensis	15—30	spitz—2spitzig		×	Nadeln unten grau
pinsapo	15—20	spitz	×	×	Nadeln hart, stechend
pindrow	30—60	kerbig		×	Nadeln unten grau
insignis	20—30	stumpf—rund		×	Nadeln unten weiß
vilmorinii	20—30	spitz—stechend		×	Nadeln unten blaugrün
recurvata	15—35	spitz		×	Nadeln stark zurückgebogen
equi-trojani	15—25	spitz—kerbig	×	×	Nadeln unten weiß
cephalonica	15—28	spitz—rund	(×)	×	Nadeln lang zugespitzt
nordmanniana	20—35	rund—kerbig		×	Nadeln unten weißlich
sutchuenensis	15—25	spitz—stumpf		×	Nadeln unten weiß
delavayi forrestii	40	rund		×	Nadeln unten breit weiß
alba	15—30	rund—kerbig		×	Nadeln kammförmig gescheitelt
cilicica	20—30	rund—kerbig		×	Nadeln unten schmal weiß
sibirica	30	rund—2spitzig		×	Nadeln ganz weich
mariesii	8—20	kerbig—rund		×	Nadeln unten weiß
excelsior	30—60	rund—kerbig		×	Nadeln gerieben scharf riechend
lasiocarpa	25—40	kerbig—spitz	×	×	Nadeln unten breit graugrün
— *arizonica*	20—30	2spitzig—kerbig	×	×	Nadeln oben blauweiß, unten weiß
magnifica	40	rund	×	×	Nadeln unten grau
procera	25—35	rund	×	×	Nadeln unten grau
veitchii	10—25	rund—kerbig		×	Nadeln unten kalkweiß
nephrolepis	10—25	rund—kerbig			Nadeln unten grünlich
borisii-regis	30	spitz—rund		×	Nadeln unten weiß
nebrodensis	12—20	rund—kerbig		×	Nadeln unten weiß
balsamea	15—25	rund—kerbig		×	geriebene Nadeln aromatisch
fraseri	15—25	rund—kerbig		×	Nadeln unten breit weiß
squamata	15—25	rund—spitz		×	Rinde stark abblätternd
amabilis	20—30	rund—kerbig		×	geriebene Nadeln mit Orangenduft
bornmuelleriana	20—35	kerbig—spitz	×	×	Nadeln unten weiß

Abb. 7. *Abies alba* in der Staatsreservation Dürsrüti im Kanton Bern, Schweiz (350 Jahre alt, Durchmesser 155 cm, Höhe über 50 m)

Abb. 8. *Abies alba* 'Green Spiral' im Secrest Arboretum, Wooster, Ohio, USA

Abb. 9. *Abies amabilis* am Stevens Pass, Cascade Mts., Nord-Amerika

Abies alba Mill. Gemeine Weiß-Tanne. Baum 30—50(—60) m, Stamm kerzengerade, Rinde grau, an alten Stämmen schuppig, Äste quirlständig, waagerecht, Rinde glatt, Zweige graubraun, rauh behaart, Knospe eiförmig, harzlos oder leicht beharzt; Nadeln kammförmig gescheitelt, die oberen kürzer, an der Spitze rund bis gekerbt oder 2spitzig, 20—35 mm lang, oben dunkelgrün, glänzend, gefurcht, gelegentlich einige Stomalinien an der Spitze, unten mit 2 weißen Streifen; Zapfen aufrecht, 10—14 cm lang, jung grünlich, reif braun, Schuppen 25 bis 30 mm breit, außen filzig, Deckschuppen vorragend, zurückgeschlagen. KHN 14, Taf. 1 (= *A. pectinata* DC.). Gebirge von Mittel- und Süd-Europa, in Deutschland im Schwarzwald, Bayern, Thüringer Wald. ✶ Abb. 7, 10, 11, 17.

'Aurea'. Blätter teilweise ganz goldgelb, die anderen grün. Unbeständig. Vor 1861.

'Columnaris'. Schlanke Säulenform, Äste zahlreich, sehr kurz, gleich lang; Nadeln etwas kürzer und breiter als bei der Art. 1855 in Frankreich gefunden.

'Fastigiata'. Wuchs breit säulenförmig, Habitus wie *Populus nigra* 'Italica', nicht über 3 m breit, Äste in spitzem Winkel ansteigend; Nadeln viel kürzer und dünner, 10—20 mm lang, häufig nach oben gekrümmt. 1846 von Sénéclauze in Kultur gebracht.

'Green Spiral'. Hängeform, Stamm senkrecht, aber in Form einer weiten Spirale gedreht, Äste kurz, in kleinem Bogen abwärts gerichtet; Nadeln kürzer und dichter stehend als bei *A. alba*. Herkunft unbekannt. Die in Abb. 8 gezeigte Pflanze im Secrest Arboretum, Wooster, Ohio, USA (1973 photographiert), wurde 1916 als 30 cm hohe Veredelung ausgepflanzt, geliefert von der Biltmore Nursery als *A. alba* „Tortuosa". ■

'Pendula'. Säulenform, Äste kürzer oder länger, senkrecht, herabhängend und den Stamm ganz bedeckend, aber auch ohne Mitteltrieb und dann schirmartig. KHN Taf. 1. Mehrfach wild aufgefunden, wahrscheinlich zuerst 1835 in Frankreich, in der Baumschule Godefroy in Ville d'Avray.

'Pyramidalis'. Wuchs breit säulenförmig, etwa 3 m breit, Habitus wie eine Pyramiden-Pappel, Äste spitz ansteigend; Nadeln alle radial, nicht 2zeilig, nur 10 bis 20 mm lang. KHN Taf. 1. 1850 zuerst in England in Kultur, später auch in Frankreich gefunden, ferner in Württemberg.

A. amabilis (Dougl.) Forbes. Purpur-Tanne. Hoher Baum, 75—80 m hoch, vom Boden an beastet, Krone kegelförmig, Rinde dünn, grau bis weiß, Knospen kugelig, stark, harzig, Zweige dicht behaart, grau, Äste ausgebreitet etagenförmig; Nadeln sehr dicht stehend, oben bürstenförmig, seitliche Reihen abstehend, unten gescheitelt, 20—30 mm lang, 2 mm breit, oft über der Mitte am breitesten, Spitze abgestutzt oder 2spitzig, oben dunkelgrün, gefurcht, unten mit 2 breiten weißen Stomabändern zu je 5—6

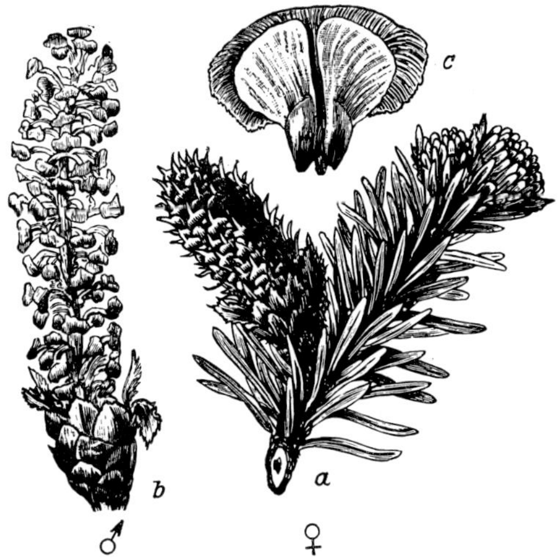

Abb. 10. *Abies alba.* a ♀ Blütenstand; b ♂ Blütenstand; c Fruchtschuppe mit Samen (nach Beissner)

Linien, gerieben angenehm nach Orangen duftend; Zapfen aufrecht, eikegelförmig, 10 bis 14 cm lang, vor der Reife dunkelpurpurn, Schuppen 25—28 mm breit, Deckschuppen nicht sichtbar. KHN 15 und 19, Taf. 1 (= *A. grandis* Dougl. sens. Franco). Britisch-Kolumbien bis Oregon. 1830. Sehr schöne, harte, aber trotzdem bei uns seltene Art. ✶✶✶ Abb. 9, 12, 17.

'Spreading Star'. Niedrige, breitwachsende Form, Stamm kann bis 1 m hoch werden, Äste waagerecht ausgebreitet. KHN Taf. 3 (= *A. amabilis procumbens* Hort.). Vor 1960 im Pinetum Blijdenstein, Hilversum, Holland, entstanden. Ⓢ

A. balsamea (L.) Mill. Balsam-Tanne. Mittelhoher Baum, 15—25 m hoch, Stamm schlank, Krone spitz kegelförmig, Rinde aschgrau mit zahlreichen Harzbeulen, zuletzt schuppig, junge Zweige gelbgrau, zerstreut behaart, Knospen eirund, klein, glasig beharzt; Blätter oben mit V-förmiger Furche, aufwärts und vorwärts gerichtet, unten und an schwächeren Trieben gescheitelt, 15—25 mm lang, Spitze rund bis leicht 2spitzig, oben tiefgrün mit einigen kurzen Stomalinien an der Spitze, unten mit 2 weißen Stomabändern zu je 5—6 Linien, gerieben stark balsamisch duftend; Zapfen aufrecht, klein, länglich, 5—7 cm lang, vor der Reife violettpurpurn, Schuppen 1,5 cm breit, Deckschuppen verborgen oder leicht vorragend. KHN 15 und 19. Verbreiteste Tannenart in allen nördlichen Staaten von Nord-Amerika, meist auf Bergen und in sumpfigen Lagen. ✶ Abb. 11, 17.

'Argentea'. Nadeln mit weißer Spitze.

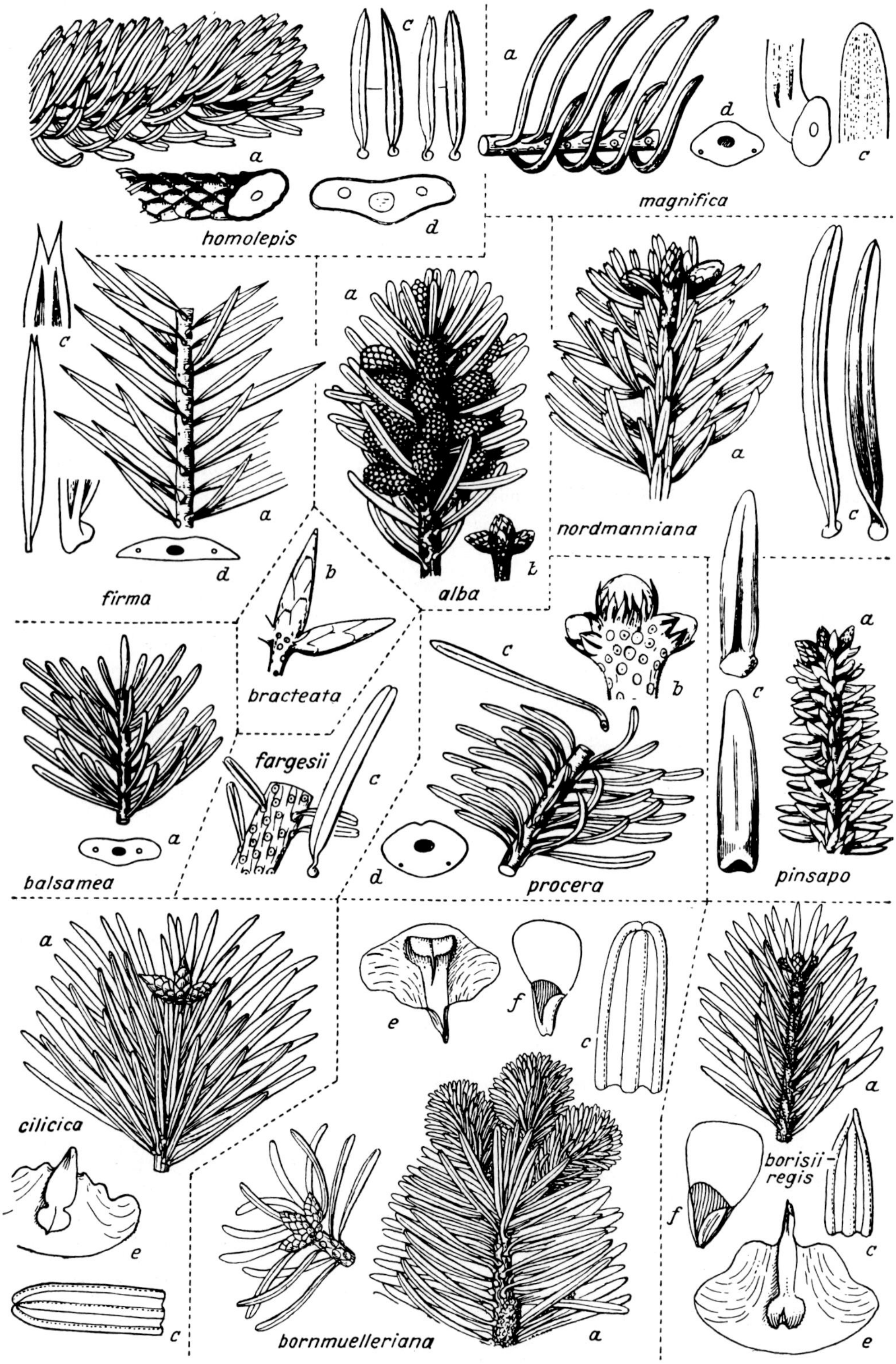

Abb. 11. *Abies*-Arten. Es bedeuten überall: a Zweig; b Knospe; c Nadel; d Nadelquerschnitt; e Zapfenschuppe; f Same (nach HICKEL, MATTFELD, MAYR, SHIRASAWA, SILVA TAROUCA)

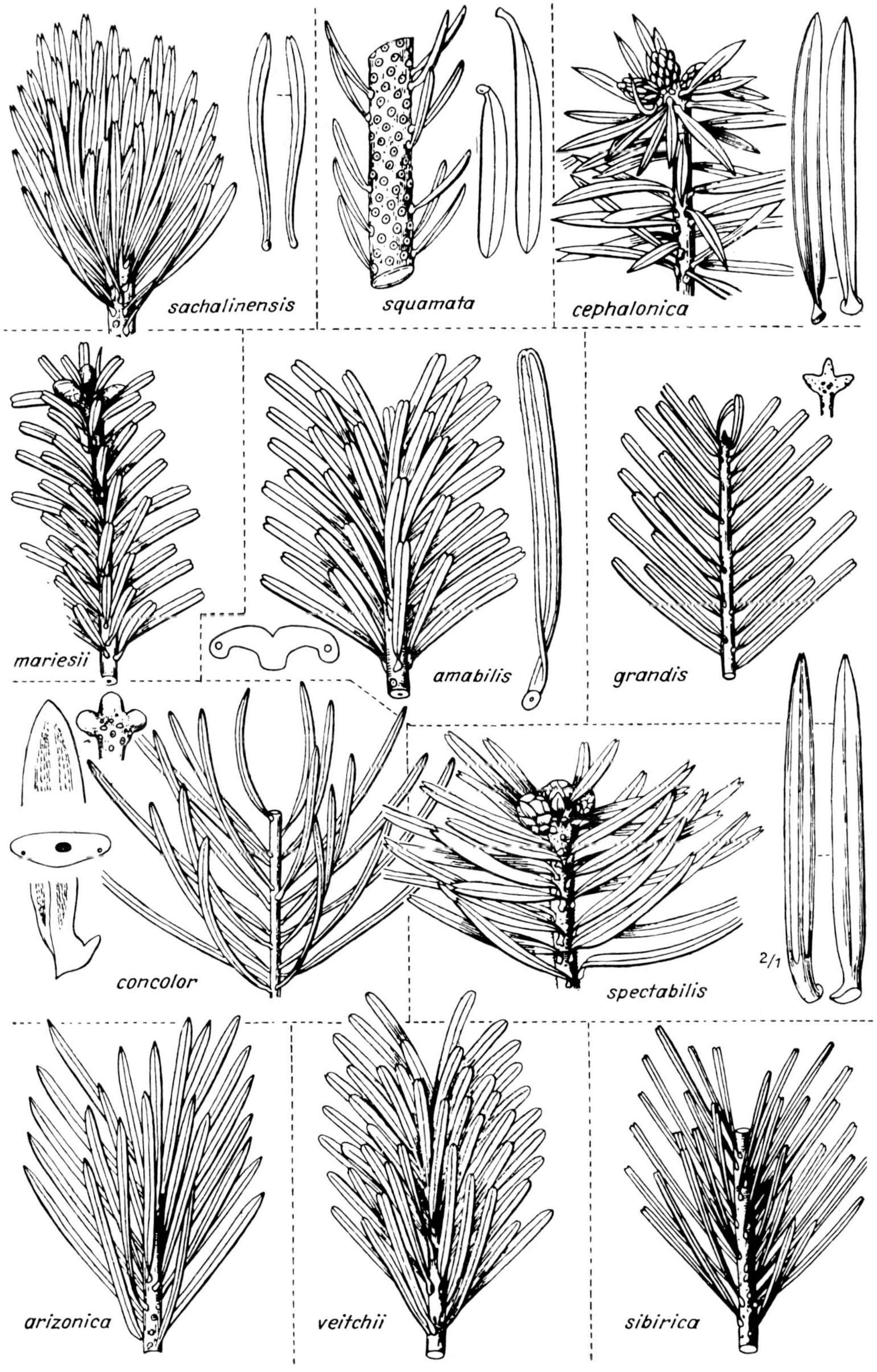

Abb. 12. *Abies*-Arten. Zweige, Nadeln und Querschnitte (nach HICKEL, SHIRASAWA, SILVA TAROUCA, TRABUT)

Abb. 13. *Abies bornmuelleriana* im Arboretum Amance

Abb. 14. *Abies chensiensis* (Forrest Nr. 430975) im Hillier Arboretum

f. **hudsonia** (Bosc) Fern. & Weatherby. Zwergform, Wuchs breit, Äste sehr dicht, Zweige zahlreich, kurz; Nadeln kurz, breit, flach, oben schwarzgrün, unten blaugrün. Gebirgsform aus New Hampshire, Weiße Berge, oberhalb der Baumgrenze. 1810.

'Nana'. Zwergform, rundlich, Äste ausgebreitet, dicht; Nadeln kurz, dicht, dunkelgrün (nicht schwarzgrün!), unten blau-weiß. Vor 1850. ✶

A. borisii-regis Mattf. Steht zwischen *A. alba* und *A. cephalonica,* Merkmale etwas schwankend. Hoher Baum, nur im unteren Teil beastet, junge Zweige hellgelb, stark gelb oder schwarz behaart, doch bald kahl, Knospen leicht harzig; Nadeln dicht, oben ungescheitelt, nach oben und den Seiten abstehend, bis 30 mm lang, spitz bis fast stechend, mitunter etwas ausgerandet, oben gefurcht, meist ohne Stomata, unten mit 2 weißen Stomabändern zu je 6 bis 10 Linien; Zapfen zylindrisch bis kegelförmig, bis 15 cm lang, Fruchtschuppen kurzfilzig, Deckschuppen vorragend, zurückgeschlagen. KHN 14. Gebirge in Süd-Bulgarien, Mazedonien, Griechenland. 1883. Abb. 11.

A. bornmuelleriana Mattf. Steht zwischen *A. cephalonica* und *A. nordmanniana.* Hoher Baum, bis zum Boden beastet, junge Zweige braun, ganz kahl, Knospen stark verharzt; Nadeln sehr dicht, derb, oben ungescheitelt, 25 bis 35 mm lang, rund bis ausgerandet, an Fruchttrieben auch spitz, beiderseits mit Stomata, unten mit 2 deutlichen weißen Bändern; Zapfen zylindrisch, bis 15 cm lang und 5 cm dick, Schuppen 25—40 mm breit, Deckschuppen vorragend, zurückgeschlagen. KHN 14. Nordwest-Kleinasien, waldbildend. Abb. 11, 13.

A. bracteata (D. Don) D. Don. Baum, 20—30 (bis 60) m hoch, Krone breit kegelförmig, Rinde glatt, braun, an alten Stämmen an der Basis gefurcht, Äste dicht stehend, die unteren hängend, junge Zweige grünlich, kahl, Knospen spindelförmig, 15—25 mm lang; harzfrei; Nadeln locker stehend, kammförmig gescheitelt, sehr steif, 30—60 mm lang, 2—3,5 mm breit, scharf zugespitzt, stechend, oben glänzendgrün, kaum gefurcht, unten mit 2 silberweißen Stomabändern zu je 8—10 Linien; Zapfen eiförmig, 7—10 cm lang, rötlichbraun, harzig, Deckschuppen in 3—5 cm lange, steife Grannen endigend. KHN 19 und 20, Taf. 4 (= *A. venusta* [Dougl.] K. Koch). Süd-Californien, kühle und feuchte Gebirgstäler. 1853. Bei uns in milden Gegenden hart. (Bonn). ✶✶ Abb. 11, 16.

A. cephalonica Loud. Griechische Tanne. Baum, 15—30 m hoch, Rinde grau, glatt, an älteren Bäumen rissig, Krone kegelförmig, Äste waagerecht abstehend, sehr dicht, junge Zweige kahl, glänzend hellbraun, Knospen eiförmig, stark verharzt; Nadeln radial abstehend, etwas nach vorn gerichtet, die oben in der Mitte stehenden kürzer, 15—28 mm lang, steif, allmählich verschmälert in eine scharfe, mitunter stechende Spitze, vor allem an jungen Bäumen, oben glänzend, dunkelgrün, an der Spitze mit Stomalinien, unten 2 weiße Stomabänder zu je 5—6 Linien; Zapfen zylindrisch, 12—16 cm lang, 4 bis 5 cm breit, braun, stark, harzige Deckschuppen vorragend und zurückgeschlagen. KHN 14, Taf. 2 (= *A. panachaica* Heldr.; *A. reginae amaliae* Heldr.). Gebirge in Griechenland. 1824. ✶ Abb. 12, 15, 28.

var. **apollinis** (Link) Beissn. Zweige gelblich; Nadeln derber, breiter, kurzspitzig, oben dichter gestellt, nur wenige Nadeln nach unten gerichtet (= *A. apollinis* Lk.). Parnaß. Von MATTFELD als der Typ von *A. cephalonica* angesehen, mit Merkmalen, die den Zweigen älterer Bäume entnommen wurden.

'Meyer's Dwarf'. Wuchs breit und niedrig, ohne Gipfeltrieb, Zweige und Triebe kürzer als beim Typ; Nadeln nur 8—15 mm lang (= *A. cephalonica* 'Nana'). Herkunft unbekannt, doch schon seit 1963 in Kultur und von HILLIER, Winchester, und KONIJN, Reeuwijk, verbreitet.

A. chensiensis van Tiegh. Baum, bis 70 m hoch, Zweige kahl, graugelb, Knospen eiförmig, leicht harzig; Nadeln waagerecht abstehend, mehr oder weniger 2zeilig, linealisch, über der Mitte am breitesten, 15—30 mm lang, Spitze rund bis ausgerandet, seltener spitz, an jungen Pflanzen auch 2spitzig und scharf zugespitzt, oben glänzend dunkelgrün, unten mit graugrünen oder graublauen Stomabändern; Zapfen eilänglich, 7 bis 10 cm lang, anfangs grün, reif zimtbraun, Schuppen 30 mm breit, Saum unregelmäßig ausgefressen, außen filzig, Deckschuppen verborgen. KHN Taf. 4. Mittel-China. 1907. Abb. 14.

A. cilicica (Ant. & Kotschy) Carr. Zilizische Tanne. Baum, bis 20(—30) m, vom Boden an beastet, Krone schmal kegelförmig, Borke aschgrau, zuletzt tiefrissig, Äste sehr dicht und quirlig stehend, obere ansteigend, untere waagerecht bis überhängend, junge Zweige anfangs kurz und dünn behaart, doch bald kahl, glatt und gelbbraun, Knospen spitz eiförmig, 3—4 mm

Abb. 15. *Abies cephalonica* (Archiv-Bild)

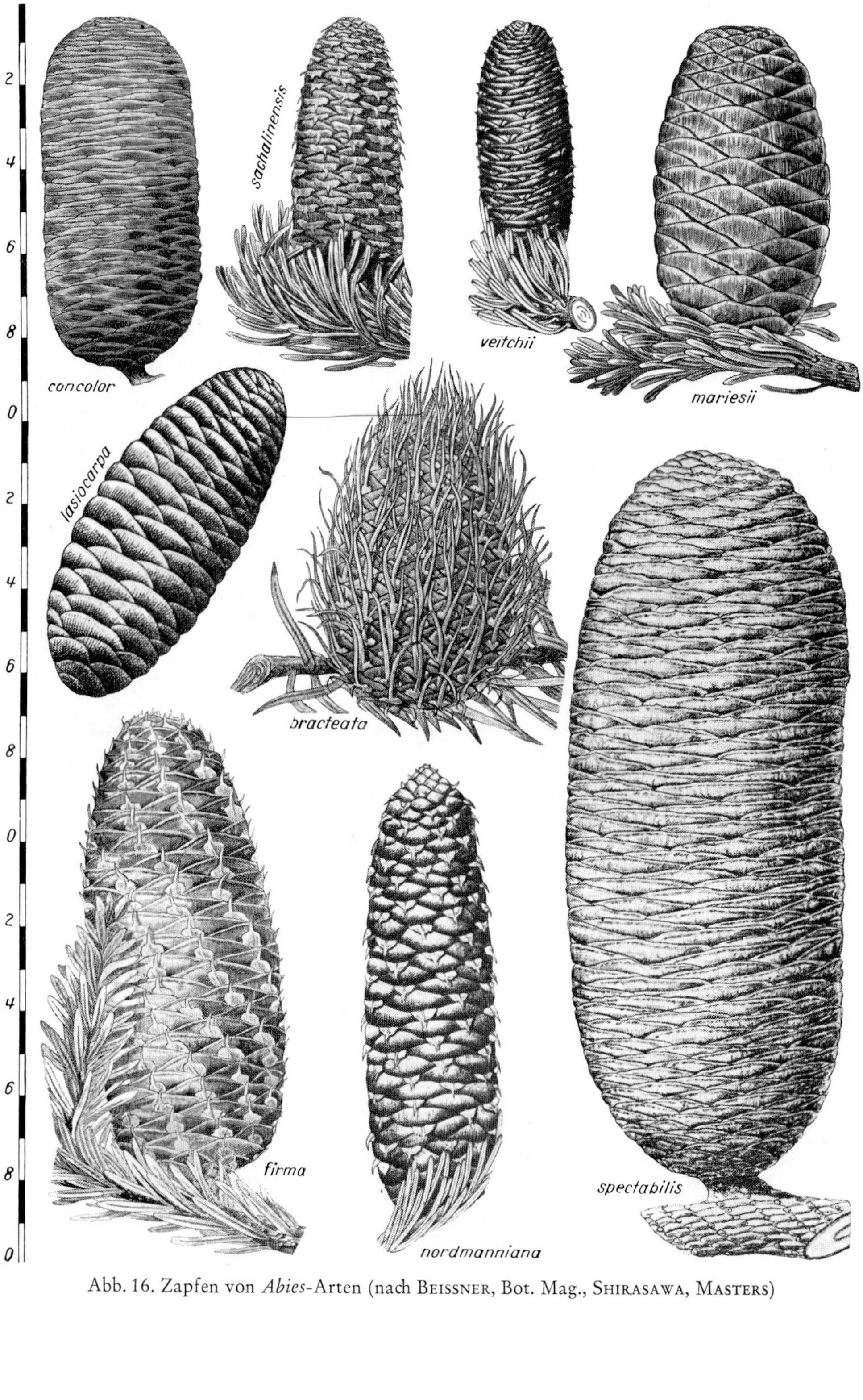

Abb. 16. Zapfen von *Abies*-Arten (nach Beissner, Bot. Mag., Shirasawa, Masters)

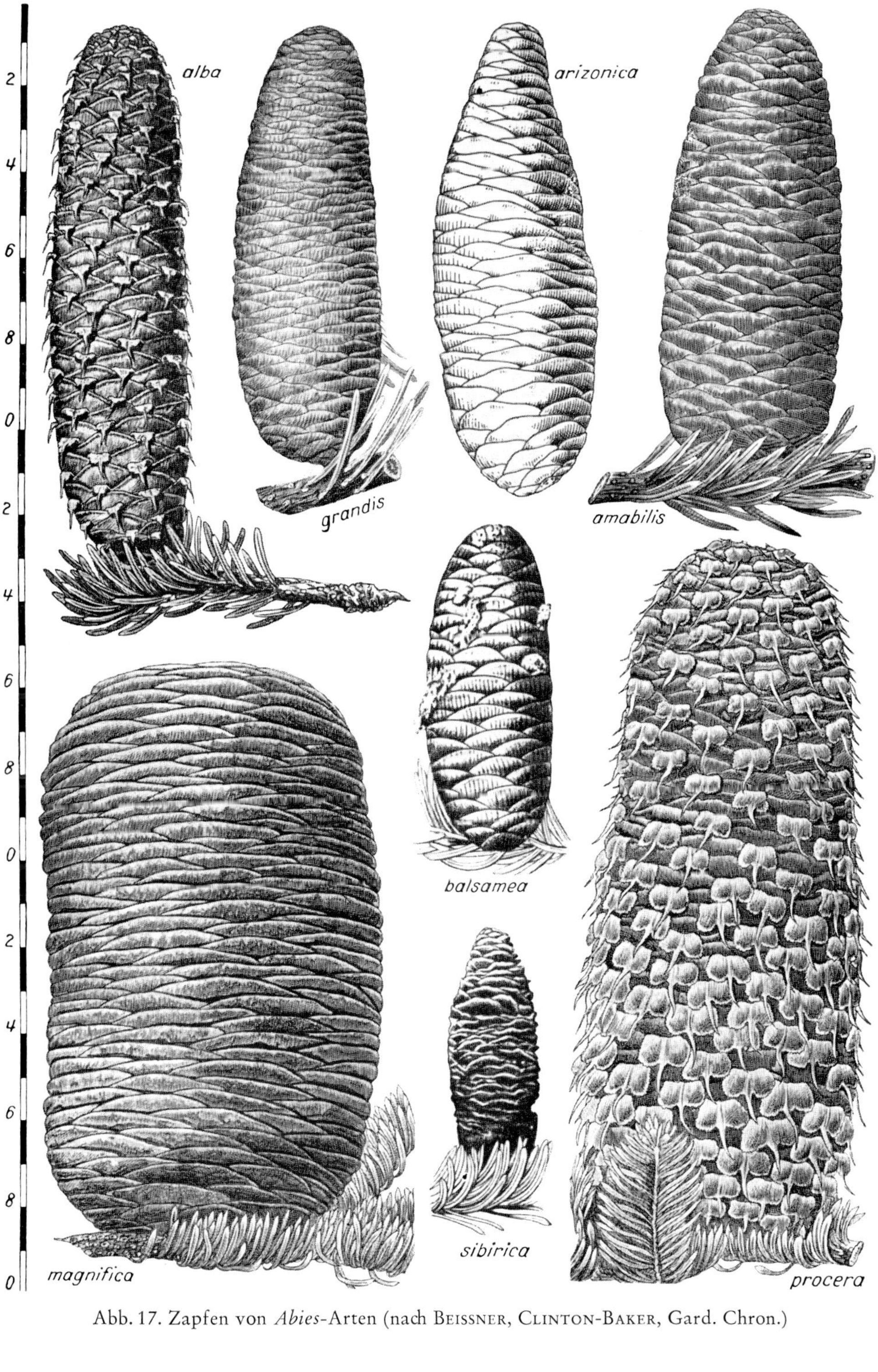

Abb. 17. Zapfen von *Abies*-Arten (nach BEISSNER, CLINTON-BAKER, Gard. Chron.)

lang, wenig harzig, Schuppen etwas vortretend; Nadeln ziemlich locker gestellt, auf der Zweigoberseite nach oben gerichtet mit V-förmiger Furche, 20—35 mm lang, nur 1—1,5 mm breit, Basis stark gedreht, Fuß breit schildförmig, Spitze ausgerandet, oben hellgrün, ohne Stomabänder, unten mit 2 weißen Stomabändern zu je 7 Linien; Zapfen sitzend oder kurz gestielt, zylindrisch, 20—30 cm lang, 4—6 cm breit. KHN 20, Taf. 3. Kleinasien, zilizischer Taurus, 1300—2000 m; waldbildend. 1853. Bei uns raschwüchsig, frühtreibend, mitunter spätfrostgefährdet. Sehr schöne Art. Identifikation nicht immer leicht! ✶ Abb. 11, 28.

A. **concolor** (Gord.) Hoopes. Kolorado-Tanne. Baum, 25—40 m hoch, bis unten hin beastet, Äste quirlständig, waagerecht abstehend, Rinde hellgrau, rauh, junge Zweige graugrün bis olivgrün, nahezu kahl, Knospen kugelig, harzig; Nadeln unregelmäßig stehend, meist sichelförmig aufwärts gekrümmt, die mittleren Reihen aufwärts und vorwärts gerichtet, linealisch, 40 bis 60 mm lang, spitz bis rundlich, oben mattgrün bis bläulich, konvex, mit Stomalinien, unten mit 2 blassen Stomabändern; Zapfen zylindrisch, 7—12 cm lang, an den Enden schmäler, vor der Reife grünlich oder rötlich, Schuppen fächerförmig, bis 25 mm breit, Deckschuppen verborgen. KHN 19 und 20, Taf. 4. Gebirge von Kolorado bis Süd-Californien. 1872. Bei uns eine der bekanntesten, raschwüchsigen, Trockenheit vertragenden und ganz harten Tannen. ✶ Abb. 12, 16.

Abb. 18. *Abies delavayi* in den Malahide Gardens, Irland

'Argentea'. Nadeln ganz silberweiß, wie bei den silbrigen Formen von *Picea pungens*. Bei Niemetz in Temesvar, Rumänien, beobachtet. 1903.

'Aurea'. Wuchs robust, Austrieb im Mai ganz goldgelb, später jedoch silbergrau verfärbend. Vor 1906 bei Ansorge, Hamburg, entstanden.

'Candicans'. Eine bei Détriché in Angers, Frankreich, entstandene Form, im Wuchs ebenso regelmäßig wie die Art; Nadeln nahezu weiß. (Les Barres). ✶✶

'Compacta'. Zwergform, unregelmäßig strauchig, gedrungen, Knospen und Äste wie beim Typ, Zweige aber viel dichter, Jahrestriebe 3—5 cm lang; Nadeln derber, aufrecht oder sichelförmig, 25—40 mm lang, blau bereift. Von Hornibrook beobachtet. Vor 1923. Selten.

'Compacta Glauca' → **'Compacta'.**

'Fastigiata'. Wuchs säulenförmig, Äste sehr kurz, ansteigend. Schon vor 1889 in der Baumschule von Thibault & Keteleer in Sceaux bei Paris gefunden.

var. **lowiana** (Gord.) Lemm. Baum, stets kerzengerade, bei uns 25—30 m hoch, in seiner Heimat bis 75 m, Krone kegelförmig, Rinde alter Stämme sehr dick, rissig, an jungen Pflanzen in unregelmäßigen Schuppen, Äste steifer und regelmäßiger quirlständig, junge Zweige gelblich, fein behaart bis kahl, Knospen klein, stumpf, stark harzig; Nadeln meist ziemlich regelmäßig 2reihig, aufrecht, in V-Form gescheitelt, obere Reihen etwas kürzer als die anderen, 45—60 mm lang, 2—2,5 mm breit, flach, rund, mitunter auch etwas ausgerandet, oben mit Ausnahme des letzten Drittels gefurcht, mattgrün, mit Stomalinien, unten mit 2 weißen Stomabändern; Zapfen wie beim Typ, jedoch vor der Reife grün (= *A. lowiana* Murray; *A. concolor lasiocarpa* Voss). Siskiyou Mountains (südl. Oregon) und Sierra Nevada (Kalifornien). 1851. Bei uns ganz hart. ✶✶

'Pendula'. Trauerform, Stamm meist säulenförmig aufrecht, Äste und Zweige schlaff herabhängend. Vor 1896 bei Simon Louis Freres in Plantières entstanden; in Les Barres noch vorhanden.

'Piggelmee' (Draijer 1972). Zwergform, kaum über 30 cm hoch werdend; Nadeln sehr dicht stehend, 2—3 cm lang, blaugrau. Aus einem Hexenbesen erzogen. ✶ ■

'Pyramidalis'. Wuchs kräftig aufrecht, aber die Äste und Zweige alle schräg ansteigend. Whitnal Park, Chicago. ■

'Violacea'. Nadeln herrlich blauweiß. Im natürlichen Verbreitungsgebiet mit dem Typ vorkommend. 1879. Ganz hart. Nicht selten. ✶✶✶

'Wattezii'. Nadeln im Austrieb blaßgelb, allmählich silberweiß verfärbend. Als Mutation an *A. concolor* aufgetreten bei D. Wattez in Bussum, Holland. 1900.

'**Wintergold**'. Wuchs ziemlich normal kräftig; Nadeln im Austrieb gelb, aber bald nur noch fleckig gelbgrün. Selektiert von G. HORSTMANN, Schneverdingen. Gartenwert gering. ■

A. delavayi (van Tiegh.) Franch. Hoher Baum, regelmäßig kegelförmig, Krone zuletzt zedernartig breit, junge Zweige glänzend rotbraun, meist kahl oder in den Furchen behaart, Knospen dick eiförmig, rotbraun, harzig; Nadeln oben gehäuft, fast radial gestellt, 15—30 mm lang, 2 mm breit, Rand stark nach unten eingerollt (typisch!), unten Mittelrippe stark vortretend, 2 weiße Stomabänder, doch meist durch die eingerollten Nadelränder verdeckt; Zapfen schwarzviolett, Schuppen keilförmig, Deckschuppen etwas vorragend. Yunnan, West-China, im Hochgebirge. Anscheinend unklar, ob die echte Art wirklich in Kultur ist (von REHDER bestritten, von CRAIB bezweifelt; wohl meist verwechselt mit der ähnlichen var. *forrestii*). Abb. 18, 28.

BESTIMMUNGSSCHLÜSSEL ZU *A. delavayi*, ihren Varietäten und einigen nahestehenden Arten (nach LIU, ergänzt)

- • Harzkanäle am Rande;
  - \+ Jahrestriebe kahl bis fast kahl; Deckschuppen spatelförmig, an der Spitze rund oder ausgeschnitten;
    - * Knospen rötlichbraun harzig, Triebe kahl bis fein behaart, zimtbraun; Nadeln an beiden Rändern stark eingerollt; Deckschuppen an der Spitze etwas ausgeschnitten:
      A. delavayi
    - ** Knospen weißlich harzig, Triebe kahl bis etwas behaart, rotbraun; Nadeln am Rande nicht eingerollt; Deckschuppen an ihrer Spitze rund:
      A. delavayi var. *forrestii*
  - ++ Jahrestriebe dicht behaart, rostrot bis purpurbraun; Deckschuppen länglich, an der Spitze 3eckig; Knospen gelblich harzig:
    A. delavayi var. *georgei*
- •• Harzkanäle zentral liegend oder dem Rande genähert;
  - \+ Jahrestriebe kahl; Blattbasis gelblich;
    - * Nadeln gescheitelt, an der Spitze meist ausgerandet, an jungen Bäumen meist 2-spitzig:
      A. fargesii
    - ** Nadeln dicht gedrängt, dick, oft spitz oder stumpflich:
      A. sutchuenensis
  - ++ Jahrestriebe dicht behaart; Blattstiele oder Blattbasis nicht gelblich;
    - * Rinde nicht dünn abblätternd; Nadeln ausgerandet oder stumpf, oben ohne Stomabänder:
      A. delavayi var. *faxoniana*

Abb. 19. *Abies delavayi* var. *faxoniana* im Hillier Arboretum

    - ** Rinde papierdünn abblätternd; Nadeln spitz bis stumpf, oben mit Stomabändern:
      A. squamata

var. **delavayi**. Baum, bis 40 m, junge Triebe anfangs fein behaart, doch bald kahl, gelblich bis braun, Knospen leicht beharzt; Nadeln dicht gedrängt, 15 bis 25 mm lang, Spitze rund oder abgestutzt, mitunter leicht ausgerandet, Rand scharf nach unten eingerollt, oben leicht gescheitelt, die mittelständigen Nadeln kürzer und fast aufrecht; Zapfen länglich, 6—8 cm lang, 3—4,5 cm breit, blauschwarz, Schuppen 20—25 mm breit, Deckschuppen spatelförmig, Anhängsel vorstehend und zurückgeschlagen (wie bei *A. fargesii* Franch.). KHN 20, Taf. 5 (= *A. fabri* [Mast.] Craib.). West-China, Yunnan. 1901. Sehr wahrscheinlich hart bei uns, aber unbekannt, ob schon in Kultur. ∧?

var. **faxoniana** (Rehd. & Wils.) A. B. Jacks. Baum, 20—40 m hoch, Krone kegelförmig, Rinde zuletzt dunkelgrau, rissig, Äste waagerecht abstehend, kurz, grau, rinnig, dünn behaart, junge Zweige graubraun, dicht rostrot zottig behaart, Knospen eiförmig, dunkelrot, stark harzig; Nadeln in 2 unregelmäßigen Reihen, dicht, auf der Oberseite kurz, 10—30 mm lang, meist scharf gekerbt, seltener stumpf, Rand leicht oder nicht eingerollt, oben glänzend dunkelgrün, gefurcht, unten mit 2 schmalen, kreideweißen Stomabändern; Zapfen sitzend, eilänglich, 5—8 cm lang, oben abgestutzt, jung violett, stark beharzt, Schuppen 15—20 mm breit, Deckschuppen etwas vor-

Abb. 20. *Abies fraseri* im Morton Arboretum, USA

ragend, gerade oder umgeschlagen (= *A. faxoniana* Rehd. & Wils.). China, Szechuan, Kansu, Yunnan, im Gebirge, 3500 m hoch. 1910. Bei uns hart. ✶✶ Abb. 19.

var. **forrestii** (C. C. Rogers) A. B. Jacks. Baum, 20 bis 40 m hoch, bei uns wohl nur halb so hoch werdend, steht dem Typ und var. *faxoniana* nahe, jung schön kegelförmig, junge Triebe glänzend rostrot, auffallend runzelig-warzig, nicht gefurcht, kahl oder mit verstreuten Haaren, Knospen groß, kugelig-eiförmig, dick, weiß behaart; Nadeln kammförmig gescheitelt, mit V-förmiger Furche, auf der Oberseite kürzer und fast senkrecht stehend, mitunter stark nach rückwärts gekrümmt, auf der Unterseite nach vorn und oben gekrümmt, 15—20(—30) mm lang, oben glänzend dunkelgrün, gefurcht, unten mit 2 breiten, weißen Stomabändern zu je 10 Linien; Zapfen walzenförmig, 8—9 cm lang, vor der Reife dunkelpurpurn, Deckschuppenspitzen gerade vorragend. KHN Taf. 5 (= *A. delavayi* var. *smithii* [Vig. & Gauss.] Liu; *A. forrestii* C. Coltm.-Rogers). West-China. 1910. Bei uns leider kaum in Kultur, aber zweifellos hart und schön, in England sehr bewährt. ✶

var. **georgei** (Orr) Melville. Steht var. *faxoniana* nahe. Baum, bis 20 m, junge Triebe dicht rötlich behaart; Nadeln nahezu kammförmig gescheitelt, 15 bis 20 mm lang; Zapfen eiförmig, 9 cm lang, Deckschuppen deutlich vorragend (= *A. georgei* Orr). West-China. 1923. ✶✶

A. equi-trojani Aschers. & Sint. Hoher Baum, ähnlich *A. bornmuelleriana*, zwischen *A. cephalonica* und *A. nordmanniana* stehend, Triebe ganz kahl, rotbraun, Knospen mehr oder weniger harzig; Nadeln sehr dicht stehend, 15 bis 26 mm lang, oben deutlich verschmälert, spitz bis stumpf, seltener ausgerandet, beiderseits mit Stomata, unten weiß; Zapfen walzenförmig, Deckschuppen weit vorragend und zurückgeschlagen. KHN Taf. 7. Westlich Kleinasien, Ida-Gebirge (Daz-Dagh), 1300—1800 m. Bei uns vermutlich hart; dürfte sich, nach SCHENCK, vielleicht für die bayrische Pfalz, die Rheinebenen von Baden und Hessen eignen. /\?

A. excelsior Franco. Große Küsten-Tanne. Schnellwüchsiger Baum, 30—90 m hoch, größte aller Tannenarten, Krone schön kegelförmig, Äste bogig abstehend, oben ansteigend, Rinde glatt und mit vielen Harzbeulen, zuletzt tiefbraun und rissig, junge Zweige dünn, olivgrün bis bräunlich, ganz fein behaart, Knospen klein, kugelig, glasig beharzt; Nadeln stets deutlich kammförmig gescheitelt, auf der Oberseite oft viel kürzer, 20—35 mm lang, 2 mm breit, gekerbt, flach, oben stets gefurcht, frisch glänzendgrün, ohne Stomata, unten 2 weiße Stomabänder zu je 7—10 Linien; Zapfen zylindrisch, 5 bis 10 cm lang, jung grünlichbraun, Schuppen 25—30 mm breit, ganzrandig, Deckschuppen sehr klein, ganz eingeschlossen. KHN 15 und 19 (= *A. grandis* Lindl.). Nord-Amerika, nördliche pazifische Küste. 1831. Bei uns gut hart und forstlich bedeutungsvoll, doch muß Wert auf Auswahl geeigneter Klimarassen gelegt werden. Liebt frischen Boden. ✶ Abb. 12, 17 (als *A. grandis*).

A. fargesii Franch. Baum, bis 40 m, als junger Baum regelmäßig kegelförmig und breit beastet, später flachkronig wie eine *Cedrus libani*, junge Triebe kahl, rotbraun bis purpurn, etwas gefurcht, Äste kurz und dick; Nadeln oben radial und gehäuft, mittlere Nadeln meist senkrecht, zuweilen auch nach rückwärts gebogen, auf der Unterseite gescheitelt, 20—30 mm lang, ausgerandet bis 2spitzig, oben dunkelgrün, gefurcht, unten mit 2 weißen Stomabändern; Zapfen 5 bis 8 cm lang, rotbraun oder grau, in der Jugend purpurn, Schuppen 15—20 mm breit, Deckschuppen vorstehend und zurückgeschlagen. KHN 18, Taf. 7. Hochgebirgstanne in China, Nordwest-Hupeh und Ost-Szechuan. 1901. Eine der schönsten, harten und gut gedeihenden chinesischen Tannen. ✶ Abb. 11, 28.

A. firma S. & Z. Momi-Tanne. Baum, bis 50 m (höchste und stattlichste Tanne in Japan), bei uns kaum über 20 m, Krone regelmäßig kegelförmig, Rinde dunkelgrau, zuletzt rauh, schuppig, Zweige waagerecht abstehend, junge Zweige hellgraugelb, gefurcht, in den Furchen leicht behaart, Knospen leicht harzig; Nadeln kammförmig, derb und steif, bis 35 mm lang, am breitesten in der Mitte, an Jungpflanzen scharf 2spitzig, an älteren stumpf oder ausgerandet, oben dunkelgrün, gefurcht, an der Spitze mit einigen kurzen Stomalinien, unten hellgrün, mit undeutlichen, graugrünen Stomabändern; Zapfen zylindrisch, 10—12 cm lang, vor der Reife gelblich, Schuppen bis 25 mm breit, Deckschuppen vorragend, nicht umgeschlagen. KHN 16 und 17 (= *A. momi* Sieb.; *A. bifida* [S. & Z.] Antoine). Japan. 1861. Hart. Durch ihr starkes Wachstum nur für große Parks geeignet. Braucht im Sommer viel Feuchtigkeit. ✶ Abb. 11, 16.

A. fraseri (Pursh) Poir. Kleiner Baum, 9—12 m hoch, Krone schlank kegelförmig bis kugelförmig, junge Rinde glatt und mit Harzbeulen, zuletzt schuppig, junge Triebe grau bis gelbbraun, dicht kurzhaarig (Haare länger als bei der ähnlichen *A. balsamea* und nicht gerade, sondern gewunden), Knospen klein, eiförmig bis rundlich, stark harzig; Nadeln oberseits gescheitelt, 12—20 mm lang, 1 mm breit, ausgerandet oder rund, flach, oben gefurcht, dunkelgrün, an der Spitze oft mit Stomalinien, unten mit 2 breiten Stomabändern zu je 8—12 Linien; Zapfen klein, 3—5 cm lang, eiförmig, vor der Reife purpurn, Schuppen wie bei *A. balsamea*, Deckschuppen weit vorragend und zurückgeschlagen (= *A. balsamea fraseri* Spach). Alleghany-Gebirge. In den Kulturen und Gärten oft fälschlich als „*A. balsamea*" bezeichnet. Abb. 20.

A. holophylla Maxim. Baum, bis 30 m, im Habitus ähnlich *A. alba* und *A. firma* (mit letzterer nahe verwandt), Zweige hellgelb, schwach gefurcht, kahl, Knospen klein, dünn weiß beharzt; Nadeln dicht, unten kammförmig, 35—40 mm lang, an der Spitze kürzer, 2 mm breit, oben mit V-förmiger Furche, steif, kräftig, lederartig, Spitze bei jungen Pflanzen scharf und stechend, bei älteren stumpf, oben flach, glänzend grün, leicht gefurcht, unten mit 2 mattgrauen Stomabändern zu je 6—8 Linien; Zapfen zylindrisch, kurz gestielt, bis 14 cm lang und 4 cm dick, jung grün und stark harzig, Schuppen 30 bis 50 mm breit, Deckschuppen sehr klein, ganz verborgen. KHN Taf. 6. Korea, Mandschurei. 1905. Gut winterhart. ✶

Abb. 21. *Abies homolepis* (Archiv-Bild)

A. homolepis S. & Z. Nikko-Tanne. Baum, bis 40 m hoch, Rinde grau, schuppig, Krone regelmäßig kegelförmig, Äste kräftig, regelmäßig steif abstehend, junge Zweige tief gefurcht, hell gelbbraun, glänzend, kahl, Knospen eikegelförmig, stumpf, harzig; Nadeln sehr dicht, ziemlich steif, oben aufwärts und seitwärts stehend, mit V-förmiger Furche, unten gescheitelt, seitlich stehende Nadeln 20—30 mm lang, oben nur 10—20 mm lang, 1,5—2 mm breit, meist kurz 2spitzig; Zapfen sitzend, zylindrisch, 8 bis 9 cm lang, 3 cm breit, jung purpurviolett, reif bräunlichpurpurn, Schuppen zahlreich, sehr dünn, Deckschuppen eingeschlossen, halb so lang wie die Schuppen. KHN 16 und 18, Taf. 6 (= *A. brachyphylla* Maxim.). Japan. 1854. Als junge Pflanze Schatten liebend und verlangend, recht gut hart. ✱✱ Abb. 11, 21, 28.

'Malahide'. Zwergform, Wuchs kegelförmig aufrecht, schwachwüchsig, sehr dicht bezweigt, alle Äste und Triebe schräg abwärts geneigt. Pflanze in den Malahide Castle Gardens war 1971 etwa 1,5 m hoch. ■ Abb. 22.

var. **umbellata** (Mayr) Wils. Triebe, Knospen und Nadeln vom Typ kaum verschieden, Zapfen jedoch vor der Reife grünlichgelb, an der Spitze flach mit spitzer Mitte, Deckschuppen an der Basis der Zapfen vorragend (= *A. umbilicata* Mayr; *A. umbellata* Mayr). In Japan mit dem Typ vorkommend.

A. insignis Carr. (*A. nordmanniana* × *A. pinsapo*). Bastarde mit Bezweigung, Farbe und Stellung der Nadeln wie bei *A. nordmanniana*, dicker, lederartiger Konsistenz wie bei *A. pinsapo*. Bäume, Habitus regelmäßig kegelförmig, gerade, sehr üppig, Rinde aschgrau, junge Triebe glänzend rostbraun, kahl, Äste quirlständig, leicht aufwärts gebogen, dicht mit Blättern besetzt, vor allem auf der Oberseite dicht, unten seitlich ausgebreitet, linealisch, gerade oder sichelförmig gebogen, dick lederartig, 20 bis 30 mm lang, 2—3 mm breit, in einen kurzen, gedrehten Stiel ausgezogen, an den unteren Ästen mit stumpflicher oder abgerundeter, seltener eingeschnittener Spitze, oben frischgrün, glänzend, ganz wenig gefurcht, unten stark gekielt, Ränder dick, Stomabänder weiß; Knospen dick, kurz, eikegelig, harzig. KHN Taf. 7. 1872 erzogen von RENAULT in Bulguéville, Vogesen, Frankreich. ✱

Hierzu noch mehrere, ebenfalls künstlich erzogene Formen.

A. kawakamii (Hayata) Ito. Formosa-Tanne. Sehr ähnlich *A. mariesii*, doch Nadeln etwas

Abb. 22. *Abies homolepis* 'Malahide' in den Malahide Gardens, Irland

Abb. 23. *Abies kawakamii* in Crarae, Schottland; im Vordergrund *Rhododendron sinogrande*

länger und schmaler, Bänder unten undeutlich, Zapfen zylindrisch, Samenkorn und Flügel schwarz. KHN Taf. 7 (= *A. mariesii* var. *kawakamii* Hayata). Formosa. 1930. Abb. 23.

A. koreana Wils. Korea-Tanne. Baum, bis 18 m, Borke an älteren Bäumen rauh, Triebe nur dünn behaart, gelblich, später kahl und rötlich, Knospen dünn beharzt; Nadeln gehäuft, 10 bis 20 mm lang, nach der Spitze zu meist breiter werdend, oben rund oder ausgerandet, doch an Jungpflanzen spitz, oben glänzend, unten mit weißlichen Bändern; Zapfen zylindrisch, 4 bis 7 cm lang, etwa 2,5 cm dick, vor der Reife violettpurpur, Fruchtschuppen etwa 20 mm breit, Deckschuppen so lang wie die Fruchtschuppen, etwas vorragend und umgeschlagen. KHN Taf. 8. Korea. 1908. Neuerdings bei uns häufiger angepflanzt und gut gedeihend, aber Pflanzen in der Jugend oft kissenartig breit und ohne Mitteltrieb, vielleicht schlechte Provenienz? Fruchtet schon als junge Pflanze. ✶✶

'Blauer Pfiff'. Benadelung nicht grün, sondern blaugrün. Erzielt durch Kobaltbestrahlung der Samen, bei K. Wittboldt-Müller, 309 Verden-Eitze. (Die von mir nicht gesehene *A. koreana* 'Glauca', von Kromhout & Zonen, Hazerswoude, Holland, ist ebenfalls blaugrün benadelt.) ✶ ■ Abb. 24.

'Blue Standard'. Wuchs normal wie der Typ, aber selektiert wegen der tiefvioletten Zapfen, dunkler als bei anderen Pflanzen. Eingeführt 1962 durch J. D. zu Jeddeloh, 2905 Jeddeloh, Oldenburg. ✶✶ ■

'Brevifolia'. Wuchs ziemlich schwach, Jahreszuwachs 5—7 cm, kegelförmig, dicht; Nadeln viel lockerer stehend als beim Typ, steifer, 6—10 mm lang, 2 mm breit, oben stumpfgrün, unten grauweiß; Zapfen viel kleiner als beim Typ, violett. Entstanden um 1965 bei zu Jeddeloh. ■

'Horstmanns Silberlocke' (G. Horstmann). Wuchs normal wie der Typ, Nadeln jedoch auf der ganzen Trieblänge halbkreisförmig aufwärts gekrümmt und lockig gedreht, so die silberweiße Unterseite zeigend, Gesamteindruck prachtvoll silbrig. Bereits in Vermehrung, älteste Pflanzen jetzt etwa 1,5 m hoch (G. Horstmann, Schneverdingen). Wegen der schönen Färbung sehr zukunftsreiche Form. ✶✶✶ ■ Taf. I.

'Piccolo'. Wuchs breit und ganz flach, älteste Pflanzen bis 1,5 m breit, aber nur 30 cm hoch; Nadeln weiter gestellt als beim Typ. Selektion von Konijn. ■

A. lasiocarpa (Hook.) Nutt. Felsengebirgs-Tanne. Baum, bis 30, gelegentlich bis 50 m hoch, Krone schmal kegelförmig bis fast säulenförmig, junge Rinde glatt, silbergrau, zuletzt grau oder graubraun, rissig, junge Zweige aschgrau, kurz behaart, seltener kahl, Knospen klein, eiförmig, stark harzig; Nadeln bürstenförmig aufwärts oder unregelmäßig gescheitelt, locker gestellt, oft weit abstehend, 25—40 mm

Abb. 24. *Abies koreana* 'Blauer Pfiff'
(Foto: K. Wittboldt-Müller, Verden)

lang, rund oder spitz, seltener ausgerandet, oben blaßblaugrün, gefurcht, mit 2 durchlaufenden Stomabändern, unten mit 2 silbergrauen Stomabändern zu je 5—6 Reihen (eine der wenigen Arten mit durchgehenden Stomabändern auf der Oberseite!); Zapfen aufrecht, zu mehreren, länglich, 6—10 cm lang, oben abgeflacht oder eingedrückt, jung dunkelpurpurn, Schuppen 20—25 mm breit, Deckschuppen verborgen. KHN 20, Taf. 8 (= *A. subalpina* Engelm.). Alaska bis Oregon, Utah und Neu-Mexiko, nur im hohen Gebirge nahe der Waldgrenze, zusammen mit *Picea engelmannii.* 1863. Die Erfahrungen mit dieser köstlich duftenden Tanne sind bei uns sehr unterschiedlich, doch kommt sie wohl nur als Parkbaum in kühlen Lagen mit feuchter Luft in Betracht. ✶ Abb. 16.

'Argentea'. Dies ist die silbernadelige Form zu var. *arizonica* (= *A. lasiocarpa arizonica argentea* André). Bereits um 1900 aus den W-USA nach Deutschland gebracht. ✶✶

var. **arizonica** (Merriam) Lemm. Kork-Tanne. Mittelhoher oder kleiner Baum, vom Typ unterschieden durch die rahmweiße, korkartig elastische Rinde, Zweige kahl oder behaart; Nadeln mehr kammförmig gescheitelt, an der Spitze häufiger gekerbt, oben bläulichgrün, unten weißlich, bis 45 mm lang; Zapfen bis 7 cm lang, Deckschuppen etwas über die

Abb. 25. *Abies nebrodensis* im Arboretum Les Barres

Mitte der Schuppen reichend. KHN 19 und 20 (= *A. arizonica* Merriam). Nord-Arizona bis nördliches Neu-Mexiko. 1901. Sehr schöne, bei uns häufiger als die Art anzutreffende Tanne von regelmäßigem Bau und schöner Nadelfarbe. ✶✶ Abb. 12, 17 (als *A. arizonica*).

'Compacta'. Zwergform, breit kegelförmig gedrungen, Äste dicht und aufstrebend; Nadeln oberseits dicht gedrängt, unterseits weniger weiß als bei der Art, nur 1 mm breit. KHN Taf. 9 (= *A. lasiocarpa conica* Hornibr.). 1873 im Arnold Arboretum aus Saat erzogen. ✶

A. magnifica Murr. Baum, bis 60 m und höher, Krone schmal kegelförmig, Äste dicht in regelmäßigen waagerechten Quirlen, steif, kurz, junge Zweige bräunlich, behaart, Knospen klein, harzig; Nadeln locker, nie die Zweige verdekkend, oben abstehend oder etwas zurückgekrümmt, nicht gescheitelt, unten mit scharfem Knick seitlich abbiegend und nach unten gerichtet, 30—40 mm lang, 1 mm breit, stumpf oder abgerundet, nicht ausgerandet, beiderseits stark gekielt, oben mattgraugrün, mit 2 durchlaufenden Stomabändern zu je 4—5 Reihen, auf der Unterseite Stomabänder jedoch stärker ausgeprägt; Zapfen zylindrisch, 15—22 cm lang, 7—9 cm dick, jung violett, Schuppen fächerförmig, 30—35 mm breit, ganzrandig, Deckschuppen eingeschlossen. KHN 15 und 19 (= *A. nobilis magnifica* Mast.). Californien, im Gebirge, 1500—3500 m. 1851. Langsamwüchsig, in geschützten Lagen ganz hart. ✶✶ ∧ Abb. 11, 17.

'Nana'. Zwergige Form, Wuchs niedrig und sehr breit. Herkunft nicht bekannt (USA?). ■

A. mariesii Mast. Baum, bis 25 m, Borke glatt, hellgrau, an der Basis alter Stämme rauh, Knospen klein, Triebe dicht rostbraun behaart; Nadeln oben gehäuft, die mittleren fast anliegend und vorwärts gestellt, die äußeren länger und abstehend, linealisch, über der Mitte etwas breiter, Spitze rund oder 2spitzig, 10—20 mm lang, oben glänzendgrün und gefurcht, unten mit weißlichen Bändern; Zapfen eiförmig bis eilänglich, 4—9 cm lang, jung purpurviolett, Fruchtschuppen fast 25 mm breit, Deckschuppen verborgen, Samenflügel doppelt so lang wie das Korn. KHN 16 und 17, Taf. 9. Japan. 1879. ✶ Abb. 12, 16.

A. nebrodensis (Lojac.) Mattei. Zwischen *A. alba* und *A. cephalonica* stehend. Hoher Baum, Krone breit, Stamm unten ohne Äste, junge Zweige behaart, Knospen harzig; Nadeln dicht, nicht gescheitelt, nach oben und den Seiten abstehend, Spitze stumpf oder leicht gekerbt, 12 bis 20 mm lang, unten grünliche Stomabänder mit je 6—10 Linien. KHN Taf. 10. Sizilien. 1930. Nahezu ausgerottet; wenig in Kultur. Abb. 25.

A. nephrolepis Maxim. Sehr ähnlich *A. sibirica*, doch Borke rauh, Triebe dichter behaart, Nadeln kürzer, Zapfen kleiner, Fruchtschuppen nur 10 mm hoch, Deckschuppen schmaler und etwa 2 Drittel so lang wie die Fruchtschuppen (= *A. sibirica nephrolepis* Trautv.). Ost-Sibirien, Nord-China. 1908.

A. nordmanniana (Stev.) Spach. Nordmanns-Tanne. Baum, 25—30 m hoch, bis unten hin dicht beastet, Äste quirlständig, regelmäßig, unten weit abstehend bis herabhängend, Stamm gerade, Rinde schwarzgrau, junge Triebe grüngelb, glänzend, behaart oder kahl, Knospen eiförmig, harzfrei; Nadeln dicht bürstenförmig, nicht gescheitelt oder nur an schwachen Zweigen unten gescheitelt, 20—30 mm lang, 2—2,5 mm breit, Basis deutlich schildförmig verbreitert und gedreht, Spitze rund und ausgerandet, oben gefurcht, stark glänzend, nur unten mit 2 silberweißen Stomabändern; Zapfen eilänglich, 15 (bis 20) cm lang, 5 cm dick, jung grünlich, meist harzig, Schuppen breit kegelförmig, ganzrandig, Deckschuppen vorragend, zurückgeschlagen. KHN 14, Taf. 11. Kaukasus, mit *P. orientalis* zusammen waldbildend. 1840. ✶✶✶ Abb. 11, 16.

'Aureospica'. Nadeln im obersten Drittel stets goldgelb. Bei HESSE-Weener entstanden.

'Golden Spreader'. Zwergform, Triebe ausgebreitet; Nadeln oben hellgelb, unten gelblichweiß, 12 bis 25 mm lang, 1,8—2 mm breit. Vor 1961 gefunden in Holland. Ⓢ

'Pendula'. Hängeform, Wuchs üppig, Zweige nahezu senkrecht am Stamm herabhängend.

'Robusta'. Äste mehr aufrecht, dicht, Zweige dick, kurz; Nadeln dicklich, sehr dicht, blaugrün, mitunter gedreht und radial gestellt. Vor 1867 bekannt. Gelegentlich in Aussaaten.

A. numidica de Lannoy. Numidische Tanne. Baum, bis 15(—20) m, Krone dicht verzweigt, regelmäßig kegelförmig, Äste regelmäßig quirlständig, sehr verzweigt, waagerecht ausgebreitet, junge Triebe kahl, gelblichgrün oder braun, Knospen groß, nicht oder schwach harzig, Schuppen locker anliegend, hellbraun; Nadeln sehr dicht stehend, bürstenförmig aufwärts gerichtet, an älteren Bäumen aber auch 2reihig, 15—20 mm lang, dick, steif, flach, am Grunde gedreht, oben gefurcht tiefgrün, an der Spitze einige Stomabänder, unten mit 2 weißen Stomabändern zu je 7—10 Linien; Zapfen aufrecht, zylindrisch, 15—20 cm lang, 4—6 cm dick, bräunlich, Fruchtschuppen mit stumpfen Haken, Samen 12 mm lang, Flügel 18 mm lang. KHN Taf. 11. Nord-Afrika, 1600—2000 m. 1861. ✶ Abb. 26, 28.

'Lawrenceville'. Wuchs normal, Benadelung jedoch besonders hell grün. In USA selektiert. (zu JEDDELOH). ■

'Pendula'. Schwachwüchsige Form, im Alter jedoch 3—4 m hoch werdend, Stamm bogig gekrümmt und gestaucht, Äste und Zweige steif, abstehend-überhängend, sehr dicht bezweigt; Nadeln wie bei der Art. ■

A. pindrow Royle. Hoher Baum, bis 60 m, Krone schmal kegelförmig, junge Rinde glatt und grau, später graubraun und rissig, Zweige kahl, gelbgrau, Knospen groß, lang kegelig, stark harzig; Nadeln dunkelgrün, weich, dünn locker stehend, 30—60 mm lang, spitz bis 2spitzig (an Jungpflanzen ganzrandig), oben nicht sehr dicht, unten gescheitelt, graugrün, mit 2 matten Stomabändern zu je 5—6 Linien; Zapfen zylindrisch, 10—14 cm lang, jung dunkelpurpurn, Deckschuppen eingeschlossen. KHN 18. Westlicher Himalaja. 1837. An den langen Knospen, den nie deutlich gescheitelten, dunkelgrünen Nadeln und den ungefurchten Zweigen gut und sicher zu erkennen. Sehr empfindlich und nur für allermildeste Lagen. ∧∧ Abb. 28.

var. **brevifolia** Dallim. & Jacks. Junge Triebe rotbraun; Nadeln viel kürzer, nur 20—35 mm lang, steif, spitz, blaßgrün. Himalaja. 1923.

A. pinsapo Boiss. Spanische Tanne. Baum, bis 25 m, Stamm bis 1 m stark, Krone breit kegelförmig, Äste regelmäßig quirlständig, Borke anfangs glatt, später rauh, junge Triebe rotbraun, kahl, Knospen eirund, stumpf, sehr harzig; Nadeln allseitig rechtwinklig vom Zweig abstehend, starr, dick, 8—15 mm lang, Basis stark schildförmig verbreitert, nicht gedreht, Spitze stechend, seltener stumpf, oben gewölbt und nicht gefurcht, mit Stomalinien, unten mit 2 weißlichen Streifen; ♂ Blüten dunkelrot; Zapfen aufrecht, sitzend, zylindrisch, 10—15 cm lang, 4—5 cm dick, hellbraun, Samen verkehrteirund, 7 mm lang, dunkelbraun, Flügel 1,5 cm lang. KHN 20, Taf. 12. Süd-Spanien. 1839. Kann kaum mit einer anderen Art verwechselt werden. ✶ ∧ Abb. 11, 28.

Abb. 26. *Abies numidica* im Arboretum Les Barres, Frankreich

'Aurea'. Nadeln im Austrieb schön gelb, später allmählich vergrünend.

'Fastigiata'. Säulenform, Zweige spitzwinklig ansteigend, kurz. (Les Barres).

'Glauca'. Nadeln auffallend blaugrün, mit wachsartigem Überzug, widerstandsfähiger als die Art. Nicht selten in Anlagen. ✶✶ Abb. 27.

'Horstmann'. Zwergform, aufrecht wachsend, sehr dicht bezweigt, kurznadelig, intensiv blaugrau. Entstanden bei G. HORSTMANN, Schneverdingen. Gut frosthart. Ⓢ ■

'Kelleriis'. Besonders wüchsige Selektion mit regelmäßiger Aststellung, Triebspitzen etwas abwärts ge-

Abb. 27. *Abies pinsapo* 'Glauca' (Archiv-Bild)

richtet; Benadelung blau. Selektiert von D. T. POULSEN, Kelleriis, Dänemark. In Deutschland bereits sehr verbreitet. Sehr winterhart. 1935. ✶✶ ■

A. procera Rehd. Edel-Tanne. Baum, bis 80 m, bei uns jedoch kaum über 20 m hoch, von unten an beastet, Krone schlank kegelförmig, Rinde an jungen Pflanzen oft mit Harzbeulen, an alten Pflanzen dunkelbraun und tief rissig, Knospen klein, rund, harzig, junge Zweige fein rostbraun behaart; Nadeln unten kammförmig gescheitelt, oben dicht gestellt, die unteren Reihen abstehend, Nadeln der mittleren Reihen viel kürzer, Basis dem Zweig angedrückt und dann im Bogen nach oben abgeknickt, linealisch, 25—35 mm lang, 1,5 mm breit, rund oder ganz leicht ausgerandet an der Spitze, oben blaugrün und mit Stomata, gefurcht mit 2 schmalen weißen Stomabändern; Zapfen zylindrisch-länglich, nach der Spitze etwas dünner werdend, 14 bis 25 cm lang, 7—8 cm dick, jung grün, reif purpurbraun, Schuppen 30—35 mm breit, Deckschuppen weit vorragend, zurückgeschlagen. KHN 12, Taf. 13 (= *A. nobilis* [Dougl. & Lamb.] Lindl.). Kaskaden-Gebirge, Siskiyou-Mountains, Californien. 1831. Von *A. spectabilis* am sichersten zu unterscheiden durch die oberseits gefurchten Nadeln, bei *A. spectabilis* oben deutlich gekielt und im Querschnitt rhombisch. Eine unserer schönsten und recht gut gedeihenden Tannenarten. ✶ Abb. 11, 17.

'Argentea' Beissn. Ist kaum verschieden von f. *glauca* und wird auch meist mit dieser zusammen gezogen.

'Blaue Hexe'. Wuchs breit und flachkugelig, etwa wie *A. balsamea* 'Nana', kurzzweigig, sehr dicht; Nadeln kurz und breit. Entstanden als Hexenbesen bei G. D. BÖHLJE, Westerstede, um 1965. Eine der schönsten Zwerg-*Abies*; Zukunftssorte! ✶✶ ■

f. **glauca** Rehd. Nadeln prachtvoll blauweiß, sonst aber ebenso schön und regelmäßig wachsend wie der Typ. Schon 1863 bekannt. Häufig in Aussaaten auftretend, aber auch durch Veredlung vermehrt. ✶✶✶

'Glauca Prostrata'. Was unter diesem Namen im Handel ist, dürfte nichts weiter sein als Veredlungen aus Seitentrieben von 'Glauca', die niemals einen Gipfel bilden. ✶

'Jeddeloh'. Ähnlich 'Blaue Hexe', ebenfalls flachkugelig und zwergig, aber die Benadelung mehr grünlichblau. Um 1960 entstanden als Hexenbesen bei ZU JEDDELOH. ✶ ■

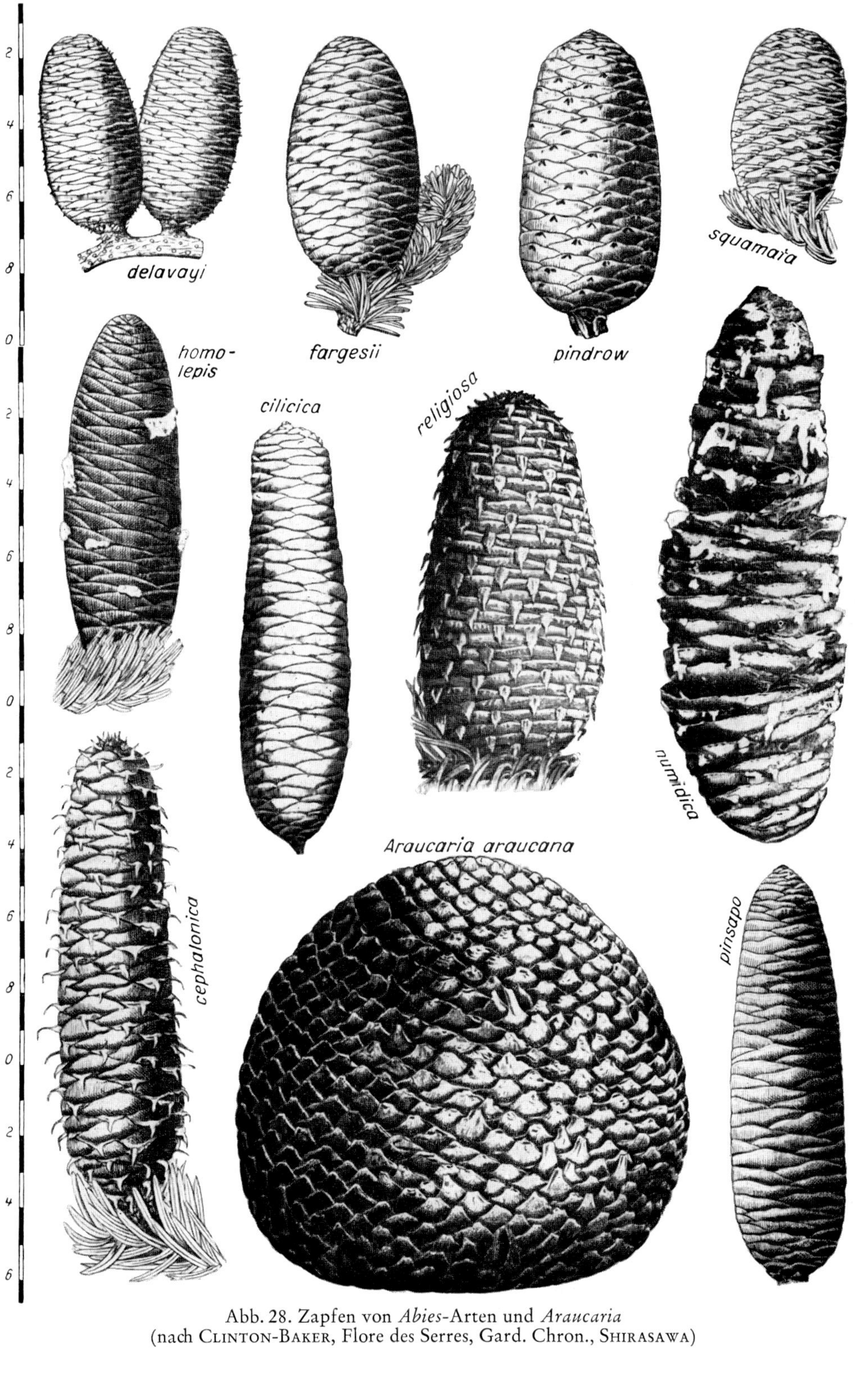

Abb. 28. Zapfen von *Abies*-Arten und *Araucaria*
(nach CLINTON-BAKER, Flore des Serres, Gard. Chron., SHIRASAWA)

'Nobel'. Wuchs flach und breit, Jahreszuwachs 5 bis 7 cm, etwa 1 m hoch werdend; Nadeln bürstenförmig aufwärts gebogen, sehr dicht stehend, nach der Basis und zur Triebspitze kleiner werdend, 5 bis 15 mm lang, beiderseits gleichfarbig blau. Aus der NOBEL-COLLECTION im Golden Gate Park, San Francisco. (ZU JEDDELOH). ✶ ■

'Prostrata'. Wuchs unregelmäßig buschig, flach, blaugrün (= *A. nobilis compacta* Hort.). Seit vor 1932 in Kultur, möglicherweise ebenfalls aus Seitentrieben erzogen. ✶

A. recurvata Mast. Baum, 20—40 m hoch, Krone kegelförmig, im Alter flach, Rinde rauh, grau bis braun, junge Zweige kahl, glänzend, hell graugelb, Knospen eiförmig, stark harzig; Nadeln stark zurückgekrümmt (wichtigstes Merkmal), 12—35 mm lang, spitz bis scharf, oben glänzendgrün bis blaugrün; Zapfen gehäuft, kurz gestielt, eilänglich, 5—9 cm lang, 30—40 mm breit, Schuppen quer elliptisch, Deckschuppen ganz eingeschlossen. KHN Taf. 13. West-Szechuan, im Gebirge waldbildend. Kann durch die gekrümmten Nadeln mit keiner anderen Art verwechselt werden. Abb. 29.

A. sachalinensis (Fr. Schmidt) Mast. Sachalin-Tanne. Baum, bis 40 m, Borke glatt, grau, Triebe etwas gefurcht, in den Furchen behaart; Nadeln ähnlich wie bei *A. sibirica,* aber breiter und bis 4 cm lang, oben ohne Stomabänder, unten jedes Band mit 7—8 Stomalinien; Zapfen zylindrisch, etwa 7 cm lang, schwarzbraun oder blauschwarz, Fruchtschuppen ganzrandig, auf der Rückseite dicht behaart, Deckschuppe hervorragend und zurückgebogen. KHN Taf. 14. Nord-Japan, Sachalin, Korea. 1878. Liebt feuchtes Klima. Abb. 12, 16.

var. **mayriana** Miy. & Kudo. Nadeln kürzer, 15 bis 25 mm lang, Bänder unterseits mit nur 4—5 Stomalinien; Fruchtschuppen ausgeprägt geöhrt. KHN Taf. 14 (= *A. mayriana* Miy. & Kudo). Nord-Japan. 1929.

A. sibirica Ledeb. Sibirische Tanne. Baum, bis 30 m, Borke glatt, Knospen kugelig, Triebe grau, dünn behaart; Nadeln oben gehäuft und vorwärts gestellt, linealisch, dünn, bis 3 cm lang, Spitze abgerundet und ganzrandig oder 2spitzig, oben glänzendgrün und gefurcht, oft mit 2—3 kurzen Stomalinien an der Spitze, unten mit 2 schmalen, grauen Bändern; Zapfen zylindrisch, 5—8 cm lang, vor der Reife bläulich, Schuppen etwa 15 mm lang, mit fein gezähntem Rand, Deckschuppen verborgen, halb so lang wie die Fruchtschuppen. KHN 16 und 18. Nördliche Sowjetunion bis Kamtschatka, südlich bis Turkestan und Mandschurei. 1820. (∧) Abb. 12, 17.

A. spectabilis (D. Don) Spach. Himalaja-Tanne. Baum, bis 50 m, Krone breitkegelförmig, Äste weit abstehend, Rinde rauhschuppig, Knospen kugelig, groß, harzig, junge Zweige rotbraun, tief gefurcht, in den Furchen behaart; Nadeln lederartig, steif, gescheitelt, in 2—4 Reihen, die oberen Reihen viel kürzer, 25 bis 60 mm lang, Spitze rund oder 2spitzig, oben glänzend dunkelgrün, unten mit 2 breiten weißen Stomabändern; Zapfen zylindrisch, 14 bis 18 cm lang, vor der Reife purpurviolett, Schuppen 15—20 mm breit, Deckschuppen verborgen oder nur wenig vorragend. KHN 16 und 17, Taf. 13 (= *A. webbiana* Lindl.). Himalaja, Sikkim, Buthan. 1822. Bei uns nur für sehr milde Lagen, da sonst Spätfrostschäden leicht auftreten. ∧—∧∧ Abb. 12, 16.

A. squamata Mast. Baum, 15—40 m hoch, Rinde papierartig abrollend (wichtigstes Merkmal!), junge Zweige schwärzlich behaart, an Kulturpflanzen jedoch auch kahl, Knospen kugelig, stark harzig; Nadeln dicht, nicht gescheitelt, 12—25 mm lang, plötzlich zugespitzt oder stumpf, oben gefurcht, Zapfen eilänglich, 5 bis 6 cm lang, jung violett. KHN 16 und 17, Taf. 13. West-China. Kann durch ihre merkwürdige Rinde kaum mit einer anderen Tanne verwechselt werden. (Les Barres). Abb. 12, 28.

Abb. 29. *Abies recurvata* im Hillier Arboretum

A. sutchuenensis (Franch.) Rehd. & Wils. Baum, ähnlich *A. fargesii,* junge Zweige glänzend rot- oder purpurbraun, kahl oder behaart, Knospen eiförmig, dunkelbraun, harzig; Nadeln gekrümmt, auf der Zweigoberseite aufgerichtet, nicht gescheitelt, 10—15 mm lang, 1,5—2,5 mm breit, mit deutlichem gelbem Stiel, Spitze spitz bis stumpf, seltener undeutlich ausgerandet, oben flach, gefurcht, glänzendgrün, unten mit 2 weißen Stomabändern; Zapfen eilänglich, 5 bis 6 cm lang, 30—35 mm breit, jung violettpurpurn, Schuppen breit nierenförmig, Basis geöhrt, Deckschuppen etwas kürzer als die Fruchtschuppen, keilig-eiförmig. West-China.

A. veitchii Lindl. Baum, bis 25 m, Borke glatt, grau, Knospen rötlich, sehr harzig, Triebe braun, ziemlich dicht behaart; Nadeln gehäuft, vorwärts und teilweise aufwärts gestellt, unterseits gescheitelt, linealisch, 10—25 mm lang, an der Spitze abgestutzt, oben glänzend tiefgrün, unten mit kalkweißen Bändern, sehr weich; Zapfen zylindrisch, 4,5—6,5 cm lang, jung bläulichrot, Deckschuppen etwas vorragend und umgebogen, Samenflügel breit, fast so lang wie das Korn. KHN 16, Taf. 14. Mittel-Japan. 1865. Sehr empfehlenswerte und gut gedeihende Art. ** Abb. 12, 16.

A. vilmorinii Mast. (*A. pinsapo* × *A. cephalonica*). Baum, Krone breit kegelförmig, Äste aschgrau, junge Zweige rostbraun, glatt; Nadeln verstreut stehend, fast 2zeilig, lederartig, steif, linealisch, gebogen, 20—30 mm lang, 3 mm breit, oben dunkelgrün, unten stark gekielt und blaugrün mit silbrigen Stomabändern; Zapfen spindelförmig, 14—16 cm lang, Deckschuppen etwas vorstehend. 1867 künstlich erzogen von VILMORIN in Verrières, Frankreich. Nur botanisch interessant.

AGATHIS Salisb. — DAMMARATANNE — ARAUCARIACEAE

Immergrüne, hohe, sehr harzreiche Bäume, Stamm säulenförmig; Rinde dick, harzreich, schuppig, bei Verletzung einen milchigen Saft ausfließen lassend, der an der Luft erhärtet; Zweige waagerecht, an jungen Bäumen oft quirlig, teilweise abfallend und dann kreisrunde Narben hinterlassend; Knospen kurz, kugelig, mit wenigen Schuppen; Blätter groß, lanzettlich bis elliptisch, oder eiförmig, kurz gestielt, lederig, an den Seitentrieben mehr oder weniger in einer Ebene stehend, wechselständig bis oft fast gegenständig, oft 15—20 Jahre dauernd, im Austrieb rötlich, später dunkelgrün, meist breit und flach, parallelnervig, in Größe und Form außerordentlich stark veränderlich, oft an einem Zweig, zur Basis in einen kurzen, flachen Stiel verschmälert, nach dem Blattfall ein Blattkissen zurücklassend (wie bei *Picea* und *Larix*); Blüten 2häusig, ♂ Blüten meist achselständig, bis 6 cm lang, Staubblätter mit 5—15 Pollensäcken, ♀ Blütenzapfen an kurzen, mit Schuppen besetzten Zweigen endständig, in kugeligen oder breitrunden Zapfen, Fruchtschuppen fächerförmig mit verdicktem Rande, bei der Reife abfallend; unter jeder Schuppe ein Samenkorn, dieses an einer Seite geflügelt, an der anderen Seite meist nicht $x = 13$. — Etwa 16 Arten in Australien, Neuseeland, Neukaledonien, Fidschi-Inseln, Philippinen; bei uns nur Kalthauspflanzen und gelegentlich in botanischen Gärten anzutreffen. Alle ΛΛΛ (MM)

Agathis australis Salisb. Kaurifichte, Baum, 25 bis 40 m hoch, Stamm 2—3 m dick, gelegentlich noch höher und stärker, Rinde sehr dick und harzreich, Zweige quirlständig oder unregelmäßig, waagerecht abstehend; Blätter veränderlich, an Jungpflanzen abstehend, weit voneinander entfernt, 3—9 cm lang, etwa 1 cm breit, lanzettlich, derb lederartig, kurzgestielt, blaugrün, gegenständig oder fast gegenständig an Seitentrieben, an älteren Pflanzen kürzer, mehr länglich, dichter stehend, mitunter ungestielt; Blüten häufig 1häusig; Fruchtzapfen holzig, eiförmig oder kugelig, 8—10 cm dick. KHN 22, Taf. 16 und 17. Nordinsel von Neuseeland, 1823 nach Europa gebracht. Blätter kleiner und schmaler als bei den anderen Arten. Taf. I.

A. palmerstonii Muell. Hoher Baum, Stamm säulenförmig und zum großen Teil astlos; Blätter sehr ähnlich denen von *A. robusta,* doch kleiner und schmaler (5—10 cm lang, 1—2 cm breit). KHN Taf. 16. Queensland, Australien. Vermutlich nur eine geographische Varietät von *A. robusta.*

A. robusta Mast. Baum, bis 45 m hoch, Stamm ganz astfrei bis zum größten Teil seiner Höhe; Blätter meist eiförmig, 10—15 cm lang, 2,5 bis 5 cm breit, dunkelgrün, parallelnervig gestreift, Rand verdickt und eingerollt, an der Spitze spitz oder stumpf oder rund, Stiel 4 mm lang, flach; Zapfen eirundlich, bis 15 cm lang und 10 cm breit. KHN Taf. 16. Queensland, Fraser-Inseln.

ARAUCARIA Juss. — SCHMUCKTANNE — ARAUCARIACEAE

Immergrüne Bäume, Äste in regelmäßigen Quirlen, abstehend, die unteren oft hängend; junge Triebe grün, ohne deutliche Knospen; Blätter wechselständig, seltener etwas 2zeilig, pfriemlich bis eilanzettlich, starr, dichtstehend; Blüten an verkürzten Seitentrieben zapfenförmig und endständig, walzenförmig, bis 15 cm lang, Staubblätter dicht spiralig stehend; ♀ Blüten in einem großen, fast kugeligen, etwa 20 cm breiten, endständigen Zapfen; Fruchtblätter sehr zahlreich, dicht dachziegelig, im oberen Teil stark verdickt und mit scharfer, fast blattartiger Spitze, Zapfen im 2. und 3. Jahre reifend, dann zerfallend, Samenanlagen einzeln, umgewendet, den Schuppen angeheftet; Keimblätter 2, seltener 4; x = 13. — Etwa 18 Arten in der südlichen Halbkugel (Süd-Amerika, Australien, Inseln im Pazifik).

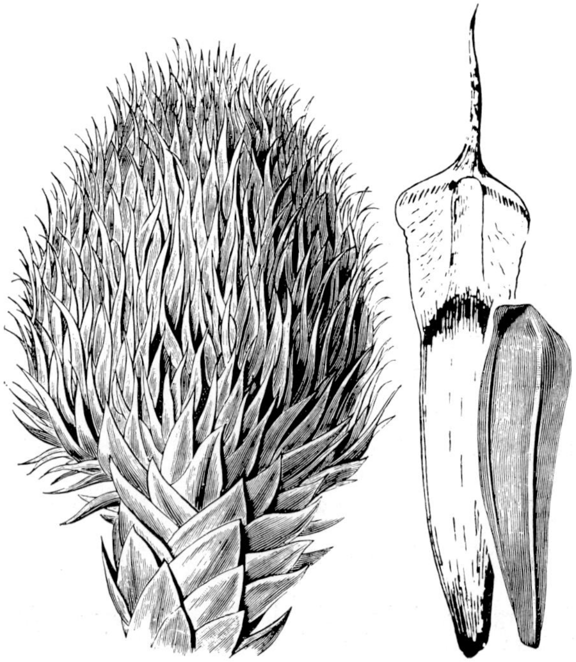

Abb. 31. *Araucaria araucana.* Links ♀ Blütenstand; Mitte Zapfenschuppe, daneben Same (nach BEISSNER)

Araucaria angustifolia (Bertol.) Kuntze. Baum bis 35 m, Krone zuletzt flach, wenig verzweigt, Äste waagerecht abstehend in Quirlen zu je 4 bis 8, etwas überhängend mit ansteigenden Spitzen, untere Äste allmählich abfallend; Blätter an unfruchtbaren Ästen scheinbar gegenständig, lanzettlich, 3—6 cm lang, 6 mm breit, grün oder blaugrün, an Fruchttrieben dichter, kürzer und deutlich spiralig; Zapfen breiter als hoch, bis 17 cm breit und 12 cm hoch, Schuppen mit einem umgebogenen Dorn an der Spitze, Samen 5 cm lang, 2 cm breit, hellbraun. KHN Abb.

Abb. 30. *Araucaria angustifolia* im Arboretum Paarl, Süd-Afrika

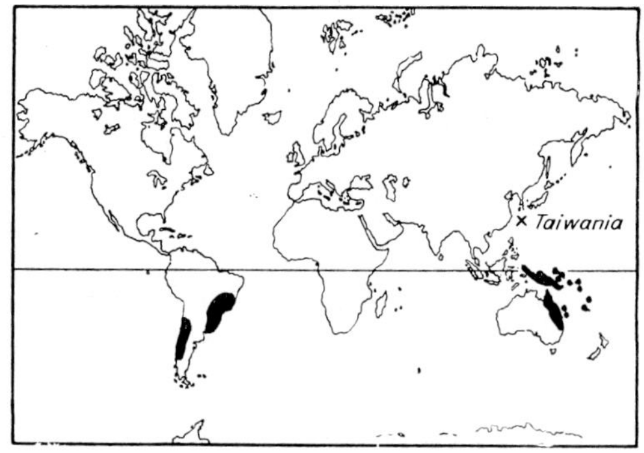

Abb. 32. Arealkarte der Gattungen *Araucaria* und *Taiwania* (×)

Abb. 33. *Araucaria columnaris* in Neu-Kaledonien (Foto: Centre Technique Forestier Tropical, Nogent-sur-Marne)

Abb. 34. *Araucaria bidwillii* in der Pretoria Horticultural Research Station, Süd-Afrika

26 (= *A. brasiliana* Rich.). Süd-Brasilien und Argentinien. ΛΛΛ Abb. 30.

A. araucana (Molina) K. Koch. Baum, in seiner Heimat 30—50 m hoch (♀ Pflanzen 40—50 m, ♂ nur 15—18 m), bei uns bis etwa 10 m hoch (Mainau), Stamm gerade, Krone kegelförmig, Äste quirlig, waagerecht abstehend, obere Äste ansteigend, untere hängend; Blätter dicht spiralig stehend, eiförmig-lanzettlich, Basis stark verbreitert und ganz aufsitzend, 2,5—3,5 cm lang, scharf stachelspitz, oben konkav, unten konvex, beiderseits mit Spaltöffnungen, dunkelgrün, etwa 10—15 Jahre bleibend; Zapfen aufrecht, rundlich, bis 15 cm breit, braun, Fruchtschuppen dicht spiralig, länglichkeilförmig, mit langem, linealischem Anhängsel, Samen 3—4,5 cm lang, verkehrt-eilänglich, rotbraun, eßbar, „Piñones" genannt; Keimung unterirdisch (= *A. imbricata* Pav.). Chile. 1795. Einzige winterharte Art; gedeiht am besten in nahrhaften, durchlässigen, gleichmäßig frischen Böden und will feuchte Luft; Winterschutz in rauheren Lagen unbedingt notwendig, vor allem bei Jungpflanzen. In Deutschland sind vereinzelt auch schon Bestände in Kultur, die aus einer Höhenlage im Tolhuaca-Gebiet in den Anden von Chile stammen; diese Pflanzen sollen bedeutend winterhärter sein, und haben gröbere, den Trieben dichter anliegende Nadeln. (zu JEDDELOH, HORSTMANN). ✱✱ Abb. 28, 31.

'Andenzwerg'. Schwachwüchsige Zwergform, Jahrestriebe nur etwa 10 cm lang; Nadeln kleiner als bei der Art. Aus Saatgut vom Parque Nacional Tolhuaca, in den Anden von Chile, Provinz Malleco, erzogen von G. HORSTMANN, Schneverdingen. Ⓢ ■

A. bidwillii Hook. „Bunya bunya". Baum, bis 50 m, in der Jugend kegelförmig, Borke dick, harzig, in dünnen Rippen ablösend, Äste in Quirlen zu 10—15, dicht und symmetrisch, wenig bezweigt, ältere Zweige lang herabhängend, grün; Blätter spiralig stehend, an unfruchtbaren Zweigen lanzettlich, bis 5 cm lang, 5—10 mm breit, steif, dunkelgrün, in eine lange, steife Spitze endigend, an Fruchttrieben und höher stehenden Trieben dichter stehend, kürzer, oft nur 2 cm lang und nach innen umgebogen, oben mit unregelmäßigen, unten mit regelmäßigen Stomalinien; Zapfen sehr groß, auf den oberen Ästen aufrecht, elliptisch, bis 30 cm lang und 23 cm dick, Schuppen bis 10 cm lang und 7 cm breit, an ihrer Spitze lang ausgezogen, Samen fast birnenförmig, bis 6 cm lang und 2,5 cm breit, eßbar. KHN 26, Taf. 17. Queensland. In vielen Botanischen Gärten zu sehen. ΛΛΛ (MM) Abb. 34.

A. columnaris (Forster) Hook. Baum, bis 60 m hoch, die unteren Äste meist abwerfend und dann an deren Basen kurze Triebe aus Adventivknospen bildend, die diesen Teil des Stammes „wie eine grüne Säule" dicht bedecken, Äste waagerecht, Seitentriebe lang, schlank, peitschenartig, Borke papierdünn abrollend; Nadeln junger Triebe 3eckig bis lanzettlich, bis 12 mm lang, spitz, an älteren Ästen breit eiförmig, etwa 6 mm lang und 3 mm dick, starr, dicht einander überdeckend und vorwärts einwärts gebogen (so fast wie ein gedrehtes Seil aussehend); ♂ Blütenstände 3—6 cm lang, 12 bis 20 mm dick, an ihrer Basis von becherförmig angeordneten Nadeln umgeben; Zapfen ellipsoid, bis 15 cm lang, 11 cm dick, Schuppen etwa 3 cm breit, Samen an jeder Seite etwa 12 mm breit geflügelt, mit einem endständigen, 8 mm langen Dornfortsatz. KHN Taf. 17 (= *A. cookii* R. Br. ex Endl.). Neu-Kaledonien, Polynesien. Abb. 33.

A. excelsa → **A. heterophylla.**

A. heterophylla (Salisb.) Franco. Die bekannte „Zimmer-Tanne" der Gärtnereien. Baum, bis 70 m hoch, Äste in Quirlen zu 4—7, Rinde in dünnen Lagen ablösend; Nadeln in 2 Formen: an Jungpflanzen oder Seitentrieben weich, pfriemlich, einwärts gebogen, hellgrün, bis 1,5 cm lang, an alten Pflanzen und Fruchttrieben viel kürzer, derber, mit hornartiger Spitze, einwärts gekrümmt und einander dicht überdeckend (Altersnadeln an Kulturpflanzen bei uns jedoch kaum zu sehen!); Zapfen meist breiter als hoch, bis 12 cm breit und 10 cm hoch, Samen 2,5—3 cm lang und 12 mm breit (ohne die gut entwickelten Flügel) (= *A. excelsa* auct.). Norfolk-Insel. 1973. ΛΛΛ (MM) Abb. 35.

Abb. 35. *Araucaria heterophylla* in einem Garten bei Muizenberg, C. P., Süd-Afrika

Hierzu in den Gärtnereien auch eine Reihe von Gartenformen mit abweichender Nadelfarbe oder -form.

ATHROTAXIS D. Don — SCHUPPENFICHTE — TAXODIACEAE

(Die Schreibweise „Arthrotaxis" von Endlicher ist unrichtig)

Immergrüne Bäume, etwas an *Cryptomeria* erinnernd; Rinde leicht gefurcht, in langen Streifen ablösend; Zweige klein, ziemlich dicht und unregelmäßig stehend, Zweiglein abstehend, Blätter klein, spiralig gestellt, gleichförmig, entweder schuppenförmig und angedrückt oder mehr lanzettlich und etwas locker abstehend; Blüten 1häusig, ♂ Blüten einzeln, endständig, kätzchenartig an den Triebenden mit spiralig stehenden, gedrängten Staubgefäßen; ♀ Blüten einzeln, endständig, mit 12—25 spiraligen, eiförmigen Deckschuppen, jede mit 3—6 umgewendeten Samenanlagen; Zapfen im 1. Jahre reifend, ähnlich wie bei *Cryptomeria*, Schuppen holzig, mit ihrem unteren holzigen Teil senkrecht von der Zapfenachse abstehend; Samen klein, länglich, dünn, mit 2 schmalen Flügeln, ähnlich denen von *Sequoiadendron*; Keimblätter 2; $x = 11$. — 3 Arten in den Gebirgen von Tasmanien; bei uns Kalthausüberwinterung erforderlich. Alle ΛΛΛ

Athrotaxis cupressoides D. Don. Baum, 6 bis 12 m hoch; Blätter alle schuppenförmig, kaum 3 mm lang, stumpflich, dicht dem Zweig angepreßt, dick, Rand durchscheinend fein gezähnt;

Zapfen rundlich, 8—12 cm breit, Schuppen holzig, kurzspitzig. KHN 27, Taf. 19. Westliches Tasmanien, im Gebirge. Abb. 36.

A. laxifolia Hook. Baum, bis 9 m hoch; Blätter 4—6 mm lang, pfriemlich-lanzettlich, dick, vom Zweig leicht abspreizend, Spitze einwärts gekrümmt, oben mit blauen Stomabändern, unten mit weißlichen Vertiefungen; Zapfen 18 bis 20 mm dick. KHN 27. Westliches Tasmanien, höhere Lagen im Gebirge. In der Form der Blätter etwa die Mitte haltend zwischen *A. cupressoides* und *A. selaginoides.*

A. selaginoides D. Don. Baum, bis 35 m, reichlich verzweigt; Blätter bis 10 mm lang, eiförmig-lanzettlich, lederig, scharf zugespitzt, sehr ähnlich denen von *Cryptomeria,* breit abstehend, sichelartig nach innen gekrümmt, beiderseits mit Stomabändern; Zapfen bis 24 mm dick, Schuppen zahlreich, breit eiförmig, mit dornartiger, aufwärts gerichteter Spitze. KHN 27, Taf. 19. Westliches Tasmanien, Berglagen über 1000 m. Sehr selten in Kultur. Abb. 36.

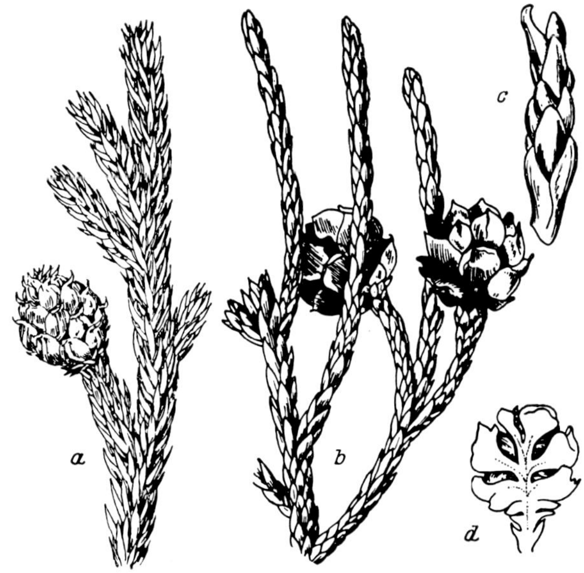

Abb. 36. a *Athrotaxis selaginoides;* b *A. cupressoides,* natürliche Größe, c etwas vergrößert, d Zapfen im Schnitt (nach BAILEY und Gard. Chron.)

AUSTROCEDRUS Florin & Boutelje — CUPRESSACEAE

Mit *Libocedrus* nahe verwandte, monotypische Gattung

Immergrüne Bäume oder Sträucher, in der Jugend breit kegelförmig, zuletzt flachkronig, Äste kurz, sparrig abstehend, wechselständig oder gegenständig, dicht bezweigt; Blätter dimorph, kreuzständig, etwas abstehend oder angedrückt, 4zeilig dachziegelig, unterseits mit Stomata, Stomabänder der Kantenblätter nicht unterteilt; Außenwände der Nebenzellen der Stomata mindestens so stark kutinisiert wie die der umgebenden Epidermiszellen der Stomabänder; nur ein nahestehender Höcker (Papille) auf den Nebenzellen der Stomata; ♂ Blüten an kurzen Seitenzweigen endständig, einzeln, winzig, kugelig bis länglich; ♀ Blüten an kurzen Seitentrieben endständig, länglich; Zapfen klein, 4 Schuppen, auf dem Rücken unterhalb der Spitze mit einer kleinen Warze (nicht Dorn); Samen meist 4, mit 2 ungleichen Flü-

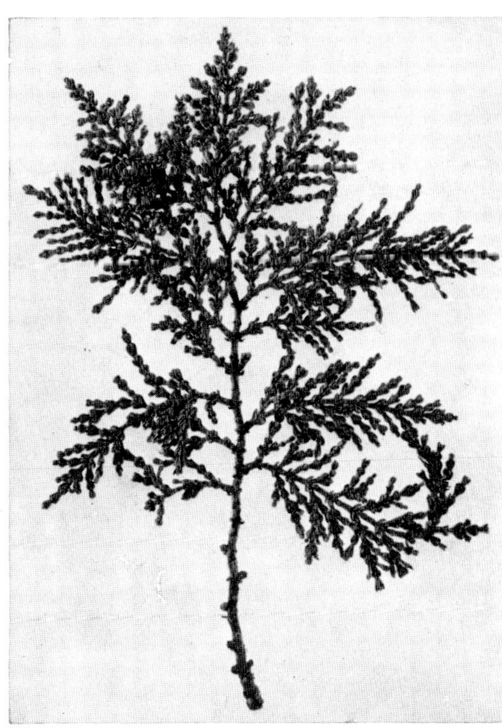

Abb. 37. *Austrocedrus chilensis* (Foto: R. FLORIN)

geln, davon der kleinere nur als schmaler Saum; Keimblätter 2; $x = 11$. — 1 Art in Süd-Amerika (Arealkarte bei *Libocedrus*).

Austrocedrus chilensis (Endl.) Florin & Boutelje. Baum, mittelhoch, Stamm gerade, Krone schmal, Zweiglein dicht gedrängt; 2zeilig, wie bei *Thuja*, Kantenblätter viel länger als die Flächenblätter, dick, beiderseits gefurcht, mit eingebogener, scharfer Spitze, Flächenblätter viel kleiner, fast ganz verdeckt, mit stumpfer Spitze und undeutlicher Drüse auf dem Rükken, unterseits weiß gezeichnet; Zapfen einzeln, endständig, mit 4 Schuppen, das untere Paar klein und zurückgebogen, Samen klein, schmal, geflügelt. KHN 28, Taf. 20 (= *Libocedrus chilensis* Endl.). Bergabhänge der chilenischen Anden, von Valparaiso bis Valdivia. 1847. Auf der Mainau noch aushaltend, sonst Kalthaus. ∧∧? Abb. 37.

CALLITRIS Vent. — SCHMUCKZYPRESSE — CUPRESSACEAE

Immergrüne Bäume und Sträucher mit harter, rissiger oder faseriger Rinde, Zweige kurz, aufrecht, gegliedert, Blätter 3quirlig, die Zweige bis auf eine kleine, 3eckige, etwas verdickte, abstehende und einwärts gekrümmte Spitze ganz bedeckend, Jugendblätter schmal, 8—15 mm lang; Blüten 1häusig; ♂ Blüten einzeln oder zu 2—3 endständig, zylindrisch oder länglich, Staubgefäße zu 3—4 quirlig; ♀ Blüten einzeln oder in Büscheln von 6—8 Schuppen, jede mit zahlreichen Samenanlagen; Zapfen kugelig, eiförmig oder kegelig, nach dem Entlassen der Samen noch mehrere Jahre bleibend, mit 6—8 Schuppen, in einem Quirl vereinigt; Samen länglich, zu 2—9 an jeder Schuppe, mit 2 oder 3 breiten Flügeln; $x = 11$. — Etwa 20 Arten in Australien und Tasmanien, bei uns nicht winterhart, aber in vielen botanischen Gärten zu finden, wo sie im Kalthaus überwintert werden. In ihrer Heimat bewohnen sie trockene, niederschlagsarme Gebiete und gehören zu den wertvollsten Forstbäumen. Alle ∧∧∧

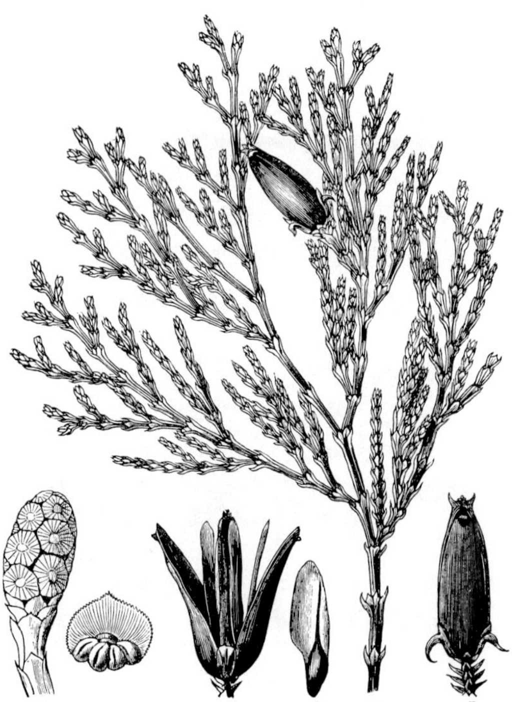

Abb. 38. *Calocedrus decurrens*. a Zweige; b ♂ Blüte; c Staubblatt von innen; d Zapfen; e derselbe geöffnet; f Same (nach Beissner)

Callitris columellaris F. Muell. Bis 30 m hoch, Rinde braun, gefurcht, Zweiglein fein gegliedert; Blätter sehr klein, blaugrün; Zapfen einzeln oder in Büscheln, kurz gestielt, kugelig, 15 bis 20 mm dick, mit 6 Schuppen, ziemlich dünn, außen rauh, Samen 2- oder 3flügelig (= *C. glauca* R. Br.). Australien. Weitverbreiteter und sehr wichtiger Forstbaum.

C. oblonga Rich. 6—8 m hoch, oft nur buschig, Äste sehr fein; Blätter ganz klein, Spitze 3eckig; Zapfen einzeln oder in Büscheln, kegelförmig, mit 6 Schuppen, 2—3 cm lang, holzig, Samen breit eiförmig, Flügel in Form und Größe veränderlich. Tasmanien, häufig an Flußufern.

C. robusta R. Br. Bis 30 m hoch, Borke hart, dunkelbraun, rissig, Äste aufrecht, Zweiglein fein geteilt; Blätter hellgrün, schuppenförmig, sehr klein, die stumpfen Spitzen angedrückt; Zapfen kegelig, in Büscheln, 3 cm breit an der Basis, Schuppen dick, holzig, außen mit Öl- oder Harzpusteln bedeckt. West-Australien, weit verbreitet.

Abb. 39 *Calocedrus decurrens* 'Aureovariegata' im Arboretum Les Barres, Frankreich

CALOCEDRUS Kurz — WEIHRAUCHZEDER — CUPRESSACEAE
Mit *Libocedrus* nahe verwandte Gattung

Immergrüne Bäume mit abgeflachten Zweiglein; Blätter kreuzweise in Scheinquirlen zu 4, schuppenförmig, lederartig, deutlich dimorph, mindestens aber im Übergangsstadium; Kantenblätter in der Fläche nicht zusammenstoßend, Flächenblätter zwischen den Kantenblättern weit sichtbar; Stomata mehr oder weniger deutlich auf der Ober- und Unterseite; Blüten 1häusig, die ♂ einzeln, endständig, mit 12—16 Staubblättern; ♀ Blüten fast kugelig, eiförmig oder länglich, mit 1 Paar fruchtbarer Schuppen mit je 2 Samenanlagen, unter diesem 1 Paar unfruchtbarer Schuppen; Zapfen eiförmig oder länglich, im 1. Jahr reifend, Schuppen 6, unterhalb der Spitze mit einem längeren oder kürzeren Dorn auf dem Rücken, das obere Schuppenpaar zu einer flachen Platte zwischen den Schuppen vereint; Samen mit 2 ungleichen Flügeln, der kleinere davon deutlich entwickelt; Keimblätter 2; $x = 11$. — 3 Arten im pazifischen Nord-Amerika und subtropischen Südost-Asien, meist in Mischwald oder Nadelwald, selten in reinem Bestand, in Schluchten oder an Berghängen, 300 bis 2500 m hoch. Fälschlich als Flußzeder bezeichnet, obwohl nie an Flüssen wachsend! (Arealkarte bei *Libocedrus*).

Calocedrus decurrens (Torrey) Florin. Baum, bis 45 m, Äste kurz, abstehend, eine schmale, fast säulenförmige Krone bildend, im Alter jedoch unregelmäßig, Rinde hellbraun, abblätternd, alte Stämme mit rotbrauner, tiefrissiger Borke, Zweiglein stark abgeflacht, an beiden Seiten dunkelgrün, etwa 1,5—2 mm breit; Blätter eilänglich, zugespitzt, dem Zweig dicht anliegend, mit freier Spitze, Kantenblätter etwa gleich lang wie die Flächenblätter, mit ihren Rändern auf der Fläche nicht zusammenstoßend, etwa 3 mm lang; Zapfen länglich, 2 bis 2,5 cm lang, hängend, hell rotbraun, mit 6 Schuppen, alle an der Spitze bedornt, das obere sterile Paar verwachsen zu einer flachen Platte. KHN 31, Taf. 21 (= *Libocedrus decurrens* Torr.). Oregon bis Nevada und Californien, in feuchten Tälern auf gutem Boden, zusammen mit *Abies concolor* u. a. 1853. ✶ Abb. 38.

'Aureovariegata'. Über die ganze Pflanze verstreut goldgelbe Zweiglein. KHN Taf. 21. Bereits 1896 beobachtet. Abb. 39.

'Columnaris'. Durch besonders kurze Äste sehr schlanke Säulenform, die in Aussaaten öfter auftritt.

'Compacta'. Wuchs ganz gedrungen, dichter bezweigt, Habitus mehr rundlich. 1891.

'Glauca'. Wie die Art, doch auffallend blaugrün. 1884.

'Intricata'. Zwergform, Wuchs aufrecht, gedrungen, sehr dicht verzweigt, Triebspitzen im Winter mit bräunlichem Anflug. KHN 31. 1938 bei JAMES R. NOBLE, San Francisco, Kalifornien, aus Samen entstanden.

CEDRUS Trew — ZEDER — PINACEAE

Immergrüne, hohe Bäume, Krone unregelmäßig, ausgebreitet, Borke dunkelgrau, an jungen Bäumen glatt, an alten rissig-schuppig; Zweige mit Lang- und Kurztrieben; Knospen klein, eiförmig, mit wenigen Schuppen; Blätter nadelförmig, 3—6 Jahre bleibend, an Langtrieben spiralig und entfernt stehend, an Kurztrieben in dichten Büscheln, steif, zugespitzt, im Querschnitt meist 3kantig, mit 2 Harzgängen an der Epidermis; Blüten 1häusig, einzeln, endständig an den Kurztrieben; ♂ Blüten walzenförmig, 5 cm lang, aufrecht; ♀ Blüten 1—1,5 cm lang, rötlich, eiförmig, aus zahlreichen, rundlichen Schuppen bestehend; Zapfen aufrecht, eiförmig bis eilänglich oder zylindrisch, im 2. bis 3. Jahre reifend, bei Reife zerfallend; Fruchtschuppen sehr dicht angedrückt, breiter als lang, holzig; Samen unregelmäßig 3eckig, mit dünner Schale und großem Flügel; Keimblätter 9—10; $x = 12$. — 4 Arten in den Gebirgen südlich und östlich des Mittelmeeres und im westlichen Himalaja.

Die Arten variieren beträchtlich und sind als alte Bäume oft nicht leicht mit Sicherheit zu unterscheiden, zumal die Zweigunterschiede sich dann immer mehr verwischen.

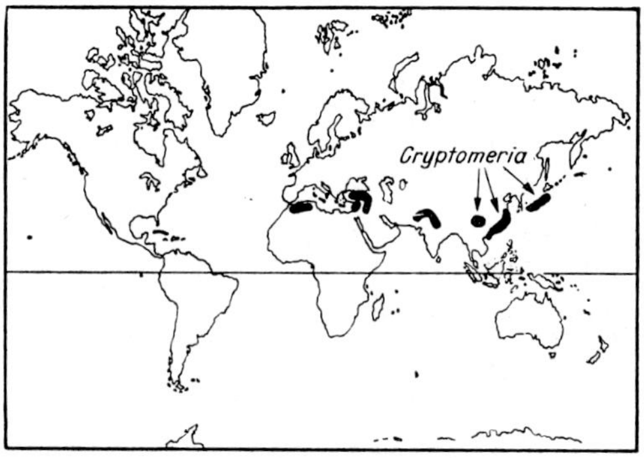

Abb. 40. Arealkarte der Gattungen *Cedrus* und *Cryptomeria* (Pfeile)

Cedrus atlantica (Endl.) Manetti. Atlas-Zeder. Baum, bis 40 m, Krone locker und durchsichtig, stets pyramidal, Äste immer steil ansteigend, Gipfeltrieb aufrecht oder leicht seitwärts geneigt; Nadeln bläulichgrün, unter 2,5 cm lang; Zapfen 5—7 cm lang, 4 cm breit, glänzend hellbraun, Fruchtschuppen bis 3,5 cm breit, Sa-

Wichtigste Merkmale der besprochenen Arten

	Habitus	Gipfeltrieb	Nadeln	Zapfen
atlantica	Krone licht und durchsichtig, Äste steil aufrecht	gerade, aufrecht, behaart	im Querschnitt etwa so hoch wie breit	zylindrisch, Spitze flach oder eingedrückt
brevifolia	oft krüppelig, sehr langsamwüchsig	meist verkümmert	sehr kurz, nur 1,2 cm lang	zylindrisch, Spitze eingedrückt, mit Nabel
deodara	jung pyramidal, alt unregelmäßig, Zweigspitzen hängend	peitschenartig hängend, behaart	bis 5 cm lang, lang zugespitzt	faßförmig, Spitze rund (nicht flach)
libani	Krone flach, schirmförmig, Zweige wenigstens an der Basis aufrecht	seitlich abstehend, kahl oder nur wenig behaart	im Querschnitt breiter als hoch	faßförmig, Spitze flach oder eingedrückt

men 1,2 cm lang, mit 1,5 cm langem Flügel. Atlas-Gebirge, Nord-Afrika. Vor 1840 nach Europa eingeführt. In Kultur weniger häufig als ihre Gartenformen, vor allem 'Glauca'. ✶ Abb. 41, 42.

'Aurea'. Schwachwüchsig, Wuchs kegelförmig, Äste mehr waagerecht abstehend; Nadeln im 1. Jahre goldgelb, oft mit grauem Schimmer, im 2. Jahre vergrünend. KHN Taf. 22. Vor 1900 in Boskoop entstanden. Leidet bei Sonnenbrand. Ⓢ Taf. I.

'Aurea Robusta'. Wuchs pyramidal, kräftiger als bei 'Aurea'; Nadeln etwas länger, heller gelb, mitunter mit bläulichem Unterton (besonders nach Verpflanzen oder im Schatten). Entstanden 1932 bei DEN OUDEN & ZOON in Boskoop, Holland.

'Fastigiata'. Wuchs hoch, säulenförmig, Äste kurz, aufstrebend, dicht bezweigt; Nadeln hellgrün. Entstanden bei LALANDE in Nantes, Frankreich. Vor 1890. ✶

'Glauca'. Wuchs wie die Art, doch viel dichter beastet; Nadeln prächtig graublau, besonders intensiv im Austrieb. Eine der schönsten Zedern unserer Gärten; häufig in Westdeutschland große Exemplare. ✶✶✶

'Glauca Horizontalis'. Triebe mehr oder weniger bogig ausgebreitet, doch nicht dem Boden aufliegend; Benadelung schön blau. Nur eine Pflanze bekannt, im Jardin Botanique, Nantes, Frankreich (1977 etwa 3 m breit, 1 m hoch). ■

'Glauca Pendula'. Stamm aufrecht-überhängend, Zweige dicht gestellt, mähnenartig herabhängend; Nadeln heller oder dunkler graublau. Soll in der Heimat der Art natürlich vorkommen. Vor 1900 in Frankreich in Kultur. In Boskoop und Frankreich viel kultiviert, zunehmend auch in Deutschland. ✶✶

Abb. 41. *Cedrus atlantica* im Kurpark Bad Homburg v. d. H. (Stamm etwa 100 cm Durchmesser)

'Pendula'. Wuchs anfangs fast säulenförmig aufrecht, dann Gipfel überhängend, Äste mehr oder weniger mähnenartig herabhängend, regelmäßig angeordnet; Nadeln grün. KHN Taf. III und 24. Ⓢ Abb. 43.

'Pyramidalis'. Wuchs schlank säulenförmig, Äste waagerecht, kurz, regelmäßig angeordnet. KHN Taf. 22. Vor 1889 in Frankreich in Kultur entstanden.

C. brevifolia (Hook. f.) Henry. Zypern-Zeder. Schwachwüchsiger, meist krüppeliger Baum, im Alter bis etwa 12 m Höhe erreichend, Krone breit schirmförmig, Äste kurz, steif, unregelmäßig, meist waagerecht; Nadeln 5—8(bis 12) mm lang, dick, leicht gekrümmt, blaugrün, mit kurzer Spitze; Zapfen zylindrisch, Spitze einge-

Abb. 42. *Cedrus atlantica,* Zapfen (Foto: G. D. BÖHLJE)

Abb. 43. *Cedrus atlantica* 'Pendula' in einem schweizer Privatgarten (Foto: Archiv Gartenwelt)

Abb. 44. *Cedrus libani,* Zapfen (Foto: G. D. Böhlje)

drückt und mit großem Nabel. KHN Taf. 22. Gebirge auf Zypern (mit nassen Wintern und trockenen Sommern). Kew Gardens.

C. deodara (D. Don) G. Don. Himalaja-Zeder. In ihrer Heimat bis 50 m hoch mit Stamm von 3 m Durchmesser, Krone in der Jugend pyramidal, Zweige waagerecht abstehend, fast plattenförmig ausgebreitet, Triebspitzen meist herabhängend, Jungtriebe dicht behaart; Nadeln blaugrün, zu etwa 30 in Büscheln, 3—5 cm lang, im Querschnitt so hoch wie breit; Zapfen zu 1—2 an kurzen Zweigen, 7—10 cm lang, 5 bis 6 cm dick, rötlichbraun, in der Jugend bläulich bereift, Fruchtschuppen keilförmig, 5—6 cm breit, auf dem Rücken meist nicht behaart, Samen 1,6 bis 1,7 cm lang, weißlich, mit großem, hellbraunem Flügel. KHN Taf. 23. Himalaja. 1822 nach Europa eingeführt. Bei uns in den meisten botanischen Gärten, auch in Parks, aber nicht überall vollständig winterhart. ✶✶ ∧ Abb. 45.

'Albospica'. Wuchs pyramidal, mittelhoch, Spitzen der Jungtriebe weißlich, später gelblich und zuletzt ganz grün. Vor 1899 bei Annesly in Castlewellan, Nord-Irland, aufgetreten.

'Aurea'. Wuchs wie die Art, aber viel niedriger, Triebe gelb, im Herbst allmählich vergrünend; Nadeln goldgelb. (Les Barres). ✶

'Glauca'. Benadelung blaugrün bis silberblau. In den Baumschulen übliche Bezeichnung für besonders blaue Pflanzen, aber kein Klon. (zu Jeddeloh).

'Golden Horizon'. (Van Vliet). Wuchs breit und flach, doch kräftig; Nadeln an der Sonnenseite intensiv gelb bis grünlichgelb, sonst mehr graugrün, 15—28 mm lang, an jungen Trieben bis 4 cm lang. Selektiert aus Sämlingen von Gebr. van Vliet, Boskoop. 1975. ■

'Karl Fuchs'. Klon aus den Sämlingen aus Afghanistan, die am meisten blaue Form aus der Pak-

Abb. 45. *Cedrus deodara* am natürlichen Standort in der Provinz Paktia, Afghanistan; diese Zedern sind teilweise besonders blaunadelig (→ „Paktia“ und ‘Karl Fuchs’) (Foto: L. Heneka)

tia-Herkunft. In Deutschland in Vermehrung bei zu Jeddeloh (in 2905 Jeddeloh) und G. Horstmann (3043 Schneverdingen). War in Schweden bis —30 °C winterhart. ✶✶✶ ■ Taf. I.

‘Kashmir’. Normale Wuchsform mit silbrigblauer Benadelung, ausgezeichnet durch besonders große Winterhärte. Aufgefunden in der Baumschule J. F. Styer, Concordville, Pennsylvania, USA. 1934. In Deutschland auch in Vermehrung (G. Horstmann, Schneverdingen). ✶

„Paktia“. Provisorische Bezeichnung für die Nachzucht von Bäumen aus der Provinz Paktia, Afghanistan. Sehr raschwüchsig, feinnadelig, bläulichgrün bis weißlichblau benadelt. In Vermehrung u. a. bei G. Horstmann, 3043 Schneverdingen. Der schönste Klon ist ‘Karl Fuchs’ (benannt nach einem deutschen Entwicklungshelfer, der die Samen in Afghanistan sammelte). Wertvoller als ‘Kashmir’. ✶ ■ Abb. 45.

‘Prostrata’. Wuchs breit und flach, jedoch sehr langsamwüchsig und zwergig. Hillier beschreibt eine 20 Jahre alte Pflanze, die nur 30 cm hoch und 75 cm breit war.

‘Pygmy’. Zwergform mit kugeligem Wuchs; Benadelung blaugrün. Um 1934 von Wm. T. Gotelli, einem amerikanischen Koniferenliebhaber, in einer Baumschule gefunden. Eine 17 Jahre alte Pflanze war nur 30 cm hoch und 40 cm breit.

‘Robusta’. Wuchs stark, pyramidal, Zweige stark, dick, überhängend, sehr dicht benadelt; Nadeln 5 bis 8 cm lang, dick, gerade, bläulichgrün. Vor 1850 in Frankreich in Kultur. Die schweren Äste müssen gestützt werden, sonst brechen sie. ✶

‘Verticillata Glauca’. Wuchs schmal aufrecht, 3—5 m hoch, Zweige waagerecht abstehend, wenig verzweigt, mit weiten Zwischenräumen, Äste regelmäßig; Nadeln an jungen Langtrieben quirlständig, prächtig blaugrün. Vor 1891 in Frankreich. ✶✶

‘Viridis’. Nadeln auffällig frischgrün, glänzend, viel dünner als bei der Art. Vor 1850. In französischen

Abb. 46. *Cedrus libani* am natürlichen Standort im Libanon (in einem Wintersportgebiet) (Foto: Bureau de Tourisme, Beyrouth, Liban)

Baumschulen; soll aber viel empfindlicher sein als die Art. ∧∧

'Wiesemannii'. Wuchs aufrecht, viel gedrungener als bei der Art, Äste dichter gedrängt, ansteigend-überhängend, sehr dicht benadelt; Nadeln blaugrün. Vor 1933 entstanden bei P. MOLL, Heisterbacherrott, Siegkreis, und abgebildet in seinem Katalog Herbst 1936. Ⓢ

C. libani A. Richard. Libanon-Zeder. Baum, 20—40 m hoch, langsamwüchsig, Krone anfangs pyramidal, im Alter flach schirmförmig, Äste sehr stark, in der Jugend schräg ansteigend, später horizontal, Borke schwarzgrau, rissig, Zweige kurz, tafelartige Platten bildend; Nadeln meist dunkelgrün, steif, 1,5—3,5 cm lang, in Büscheln zu 30—40; Zapfen 8—10 cm lang, 4—6 cm breit, braun, Fruchtschuppen bis 5 cm breit, Samen 1,5—1,8 cm lang, mit 2,5 cm langem Flügel. KHN Taf. 24 (= *C. libanotica* Link; *C. libanensis* Juss.). Gebirge des Taurus, Antitaurus und Libanon, waldbildend. 1638 nach Europa eingeführt. Bei uns nicht überall winterhart, aber in Westdeutschland, vor allem im Rheinland, große Bäume nicht selten. ✶✶ ∧ Abb. 44, 46.

'Aurea'. Wuchs schwach; Nadeln goldgelb mit grünem Unterton, vor allem im Winter (bei *C. atlantica* 'Aurea' grauer Unterton!). Ⓢ

'Aurea Prostrata'. Flachwachsende Form mit gelber Benadelung, vielleicht durch Veredlung von Seitentrieben von 'Aurea' entstanden. ■

'Comte de Dijon' (Barbier). Ein Klon von 'Nana'. Wuchs breit eikegelförmig, sehr dicht beastet, Äste ziemlich waagerecht ausgebreitet; Nadeln teilweise radial stehend, 20—25 mm lang, fein, gerade oder leicht gebogen, in der Mitte am breitesten, nach beiden Enden dünner. 1908 von BARBIER, Orléans, in den Handel gegeben. Eine Originalpflanze steht noch heute im Glasnevin Botanical Garden, Dublin, Irland, etwa 5 m hoch. ✶

'Nana'. Zwergform, Äste sehr dicht stehend, einen mehr rundlichen Busch bildend. KHN Taf. 23. Häufiger in Kultur entstanden. 1838.

'Pendula'. Hängeform, Nadeln lang und dünn. KHN Taf. 25.

'Sargentii'. Zwergform, langsamwüchsig, 1—1,5 m hoch, Stamm kurz, Äste zahlreich, anfangs waagerecht, abstehend, später nach allen Richtungen überhängend; Nadeln lang, dick, blau bereift. KHN Taf. 25 (= *C. libani pendula sargentii* Hornibr.). Entstanden vor 1919 im Arnold Arboretum, USA. Gut geeignet für Steingärten. ✶

f. **stenocoma** (Schwarz) Davis. Wuchs schlank pyramidal, fast fichtenartig, Äste waagerecht abstehend, Spitzen leicht abwärts geneigt, Krone nie schirmförmig; Nadeln und Zapfen in der Mitte stehend zwischen denen von *C. atlantica* und *C. libani* (= *C. libanitica* ssp. *stenocoma* Schwarz). Südwest-Anatolien.

CEPHALOTAXUS S. & Z. — KOPFEIBE — CEPHALOTAXACEAE

Immergrüne Bäume und Sträucher, Zweige gegenständig, junge Zweige grün; Knospen eiförmig, mit zahlreichen bleibenden Schuppen; Blätter nadelförmig, spiralig gestellt, jedoch in einer Ebene nahezu 2zeilig stehend, oben mit deutlicher Mittelrippe, unten mit 2 breiten Stomabändern; Blüten 2häusig, ausnahmsweise 1häusig, achselständig; ♂ Blüten in kugeligen Köpfen in den Blattstielen junger Triebe; ♀ Blüten zu 1—3 in den Basisschuppen ganz junger Triebe; Frucht groß, steinfruchtartig, Schale außen fleischig, grünlich bis rötlich, in jeder Frucht 1—2 Samen, etwa 2,5 cm lang, gestielt, harzig, innen hart und holzig, im 2. Jahre reifend; $x = 12$. — 8 Arten vom Himalaja bis Ost-Asien, davon jedoch nur 2 bei uns hart. Alle ∧

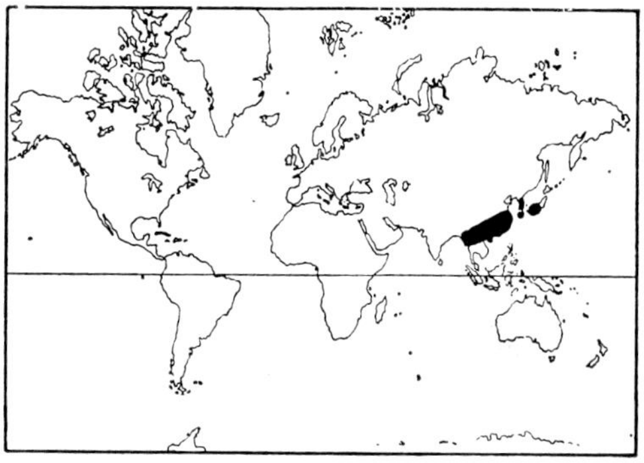

Abb. 48. Arealkarte der Gattung *Cephalotaxus*

Abb. 47. *Cephalotaxus fortunei* im Arboretum Hillier

Abb. 49. *Cephalotaxus harringtonia* var. *drupacea* im Arboretum Hillier

Wichtigste Blatt-Merkmale der besprochenen Arten

	Länge (mm)	Stellung	Spitze	Unterseite
fortunei	50—90	zweizeilig, fast horizontal	allmählich schmaler werdend	2 Stomabänder zu je 20 Reihen
harringtonia drupacea	25—35	V-förmig	kurz zugespitzt	2 graue Stomabänder zu je 15 Reihen
— 'Fastigiata'	30—50	spiralig	kurz, scharf	2 graue Stomabänder
oliveri (nicht behandelt)	21—25	starr und ganz dicht, flach	stechend	beiderseits mit deutlichem Mittelnerv, unten stark hervortretend

Cephalotaxus fortunei Hook. In seiner Heimat Baum, bei uns unregelmäßig strauchig, oft mehrstämmig, Rinde rotbraun, rissig, Zweige quirlig, lang, abstehend, etwas überhängend; Nadeln 5—8 cm lang, deutlich und fast horizontal 2reihig, oben glänzendgrün, unten mit 2 blassen Stomalinien zu je etwa 20 Reihen, allmählich scharf zugespitzt; Frucht eirund-elliptisch, olivbraun, etwa 2,5 cm lang. KHN 35. Mittel-China. 1848. Empfindlich. ∧∧—∧∧∧ Abb. 74.

C. harringtonia (Forbes) K. Koch. Baumartig, bei uns strauchig, Zweige abstehend bis etwas überhängend; Nadeln bis 5 cm lang, oft leicht sichelförmig, an Langtrieben aufwärts gerichtet, hellgrün, stark glänzend; ♂ Blüten in gestielten Köpfchen, mit dem Stiel 1—2 cm lang; Frucht eirund, 2,5 cm lang, mit einer kleinen Stachelspitze in einer Vertiefung am oberen Ende. KHN 35 (= *C. drupacea* var. *harringtonii* Pilg.; *C. pedunculata* S. & Z.). Japan, nur in Kultur bekannt. 1829 eingeführt. In den Kulturen am häufigsten zu finden. ✶

var. **drupacea** Koidz. In seiner Heimat Baum (bei uns breiter, rundlicher Strauch), Äste quirlig, abstehend, Borke grau, schmalrissig, mit ablösbaren Streifen, Zweige anfangs grün, dann rotbraun, nicht überhängend; Nadeln 2zeilig, schräg aufwärts, fast V-förmig im Zweigquerschnitt, ziemlich dicht stehend, plötzlich kurz zugespitzt, oben dunkelgrün, unten mit 2 grauen Stomabändern zu etwa je 15 Linien; Frucht 2—3 cm lang, eiförmig, im 1. Jahre reifend, Stiel 6—12 mm lang. KHN 36 (= *C. drupacea* S. & Z.). Japan. Eingeführt 1829 nach Leiden durch von Siebold. Abb. 49.

'Fastigiata'. Wuchs fast säulenförmig, Äste steif aufrecht, lang, rutenförmig, kaum verzweigt; Nadeln stets spiralig, nicht 2zeilig, gebogen, 3—5 cm lang, 3 mm breit, Spitze scharf und kurz, oben glänzendgrün. KHN 35 (= *C. drupacea fastigiata* Pilg.) In Japan kultiviert. Verhältnismäßig gut hart und unempfindlich gegen Rauch. ✶ ∧

CHAMAECYPARIS Spach — SCHEINZYPRESSE — CUPRESSACEAE

Immergrüne, meist kegelförmige, hohe Bäume mit überhängenden Triebspitzen; Äste abstehend, Zweiglein mehr oder weniger abgeflacht; Blätter schuppenförmig und gegenständig, nur in der Jugend pfriemförmig; Blüten 1häusig; ♂ Blüten seitlich endständig, eilänglich, meist gelb; ♀ Blüten an seitlichen Zweiglein, einzeln, endständig, fast kugelig, mit 6—8 (seltener 4 oder 10—12) kreuzweise gegenständigen Schuppen; Zapfen klein, kugelig, hart, im 1. Jahr reifend, bei *C. nootkatensis* im 2. Jahr, Fruchtschuppen schildförmig, eckig oder kreisrund, Ränder aneinanderliegend, bei der Reife klaffend; Samen zu 2, seltener bis 5, 2flügelig, elliptisch bis kreisrund; Keimblätter 2; $x = 11$. — 7 Arten in Nord-Amerika, Japan, China und Formosa.

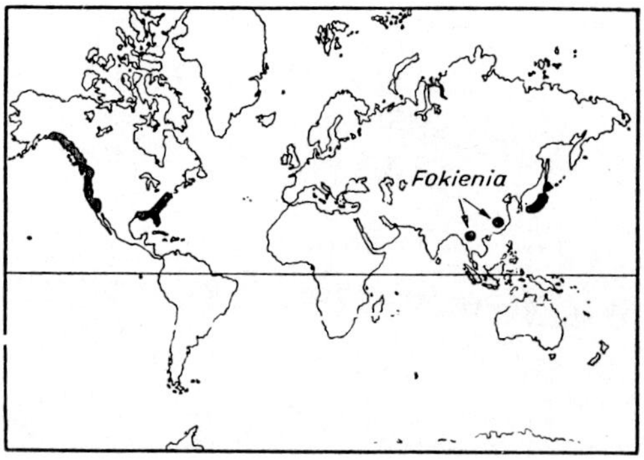

Abb. 50. Arealkarte der Gattungen *Chamaecyparis* und *Fokienia* (Pfeile)

Übersicht über die wichtigsten Merkmale der Arten

	formosensis	*funebris*	*lawsoniana* Abb. 51	*nootkatensis* Abb. 51	*obtusa* Abb. 51	*pisifera* Abb. 51	*thyoides* Abb. 51
Zweigstellung	stets horizontal	senkrecht herabhängend	stets ± horizontal	am Gipfel vertikal	stets ± horizontal	stets ± horizontal	unregelmäßig
Blattstellung	stets locker anliegend	stets dicht anliegend	stets fest anliegend	an schwachen Trieben fest, an kräftigen locker anliegend	stets fest anliegend	stets locker anliegend	an schwachen Trieben fest, an kräftigen locker anliegend
Zeichnung auf der Blattunterseite	starke weiße Zeichnung	ohne Zeichnung	oft mit verschwommenen Linien	ohne Zeichnung, mitunter weiße Kanten	hervortretende silberweiße Linien	längliche weiße Flecke	ohne Zeichnung
Größenverhältnis Kantenblätter zu Flächenblättern	Kantenblätter viel größer	fast gleich	Kantenblätter viel größer	fast gleich	Kantenblätter viel größer	fast gleich	fast gleich
Öldrüsen an Blättern	rinnenförmig	sehr klein, doch deutlich	oft mit Drüse	rinnenförmig	fehlend	undeutlich	sehr groß
Schuppenzahl der Zapfen	10	8	8	4—6	8(—10)	8—10(—12)	4—5(—6)

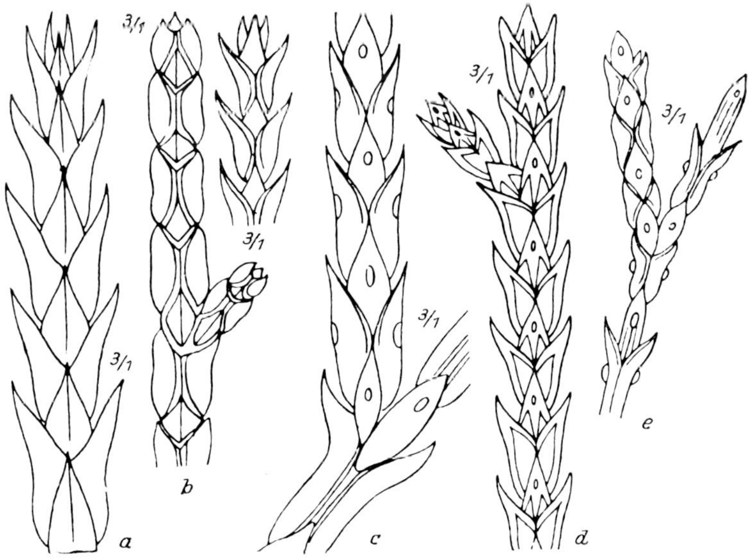

Abb. 51. Triebstücke der *Chamaecyparis*-Arten.
a *C. nootkatensis*; b *C. obtusa*; c *C. lawsoniana*; d *C. pisifera*; e *C. thyoides* (nach MAYR)

Chamaecyparis formosensis Mast. In seiner Heimat bis 65 m hoch, bei uns aber vermutlich nicht in Kultur und nicht hart (in England gut hart), Zweiglein flach; Blätter oft bräunlich überlaufen; Zapfen ellipsoid (wichtigstes Merkmal). KHN 37. Formosa, mit *C. obtusa* waldbildend. ✶ ΛΛ

C. funebris (Endl.) Franco. Tränen-Zypresse. Baum, bis 20 m, Krone breit, locker, Äste kräftig, hängend, Zweiglein alle in einer Ebene, hängend, Querschnitt flach; Blätter dicht anliegend, mit freiem Spitzchen, graugrün bis hellgrün; Zapfen kugelig, 8—12 mm dick, dunkelbraun, an kleinen Stielen, Schuppen 8, mit kleinem, eiförmigem Fortsatz. KHN 38 (= *Cupressus funebris* Endl.). Weit verbreitet in China, besonders im Yangtsetal. Nur für allermildeste Gegenden, in Deutschland nur Mainau. ΛΛ Abb. 52.

C. lawsoniana (Murr.) Parl. Baum, 25—50 m, Stamm 0,9—1,7 m Durchmesser, Krone spitzkegelförmig, Äste kurz, waagerecht abstehend, Spitzen meist überhängend, Rinde rötlichbraun, mit rundlich-schuppigen Platten, Zweiglein flach, in einer Ebene; Nadeln anliegend, mehr oder weniger spitz, kantenständige gekielt mit freien Spitzen, flächenständige viel kleiner, rhombisch, oft mit einer Drüse, unterseits mit undeutlichen weißen Linien; Zapfen zahlreich, klein, kugelig, 8 mm dick, erst blaugrün, im ersten Herbst reifend, 8 Schuppen, mit zusammengedrückten Höckerchen. KHN 38. USA, südwestlich Oregon bis nordwestlich Californien. ✶ Abb. 51, 55.

Hierzu eine riesige Zahl von Gartenformen; vgl. dazu die Übersicht und die Beschreibungen.

'Albospica'. Schlank, aufrecht, Triebspitzen weißbunt. Abb. 53.

'Alumigold' (J. Maks). Wuchs wie 'Alumii', doch mehr gedrungen und Benadelung rein gelb, nach dem Inneren der Pflanze zu allmählich in ein bläuliches Gelbgrün übergehend. Als Mutation an 'Alumii' entstanden bei J. Maks, Dedemsvaart, Holland; 1966 in den Handel gegeben. ✶

'Alumii'. Schmal kegelförmig aufrecht, bis 10 m hoch, Äste an jungen Pflanzen aufstrebend, an alten Pflanzen abstehend, Zweige sehr dicht und zahlreich, flach, weich anfühlend; Nadeln schön blau bereift, später mehr graublau. Weit verbreitet und beliebt. Leicht vermehrbar. ✶

'Alumii Nana Compacta'. Wuchs flachkugelig, ziemlich locker, Zweiglein nach allen Seiten abstehend, schön blaugrün wie 'Alumii'. Von Minier, Angers, verbreitet. 1975. ■

'Argentea'. Kegelförmig, aufrecht, leicht und zierlich bezweigt, Triebe fein überhängend; Nadeln prächtig silbergrau überlaufen. An verschiedenen Orten entstanden.

Abb. 52. *Chamaecyparis funebris* in China (Foto: F. Benčat)

'Argenteovariegata'. Zweige weißbunt, gefleckt aussehend. Etwas empfindlich. Λ

'Argenteovariegata Nova'. Äste und Zweige weißbunt. Entstanden vor 1887 bei G. G. Overeynder in Boskoop. Verträgt volle Sonne, gut winterhart.

'Ashton Gold'. Ähnelt 'Lutea', wächst aber besser und hat auch eine bessere Spitze, Wuchs aufrecht, Zweige ansteigend; Belaubung schön goldgelb. Aus Irland, vor 1968; eingeführt durch Jan Spek, Boskoop. ■

'Aurea Densa'. Zwergform, ganz schwachwüchsig, nur 40—60 cm hoch, anfangs strauchig, zuletzt pyramidal, Zweiglein sehr dicht gestellt, etwas muschelförmig abstehend; Nadeln sehr kurz, breit, dicht angedrückt, gleichmäßig goldgelb. Entstanden in Rogers Nurseries, Southampton, England. 1938. ✶

'Aurea Nova'. Aufrecht, breit kegelförmig, bis 10 m hoch, Äste und Zweige wie bei der Art, Zweiglein flach; Nadeln sehr klein, Triebspitzen beim Austrieb grünlichgelb, später goldgelb, doch schließlich vergrünend. 1893. Gut winterhart.

'Aureospica'. Äste braungelb, Zweige und Nadeln im Austrieb goldgelb, später grün. Entstanden 1891 bei Jac. Jurissen & Zoon, Naarden, Holland.

'Aureovariegata'. Kegelförmig, Zweige teilweise gelbbunt gezeichnet; Nadeln oft nur gelblichweiß. 1891. Empfindlich. Λ

'Blom'. Säulenförmig, dicht, 2—2,5 m hoch, Äste aufrecht, Zweige aufrecht, blau bereift, Zweiglein

Übersicht über die besprochenen Formen von *C. lawsoniana*

I. Wuchs aufrecht, kegelförmig bis säulenförmig, normal kräftig, hoch bis mittelhoch

grün
- 'Erecta Viridis'
- 'Green Hedger'
- 'Hollandia'
- 'Patula'
- 'Pottenii'
- 'Rosenthalii'
- 'Schongariana'
- 'Witzeliana'

weißbunt
- 'Albospica'
- 'Argentea'
- 'Argenteovariegata'
- 'Argenteovariegata Nova'
- 'Croftway'
- 'Erecta Alba'
- 'Glauca Argentea'
- 'Silver Gem'
- 'Silver Queen'
- 'White Spot'

blaugrün und silbrig
- 'Alumii'
- 'Blom'
- 'Blue Jacket'
- 'Bruinii'
- 'Columnaris'
- 'Erecta Glauca'
- 'Felix'
- 'Fraseri'
- 'Glauca'
- 'Glauca Elegans'
- 'Glauca Lombartsii'
- 'Kooy'
- 'Monumentalis Glauca'
- 'Monumentalis Nova'
- 'Olbrichii'
- 'Pembury Blue'
- 'Plumosa Glauca'
- 'Robusta Glauca'
- 'Worlei'
- 'Spek'
- 'Stricta Glauca'

gelb
- 'Alumigold'
- 'Ashton Gold'
- 'Aurea Nova'
- 'Aureospica'
- 'Aureovariegata'
- 'Boerii'
- 'Broomhill Gold'
- 'Darleyensis'
- 'Delorme'
- 'Depkenii'
- 'Doré de Croux'
- 'Erecta Aurea'
- 'Golden King'
- 'Golden Spire'
- 'Golden Triumph'
- 'Golden Wonder'
- 'Hillieri'
- 'Howarth's Gold'
- 'Kelleriis Gold'
- 'Killiney Gold'
- 'Lane'
- 'Lombartsii'

gelb
- 'Lutea'
- 'Maas'
- 'Magnifica Aurea'
- 'Melfard'
- 'Moerheimii'
- 'Naberi'
- 'New Golden'
- 'Oro'
- 'President Roosevelt'
- 'Pulverulenta'
- 'Southern Gold'
- 'Stardust'
- 'Stewartii'
- 'Triomf van Boskoop'
- 'Triomf van Lombarts'
- 'Versicolor
- 'Viner's Gold'
- 'Westermannii'
- 'Winston Churchill'

II. Wuchs gedrungen, breit kegelförmig, zwergig

grün
- 'Drummondii'
- 'Krameri'
- 'Minima'

blaugrün
- 'Gimbornii'
- 'Forsteckensis'
- 'Minima Glauca'
- 'Nana Compacta'

weißbunt
- 'Minima Argenteovariegata'
- 'Nana Albospica'
- 'Nana Albovariegata'

gelblichgrün bis gelb
- 'Aurea Densa'
- 'Minima Aurea'

III. Wuchs breit halbkugelig, ohne Gipfeltrieb, zwergig

blaugrün und silbrig
- 'Alumii Nana Compacta'
- 'Glauca Globus'
- 'Globosa'
- 'Nana'
- 'Pygmaea Argentea'
- 'Rogersii'

IV. Sonstige Wuchsformen (nicht in I. bis III.)

Zweige hängend oder überhängend
- 'Bowleri'
- 'Gracilis Pendula'
- 'Intertexta'
- 'Intertexta Pendula'
- 'Pendula'
- 'Pendula Vera'
- 'Youngii'

Zweiglein kraus
- 'Crispa'
- 'Cristata'
- 'Lycopodioides'
- 'Plumosa'
- 'Tharandtensis'
- 'Tharandtensis Caesia'
- 'Tilgate'
- 'Wisselii'
- 'Wisselii Nana'

Zweige fadenförmig
- 'Caudata'
- 'Erecta Filiformis'
- 'Filifera'
- 'Filiformis Compacta'

Wuchs flach und breit
- 'Grandi'
- 'Knowefeldensis'
- 'Nestoides'
- 'Nidiformis'
- 'Tamariscifolia'

Blätter alle nadelförmig
- 'Blue Surprise'
- 'Chilworth Silver'
- 'Ellwoodii'
- 'Ellwoodii Glauca'
- 'Ellwoodii Pygmy'
- 'Ellwood's Gold'
- 'Ellwood's Pillar'
- 'Ellwood's White'
- 'Fletcheri'
- 'Fletcheri Nana'
- 'Fletcher's White'
- 'Yellow Transparent'

sehr gleichmäßig, aufrecht bis abstehend, sehr dicht gestellt; Blätter klein, äußere mehr blau bereift, innere blaugrün. Entstanden als Mutation an 'Alumii' bei Adr. Blom, Boskoop, vor 1942. Leicht durch Stecklinge vermehrbar.

'Blue Jacket' (M. Young). Wuchs breit kegelförmig, Zweige abstehend, Zweiglein dicht gedrängt, sehr fein, blaugrün; Nadeln klein, auf der Unterseite bläulichweiß gezeichnet (= *C. lawsoniana* 'Milford Blue Jacket' Dallimore & Jackson). Vor 1932 bei M. Young, Milford, Großbritannien, entstanden.

'Blue Surprise' (de Beer). Ähnlich 'Ellwoodii', doch raschwüchsig, dabei kompakt, Wuchs dicht kegelförmig, aufrecht, Zweiglein alle aufrecht, sehr verzweigt; Blätter alle nadelförmig, 3—6(—9) mm lang und 0,75—1,5 mm breit, auffallend blaugrün, dünn und scharf. Aus Samen entstanden bei Anth. P. J. de Beer, Tilburg, Holland.

Abb. 53. *Chamaecyparis lawsoniana* 'Albospica' in Wisley Gardens

'Boerii'. Säulenform, schwachwüchsig, 2—2,5 m hoch, Äste und Zweige straff aufrecht, ziemlich dick, Zweiglein kurz, Spitzen leicht grünlichgelb, zur Basis hin ganz grün; Nadeln klein, fest anliegend, anfangs gelb bis gelblichgrün, zuletzt grün. Entstanden bei JAN BOER Wzn. & ZOON, Boskoop. 1937.

'Bowleri'. Zwergform, Wuchs rundlich, dicht, 1 bis 1,2 m hoch, Äste abstehend, schlaff überhängend, Zweige zierlich abstehend, überhängend, Zweiglein entfernt stehend, dünn, beiderseits gleichmäßig grün; Nadeln klein, schmal, glänzend dunkelgrün. Entstanden bei JAMES SMITH & SONS, Darley Dale Nurseries, bei Matlock, England. 1883. Ⓢ

'Broomhill Gold'. Wuchs wie 'Erecta Viridis', doch etwas lockerer; Belaubung zuerst goldgelb, später grünlichgelb. Um 1975 eingeführt durch die STEWART'S FERNDOWN NURSERIES, Broomhill, Winborne, Dorset, England. In Holland in den DARTHUIZER BOOMKWEKERIJEN. Hübsche Form. ■

'Bruinii'. Kegelförmig, aufrecht, bis 10 m hoch, Äste regelmäßig abstehend, Zweige abstehend, Triebspitzen etwas überhängend, Zweiglein nicht so regelmäßig, ziemlich lang, fein; Blätter glänzend dunkelgrün, blau bereift. Entstanden bei W. DE BRUIN Gz., Boskoop. 1928.

'Caudata'. Zwergform, Wuchs strauchig, unregelmäßig kegelförmig, dicht, langsam wachsend, bis 2 m, Äste rotbraun, Zweige zahlreich, Triebe auffallend schweifartig, dünn, ähnlich wie bei *C. pisifera* 'Filifera', Triebspitzen fast büschelig benadelt; Nadeln teilweise schuppenförmig und angedrückt mit freier Spitze oder der ganzen Länge nach angedrückt. 1934.

'Chilworth Silver'. Zwergform, sehr ähnlich 'Blue Surprise', aber Wuchs langsam, ziemlich dicht und aufrecht; Belaubung nadelförmig, blaugrau. England. Um 1970. Angeblich Mutation von 'Blue Surprise', vielleicht aber auch ein Sämling (?). ■

'Columnaris'. Schmal säulenförmig, dicht bezweigt, 5—10 m hoch, Äste straff aufrecht, ziemlich dünn, Zweige aufrecht, regelmäßig, bis 10 cm lang, dünn, Zweiglein flach, blaugrün; Nadeln locker angedrückt. KHN Taf. 28. Entstanden bei JAN SPEK, Boskoop. 1941. ✶

'Crispa'. Kegelförmig, monströs, Zweigspitzen kraus. Entstanden 1888 in der Gärtnerei TOTTENHAM, Dedemsvaart, Holland.

'Cristata'. Dicht aufstrebend, Wuchs langsam, Spitzen und obere Zweiglein monströs, ausgeprägt blau.

'Croftway'. Wuchs mittelstark, kegelförmig, Triebspitze weißlich, ältere Benadelung jedoch ganz tiefgrün. Vor 1972. Ohne besonderen Zierwert. ■

'Darleyensis'. Kegelförmig, locker, langsamwüchsig, silbrig bereift. Entstanden bei JAMES SMITH & SONS, Darley Dale bei Matlock, England. Vor 1880. (Ursprünglich verbreitet als „*Cupressus lawsoniana darleyensis* Smiths New Silver".)

'Delorme' (Delorme). Wuchs langsam, breit und kurz kegelförmig, straff aufrecht, wie die 'Erecta'-Formen, sehr dicht bezweigt, Zweiglein fein, blaugrün. Bereits seit vor 1965 im Handel; verbreitet von MINIER, Angers. Ohne besonderen Gartenwert. ■

'Depkenii'. Kegelförmig, schlank, bis 10 m hoch, Äste abstehend, Zweige dünn und überhängend, Zweiglein fein; Nadeln klein, matt weißgelb, im Herbst allmählich vergrünend. Entstanden bei DEPKEN, Bremen-Oberneuland. 1906.

'Doré de Croux'. Wuchs schmal kegelförmig, die Seitenzweige mehr oder weniger ausgebreitet; Belaubung gelb, im Winter bronzegelb. Eingeführt von CROUX, Versailles. Vor 1970. Ohne besonderen Gartenwert. ■

'Drummondii'. Breit kegelförmig, 3—5 m hoch, Äste abstehend, Zweige zahlreich, gleichmäßig lang, Zweiglein sehr zahlreich, dünn, dunkelgrün; Blätter klein, glänzend dunkelgrün. 1937.

'Elegantissima'. Wuchs kegelförmig aufrecht; Benadelung beständig hellgelb bis silbrig rahmweiß. Taf. II.

'Ellwoodii'. Kegelförmig, 2—3 m hoch, dicht beastet, Äste aufstrebend, dicht zusammenstehend, Zweige ebenso, Triebspitzen aufrecht, etwas nickend, Zweiglein ebenso, kurz, dünn, blaugrün. KHN 40. Entstanden aus Samen im Swanmore Park, Bishops Waltham, England. 1938. Sehr ähnlich 'Fletcheri', doch Nadeln dünner und mehr blau, auch Winterhärte angeblich etwas besser. Sehr leicht vermehrbar aus Stecklingen. ✶✶

'Ellwoodii Glauca'. Intensiver hellblau gefärbt als die normale 'Ellwoodii' und etwas gröber, aber weniger winterhart. Schön. (JEDDELOH). ■

'Ellwoodii Pygmy'. Wie 'Ellwoodii', aber besonders schwachwüchsig und ohne Leittrieb (= *C. lawsoniana* 'Ellwoodii Nana' Hort.). Herkunft unbekannt. Zweifelhaft, ob überhaupt eine konstante Form.

'Ellwood's Gold'. Mutation mit goldgelben Triebspitzen im Frühling und Sommer, jedoch im Herbst verblassend.

'Ellwood's Pillar'. Wie 'Ellwoodii', aber schmaler im Wuchs und noch dichter bezweigt, niedriger bleibend, blaugrün. ■

'Ellwood's White' (= *C. lawsoniana ellwoodii variegata* Hort.). Gewonnen aus den weißbunten Triebspitzen, die gelegentlich an 'Ellwoodii' entstehen.

'Erecta Alba'. Schlank kegelförmig, 5—10 m hoch, Äste kräftig, Zweige normal, Spitzen der Zweiglein silbrigweiß, zur Basis zu grün. Entstanden bei W. KEESSEN jr. & ZONEN, Terra Nova, Aalsmeer, Holland. 1891. Schöne, wertvolle Form.

'Erecta Aurea'. Zwergform, kegelförmig, niedrig bleibend, Äste aufrecht, Zweige und Zweiglein ebenso, blaßgelb; Blätter goldgelb. 1938. Frostempfindlich. ∧

'Erecta Filiformis'. Kegelförmig, dicht beastet, Äste aufstrebend, Zweige fadenförmig, dünn, nickend; Nadeln sehr klein, dunkelgrün. KHN 41. 1896. Empfindlich. ∧

'Erecta Glauca'. Wuchs ähnlich 'Fraseri' (letztere jedoch mehr grün), schlank säulenförmig, 5—10 m hoch, Äste aufstrebend, Zweige steil aufrecht, 10 bis 25 cm lang, Zweiglein aufrecht, regelmäßig, flach; Blätter angedrückt, blaugrün, bereift. 1891. Nicht identisch mit 'Monumentalis Nova', wie bei BEISSNER angegeben.

'Erecta Viridis'. Schlank, aufstrebend, 5—10 m hoch, Äste und Zweige aufrecht, von unten an dicht verzweigt, frischgrün, auch im Winter. Entstanden 1875 bei ANTH. WATERER, Knap Hill, Surrey, England. Nicht überall ganz winterhart. ✶ ∧ Taf. II.

'Felix'. Kegelförmig, stark, 10—20 m hoch, im Wuchs ähnlich 'Triomf van Boskoop', doch Zweige und Zweiglein feiner, Äste und Zweige abstehend, Zweiglein dicht, nach vorn gerichtet, fein; Blätter angedrückt, gleichmäßig blau bereift, unterseits blaugrün. Entstanden bei FELIX & DIJKHUIS, Boskoop. Vor 1949. Gut winterhart.

'Filifera Glauca'. Breit kegelförmig, 3—5 m hoch, Äste überhängend, Zweige hängend, dünn, fadenförmig, dicht beastet; Blätter dunkel blaugrün (= f. *filiformis glauca* Beissn.). 1889 durch DE VOS aufgefunden.

'Filiformis'. Wuchs breit kegelförmig, bis 10 m hoch, Äste überhängend, Zweige nur an den Spitzen mit fadenförmigen Zweiglein, diese lang herabhängend. KHN Taf. 29 und 31. Entstanden bei OTTOLANDER & HOOFTMAN in Boskoop. 1891. Empfindlich. ∧

'Filiformis Compacta'. Zwergform, Wuchs flachkugelig, bis 1 m hoch, dicht bezweigt, Zweigspitzen überhängend; Blätter fest anliegend, klein, dunkel blaugrün. KHN 41. Vor 1891. Härter als 'Filiformis'.

'Fletcheri'. Säulen- bis kegelförmig, 5—8 m hoch, Äste und Zweige aufstrebend, sehr dicht stehend, Triebspitzen dunkel rötlichblau, Zweiglein gleichmäßig blaugrün, im Herbst mit purpur Anflug; Nadeln teils nadel-, teils schuppenförmig. KHN 40. Entstanden als Mutation an *C. lawsoniana* bei FLETCHER, Chertsey, England. Vor 1923. Übergangsform zwischen Jugend- und Altersform. Sehr hübsch, leicht vermehrbar aus Stecklingen. Etwas empfindlich. ✶ ∧

Abb. 54. Vorn *Chamaecyparis lawsoniana* 'Golden King', hinten *C. lawsoniana* 'Youngii' im Hillier Arboretum

'Fletcheri Nana'. Zwergform, breit kegelförmig, nur 1—1,5 m hoch, sonst kaum verschieden von 'Fletcheri'; Nadeln etwas dünner und feiner, mehr abstehend. 1938.

'Fletcher's White'. Raschwüchsig, daher keine Zwergkonifere. Entstanden als weißbunte Mutation an 'Fletcheri'.

'Forsteckensis'. Zwergform, breit kugelförmig, bis 1,5 m hoch, sehr dicht beastet, Zweige kurz, kraus stehend, kräftig; Nadeln angedrückt, sehr klein, graublau. Entstanden in den Forstecker Baumschulen, Forsteck bei Kiel. 1909. Sehr verbreitet. ✶

'Fraseri'. Ähnlich 'Alumii', doch Äste und Zweige dicker, mehr dunkelblau, Wuchs auch etwas breiter, steif säulenförmig, bis 10 m hoch. Vor 1891. Gut winterhart.

'Gimbornii'. Zwergform, dicht gedrungen, kugelig zugespitzt, langsamwüchsig, wohl nur 1 m hoch, Äste aufrecht, dick, steif, Zweiglein kurz, im Austrieb purpurblau; Blätter blau bereift. KHN 41. Aus Saat entstanden bei M. VON GIMBORN, Doorn, Holland. Vor 1937. Ⓢ

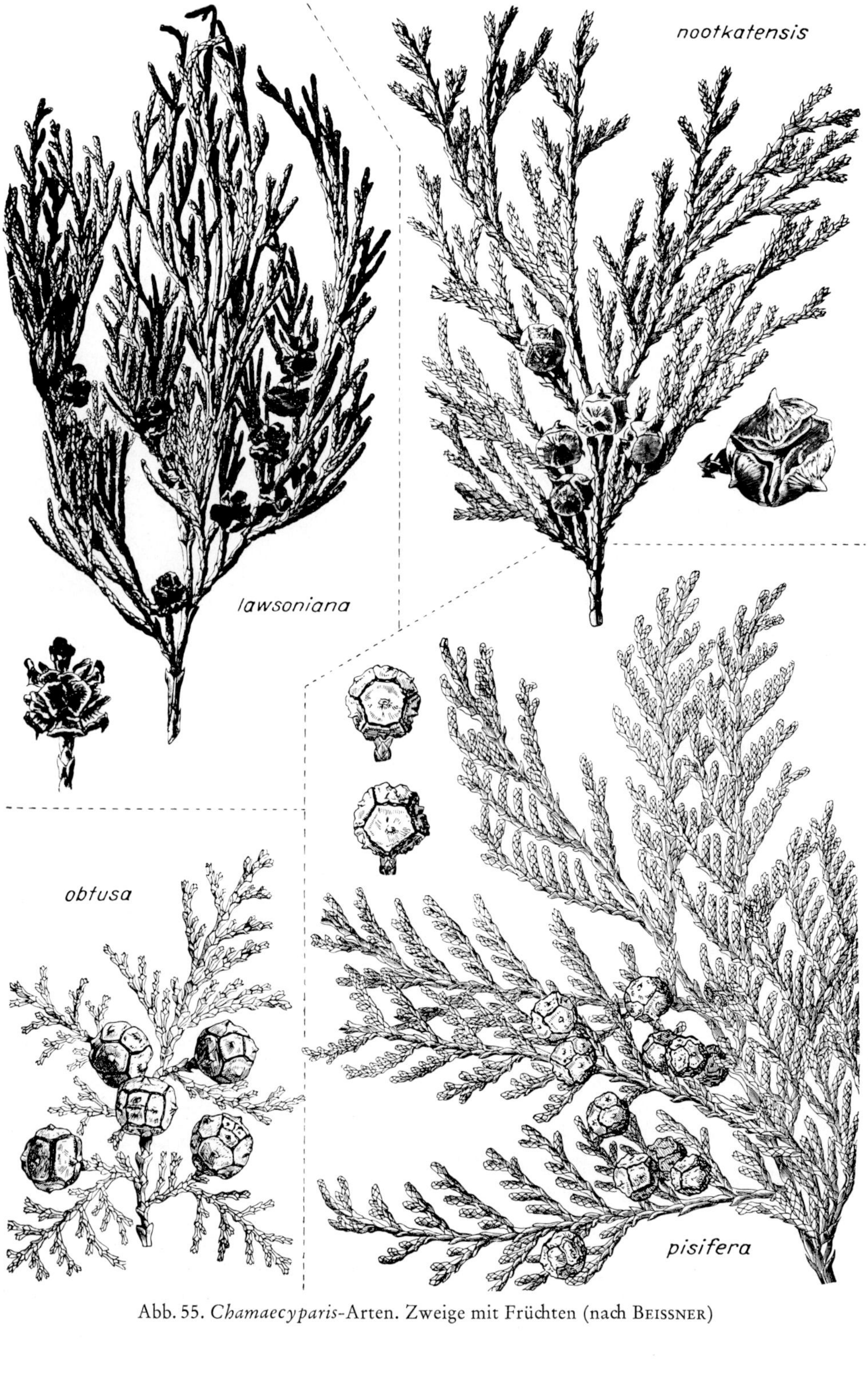

Abb. 55. *Chamaecyparis*-Arten. Zweige mit Früchten (nach BEISSNER)

'Glauca'. Wie die typische Art, doch Nadeln bläulich. Vor 1891. Heute wohl kaum noch in den Kulturen, da durch die zahlreichen, viel intensiver blauen Gartenformen verdrängt.

'Glauca Argentea'. Kegelförmig, 5—10 m hoch; Nadeln blaugrün, auffallend blauweiß bereift. Entstanden bei Herm. A. Hesse, Weener-Ems. Vor 1914. Gute Form. ✶

'Glauca Elegans'. Schlank säulenförmig, 5—10 m hoch, Äste und Zweige aufstrebend, Triebspitzen im Sommer ausgeprägt blauweiß, im Winter mehr blau; Nadeln ziemlich groß, bereift (= f. *robusta glauca* Hort., non Beissn.; f. *erecta robusta glauca* Hort.).

'Glauca Globus' (Barabits). Kugelig, bis etwa 1,5 m hoch und breit, Zweiglein schön blaugrün, die obersten fast senkrecht stehend, die übrigen waagerecht oder leicht nickend. 1952 selektiert im Botanischen Garten Sopron, Ungarn, durch E. Barabits; alte Pflanze im Botanischen Garten Dortmund. Sehr hübsche Form. ✶ ■ Taf. II.

'Glauca Lombartsii'. Kegelförmig, 5—10 m hoch, Wuchs elegant, Äste unregelmäßig, teils abstehend, wenig zahlreich, Zweiglein kurz, dünn; Nadeln sehr klein, angedrückt, oben blau bereift, unten heller. 1910 bei P. Lombarts, Zundert, Holland, entstanden.

'Globosa'. Zwergform, breit kugelig, kaum 1 m hoch, Wuchs langsam, Äste und Zweige kräftig, aufrecht, Zweiglein kurz, dicklich; Nadeln hellgrün. KHN 41. Vor 1937.

'Golden King'. Kegelförmig, Wuchs stark, 10—15 m hoch, Äste aufrecht-überhängend, Zweige breit fächerförmig nach vorn abstehend, Zweiglein unregelmäßig, dünn, aufrecht und abstehend; Nadeln oben goldgelb, im Winter mehr bräunlichgelb, unten gelblichgrün. KHN Taf. 28. Vor 1932 entstanden aus Saat bei K. Wezelenburg & Zoon, Hazerswoude, Holland. Schwierig zu verpflanzen. Abb. 54.

'Golden Spire' (Bolwijn). Sehr ähnlich (oder identisch?) mit 'Kelleriis Gold'. Wuchs ziemlich schmal aufrecht, grünlichgelb, im Winter noch stärker grün (junge Pflanzen meist grüngelb) bis etwas bräunlichgelb. Von G. E. F. Bolwijn, Putten, Holland; eingeführt 1972 durch die Darthuizer Boomkwekerijen (zunächst verbreitet als 'Columnaris Aurea'). ■

'Golden Triumph' (Mauritz). Wuchs kegelförmig aufrecht, mit vielen aufrechten Zweigen; Belaubung schön gelb, im Winter orangebraun. 1972 von Mauritz, Bussum, Holland, eingeführt und inzwischen bereits sehr viel in Kultur. ■

'Golden Wonder' (Bosman). Wuchs kräftig aufrecht, kegelförmig, ähnlich 'Lane', jedoch Färbung der Nadeln dunkler goldgelb, auch im Winter. Um 1955 bei N. Th. Bosman, Boskoop, als Sämling selektiert; 1963 von J. Spek, Boskoop, eingeführt. ✶

'Gracilis Pendula' (Barron 1891). Wie 'Gracilis', aber die Zweige länger herabhängend.

'Grandi' (Clarke & Co.). Ähnlich 'Tamariscifolia'. Zwergform, Wuchs flachkugelig, Zweige mehr oder weniger waagerecht ausgebreitet, Triebe abstehend, Zweiglein teilweise verdreht und so die blaue Unterseite zeigend; Nadeln dunkelblaugrün. 1950 von W. B. Clarke & Son, San José, Calif., in den Handel gebracht.

'Green Hedger'. Wuchs kräftig aufrecht, kegelförmig, dicht, Zweiglein jüngerer Pflanzen meist senkrecht, an älteren Pflanzen aber schön überhängend; Benadelung auffallend schön frischgrün während des ganzen Jahres. Vor 1949 von Jackman, Woking, England, selektiert und lange Zeit unter dem irrigen Namen 'Westermannii' in Kultur, später als Neuheit erkannt und zugleich auch die besondere Eignung als regelmäßig geschnittene Hecke. ✶

'Hillieri' (Hillier). Wuchs aufrecht, Bezweigung lokker und federig; Blätter gelb. 1928 von Hillier, Winchester, in den Handel gegeben und als schönste gelbe Form bezeichnet. ✶✶

'Hollandia'. Kegelförmig, schlank, kräftig, bis 10 m hoch, Äste waagerecht abstehend, Zweige fächerförmig mit überhängenden Spitzen, Zweiglein an der Biegestelle der Zweige aufwärts stehend; Nadeln dunkelgrün. Eingeführt durch Koster & Co., Boskoop. Vor 1945. In Nord-Amerika ganz winterhart. Ⓢ

'Howarth's Gold'. Wuchs gedrungen kegelförmig, aufrecht, Zweiglein in einer Ebene; Benadelung hellgelb, im Inneren der Pflanze hellgrün. Englische Neuheit.

'Intertexta'. Aufrecht, bis 10 m hoch, Äste entfernt stehend, schlaff, Spitzen überhängend, Zweige ebenso, Zweiglein 5—10 cm lang, entfernt stehend; Blätter an Jungtrieben angedrückt, an älteren Trieben lockerer, dick, blaugrün. KHN Taf. 28. Vor 1891. Zierlich; Jungpflanzen Windschutz geben. ✶

'Intertexta Pendula'. Als alte Pflanze etwa 1,5 m hoch und 5 m breit, Wuchs ganz flach bogenförmig; Benadelung wie 'Intertexta', doch etwas gröber. Originalpflanze in den Mount Usher Gardens in Irland. ✶ ■

'Kelleriis Gold' (D. T. Poulsen). Wuchs schlank säulenförmig; Nadelfärbung stumpfgelb. Als *C. lawsoniana aurea* 'Kelleriis' 1941 eingeführt. Zur Vermehrung sollte man aber niemals grüne Triebe nehmen und auch keine Triebe aus dem unteren Teil der Pflanze. In Dänemark als die am meisten winterharte gelbe Gartenform bewährt.

'Killiney Gold'. Wuchs säulenförmig, Triebe etwas überhängend; Belaubung schön goldgelb, auch im Winter. Aus Irland. Vor 1976. ■

'Knowefeldensis'. Zwergform, Wuchs breit, gut 1 m hoch, Äste abstehend, stark überhängend, Zweige dünn, überhängend, dunkelbraun, Zweiglein regelmäßig gestellt, 5—6 cm lang; Nadeln locker angedrückt, sehr dünn und fein, oben grün, unten hellgrün. In den nordamerikanischen Baumschulen häufig.

'Kooy'. Kegelförmig, dicht beastet, 5—10 m hoch, Äste abstehend, dünn, Zweigspitzen wenig überhängend, Zweiglein abwechselnd stehend, sehr dünn; Blätter klein, blau bereift, beiderseits mit Wachsstreifen, unterseits heller. Entstanden bei G. Kooy & Zonen, Boskoop. Vor 1928.

'Krameri'. Zwergform, Wuchs rundlich-strauchig, gut 1 m hoch, Äste abstehend, teils gedreht und über-

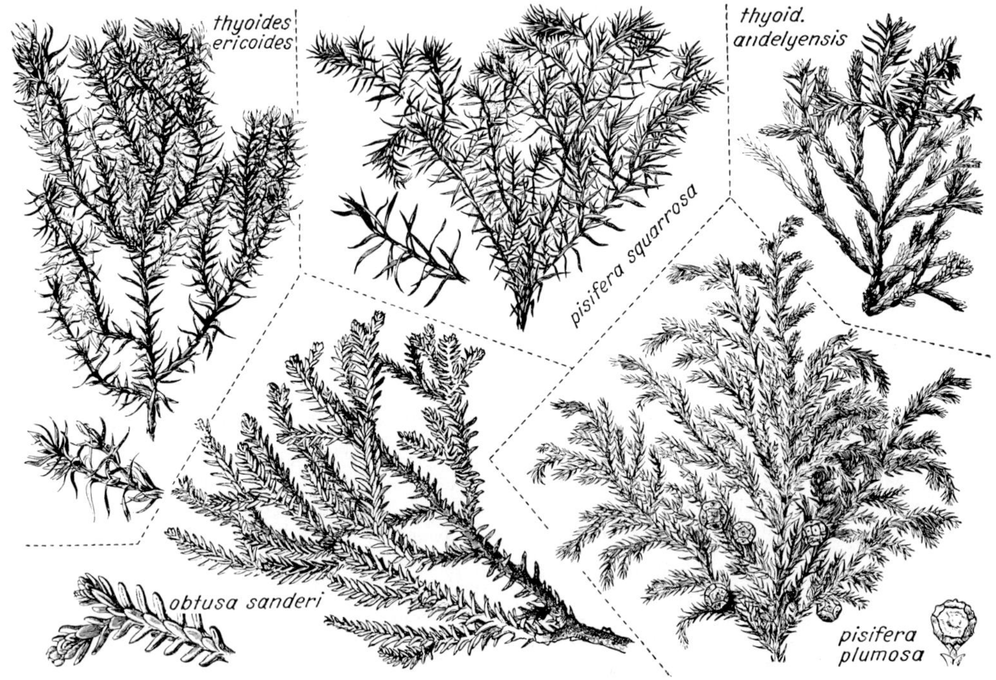

Abb. 56. Jugendformen von *Chamaecyparis* (nach BEISSNER)

hängend, Zweige lang, Zweiglein kurz, an den Triebspitzen entfernt gestellt; Blätter glänzend dunkelgrün.

'Lane'. Schlank säulenförmig, Wuchs mäßig stark, bis 5 m hoch (oder höher?), Äste abstehend, Zweige dünn, zahlreich, Spitzen gelb, Zweiglein dünn, fiederförmig, goldgelb; Nadeln oben goldgelb, im Innern der Pflanze mehr grüngelb, unten gelblichgrün. Entstanden bei LANES Nurseries, Great-Beckhamsted, England. Vor 1945. ✶

'Lombartsii'. Kegelförmig, grob, kräftig, bis 10 m hoch, Äste und Zweige grob, abstehend, Spitzen überhängend, Zweiglein breit abstehend, nach vorn gerichtet; Nadeln oben goldgelb, leicht blau bereift, im Winter dunkler, unten gelbgrün, bereift. 1904 bei P. LOMBARTS, Zundert, Holland, entstanden.

'Lutea'. Schlank aufrecht, Wuchs bis 10 m hoch, ziemlich langsam, Äste abstehend, überhängend, Zweige niederhängend, oft auch gedreht, Spitzen gelb, Zweiglein breit, fiederförmig, goldgelb, Mitte mehr gelblichweiß; Nadeln angedrückt, ziemlich kurz, matt. Vor 1891. Sehr gute gelbe, bekannte Form, aber als Jungpflanzen empfindlich gegen Kälte. (/\)

'Lycopodioides'. Kegelförmig, bis 2 m hoch, dicht beastet, Zweige lang ausgezogen, korkenzieherartig gedreht, monströs; Nadeln dicht angedrückt, schuppenförmig-dachziegelig, blaugrün. KHN 40. Vor 1893 entstanden in der Gärtnerei TOTTENHAM, Dedemsvaart, Holland. Jungpflanzen frostempfindlich. Ⓢ (/\)

Hiervon auch eine Form mit gelben Nadeln.

'Maas' (P. Lombarts). Wuchs kegelförmig, Zweige ansteigend und abstehend, im Wuchs an 'Triomf van 'Boskoop' erinnernd, aber abweichend durch die feinere Benadelung und den gelblichgrünen Ton. Entstanden bei P. LOMBARTS, Zundert, und 1957 in den Handel gegeben. ✶

'Magnifica Aurea'. Kegelförmig, üppig wachsend, blaugrün, Spitzen der Zweiglein auffallend goldgelb.

'Melfard' (Melfard). Wuchs kräftig aufrecht, Zweige aber nach unten gebogen, wenig schön, weil Leittrieb oft nur an einer Seite bezweigt (wie bei 'Golden King'), gelb. Selektiert von MELFARD, Dänemark, vor 1973; in Boskoop in Kultur bei GEBR. BOER. Soll sehr winterhart sein, doch nicht schön. ■

'Minima'. Zwergform, kugelig, bis 0,8 m hoch, sehr schwachwüchsig, Äste aufrecht, Zweiglein etwas gedreht, hellgrün; Nadeln dicht stehend, angedrückt, mit deutlichen Wachsstreifen, besonders an der Unterseite. KHN 42.

'Minima Argenteovariegata'. Ähnlich 'Minima', aber weißbunt. Sehr alte Sorte, schon 1900 in Deutschland in Kultur, aber heute sehr selten.

'Minima Aurea'. Zwergform, kugelig, sehr langsamwüchsig, bis 0,8 m hoch, Äste abstehend, Zweiglein hellgelb, auch im Innern der Pflanze; Nadeln angedrückt, ganz kurz, hellgelb. Vor 1938 entstanden in ROGERS Nurseries, Southampton, England.

'Minima Glauca'. Zwergform, Wuchs anfangs kugelig, später aber mehr kegelförmig, gut 1 m hoch,

Äste aufrecht und abstehend, Zweige muschelig, aufrecht oder abstehend; Nadeln kurz, stumpf, mattblau bereift, Basis mit Wachsstreifen. KHN Taf. 27. Vor 1891. Sehr häufig. ✶

'Moerheimii' (Ruys). Kegelförmig, hochwachsend, bis 10 m oder noch höher, Äste und Zweige aufrecht und abstehend, Zweiglein oberseits hellgelb, zur Basis mehr gelbgrün; Nadeln gelb, im Innern der Pflanze gelbgrün. Vor 1934 bei K. Ruys, Moerheim, Dedemsvaart, Holland, entstanden. Gut winterhart und leicht verpflanzbar.

'Monumentalis Glauca'. Dicht säulenförmig, 5 bis 10 m hoch, Zweiglein abstehend, flach, bläulich bereift, äußerste Triebspitzen deutlich gelblich; Nadeln klein, stumpf dunkel blaugrün, bereift. Bekannte alte Sorte. (Nicht = 'Fraseri', wie Beissner 1909 anführt.) ✶

'Monumentalis Nova'. Säulenförmig, locker bezweigt, bis 5 m hoch, Äste abstehend, dünn, schlaff, Zweige entfernt stehend, etwas aufstrebend, Zweiglein entfernt stehend, etwas überhängend, an den Zweigspitzen sehr kurz; Nadeln klein, fein, blau bereift, unten hellgrün. 1891. Empfindlich. (Nicht = 'Erecta Glauca', wie Beissner angibt!) ✶ Λ

'Naberi'. Kegelförmig, bis 10 m hoch, Zweiglein während der Wachstumszeit auffallend schwefelgelb, im Winter bläulich und gelb. KHN Taf. 29. Entstanden 1937 bei Naber & Co., Gouda, Holland.

'Nana'. Zwergform, Wuchs kegelig bis kugelig, breit, bis 2 m hoch, locker, Äste aufrecht, Zweige aufrecht bis abstehend; Nadeln sehr klein, glänzend hellgrün. KHN 42, Taf. 27. 1867. Frostempfindlich.

'Nana Albospica'. Zwergform, kegelförmig, Wuchs langsam, dicht, Äste kurz, abstehend, Zweige kurz, dünn; Nadeln klein, an den Triebspitzen weiß, an der Triebbasis blaßgrün. Vor 1875.

'Nana Albovariegata'. Zwergform, Wuchs locker, Äste und Zweige abstehend-überhängend, Zweiglein weißfleckig; Nadeln grün, blau bereift. Vor 1891.

'Nana Rogersii'. Zwergform, locker kugelig bis flach, gut 1 m hoch, Äste aufrecht bis abstehend, Zweige unregelmäßig aufrecht und abstehend, meist 10 cm lang, Zweiglein nur 3—5 cm lang; Nadeln angedrückt, sehr klein, grün, blau bereift, hübsch. Entstanden bei Rogers, Southampton, England. Vor 1949.

'Nestoides'. Wuchs sehr langsam, Zweige dem Boden ganz flach aufliegend, blaugrün, im Austrieb mehr silbrigblau.

'New Golden' (Lombarts). Wuchs aufrecht, kegelförmig, locker bezweigt; Benadelung gelb. Ursprung unbekannt; 1957 von P. Lombarts, Zundert, eingeführt.

'Nidiformis'. Zwergform, locker nestförmig, Äste etwas bogig abstehend, Zweige überhängend, Zweiglein grob; Nadeln kurz, locker angedrückt, blaugrün. Soll nach Hornibrook entstanden sein aus *C. nootkatensis* × *C. lawsoniana* bei Rovelli in Pallanza, Italien. Vor 1909. Im Arboretum Kalmthout, Belgien. Selten! Ⓢ Abb. 57.

'Olbrichii'. Säulenförmig, dicht beastet, Zweige blaugrün, Zweiglein zierlich fiederförmig; Nadeln locker angedrückt, spitz, blaugrün. Vor 1904. Empfindlich. Λ

'Oro' (Hoogendoorn). Ähnelt sehr 'Howarth's Gold'. Wuchs breit kegelförmig, Zweige aufrecht, dicht; Belaubung schön goldgelb. Von A. & W. Hoogendoorn; eingeführt 1970 durch Felix & Dijkhuis, alle in Boskoop.

'Patula'. Kegelförmig, locker, ziemlich breit, bis 5 m hoch, Äste abstehend, im Winter fast schwärzlich,

Abb. 57. *Chamaecyparis lawsoniana* 'Nidiformis' in Wisley Gardens, England

Zweiglein teilweise aufwärts gerichtet; Nadeln dicht angedrückt, fein, scharf zugespitzt. Sehr hübsche Form. ✶

'Pembury Blue' (Baggesen, Pembury). Mittelhohe Kegelform (endgültige Wuchshöhe noch nicht bekannt), Triebe im unteren Teil der Pflanzen mehr oder weniger waagerecht ausgebreitet oder nickend, sehr dünntriebig, im 1. Jahr prachtvoll silberblau, im 2. Jahr mehr grünlich werdend. Vor 1965 von Baggesen in Kent, England, erzielt, jedoch eingeführt durch Jackman. Zur Zeit wohl die schönste blaue Sorte. ✶✶ ■ Taf. II.

'Pendula'. Schmal aufrechte Hängeform, bis 10 m hoch, nur wenig beastet, Äste im Bogen stark abwärts gerichtet, Zweige weit entfernt stehend, schlaff herabhängend, Zweiglein abstehend, flach; Nadeln klein, glänzend dunkelgrün. Vor 1891. Ⓢ

'Pendula Vera'. Von 'Pendula' verschieden durch ihren niedergestreckten Wuchs, muß als Jungpflanze am Stab hochgezogen werden, sonst ähnlich der vorigen in der Bezweigung, doch noch mehr hängend. Vor 1890 bei Herm. A. Hesse, Weener, entstanden.

'Plumosa'. Breit säulenförmig aufstrebend, Äste im spitzen Winkel, Zweige zierlich, nickend, dunkelgrün, federartig gekräuselt. Vor 1902 bei Lieb entstanden.

'Plumosa Glauca'. Wuchs breit säulenförmig, Zweiglein flach, sehr breit, intensiv blaugrün. Standort: Isola Madre. Sehr schön. ∧∧

'Pottenii'. Säulenform, schmal, dicht beastet, bis 2,5 m hoch, Äste aufrecht, lang, dünn, glänzend braun, Zweige aufrecht, doch Spitzen etwas abgebogen, Zweiglein zahlreich, dünn, weich anfühlend; Nadeln schmal, locker angedrückt, grün, etwas blau bereift. KHN 30. Frostempfindlich. ∧∧

'President Roosevelt' (Hogger). Wuchs kegelförmig, Bezweigung locker, Äste abstehend, Triebe und Zweiglein überhängend, letztere beiderseits hellgrün, dabei gelb gesprenkelt. Bei J. Hogger, England, entstanden, seit 1945 von ihm verbreitet.

'Pulverulenta'. Kegelförmig, üppig wachsend, Zweige bläulich, derb, goldbunt bestäubt. Vor 1903 von Lieb in Partenit (Südwest-Rußland) gewonnen. Ganz unempfindlich gegen Sonnenbestrahlung.

'Pygmaea Argentea'. Zwergform, Wuchs sehr langsam, flachkugelig, Äste aufrecht, Zweiglein dunkelgrün, doch nach der Zweigspitze zu blaß grünlichweiß, dicht gedrängt stehend. KHN Taf. 27 (= 'Backhouse Silver'). Vor 1891. Leidet im Sommer unter Sonnenbrand.

'Robusta Glauca'. Breit aufrecht, bis 20 m, Äste ansteigend, kräftig, Spitzen überhängend, Zweige ebenso, Zweiglein mit nickenden Spitzen, kurz, dick, graublau bereift. Vor 1891. (Vgl. auch 'Glauca Elegans'.) ✶

'Rosenthalii'. Kegelförmig, bis 10 m hoch, Äste aufrecht, Zweige ansteigend und abstehend, Zweiglein hellgrün. ✶

'Schongariana'. Dicht aufstrebend, bis 10 m hoch, Äste und Zweige ansteigend und abstehend, Zweiglein kräftig, üppig dunkelgrün, blaugrün bereift, unten mit schmalen weißen Wachsstreifen. Sehr widerstandsfähig. Ⓢ

'Silver Gem'. Ähnlich 'Silver Queen', aber doch im Frühjahr besser weiß gefärbt, leider aber weniger winterhart als diese. Kegelförmig; Benadelung fein graugrün, junge Triebspitzen mit silberweißen oder gelblichweißen Nadeln, an 'Albospica' erinnernd, aber später mehr gelblichgrün und grauer werdend. ✶ ∧ ■

'Silver Queen'. Kegelförmig, regelmäßig und breit, bis 10 m hoch, Äste ansteigend und abstehend, Zweige an den Spitzen silberschimmernd; Nadeln glänzend gelblichgrün, gelblichweiß marmoriert, bereift. Vor 1891. Sehr bekannte und beliebte Gartenform. Ⓢ

'Spek'. Kegelförmig, 5—10 m hoch, Äste ziemlich dick und kräftig, Triebspitzen überhängend, Zweiglein blau bereift; Nadeln gleichmäßig graublau. Entstanden vor 1941 bei Jan Spek in Boskoop. Eine der besten blauen Formen. ✶✶

'Southern Gold'. Wuchs kegelförmig, Seitentriebe überhängend; Benadelung schön reingelb, im Innern der Pflanze grünfleckig. Von Southern Nurseries, (England); verbreitet durch Darthuizer Boomkwekerijen. Schön, aber wohl nicht sehr winterhart (?). ■

'Stardust' (L. C. Langenberg). Wuchs stark, breit kegelförmig, Zweiglein federförmig; Nadeln schwefelgelb, auch im Innern der Pflanze. Aus Saat entstanden bei L. C. Langenberg, Boskoop, wo sie 1965 ein Wertzeugnis erhielt. Gut winterhart. ✶

'Stewartii'. Kegelförmig, ziemlich starkwüchsig, bis 10 m hoch, Äste und Zweige abstehend, Zweiglein goldgelb, zur Basis mehr grünlich; Nadeln goldgelb bis gelbgrün. KHN Taf. 28. Um 1900 entstanden bei D. Stewart & Son, Bournemouth, England. Heute sehr verbreitet. Gut winterhart. ✶

'Stricta Glauca'. Schmal kegelförmig, bis 10 m hoch, Äste und Zweige ansteigend, Zweiglein fein, etwas überhängend, grün; Nadeln grün, blau bereift. Vor 1937. Vor allem in Belgien verbreitete, gut blaue Form.

'Tamariscifolia'. Zwergform, Wuchs breit und kräftig, bis 4 m hoch, Hauptäste stark, liegend bis ansteigend; Nadeln locker angedrückt, beiderseits grün. KHN 41, Taf. 26. Vor 1923. (Kalmthout).

'Tharandtensis'. Zwergform, anfangs kugelig, später mehr breitkegelförmig, bis 2 m hoch, nur wenige und starke Äste, Zweiglein sehr zahlreich, grün, kraus; Nadeln sehr dicht, klein, locker angedrückt. 1890 entstanden im Tharandter Forstgarten, Tharandt bei Dresden. Ⓢ

'Tharandtensis Caesia'. Zwergform, in allen Eigenschaften wie die vorige, doch Nadeln gut blau bereift. KHN 32 (= 'Forsteckensis Glauca'). Häufig in Kultur und vorzüglich. ✶

'Tilgate' (Tilgate Pl. Res. Stat.). Zwergform, Wuchs flach kugelig, Zweige mehr oder weniger gedreht, ziemlich locker stehend, daher wird der „locker wachsende Typ von 'Forsteckensis'" hiermit als möglicherweise identisch angesehen. Ursprünglich in der Plant Research Station in Tilgate, England, entstanden, später von R. G. Reuthe, in Keston, Kent, verbreitet. ✶

'Triomf van Boskoop'. Kegelförmig, locker, starkwüchsig, bis 15 m hoch, Äste ansteigend und abstehend, Spitzen überhängend, Zweige entfernt stehend; Nadeln anliegend, blaugrün, gleichmäßig silbrig bereift, unten etwas heller. KHN 41. Vor 1895 entstanden bei D. GROOTENDORST in Boskoop. Eine der verbreitetsten blauen Formen. ✶

'Triomf van Lombarts'. Kegelförmig, breit, rasch wüchsig, Äste, Zweige und Zweiglein aufrecht; Nadeln klein, gelbgrün. Vor 1949 entstanden bei P. LOMBARTS, Zundert, Holland.

'Versicolor'. Breit kegelförmig, locker, bis 5 m hoch, Äste und Zweige ansteigend bis abstehend, Spitzen überhängend; Nadeln grün und gelblichweiß, unten grün. Vor 1888 entstanden bei JONGKINDT CONINCK. Sehr frostempfindlich. ∧∧

'Viner's Gold'. Wuchs säulenförmig, Seitentriebe abstehend und ziemlich dicht; Belaubung schön goldgelb. Sehr hübsche Form von Waterer Sons & Crisp, England; in Kultur bei DARTHUIZER BOOMKWEKERIJEN. ■

'Westermannii'. Kegelförmig, dicht, bis 5 m hoch, Äste und Zweige ansteigend, Zweiglein anfangs goldgelb bis hellgelb, später mehr grünlichgelb; Nadeln an den Triebspitzen hellgelb, zur Basis hin mehr grüngelb. Vor 1891 entstanden bei J. JURRISSEN, Naarden, Holland. Empfindlich. ∧

'White Spot' (D. T. Poulsen). Mutation an 'Monumentalis Nova' mit den guten Eigenschaften der Mutterform, jedoch ein Teil der Blätter weiß oder weiß marmoriert; Austrieb rahmweiß, erst im Sommer vergrünend bis auf einzelne Spitzen oder Nadeln, im Winter nicht sehr auffällig bunt. 1962.

'Winston Churchill' (Hogger). Wuchs kegelförmig, aufrecht, Äste abstehend, Zweiglein auf der Oberseite schön goldgelb, dabei aber hellgrün und gelbgrün gefleckt, auf der Unterseite graugrün, dort ebenfalls etwas gelb gescheckt. KHN Taf. 29. Bei J. HOGGER, East Grinstead, England, aus Saat erzielt; um 1945 eingeführt.

'Wisselii'. Wuchs schmal kegelförmig, 5—10 m hoch, Äste und Zweige ansteigend bis aufrecht, stark, Zweiglein dicht und allseitig gestellt, farnartig bis hahnenkammförmig; Nadeln sehr klein, dicht stehend, blaugrün. KHN Taf. 28. Vor 1893 entstanden bei VAN DER WISSEL, Epe, Holland.

'Wisselii Nana' ist weiter nichts als eine sehr schwachwüchsige 'Wisselii', die vermutlich aus Seitentrieben aus dem unteren Teil eines Baumes erzogen wurde. Bleibt nicht konstant und schlägt in die normale Form zurück.

'Witzeliana'. Gleicht in der Erscheinung fast *Juniperus communis* 'Stricta'; säulenförmig, 2—5 m hoch oder höher, Äste sehr dicht angeordnet, den Stamm ganz bedeckend, Zweiglein 5—10 cm lang, aufstrebend; Blätter angedrückt, klein, stumpf dunkelgrün. KHN Taf. 28. Vor 1928. Ⓢ

'Worleei'. Aufrecht, Äste und Zweige dicht, steif, Zweiglein dick, graugrün.

'Yellow Transparent' (van t'Hof). Eine gelbe, im Winter mehr bräunliche 'Fletcheri', aber etwas schwächer wachsend. Um 1955 bei H. VAN T'HOF, Baumschule in Boskoop, entstanden.

'Youngii'. Schlank kegelförmig, bis 10 m, Äste und Zweige aufrecht und abstehend, Zweiglein ziemlich lang, grün; Nadeln dick, glänzend dunkelgrün, auch im Winter so bleibend. Sehr schöne Form. ✶ Abb. 54.

C. nootkatensis (D. Don) Sudw. Nutka-Scheinzypresse. Baum, 30—40 m hoch, Stamm bis 2 m dick, Wuchs schlank kegelförmig, Äste dicht ausgebreitet-überhängend, Rinde bräunlichgrau, in großen Platten ablösend, Zweiglein meist hängend, in einer Ebene ausgebreitet, fast 4-kantig; Blätter dicht anliegend (an kräftigen Zweiglein abstehend), dunkelgrün, ohne weiße Zeichnung, Rücken gekielt oder rund, meist ohne Drüse, beim Zerreiben unangenehm riechend; ♂ Blüte gelb; Zapfen kugelig, 1 cm dick, bräunlich bereift, im 2. Jahre reifend, Schuppen 4—6, mit höckerartiger, stark hervorragender, aufrechter Spitze. KHN 37 (= *C. nutkaensis* Lindl. & Gord.). Küstenbaum des nordwestlichen Nord-Amerika, Nutkabucht, Alaska, Britisch Kolumbien. 1850. Liebt hohe Luftfeuchtigkeit. ✶ Abb. 51, 55.

'Aurea'. Wuchs wie bei der Art, doch nur bis 5 m hoch, Zweiglein und Blätter hellgelb, später hellgrün verfärbend (= *C. nootkatensis* 'Lutea'). 1891.

'Aureovariegata'. Wie die vorige, junge Triebe jedoch gelbbunt, recht beständig. 1875.

Abb. 58. *Chamaecyparis nootkatensis* 'Compacta' im Arboretum Les Barres, Frankreich

Abb. 59. *Chamaecyparis nootkatensis* 'Pendula' (Foto: Archiv)

'Columnaris'. Streng säulenförmig, Äste waagerecht abstehend, bis 1 m lang, dünn, Zweige und Zweiglein abwärts hängend; Blätter dunkelgrün; reich fruchtend. Vor 1909.

'Compacta'. Zwergform, gedrungen, dicht buschig, kugelig, locker beastet, gut 1 m hoch, Zweige wenig zahlreich, Zweiglein zahlreich, 5—10 cm lang, aufrecht; Nadeln angedrückt, schmal, klein, hellgrün. 1873. Abb. 58.

'Glauca'. Wie die Art, doch Zweige stärker, dicklicher, meist schwer überhängend; Nadeln ausgeprägt blaugrün; reichlich Zapfen bringend (Samen bei uns jedoch nicht keimfähig). 1858. ✶✶

'Pendula'. Hängeform, aufrecht, bis 15 m hoch, Gipfel überhängend, Äste weit gestellt, schräg abwärts geneigt, Zweige senkrecht und schlaff herabhängend, Zweiglein ebenso; Nadeln grün. KHN Taf. 33. Nach Mitteilung von DEN OUDEN entstanden vor 1884 bei A. VAN LEEUWEN in Naarden, Holland. Eine der schönsten Hängekoniferen, für ganz freien Stand. ✶✶✶ Abb. 59.

'Pendula Variegata'. Wie die gewöhnliche 'Pendula', doch intensiv weißbunt und recht hübsch. (JEDDELOH). ■

'Variegata'. Wuchs wie die Art, doch schwächer, Zweiglein weiß gesprenkelt; Blätter blaugrün. KHN 48. 1873.

'Viridis'. Schmal säulenförmig, Zweige leicht nikkend; Nadeln frischgrün. 1867.

C. obtusa (S. & Z.) Endl. Hinoki-Scheinzypresse. Baum, bis 40 m hoch, Stamm bis 2 m dick, Krone breit, oben spitz kegelig, dicht, Rinde rotbraun, ziemlich glatt, in dünnen Streifen ablösend, Zweigspitzen hängend, Zweiglein abgeflacht, in einer Ebene; Nadeln dicklich, fest angepreßt, dunkelgrün, unterseits mit klaren weißen Linien, flächenständige Nadeln eiförmig-rhombisch, Rücken konvex mit rundlichen Drüsen, kantenständige Nadeln größer, fast sichelig, spitz; Zapfen einzeln, an kurzen Stielen, 8—10 mm dick, orangebraun, Zapfenschuppen meist 8(—10), dick, holzig, auf dem Rücken eingedrückt, mit kurzem Spitzchen. KHN 37. Japan, am besten in kalten Gegenden auf gutem Boden, in sonniger Lage. 1861. ✶ Abb. 51, 55.

ÜBERSICHT ÜBER DIE BESPROCHENEN FORMEN VON *C. obtusa*

1. Wuchs hoch oder mittelhoch, aufrecht, kegelförmig, normal kräftig:

Zweiglein normal	Zweiglein farnartig ausgebreitet
'Gracilis'	'Filicoides'
'Magnifica'	

2. Wuchs niedrig bis zwergig, kegelförmig, gedrungen:

grün	gelb
'Chabo-yadori'	'Aurea'
'Compacta'	'Crippsii'
'Contorta'	'Goldspire'
'Graciosa'	'Mariesii'
'Hage'	'Nana Aurea'
'Kosteri'	
'Nana Gracilis'	weißbunt
'Nana Pyramidalis'	'Albospica'
'Opaal'	'Tonia'
'Rigid Dwarf'	
'Tempelhof'	fadenförmig bezweigt
	'Coralliformis'
	'Suiroya-Hiba'

3. Wuchs zwergig, kugelig bis flach:

halbkugelig bis ballförmig	flach und breit
'Caespitosa'	'Pygmaea'
'Intermedia'	'Pygmaea Aurescens'
'Juniperoides'	'Repens'
'Juniperoides Compacta'	
	alle Blätter nadelförmig, dick
	'Sanderi'

4. Sonstige Wuchsformen:

Zweiglein hahnenkammartig gedrängt	Zweiglein farnartig
'Densa'	'Filicoides'
'Lycopodioides'	
'Lycopodioides Aurea'	
'Tetragona Aurea'	

'Albospica'. Zwergform, kegelig, bis 2 m hoch, Äste waagerecht, zahlreich, Zweige ansteigend, Zweiglein kraus, Spitzen gelblichweiß; Nadeln grün. Vor 1874.

'Aurea'. Kegelförmig, bis 5 m hoch, Zweiglein goldgelb, jedoch oft ganze Zweiglein nur grün. Um 1862. Heute kaum mehr in Kultur, durch 'Crippsii' verdrängt. Taf. III.

'Caespitosa'. Zwergform, ungewöhnlich langsamwüchsig, Jahrestriebe kaum 0,5cm lang, Wuchs gedrungen, kissenförmig, Zweige und Zweiglein muschelförmig; Nadeln sehr klein, frischgrün. Entstanden um 1923 bei ROGERS & SON, Southampton, England. Ⓢ

'Chabo-yadori'. Wuchs zwergig oder doch sehr niedrig, kegelförmig oder hoch gewölbt, Zweiglein teils mit schuppen-, teils mit nadelförmiger Belaubung. KHN 44 (= *C. obtusa* 'Ericoides'). Aus Japan. (HILLIER; G. HORSTMANN). Ⓢ ■

'Compacta'. Breit kegelförmig, gedrungen, bis 5 m hoch, Äste ansteigend bis abstehend, Zweige ziemlich lang, Zweiglein und Nadeln grün. Vor 1875.

'Contorta'. Kegelförmig, bis 2 m hoch, Äste kurz, gedreht, abstehend, Zweige mit langen, gedrehten Spitzen, Zweiglein mit kurzen, dicken, fadenförmigen Trieben; Nadeln dicht stehend, hellgrün. KHN Taf. 41. Aus Samen von 'Nana Gracilis' bei DEN OUDEN entstanden und seit 1945 im Handel.

'Coralliformis'. Zwergform, strauchig, flach, bis 0,5 m hoch, Äste dünn, schlaff, durcheinander wachsend, Zweige dünn, fadenförmig, etwas überhängend, Zweiglein korallenförmig, mit unregelmäßigen Verdickungen, stark glänzend; Nadeln bläulichgrün, hellbraun gefleckt. Vor 1909 entstanden. Liebhaberform. Ⓢ

'Crippsii'. Breit kegelförmig, bis 5 m hoch, Äste und Zweige abstehend, überhängend, Zweiglein fächerförmig, goldgelb, zur Basis hin mehr weißlich; Nadeln tief goldgelb, nach dem Innern der Pflanze und unterseits gelbgrün. Vor 1901 entstanden bei CRIPPS & SON, Tunbridge Wells, England. Jungpflanzen gegen starken Frost empfindlich. ✱ (Λ)

'Densa'. Zwergform, Habitus hoch gewölbt, in 35 Jahren (bei HILLIER) nur 60 cm hoch und breit, sehr dicht bezweigt, Zweiglein fast hahnenkammartig kraus, tiefgrün. Ⓢ ■

Abb. 60. *Chamaecyparis obtusa* 'Juniperoides' im Royal Botanic Garden, Edinburgh

Abb. 61. *Chamaecyparis obtusa* 'Pygmaea' in Wisley Gardens, England

'Filicoides'. Baum, bis 16 m, oder nur strauchig, langsamwüchsig, Äste farnartig, lang und schmal, flach, beiderseits der ganzen Länge nach mit kurzen, fast gleich langen Zweiglein besetzt, Zweiglein oben dunkelgrün, unten blaugrün; Nadeln klein, eiförmig, kraus, dick, stumpf, 4reihig dachziegelig, glänzend dunkelgrün. KHN 45. 1860 von J. G. VEITCH aus Japan eingeführt. An den farnwedelartigen Trieben leicht kenntlich. (Heltorf; 6 m hoch.) Ⓢ

'Goldspire' (Blijdenstein). Bis 5 m hoch, schmal kegelförmig, Zweiglein unregelmäßig stehend, Triebspitzen beständig zitronengelb (= *C. obtusa aureospicata* Hort.). Im Pinetum Blijdenstein, Hilversum, gefunden; 1963 von L. KONIJN, Reeuwijk, in den Handel gebracht.

'Gracilis'. Kegelförmig, schmal, gedrungener als die Art, bis 5 m hoch, Äste abstehend, Zweige unregelmäßig stehend, Zweiglein muschelförmig; Nadeln kurz, dicht, dunkelgrün, unten hellgrün. Um 1862 aus Japan importiert.

'Graciosa' (Konijn). Mutation an 'Nana Gracilis', aber Wuchs lockerer, dabei derber bezweigt, bis 3 m hoch; Nadeln heller grün. KHN Taf. 34 (= *C. obtusa* 'Loenik'). Um 1935 bei KONIJN entstanden.

'Hage' (Hage). Zwergform, dicht gedrungen, breit kegelförmig, sehr langsam wachsend, bis etwa 1 m hoch werdend, Triebe dicht gedrängt und gedreht; Nadeln sehr klein, frischgrün, an den Spitzen mitunter etwas gelbbraun. KHN Taf. 36. Um 1928 von WM. HAGE & Co., Boskoop, eingeführt.

'Intermedia'. Zwergform, locker kegelförmig, nur bis 30 cm hoch, sehr langsamwüchsig, Jahrestriebe kaum 1 cm lang, Zweiglein abstehend-übergebogen; Nadeln hellgrün. KHN 43. Um 1930 bei ROGERS & SON entstanden.

'Juniperoides'. Zwergform, locker kugelig, bis 25 cm hoch und breit, Jahrestriebe nur 1 cm lang, Zweiglein entfernt stehend, fächerförmig, Spitzen abwärts geneigt; Nadeln schmal, angedrückt, dunkelgrün. KHN Taf. 39. Vor 1923 entstanden bei ROGERS & SON. Ⓢ Abb. 60.

'Juniperoides Compacta'. In allen Teilen noch winziger als die vorige Form, dichter bezweigt, Triebspitzen abwärtsgebogen; Nadeln etwas gelblichgrün. KHN 44. Gleichfalls bei ROGERS & SON vor 1923 entstanden. Ⓢ

'Kosteri'. Zwergform, kegelig-gedrungen, locker, gut 1 m hoch, Äste ansteigend-überhängend, Zweiglein dicklich, etwas braun; Nadeln hellgrün. KHN Taf. 34. Um 1915 von M. KOSTER & ZONEN in den Handel gebracht. Ⓢ

'Lycopodioides'. Zwergform, bis 2,5 m hoch und 2 m breit, strauchig oder auch kugelig, Äste ansteigend, etwas unregelmäßig, Zweiglein dick, an den Spitzen hahnenkammförmig; Nadeln verschiedenartig, dicht, ringsum stehend, dunkelgrün. KHN 44. 1861 eingeführt durch J. G. Veitch. Ⓢ

'Lycopodioides Aurea'. Zwergform, wie vorige, doch nur bis 1 m hoch; Nadeln hellgelb. KHN Taf. 35. Vor 1890. Ⓢ

'Magnifica' (R. Smith). Breitkegelig, bis 5 m hoch, starkwachsend, Äste waagerecht, Basis breit fiederförmig, Zweige fächerförmig, Zweiglein hellgrün. Um 1874.

'Mariesii'. Zwergform, kegelförmig, schwachwüchsig, in 50 Jahren kaum 60 cm hoch und 80 cm breit, Zweige dünn, überhängend; Nadeln gelblichweiß bis milchweiß, im Winter mehr gelbgrün. KHN Taf. 35. ✶

'Nana'. Zwergform, sehr schwachwüchsig, breit kugelig, bis 0,6 m hoch, Wuchs sehr langsam und breit, Äste waagerecht, muschelig, Zweige kurz; Nadeln tiefgrün. KHN Taf. 36. Ziemlich selten in Kultur. Ⓢ

'Nana Aurea'. Zwergform, flach gedrungen, doch bis 2 m hoch, Äste waagerecht, Zweiglein goldgelb und grün; Nadeln ebenso unterseits hellgrün. KHN Taf. 34. Vor 1867. Ⓢ

'Nana Gracilis'. Zwergform, alte Pflanzen breit kegelförmig, bis 3 m hoch, junge Pflanzen unregelmäßig kugelig bis kegelförmig, Äste waagerecht, Zweige unregelmäßig, Zweiglein muschelig bis tütenförmig gedreht; Nadeln glänzend hellgrün. KHN 43. Eine der am häufigsten kultivierten Formen. ✶✶

'Nana Pyramidalis'. Zwergform, dicht gedrungen kegelförmig, kaum 1 m hoch, Jahrestriebe kaum 2 cm lang, Äste waagerecht, Zweiglein muschelig; Nadeln sehr klein, tiefgrün. Um 1905 aus Samen von 'Nana Gracilis' erzogen, 1934 von den Ouden & Zoon in den Handel gebracht.

'Opaal' (Konijn). Sehr ähnlich 'Nana Gracilis', aber Belaubung mehr gelbgrün und schon als ganz kleine Pflanze reich fruchtend. (Jeddeloh). ✶ ■

'Pygmaea'. Zwergform, breit kugelig, bis 1,5 m, Äste abstehend, Zweige fächerförmig, Zweiglein auffällig rotbraun, im Winter mehr braun, Spitzen etwas abwärts geneigt; Nadeln glänzend frischgrün, unterseits grün, im Herbst und Winter etwas bräunlich. KHN Taf. 36. Schon vor 1865 in Kultur und von Beissner ganz irrtümlich als „niedrigste, sehr niedliche *obtusa*-Zwergform" angegeben. In Kultur recht verbreitet. ✶ Abb. 61.

Abb. 62. *Chamaecyparis obtusa* 'Repens' in der Proefstation Boskoop, Holland

'Pygmaea Aurescens'. Wie 'Pygmaea', doch etwas stärker wachsend; Benadelung stets deutlich bräunlichgrün, im Winter bronzebraun. Vor 1938 entstanden bei K. WEZELENBURG in Hazerswoude, Holland, als Mutation an 'Pygmaea'.

'Repens' (Hage). Zwergform, sehr breit, nur etwa 60 cm hoch, aber doppelt so breit oder breiter, etwas ähnlich 'Pygmaea' im Aussehen, aber viel gröber bezweigt und Benadelung stets frischgrün, niemals mit Bronzeton. KHN Taf. 36 (= *C. obtusa* 'Nana Repens'). Entstanden als Mutation an 'Nana Gracilis' bei WM. HAGE, Boskoop; 1949 in den Handel gegeben. ✶ Abb. 62.

'Rigid Dwarf'. Zwergform, Wuchs straff aufrecht, in 25 Jahren etwa 90 cm hoch werdend, Äste steif, Hauptäste fast senkrecht aufgehend, während die Zweiglein fingerförmig abstehen; Benadelung sehr dunkelgrün (= *C. obtusa* 'Nana Rigida' Hillier). In England entstanden.

'Sanderi'. Zwergwüchsig, langsamwüchsig, kugelig, Äste waagerecht abstehend oder aufrecht, ungleichmäßig dicklich, Zweige gegabelt; Nadeln kreuzweise gegenständig, linealisch, dicklich, etwa 5 mm lang, abstehend, oben konkav mit grüner Mittellinie, unten konvex mit herablaufenden Rillen, im Sommer blaugrün, im Winter mehr purpurviolett. KHN 44 (= *C. obtusa ericoides* Beissn.; *Juniperus sanderi* Sander). 1894 von L. BÖHMER aus Yokohama eingeführt. Nicht winterhart. Ⓢ ∧ Abb. 56.

'Suiroya-Hiba'. Wuchs strauchig, mittelhoch, ähnlich 'Coralliformis', locker bezweigt, Triebe und Zweiglein teilweise fadenförmig und verdreht. Japanische Gartenform. (HILLIER; HORSTMANN). ■

'Tempelhof' (Konijn). Zwergform, Wuchs kräftig, breit eiförmig bis kegelförmig, bis 2,5 m hoch, Zweiglein fächerförmig, grün bis gelblichgrün, oft auch mit einem bräunlichen Anflug wie bei 'Pygmaea Aurescens'. Vor 1964 in der Baumschule KONIJN gefunden.

'Tetragona Aurea'. Zwergform, kegelförmig, bis 2 m hoch (in England jedoch bis 6 m!), als Jungpflanze mehr strauchig, Äste ansteigend bis abstehend, Zweige unregelmäßig stehend, kurz, Spitzen oft hahnenkammförmig, Zweiglein 4kantig; Nadeln in 4 Reihen dicht dachziegelig, goldgelb bis bronzegelb, die Schattenpartien nur gelbgrün bis blaugrün. KHN Taf. 41. Um 1870. ✶

'Tonia' (Hage). Zwergform, ähnlich 'Nana Gracilis' oder 'Nana Compacta', aber Wuchs viel schwächer; Benadelung tiefgrün mit weißen Triebspitzen, die sich mitunter jedoch erst bei mehrjährigen Pflanzen bilden. Um 1928 bei WM. HAGE & Co. entstanden.

C. pisifera Endl. Sawara-Scheinzypresse. Baum, bis 50 m, Krone schmal kegelförmig, Rinde rot-

Abb. 63. *Chamaecyparis pisifera* 'Filifera Gracilis' im Holmstrup Arboretum, Dänemark

braun, glatt, in dünnen Streifen ablösend, Äste waagerecht abstehend, Zweiglein flach, in einer Ebene, überhängend; Nadeln anliegend, oberseits glänzendgrün, unterseits meist mit länglichen, sehr deutlichen weißen Flecken, flächenständige Nadeln kahnförmig, scharf mit abstehenden Spitzen, gerieben nur schwach aromatisch; Zapfen zahlreich, klein, bis 6 mm dick, kugelig, dunkelbraun, Zapfenschuppen 8—12, kaum holzig, oben runzelig, über der Mitte schwach zugespitzt, Ränder gekerbt. KHN 39. Japan, feuchte Böden und Tallagen. 1860. ✶ Abb. 51, 55.

'Argenteovariegata'. Wuchs wie die Art, bis 10 m, Zweiglein an den Triebspitzen etwas weißbunt. Vor 1908.

'Aurea'. Wuchs wie die Art, bis 10 m hoch, Zweiglein und Nadeln goldgelb, nach dem Innern der Pflanze vergrünend. KHN 37. Vor 1865. ✶

'Boulevard' (Kempenaar). Sproßmutation an 'Squarrosa'. Höhe als ausgewachsene Pflanze bislang noch unbekannt, vermutlich aber mindestens 5 m hoch oder höher werdend, Wuchs kegelförmig, symmetrisch; Nadeln pfriemlich, 5—6 cm lang, einwärts gekrümmt, vor allem an den Triebspitzen, im Sommer ausgeprägt silberblau, im Winter mehr graublau. KHN Taf. 41 (= *C. pisifera cyanoviridis* Hort.). 1934 von den Boulevard Nurseries (Kempenaar), Canada, in den Handel gegeben und in den letzten Jahren sehr verbreitet. ✶✶

'Compacta'. Zwergform, bis 1 m hoch und breit, flachkugelig oder auch breiter als hoch, gedrungen, viel gröber als die sonst ähnliche 'Nana', alle Triebe mit tiefgrünen Altersnadeln, Zweiglein dicht stehend und nur wenig nach unten gekrümmt, dazwischen aber auch stets stärker aufrecht wachsende Triebe, die erst im folgenden Jahre die gedrängte Benadelung bilden. KHN 46. In den Baumschulen herrscht beständig Konfusion zwischen dieser Form und der ähnlichen, feineren, niedrigeren 'Nana'. ✶

'Compacta Variegata'. Zwergform, sonst wie die zugehörige Form. Mutation von 'Compacta' mit gelblichen oder gelben Flecken oder Spitzchen an den Trieben. Diese Form ist häufiger anzutreffen als der grüne Typ.

'Filifera'. Breit kegelförmig, schwachwüchsig, bis 5 m, Äste überhängend bis abstehend, Zweiglein dünn, fadenförmig, hängend; Nadeln graugrün. KHN 47. Vor 1875. ✶

Übersicht über die 'Filifera'-Gruppe
(alle mit fadenförmiger Bezweigung)

Wuchs normal stark, 4—5 m hoch:
- 'Filifera', grün
- 'Filifera Gracilis', hellgrün
- 'Filifera Sungold', gelbgrün
- 'Filifera Aurea', gelb
- 'Gold Spangle', gelb, nur teilweise mit fadenförmigen Trieben

Wuchs schwach, etwa 1—1,5 m hoch:
- 'Filifera Argenteovariegata', weiß-gelb-bunt
- 'Filifera Aureovariegata', gelbbunt

Wuchs zwergig, unter 1 m (ausgewachsen):
- 'Filifera Nana', grün
- 'Golden Mop', gelb (= 'Filifera Nana Aurea')

'Filifera Argenteovariegata'. Zwergform, kegel- bis kugelförmig, wie 'Filifera', doch Zweiglein weißbunt, teils auch ganz weiß. Vor 1891.

'Filifera Aurea'. Breit kegelförmig (in Kultur auch oft flach gezogen), bis 5 m hoch, Wuchs aber sehr langsam, Äste und Zweige abstehend-überhängend, fadenförmig, Zweiglein goldgelb. ✶✶

„Filifera Aurea Nana". Was unter diesem Namen in Kultur anzutreffen ist, sind schwachwachsende Pflanzen, aus Seitentrieben von 'Filifera Aurea' vermehrt und zunächst auch niedrig bleibend, aber im Laufe der Zeit doch Größe und Aussehen von 'Filifera Aurea' erhaltend. KHN 47. Die wirklich beständig zwergig bleibende gelbe Form ist → 'Golden Mop'.

'Filifera Aureovariegata'. Niedrig bleibend, 1—1,5 m hoch, sehr ähnlich 'Filifera Argenteovariegata', aber gelbbunt, nicht weißbunt.

'Filifera Gracilis'. Zwergform, Wuchs wie *C. pisifera* 'Filifera', doch viel langsamer; Nadeln gelbgrün. KHN 39. Vor 1904. Abb. 63.

'Filifera Nana'. Zwergform, Wuchs sehr langsam, dichtbuschig, Zweigspitzen fadenförmig, nach allen Seiten überhängend; Nadeln grün. 1904. ✶

„Filfera Nana Aurea" = → **„Filifera Aurea Nana".**

'Filifera Sungold'. Etwas gröber bezweigt als die normale 'Filifera Aurea', nur gelbgrün, jedoch sehr sonnenbeständig, wo die anderen gelben Formen leicht verbrennen. Aus Dänemark? (Jeddeloh). ✶ ■ Abb. 65.

'Golden Mop'. Zwergform, wie 'Filifera Nana', aber beständig goldgelb (es handelt sich hier nicht etwa um Jungpflanzen von 'Filifera Aurea'!). Da es bis-

Abb. 64. *Chamaecyparis pisifera* 'Nana'
(Foto: Archiv)

Abb. 65. *Chamaecyparis pisifera* 'Filifera Sungold' in der Baumschule J. D. zu Jeddeloh in Jeddeloh

her für diese Pflanze keinen gültigen Namen gab, wählte WELCH diesen Namen (1960). ✶

'Gold Spangle'. Dicht kegelförmig, bis 5 m, Äste abstehend, Zweiglein teils kurz, leicht gedreht und hellgelb, teils fadenförmig und goldgelb. KHN 47. Mutation von *C. pisifera* 'Filifera Aurea', entstanden bei GEBR. KOSTER, Boskoop. Vor 1937. ✶✶

'Nana'. Zwergform, sehr schwachwüchsig, gedrungen bis kissenförmig, in 40 Jahren bis 60 cm hoch und 1,5 m breit, Äste abstehend, Zweiglein fächerförmig, sehr dicht, Rand nach unten umgebogen, Spitzen kraus; Nadeln sehr klein, blaugrün. KHN Taf. 39. Vor 1891. ✶✶ Abb. 64.

'Nana Aureovariegata'. Wuchs wie vorige, doch die ganze Pflanze mit einem goldgelben Schimmer. 1874.

'Plumosa'. Breit kegelförmig, bis 10 m hoch, Äste abstehend, Zweiglein federförmig kraus; Blätter nadelförmig, spitz (Übergangsform!), grün, im Winter oft etwas bräunlich, in günstigen Verhältnissen auch fruchtend. KHN 46 (= *Retinispora plumosa* Veitch). 1861 aus Japan eingeführt. Sehr geschätzte und verbreitete, winterharte Form mit zierlicher Benadelung. Abb. 56.

ÜBERSICHT ÜBER DIE 'PLUMOSA'-GRUPPE

Wuchs normal stark, aufrecht:
'Plumosa', grün
'Plumosa Argentea', weiß gesprenkelt
'Plumosa Aurea', gelb

Wuchs schwach, 1—2 m hoch, kegelförmig:
'Plumosa Compacta', grün
'Plumosa Cristata', grün
'Plumosa Albopicta', weißbunt
'Plumosa Aurea Compacta', gelb
'Plumosa Rogersii', gelb
'Plumosa Flavescens', hellgelb

Wuchs zwergig bis flachkugelig:
'Plumosa Compressa', bläulich bis gelblich
'Plumosa Nana Aurea', gelb

'Plumosa Albopicta'. Niedrig, bis 2 m hoch; Nadeln sehr klein, tiefgrün, mit vielen weißen Spitzen. KHN Taf. 37. Besonders schön als junge Pflanze im Frühjahr und Sommer.

'Plumosa Argentea'. Etwas niedriger und schlanker als 'Plumosa', dunkelgrün mit kleinen weißen Triebspitzen. KHN Taf. 39. 1861 aus Japan.

'Plumosa Aurea'. Wuchs wie 'Plumosa', auch bis 10 m hoch, Nadeln jedoch goldgelb (nicht hellgelb!). 1861 aus Japan. Sehr verbreitet. ✶

'Plumosa Aurea Compacta'. Kegelform, wie die vorige, doch Wuchs breit und gedrungen, viel niedriger; Nadeln leuchtend goldgelb.

Abb. 66. *Chamaecyparis pisifera* 'Squarrosa' im Botanischen Garten Dortmund

Abb. 67. *Chamaecyparis pisifera* 'Squarrosa' im Kurpark Bad Wildungen

'Plumosa Compacta'. Breit kegelförmig, sehr gedrungen, langsamwüchsig, bis 2 m hoch, Äste und Zweige kurz und abstehend, Spitzen etwas überhängend, dicht verzweigt, kraus; Nadeln unterschiedlich, nadelförmige Übergangsblätter, weich, oben blau, unten grün, daneben auch Blätter wie bei 'Plumosa'. KHN Taf. 36. Vermutlich Sämling von 'Plumosa', aufgefunden in Ede, Holland. Vor 1949. Ⓢ

'Plumosa Compressa'. Zwergform, Wuchs breit und unregelmäßig kugelig bis kissenförmig, bis 0,6 m hoch, Äste und Zweiglein sehr dicht, kraus; Nadeln teils als Jugend-, teils als Übergangsformen, von hellgelb bis bläulich. KHN Taf. 39. Vermutlich entstanden als Mutation an *C. pisifera* 'Squarrosa'. 1929. Pflanzen haben häufig große trockene Stellen oder leiden durch Sonnenbrand. Ⓢ

'Plumosa Flavescens'. Zwergform, kegelförmig oder auch kugelig, je nach Kulturmethode, bis etwa 1 m hoch, Äste und Zweige ansteigend, Zweiglein gelbweiß; Nadeln gelblichweiß. 1891. Ⓢ

'Plumosa Nana Aurea'. Zwergform, langsamwüchsig, flach kugelig, bis 0,8 m hoch, Zweiglein und Nadeln goldgelb, im Innern der Pflanze heller. Vor 1923. Leidet unter Sonnenbrand.

'Plumosa Rogersii' (Rogers). Wuchs zwergig, kegelförmig, etwa 1 m hoch werdend; Benadelung mehr an 'Squarrosa' erinnernd, goldgelb, auch im Winter. KHN Taf. 34 (= *C. pisifera plumosa aurea rogersii* Hort.). Um 1930 bei Rogers entstanden.

'Squarrosa'. 10—20 m hoch, Krone breit und locker kegelförmig, dicht verzweigt, Äste abstehend, Spitzen überhängend, Zweiglein schön silbergrau, moosartig kraus, weich anfühlend; Blätter alle nadelförmig, dicht ringsum stehend, weich, oben blaugrün, unten silberweiß. KHN Taf. 37. 1843 durch von Siebold aus Japan nach Belgien eingeführt. Nach heutiger Auffassung handelt es sich hier nicht um eine (niemals bewiesene!) Fixierung einer Jugendform, sondern um eine Mutation mit Nadelblättern. ✶ Abb. 56, 66, 67.

Hierzu noch eine kleine Anzahl von Formen mit der gleichen nadelförmigen Belaubung.

Übersicht über die 'Squarrosa'-Formen

Hochwachsend, 10—20 m:
- 'Squarrosa', silbergrau
- 'Squarrosa Aurea', gelb

Mittelhoch, 2—5 m:
- 'Squarrosa Argentea', silbergrau, bis 2 m
- 'Squarrosa Sulphurea', hellgelb, 5 m
- 'Squarrosa Intermedia', silbergrau, 3 m

Zwergig, 0,8—1 m:
- 'Squarrosa Dumosa', graugrün, 1 m
- 'Squarrosa Lutea', gelb, 80 cm
- 'Squarrosa Minima', graublau, 80 cm

'Squarrosa Argentea'. Mittelgroßer Strauch, bis 2 m; Benadelung wie bei 'Squarrosa', aber mehr ausgeprägt silbergrau. KHN Taf. 38 (= *C. pisifera* 'Squarrosa Argentea Compacta' Hort.). 1843 durch von Siebold aus Japan nach Belgien eingeführt.

'Squarrosa Aurea'. Starkwüchsig, wie der Typ, aber Benadelung mehr oder weniger goldgelb. Seit vor 1866 bekannte, gesunde Form. ✶

Abb. 68. *Chamaecyparis pisifera* 'Squarrosa Intermedia' in Wisley Gardens, England

Abb. 69. *Chamaecyparis thyoides* 'Andelyensis' im Arboretum Gelderman, Holland

'Squarrosa Dumosa'. Wuchs dicht buschig-rundlich, bis 1 m hoch, niemals kegelförmig aufstrebend, Äste kurz, Bezweigung dicht; Nadeln ziemlich groß, im Sommer graugrün, im Winter mit einem bronze Anflug. KHN Taf. 32. Vor 1890 im Botanischen Garten Berlin gefunden.

'Squarrosa Intermedia'. Eigenartige, locker buschige, aufrechte Form mit Nadel- und Schuppenblättern; in Kultur werden die Pflanzen meist kugelig geschnitten und haben dann nur Nadelblätter, zu 3 stehend, blau, später entstehen aus der Pflanze einige dünne, lange, aufrechte Triebe mit entfernt stehenden, kleinen, dunkelgrünen (!) Schuppenblättern. KHN Taf. 37. Ziemlich verbreitete Form unbekannter Herkunft; seit vor 1923 in Kultur. Die geschnittenen Kugelpflanzen werden mitunter auch als 'Dwarf Blue' (Hesse) bezeichnet. ✶ Abb. 68.

'Squarrosa Lutea' (Koster). Wuchs kugelig, bis etwa 80 cm hoch; Nadeln sehr lang, etwa 7—8 mm, beständig goldgelb. Vor 1949 bei Koster & Zonen, Boskoop, entstanden. Sehr hübsch, aber empfindlich für Frost und Wind.

'Squarrosa Minima'. Zwergform, ähnlich 'Squarrosa Intermedia', in die sie mitunter auch zurückschlägt, doch alle Nadeln dicklich, oben mit 2 weißlichen Bändern, Rand um die Mittellinie grün, unten mit 2 weißen Streifen. Die häufig auftretenden Rückschläge sollten stets gleich nach dem Auftreten entfernt werden.

'Squarrosa Sulphurea' (Koster). Ähnlich 'Squarrosa', aber nicht so hoch werdend, kaum über 5 m; Nadeln im Sommer schwefelgelb, im Winter mehr silbergrau. Vor 1900 bei Koster & Zonen, Boskoop, gefunden.

C. thyoides (L.) B. S. P. Baum, bis 25 m, Stamm 0,6—1 m dick, Krone schlank, schmal, Äste aufrecht oder ausgebreitet, Rinde rötlichbraun, Zweiglein nicht in einer Ebene, dünn, bis 1,3 mm breit, kurz, allseitig ausgebreitet; Nadeln beim Reiben aromatisch riechend, dicht anliegend, an kräftigen Zweigen Spitzen abstehend, dunkelbläulich bis hellgrün, ohne weiße Zeichnung, spitz, flach gekielt, meist mit deutlicher Drüse; Zapfen sehr zahlreich, oft an kleinen Zweigen gehäuft, kugelig, 6 mm breit, mit 5 Schuppen, in der Mitte höckerig mit zurückgebogenem Spitzchen. KHN 39 (= *C. sphaeroides* [Spreng.] Spach). Sümpfe des östlichen Nord-Amerika, südlich Kanada bis nördlich Carolina. 1736. Bei uns selten in Kultur, doch hart. Abb. 51.

'Andelyensis'. Übergangsform, zwergig kegelförmig, steif, bis 2,5 m hoch, Zweige kurz, dicht, Äste straff aufrecht, Zweiglein etwas fächerförmig stehend; Nadeln teils als Jugendform linealisch und zu 3 quirlig abstehend, teils schuppenförmig in gegenständigen, anliegenden Paaren, blaugrün, gerieben streng aromatisch; fruchtbar, Zapfen wie bei der Art. KHN Taf. 40 (= *C. sphaeroidea andelyensis* Carr.). Um 1850 entstanden bei CAUCHOIS, Les Andelys, Eure, Frankreich. Sämlinge bringen die Form wieder oder die Art oder Übergänge. ✶ ∧ Abb. 56, 69.

'Aurea'. Kegelförmig, spitz, regelmäßig; Nadeln ganz goldgelb, im Winter mehr bronzebraun. Vor 1874 bei N. GAUJARD, Gent, Belgien, entstanden.

'Conica'. Jugendform, zwergig, kegelförmig, sehr dicht und langsam wachsend, Jahrestriebe 2—3 cm lang, Äste aufrecht, steif, im Sommer blaugrün; Nadeln pfriemförmig zu 3, etwas nach unten gekrümmt, im Winter etwas bräunlich. Entstanden um 1940 als Mutation an 'Andelyensis' bei L. KONIJN, Reeuwijk, Holland. ∧∧

'Ericoides'. Jugendform zwergig, steif säulenförmig, dichtzweigig, kann mehrere Meter hoch werden; Nadeln linealisch, in Quirlen zu 3 abstehend, zugespitzt, blaugrün, im Winter rotbraun bis rötlichviolett, unten mit 2 Stomabändern. KHN Taf. 40 (= *C. ericoides* Carr.). Im Stadium der 1. Entwicklung künstlich fixierte Jugendform. Wenig winterhart, am besten frostfrei überwintern. (∧∧∧) Abb. 56.

'Nana'. Zwergform, kugelig; Nadeln alle blaugrün. Taf. III.

CRYPTOMERIA D. Don — SICHELTANNE — TAXODIACEAE

Immergrüner Baum mit rötlicher Borke, in langen Streifen ablösend, Krone pyramidal, Äste abstehend, Knospen klein, unbeschuppt; Blätter nadelartig-pfriemlich, in 5 Reihen spiralig angeordnet, nach vorn gerichtet und einwärts gekrümmt, seitlich zusammengedrückt, im Querschnitt stumpf 3kantig; 1häusig; ♂ Blüten einzeln, achselständig, an Jungtrieben ährenförmig gehäuft; ♀ Blüten kugelig, einzeln an kurzen Trieben endständig; Deckschuppen im unteren Teil bis über die Mitte hinaus mit der Fruchtschuppe verwachsen; Frucht ein brauner, kugeliger, im 1. Jahre reifender Zapfen, jedoch nach dem Ausfallen der Samen bleibend, mit 20—30 holzigen, keilförmigen, in eine Scheibe verbreiterten Schuppen; Keimblätter 3; $x = 11$. — 1 Art in Japan.

Cryptomeria japonica D. Don. Baum, 30 bis 40 m hoch (höchster Baum in Japan jedoch 64 m, mit 7 m Stammdurchmesser), Stamm gerade, schlank, in seiner Heimat 1—2 m dick, Rinde rotbraun, in langen Streifen ablösend, Äste dicht gestellt, abstehend oder ansteigend,

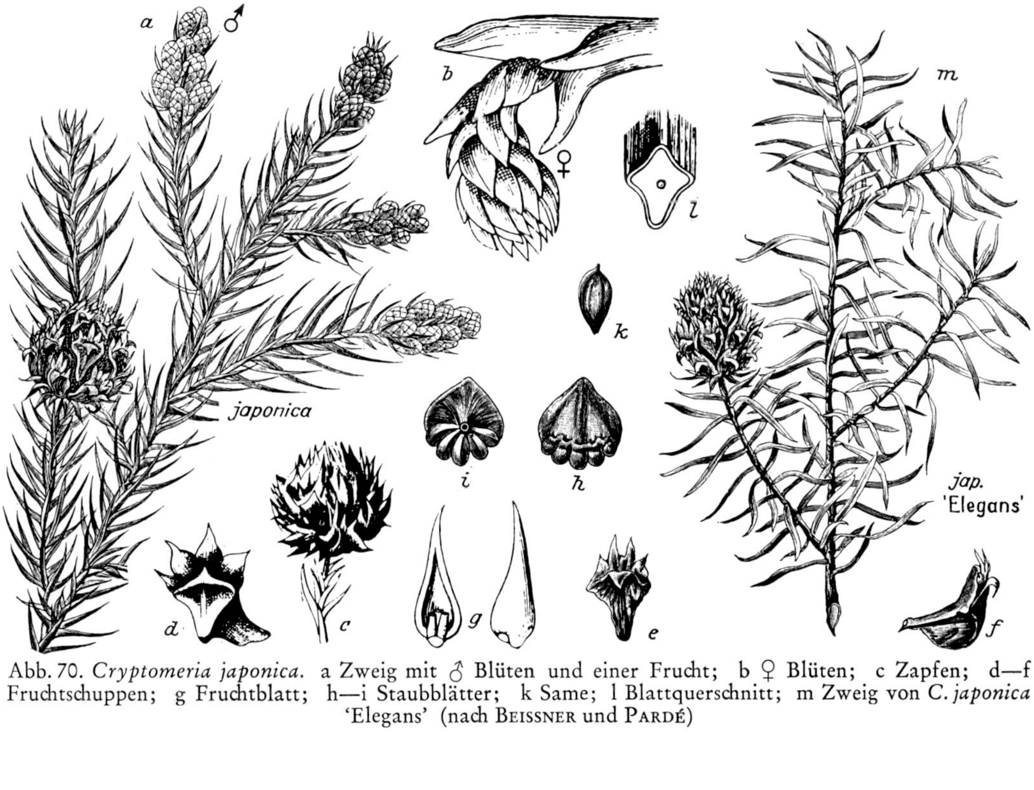

Abb. 70. *Cryptomeria japonica.* a Zweig mit ♂ Blüten und einer Frucht; b ♀ Blüten; c Zapfen; d—f Fruchtschuppen; g Fruchtblatt; h—i Staubblätter; k Same; l Blattquerschnitt; m Zweig von *C. japonica* 'Elegans' (nach BEISSNER und PARDÉ)

Abb. 71. *Cryptomeria japonica* am heimatlichen Standort in Zentral-Honshu, Nikko, Japan (Foto: LINDQUIST, Göteborg)

Abb. 72. *Cryptomeria japonica* 'Cristata' in der Baumschule Minier, Angers

Abb. 73. *Cryptomeria japonica* 'Gracilis' im Pinetum Blijdenstein, Hilversum, NL

junge Zweige grün, kahl; Nadeln in 5 Reihen, spiralig und dicht gestellt, nadelförmig, sichelförmig einwärts gekrümmt, ziemlich steif, 6 bis 12 mm lang, am Zweig herablaufend, unten scharf, oben stumpf gekielt, dunkelgrün, beiderseits mit Spaltöffnungen; Zapfen einzeln, kugelig, 1—3 cm lang, bei der Reife aufspringend, Rand der Fruchtschuppen spitz gezähnt, 2—5 Samen unter jeder Schuppe, diese 6—8 mm lang, rotbraun. KHN 45 und 50. Japan. 1842. In Japan als Forstbaum sehr wichtig. ✶ Abb. 70, 71.

In Japan sind nach ISHISAKI nicht weniger als 337 Rassen, Standortformen und Kultivare aufgestellt worden, die aber nach weiteren Untersuchungen auf über 200 reduziert werden konnten. Es gibt in den Gärten in Japan noch viele Formen, die bei uns nicht bekannt sind, aber auch bei uns Formen, die in Japan nicht in Kultur sind, wie z. B. 'Vilmoriniana'. Nur etwa 20 Gartenformen sind bei uns häufiger in Kultur, die übrigen in Sammlungen.

ÜBERSICHT ÜBER DIE BEHANDELTEN GARTENFORMEN

Wuchs normal, kegelförmig:
    var. *sinensis*, 'Lobbii'

Zwergformen mit langen, meist wenig verzweigten Trieben:
    'Araucarioides', 'Dacrydioides'

Zwergformen mit kurzen Trieben:
    'Bandai-sugi', 'Gracilis', 'Jindai-sugi'

Kugelformen:
    'Globosa', 'Globosa Nana', 'Vilmoriniana', 'Compressa'

Hahnenkammform:
    'Cristata'

Triebe gedreht:
    'Spiralis', 'Yore-sugi'

Formen mit weicher Benadelung:
    'Elegans', 'Elegans Compacta'

Benadelung grob und abstehend:
    'Monstrosa'

Benadelung weißbunt:
    'Nana Albospica'

'Araucarioides'. Wuchs zunächst unregelmäßig und breit, mit 1—3 Stämmen, zuletzt jedoch breit kegelförmig und bis unten hin beastet, Triebe sehr lang, abstehend bis überhängend, an der Spitze mit einem Büschel verschieden langer Triebe; Nadeln kürzer, dicker, mehr gebogen als bei der Art und auch weiter gestellt, sehr dunkelgrün (!). KHN 50. 1859 durch VON SIEBOLD nach Holland eingeführt. ✶

'Bandai-sugi'. Wuchs zunächst mehr kugelig, später mehr aufrecht und unregelmäßig strauchig, bis 2 m hoch, mit kurzen und langen Trieben, an der Basis der längeren Triebe monströse Ästchen; Nadeln unterschiedlich lang, meist die jungen Triebe mit 12 bis 15 mm langen Nadeln, an den anderen jedoch nur 3 mm, meist steif und dick, blaugrün, im Winter mit einem rötlichen Schimmer. KHN 53. Vor 1934 aus Japan eingeführt und bei uns sehr verbreitet. ✶

'Compressa'. Zwergform, kugelförmig bis breit kegelförmig, sehr an 'Vilmoriniana' erinnernd, aber davon verschieden durch die zahlreichen, kleinen, etwas überragenden Leittriebe, diese an der Spitze mit fast rosettenartig zurückgebogenen Nadeln, 5 bis 10 mm lang, glänzend dunkelgrün, im Innern des Busches blaugrün, Winterfärbung ausgesprochen rotbraun. KHN 54. 1942 von J. BLAAUW & Co., Boskoop, aus Japan eingeführt. Ⓢ Abb. 74.

'Cristata'. Wuchs schmal kegelförmig aufrecht, durchaus 6—8 m hoch werdend oder noch höher, Äste kurz, aufstrebend, Zweige kurz, vielfach steif und gedrängt, sehr häufig mit breiten, hahnenkammartigen Verbänderungen, die nach einigen Jahren braun werden und absterben. KHN 51. Um 1900 von L. UNGER aus Japan nach Deutschland gebracht. Ⓢ Abb. 72.

Abb. 74. *Cryptomeria japonica* 'Compressa' (Foto: E. HAHN)

Abb. 75. *Cryptomeria japonica* 'Vilmoriniana' (Foto: E. HAHN)

Abb. 76. *Cryptomeria japonica* 'Globosa Nana' (Foto: E. HAHN)

Abb. 77. *Cryptomeria japonica* 'Jindai-sugi' im Botanischen Garten Dortmund

'Dacrydioides'. Von der ähnlichen 'Araucarioides' verschieden durch die nach allen Richtungen abstehende Bezweigung mit nur sehr wenigen Seitentrieben, an der Triebspitze nicht gebündelt (!), nur spärlich benadelt. KHN 44.

'Elegans'. Wuchs unregelmäßig, mitunter auch Baum, bis 10 m oder ausnahmsweise sogar darüber, meist jedoch nur 3—5 m, Äste abstehend, sehr dicht; Blätter 1—2,5 cm lang, abstehend, dünn, weich, entfernt gestellt, bläulichgrün, im Winter rotbraun oder auch grün mit violettem Anflug; Zapfen kleiner als bei der Art und schon an jüngeren Pflanzen gebildet, Same jedoch nur wenig keimfähig (Sämlinge ergeben wieder normale *C. japonica,* teils zwergige Pflanzen). KHN 44 (= *C. elegans* Makoy; *C. japonica elongata* Regel ex Gord.). 1854 aus Japan nach England importiert. Winterhärte unterschiedlich. ✶

'Elegans Compacta'. Zwergform, kaum über 2 m hoch, flachkugelig und sehr gedrungen, mit kürzeren und längeren Jahrestrieben, diese mitunter ziemlich gekrümmt; Nadeln etwa 20 mm lang, abstehend, weich, im Sommer blaugrün, im Winter mit violettem Anflug. KHN 53. ✶

'Globosa' (Lombarts). Wuchs kugelig bis flachkugelig, breiter als hoch, vermutlich aber nicht über 1,5 m hoch, Äste abstehend, Zweige gedrängt und mit abwärts gerichteten Spitzen; Nadeln dicht, 1—1,5 cm lang, blaugrün, aber im Winter rostbraun. Bei P. LOMBARTS, Zundert, Holland, entstanden und 1942 in den Handel gegeben. Ganz winterhart, doch Zierwert, insbesondere im Winter, gering. Die Pflanze wird nicht so hoch wie 'Globosa Nana'. ✶

'Globosa Nana'. Zwergform, Wuchs breitkugelig und gedrungen, mitunter aber auch buckelig und mit mehreren „Buckeln" und ausnahmsweise auch 2 bis 4 m hoch (so im Park der Isola Madre!), Äste sehr dicht und regelmäßig, aufsteigend, Zweiglein kurz übergebogen; Nadeln kurz, dicht, unregelmäßig lang, angedrückt, gelbgrün, im Winter mehr blaugrün. KHN 51. Sehr hübsche, gut winterharte Form. ✶✶ Abb. 76.

'Gracilis'. Wuchs kräftig aufrecht, kegelförmig, bis 5 m hoch oder höher, sehr locker beastet, Zweige abstehend, Triebe dünn, nur wenig Seitentriebe; Nadeln alle dicht angedrückt, nur 2—3 mm lang, Sommer und Winter hindurch frischgrün. KHN 50. Abb. 73.

'Jindai-sugi'. Wuchs kegelförmig, gedrungen, regelmäßig, dicht bezweigt, im Alter 2—3 m hoch werdend, Äste teils aufrecht, teils abstehend, Zweige kurz, Spitzen übergebogen und auch mit längeren Trieben dazwischen; Nadeln 2—3 mm lang, an den jungen Langtrieben bis 5 mm, hellgrün, auch im Winter so bleibend. KHN 53. Schon vor 1932 aus Japan eingeführt und gut winterhart. ✶ Abb. 77.

'Knaptonensis'. Unregelmäßige Zwergform; Benadelung weiß und grün. Entstanden 1930 als Hexenbesen an 'Nana Albospica', daher oft Rückschläge in diese Form. Taf. III.

'Lobbii'. Hoher Baum, gut wachsend, mit schönem, gerade durchgehendem Stamm, Krone jedoch dichter als bei der Art, Äste weniger überhängend; Nadeln länger, tiefgrün. In Kultur nicht selten und gut winterhart. ✶

'Monstrosa'. Wuchs aufrecht, bis 2 m hoch, teils fast säulenförmig, teils mehr kegelförmig und unregelmäßig durch abstehende Äste, an der Spitze mit vielen Trieben und kraus; Nadeln an alten Trieben lang, gerade, an den krausen Trieben kraus, grün bleibend, nicht verfärbend. KHN 53.

'Nana Albospica'. Zwergform, kaum über 2 m hoch und breit, Zweige mehr oder weniger überhängend und dünn, die jüngeren Triebe vielfach ganz weiß, später schmutzigweiß und zuletzt hellgrün werdend, in sonniger Lage im Sommer diese Partien mitunter ausbrennend, auch im Winter frostgefährdet. KHN Taf. 42. Große Standpflanze in den Taranto Gardens, Pallanza, Lago Maggiore. Ⓢ

var. **sinensis** S. & Z. Wuchs lockerer als beim japanischen Typ, Zweige schlanker, mehr überhängend; Nadeln länger und dünn; Zapfen mit weniger (selten mehr als 20) Schuppen, Zahne der Fruchtschuppen kürzer, weniger hart, meist mit 2 Samen (beim Typ 3—5) unter jeder Schuppe (= *C. kawai* Hay.; *C. japonica* var. *kawai* Hay.). China; Yunnan. 1842 und 1844 nach Europa importiert, aber unbekannt, ob noch in Kultur.

'Spiralis'. Niedriger Strauch, Triebe zumeist ziemlich lang und hängend; Nadeln dick, stark einwärts gekrümmt und spiralig (wie ein Seil aussehend!) um die Triebe angeordnet. KHN 54. Um 1860 durch von Siebold nach Holland gebracht. Gelegentlich kommt es auch vor, daß diese Form im Alter einen Stamm ausbildet und dann schmal kegelförmig mehrere Meter hoch wird, dabei Äste dann ebenfalls ausgesprochen spiralig um den Stamm angeordnet und die Benadelung allmählich verändernd.

'Vilmoriniana'. Zwergform, Wuchs etwas unregelmäßig kugelförmig, sehr dicht, kaum über 1 m hoch werdend, Äste kurz und steif, Zweiglein sehr zahlreich, 3—5 cm lang; Nadeln 3—7 mm lang, in der Triebmitte am längsten, spitz, hellgrün, im Winter bräunlich. KHN 54. Um 1890 von Vilmorin aus Japan eingeführt, aber in Japan heute völlig unbekannt. Ⓢ Abb. 75.

'Yore-sugi'. Ähnlich 'Spiralis', aber stets einstämmig, bis 3 m hoch oder auch höher, locker beastet, Triebe alle abstehend-überhängend, dünner als bei 'Spiralis', jedoch in sehr ähnlicher Weise mit spiralig angeordneten, doch kürzeren Nadeln. KHN 54 (= *C. japonica spiraliter falcata* Carr.). Schon seit 1876 in Europa in Kultur. Der japanische Name sollte besser wieder verwendet werden.

CUNNINGHAMIA R. Br. — SPIESSTANNE — TAXODIACEAE

Immergrüne, in ihrer Heimat hohe Bäume, Krone schmal pyramidal, Äste unregelmäßig in Quirlen stehend, Zweige 2zeilig und in einer Ebene; Knospen rundlich, abgeflacht, durch blattartige Schuppen verborgen; Blätter schmal lanzettlich, lederartig steif, scharf zugespitzt, dicht spiralig angeordnet, aber doch 2zeilig und in einer Ebene stehend; Blüten 1häusig; ♂ Blüten an Jungtrieben endständig, aber später durch das Wachstum der Triebe seitenständig, gedrängt kopfförmig, mit etwa 15 spiralig stehenden Staubblättern; ♀ Blüten zu 1—3 endständig, kugelig; Zapfen nach der Blüte wach-

Abb. 78. *Cunninghamia lanceolata.* a Zweig mit Zapfen; b ♂ Blüten; c ♀ Blüten; d entnadeltes Zweigstück; e einzelnes Blatt; f Blattspitze; g Staubblätter; h Fruchtblatt; i Same; k Blattquerschnitt (nach Beissner)

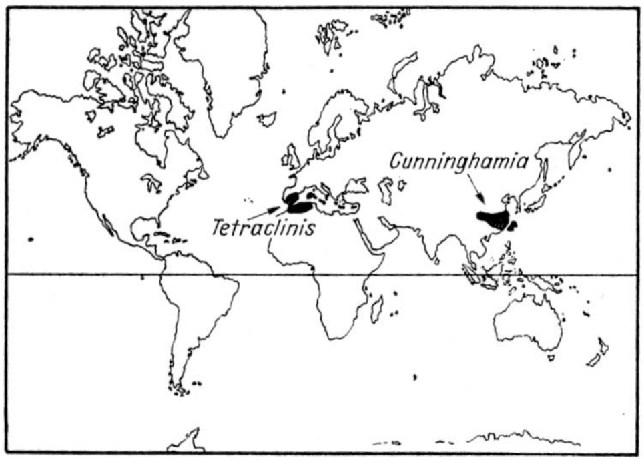

Abb. 79. Arealkarte der Gattungen *Cunninghamia* und *Tetraclinis*

send, mit locker dachziegeligen, wenig verhärteten, an der Spitze oft sparrig abstehenden bleibenden Schuppen; Samen umgewendet, mit harter Schale, ringsum schmal geflügelt; Keimblätter 2; $x = 11$. — 2 Arten in China und 1 auf Formosa; Winterhärte bei uns gering.

Cunninghamia lanceolata Hook. Baum, bis 10 (bis 15) m in seiner Heimat, bei uns nur wenige Meter erreichend, Stamm gerade, unten bald ohne Äste, Borke in Streifen ablösend, Äste an jungen Pflanzen in Quirlen, an älteren unregelmäßig, Zweige zuerst grün; Nadeln sehr dicht und wechselständig, 2zeilig abstehend, 3 bis 7 cm lang, 0,5 cm breit, linealisch-lanzettlich, lederartig, steif, scharf zugespitzt, Rand schwach gesägt, oben frischgrün, unten mit 2 breiten, blauweißen Stomabändern; Zapfen 3 bis 4 cm lang, meist zu mehreren. KHN Taf. 46 (= *C. sinensis* R. Br.). Süd- und Mittel-China. 1804. Allgemeiner Eindruck fast wie eine *Araucaria*, doch zierlicher; braucht halbschattige Lage, am besten auf Parklichtung, milde Gegend, Frostschutz. (Im Botanischen Garten Köln, Oldenburg u. a.). Ⓢ ∧∧ Abb. 78, 80.

Abb. 80. *Cunninghamia lanceolata* im Arboretum Les Barres, Frankreich

'Compacta'. Zwergform ohne Leittrieb, nach 10 Jahren etwa 50 cm hoch. KHN Taf. 52. 1955 von I. Bano, Versuchsstation Kamoni, Ungarn, aus Saat selektiert und später an verschiedene Gärten verteilt. Viel härter als der Typ und leicht aus Stecklingen vermehrbar. ∧

'Glauca'. Genau wie der Typ, doch Nadeln ausgesprochen blaugrün. (Botanischer Garten Oldenburg u. a.). ∧—∧∧

× **CUPRESSOCYPARIS** Dallim. — CUPRESSACEAE

Naturhybriden zwischen *Chamaecyparis* und *Cupressus*. Merkmale siehe bei den einzelnen Hybriden bzw. Klonen. Alle in England in Gartenkultur, zufällig entstanden. Wegen ihres raschen Wachstums und ihrer größeren Winterhärte als *Cupressus* bedeutungsvoll.

× **Cuporessocyparis leylandii** (Dallim. & Jacks.) Dallim. (*Cupressus macrocarpa* × *Chamaecyparis nootkatensis*). Hoher Baum, 30 m hoch (vielleicht noch höher werdend), Krone kegelförmig bis säulenförmig, dicht, etwa wie die Säulenform von *Cupressus macrocarpa*, Blätter jedoch in Form, Größe und Anordnung sehr ähnlich denen von *Chamaecyparis nootkatensis*, dabei aber die Zweiglein feiner, länger und schlanker; Zapfen bis 2 cm dick, meist mit 8 Schuppen, unter jeder Schuppe 5 Samen, Samen mit winzigen Warzen, wie bei *Cupressus macrocarpa*. KHN Taf. 45 (= *Cupressus leylandii* Dallim. & Jacks.). 1911 von M. Naylor in Leighton Hall, Welshpool, England, aus Samen von *Cupressus macrocarpa*, die neben einer *Chamaecyparis nootkatensis* stand, gewonnen. Bereits 1888 erzog J. C. Leyland, ebenfalls in Leighton Hall, eine gleichartige Hybride, wobei aber der Same von *Chamaecyparis nootkatensis* genommen worden war. Einige Sämlinge wurden aufgepflanzt, blieben aber unbeachtet und entwickelten sich zu großen Bäumen. 1940 schließlich zum drittenmal wurde die gleiche Hybride erzogen in der Baumschule M. BARTHELEMY, Stapehill, Dorset, England, aus Samen von *Cupressus macrocarpa*. Abb. 81, Taf. III.

Insgesamt wurden von diesen 3 Herkünften 12 Klone vermehrt, aber nur wenige benannt, wie folgt:

'Castlewellan Gold'. Wuchs zwar kräftig, aber wesentlich schwächer als *C. leylandii*; Belaubung und junge Triebe schön gelb. 1963 zufällig entstanden aus Samen von *C. leylandii* im Castlewellan Forest Park und selektiert als einzige Pflanze durch JOHN KEOWN, dem Leiter des Parkes, und von ihm zunächst benannt als *Cupressus macrocarpa Keownii*. Seit 1970 in großem Umfang in Vermehrung. In England als außergewöhnlich winterhart bezeichnet, widerstandsfähig gegen Wind, Industrieluft und Seeluft. Keine besonderen Bodenansprüche. Ⓢ ■

'Green Spire'. Baum, schmal säulenförmig, sehr dicht, Leittrieb häufig nicht ausgebildet, Zweiglein mit unregelmäßigem Abstand voreinander stehend und auch mit unterschiedlichem Winkel zur Hauptachse, vorwärts gerichtet in einer Ebene; Benadelung frischgrün; sonst ziemlich ähnlich 'Haggerston Grey' (= Klon 1 von Haggerston Castle). 1888, benannt 1964.

'Haggerston Grey'. Steht *Cupressus macrocarpa* näher. Baum mit ziemlich lockerer Bezweigung, Zweiglein teilweise gegenständig und rechtwinklig abstehend, teils auch kreuzweise gegenständig, dadurch in 2 Ebenen stehend, die kleinsten Triebe oft in Büscheln, grün oder leicht graugrün. KHN 58 (= Klon 2 von Haggerston Castle). 1888, benannt 1964. In England sehr verbreitet in Kultur.

'Leighton Green'. Erinnert mehr an *Chamaecyparis nootkatensis*. Baum, Wuchs anfangs schmal säulenförmig, später jedoch lockerer, stets mit deutlichem Leittrieb, Triebe etwas unregelmäßig gestellt und dicht stehend, in einer Ebene flach liegend, Spitzen der jüngsten Triebe im Querschnitt flach; Benadelung frischgrün bis etwas gelblichgrün; Zapfen häufig ausgebildet. KHN 58 (= Klon 11 von Leighton Hall). 1911, benannt 1964. Die am meisten verbreitete Form, die auf dem Kontinent im allgemeinen als *C. leylandii* bekannt ist. ✶✶

'Naylor's Blue'. Ähnlich 'Leighton Green', aber Bezweigung noch lockerer, Spitzen der jüngsten Triebe im Querschnitt rund; Nadeln deutlich graublau; Zapfen nur selten vorhanden. KHN 58 (= Klon 10 von Leighton Hall). 1911, benannt 1964. In Kultur wenig verbreitet.

'Robinson's Gold' (George Robinson). Zufallssämling, Wuchs außerordentlich rasch und stark, aber gedrungener und breiter kegelförmig als die grüne *C. leylandii* (Originalpflanze in 20 Jahren etwa 6 m hoch und 3 m breit), sehr dicht bezweigt; Belaubung im Frühjahr schön bronzegelb, dann allmählich zitronengrün und goldgelb verfärbend. Um 1962 im Belvoir Park, Belfast, N-Irland, von GEORGE ROBINSON gefunden, 1978 durch die GREEN LEAF NURSERIES, Belfast, in den Handel gebracht. ■

'Silver Dust'. Mutation an 'Leighton Green'. Wuchs kräftig, schmal säulenförmig (in 15 Jahren 11 m hoch, 2,5 m breit), Zweige straff ansteigend, locker stehend; Benadelung frischgrün wie bei der Mutterpflanze, aber die Triebspitzen beständig rahmweißbunt. 1960 im U.S. National Arboretum, Washington, D.C., entstanden; 1977 verbreitet.

Abb. 81. × *Cupressocyparis leylandii* als junge Hecke, 3 Jahre alt, 200—250 cm hoch, bei Minier, Angers

× C. notabilis Mitchell (*Cupressus glabra* × *Chamaecyparis nootkatensis*). Gartenhybride, zwischen den Eltern stehend. Baum, rasch wüchsig, schmal kegelförmig, Zweige bogig aufstrebend, Triebe fiederförmig angeordnet, nikkend; Nadeln schuppenförmig, blaugrün; ♂ Blütenstände gelb, ♀ Zapfen kugelig, 12 mm dick, blaugrün, mit 6—7 Schuppen und mit einem gekrümmten Dorn auf jeder Schuppe. KHN 59. 1956 aus Samen erzogen in der Forest Research Station in Alice Holt Lodge, Hampshire, England. Bis jetzt erst wenig verbreitet.

× C. 'Stapehill Hybrid' (*Cupressus macrocarpa* × *Chamaecyparis lawsoniana*). Hoher Baum, starkwüchsig, im Aussehen ähnlich 'Leighton Green', Belaubung ebenfalls dick und schwer, aber dunkler blaugrün, auf der Unterseite deutlich blaugrau gezeichnet; Rinde der jungen Triebe zunächst gelbgrün, dann orangebraun, zuletzt purpurbraun. Erzogen 1940 in der Baumschule BARTHELEMY in Stapehill, Wimborne,

Dorset, S-England, aus Samen, die 1940 in Ferndown von *Cupressus macrocarpa* gesammelt wurden; da aber in der Nähe dieses Baumes nur *Chamaecyparis lawsoniana* standen (keine *Chamaecyparis nootkatensis*), kann es sich auch nur um eine Hybride zwischen diesen handeln. Von den Sämlingen wurden 2 selektiert und davon eine in größerem Umfang vermehrt und als 'Stapehill Hybrid' in den Handel gebracht. ■

CUPRESSUS L. — ZYPRESSE — CUPRESSACEAE

Immergrüne, aromatische Bäume, Triebe 4kantig oder rundlich, seltener etwas abgeflacht; Blätter schuppenförmig, klein, sehr dicht gestellt, sich deckend, Erstlingsblätter nadelförmig, Blüten 1häusig, an verschiedenen Zweigen; ♂ Blüten klein, länglich oder zylindrisch, Staubblätter mit je 2—6 Pollensäcken; ♀ Blüten mit mehreren, kreuzweise gegenständigen Fruchtblättern, diese an der Basis mit mehr oder weniger zahlreichen Samenanlagen; Zapfen kugelig, holzig, mit 6—12 Schuppen, im 2. Jahre reifend; Zapfenschuppen stark verdickt, vor der Reife eng geschlossen, genabelt oder weichstachelig; Samen länglich, breit oder schmal geflügelt; Keimblätter 2; $x = 11$. — Rund 12 Arten vom Mittelmeer bis zum Himalaja, in USA in den tropischen und subtropischen Gebieten.

Alle Zweiglein ± in einer Ebene;
- Querschnitt rund;
  - Zweiglein peitschenförmig hängend:
    C. torulosa
- Querschnitt flach;
  - Zweige hängend, Blätter abstehend, stark blaugrün:
    C. cashmeriana

Zweiglein nach allen Seiten abstehend;
- Harzdrüse deutlich;
  - a) Zweiglein dünn, 4kantig, frischgrün:
    C. bakeri
  - b) Zweiglein dicklich, gleichseitig, Blätter spitz, blaugrau:
    C. arizonica
- Harzdrüse undeutlich;
  - a) Zweige aufrecht oder leicht überhängend, Zweiglein dicklich, Blätter dunkelgrün, spitz:
    C. macrocarpa
  - b) Zweige nach allen Seiten ausgebreitet, Zweiglein dünn, 4kantig, Nadeln fest angepreßt; häufig:
    C. sempervirens

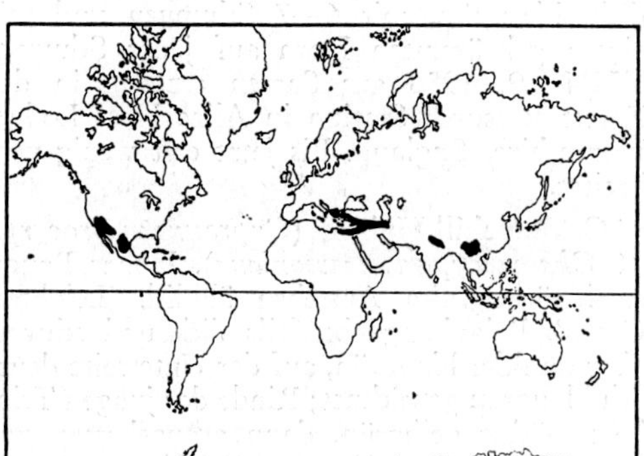

Abb. 82. Arealkarte der Gattung *Cupressus*

Cupressus arizonica Greene. Baum, bis 15 m, gelegentlich auch höher, Krone breit kegelförmig, Äste waagerecht abstehend, Rinde rotbraun, in langen Streifen ablösend, Zweiglein ziemlich dick, nach allen Seiten abstehend, gleichseitig bis 4kantig, Blätter dick, gekielt, spitz, mit deutlicher Drüse, bläulichgrün; Zapfen kugelig, 3 cm dick, dunkel rotbraun, blau bereift, gestielt, Schuppen 6—8, auf dem Rük-

Abb. 83. *Cupressus arizonica* am heimatlichen Standort in Crook, Arizona (Foto: US Forest Service)

ken etwas eingedrückt, plötzlich in eine scharfe Spitze auslaufend. KHN 62 und 64. Arizona, bis 2000 m hoch im Gebirge, in reinen Beständen. Ziemlich winterhart bei uns. ∧∧ Abb. 83.

'Compacta'. Busch, kugelig-rundlich, dicht; Nadeln blaugrün. KHN Taf. 52.

'Conica'. Kegelförmig, Äste aufrecht, Zweiglein zahlreich, locker gestellt; Blätter dicht angedrückt, auffallend blaugrau. Empfindlich. ∧∧

'Fastigiata' (Gino Bartolini). Wuchs straff aufrecht, doch dabei gedrungen, blaugrau. Wird als Verbesserung von 'Conica' angesehen. (Katalog MINIER 1962). ∧∧ Abb. 84.

'Glauca'. Jugendform, Wuchs schmal säulenförmig, regelmäßig und dicht intensiv silbergrau. Empfindlich. ∧∧

C. bakeri Jepson. Baum, bis 10 m, mitunter höher, Rinde dünn, rötlich, in dünne Platten spaltend, Zweige nach allen Seiten stehend, Zweiglein dünn, 4kantig; Blätter stumpf, mit auffallender Harzdrüse, hell- oder dunkelgrün; Zapfen fast kugelig, bis 2 cm dick, grau, Schuppen 6, plötzlich in einen kurzen, geraden Dorn auslaufend, häufig noch mit 2 Paaren kleinerer Schuppen an der Spitze (= *C. macnabiana bakeri* Jeps.). Californien, Küsten. Recht winterhart. ∧

C. cashmeriana Royle. Kleiner, kegelförmiger Baum, in Kultur nur schmal, Äste aufstrebend, doch Zweige lang und schwer hängend, Zweiglein alle flach; Blätter deutlich abstehend, blaugrün; Zapfen kugelig, 12 mm dick, anfangs hellgrün und blau bereift, später dunkelbraun, Schuppen 10, in der Mitte eingedrückt, mit spitzem, zurückgebogenem, 3eckigem Dorn. KHN 62. Wild nicht bekannt, vermutlich aus Kaschmir oder Tibet. Größte Pflanze Europas auf der Isola Madre im Lago Maggiore. Bei uns nur Kalthauspflanze. ∧∧∧ (MM) Abb. 85.

C. macrocarpa Hartw. Baum, bis 20 m, mitunter höher, Krone breit kegelförmig, Rinde rotbraun, Äste rund, fast waagerecht abstehend oder leicht überhängend, Zweiglein nicht in einer Ebene, abstehend oder überhängend, etwas dicklich (bis 1,5 mm); Blätter gegenständig, grün, größtenteils angewachsen, Spitzen frei, Rücken mit länglicher oder seitlicher, undeutlicher Drüse; Zapfen zu 1—2, kugelig, 2,5—3,5 cm dick, an kurzen Zweigen, aufrecht, braun, Schuppen 8—12, ungleich, kreisrund, Rücken konvex oder leicht konkav mit kurzem Dorn in der Mitte. KHN 63 (= *C. hartwegii* Carr.). Californien, bei Monterey. 1847. Bei uns nur für wärmste Lage. ∧∧∧

'Coneybearii'. Hängeform, Triebe sehr lang und dünn, wenig verzweigt, gelb. KHN 62. Wahrscheinlich in Australien entstanden, verbreitet durch KEMP'S NURSERIES, Pty., Kingswood, Australien. In England in Kultur (HILLIER) und in Dortmund (Botanischer Garten). Bisher gut winterhart. ∧

'Donard Gold' (Slieve Donard). Wuchs wie 'Lutea', breit kegelförmig, mittelkräftig, aber Benadelung kräftiger goldgelb. 1935 in der SLIEVE DONARD NURSERY erzielt. ∧∧∧

'Fastigiata'. Wuchsform, häufig vorkommend, Krone schmal-kegelförmig, Äste aufrecht, auch im Alter nicht ausgebreitet. Vermutlich 1838 von LAMBERT zusammen mit dem Typ importiert. Diese Form tritt gelegentlich in den Aussaaten auf.

'Goldcrest' (Treseder). Säulenform, Wuchs langsam, gedrungen; gut goldgelb. Um 1947 von TRESEDER, Truro, England, in den Handel gegeben.

'Golden Cone' (Barthélemy). Wuchs kräftig, doch kompakt; Belaubung intensiv gelb. 1964 selektiert in den BARTHELEMY NURSERIES, Stapehill, Dorset, England; eingeführt 1971. ■

'Golden Pillar'. Wuchs sehr schmal kegelförmig, alle Äste aufwärts gerichtet; Benadelung ausgeprägt goldgelb, nur die Nadeln im Inneren der Pflanze grüngelb. KHN Taf. 49. Von MINIER, Angers, verbreitet.

'Lutea'. Wuchs breit kegelförmig; Benadelung im 1. Jahre schön gelb, im 2. Jahre jedoch grün werdend; auch die Zapfen gelb (= *C. lambertiana aurea* Hort.). Um 1890 bei DICKSON in Chester entstanden, aber heute durch bessere gelbe Formen überholt.

Abb. 84. *Cupressus arizonica* 'Fastigiata' in der Baumschule Minier in Angers

C. sempervirens L. Echte Zypresse. Baum, 20 bis 30 m hoch, entweder Krone schlank kegel- oder säulenförmig, oder ausgebreitet zederähnlich, Rinde dünn, graubraun, etwas rissig, Zweiglein nicht in einer Ebene, 4kantig, etwa 1 mm breit; Blätter schuppenförmig, kreuzweise gegenständig, dicht dachziegelig angedrückt, eiförmig, stumpf, dunkelgrün, Rücken mit Längsfurche; Zapfen an kurzen Zweigen, hängend, eirund, walnußgroß, 2—3 cm breit, Schuppen 8—14, 4reihig, gegenständig, ungleich eckig, auf dem Rücken konvex, genabelt, mit Stachelspitze. Gebirge in Nord-Persien, Kleinasien, Kreta, Zypern; schon im Altertum nach Italien eingeführt und heute in den Mittelmeerländern eingebürgert. Bei uns wohl in allen botanischen Gärten (Mainau 12 m hoch). Empfindlich. ΛΛΛ

Die Art wird jetzt in die beiden folgenden Varietäten eingeteilt:

var. **horizontalis** (Mill.) Gord. „Wilde Mittelmeer-Zypresse". Habitus zederartig, Äste mehr oder weniger ausgebreitet. KHN Taf. 51 (= *C. horizontalis* Mill.) Dies ist der Typ, der im östlichen Teil des Mittelmeerraumes, von Kreta bis Persien, wild vorkommt. ΛΛΛ

var. **sempervirens.** Wuchs straff säulenförmig oder schmal kegelförmig, jedoch sehr veränderlich. KHN 61 und 65 (= *C. sempervirens* var. *pyramidalis* Nyman; *C. sempervirens* var. *stricta* Ait.; *C. pyramidalis* Targ.-Tozz.). Hierzu gehören alle wild bzw. verwildert vorkommenden oder aus Samen gezogenen Pflanzen mit der typischen Säulenform. ΛΛΛ Abb. 87.

C. torulosa Don non Rehd. & Wils. Himalaja-Zypresse. Hoher Baum, Rinde braun, in langen, schmalen Streifen ablösend, Äste waagerecht, Krone breit kegelförmig, Zweige mit den peitschenförmigen Spitzen weit überhängend, Zweiglein alle in einer Ebene; Blätter dicht anliegend, stumpf, dunkelgrün; Zapfen kugelig oder elliptisch, bis 12 mm dick, braun, Schuppen 8—10, Mitte eingedrückt, mit kleinem, 3-eckigem, oft zurückgebogenem Dorn. KHN 61 und 64. West-Himalaja, Kalkböden. 1824. ΛΛ

'Corneyana'. Triebe stärker hängend als beim Typ und unregelmäßig stehend (also nicht in 2 gegenüberliegenden Reihen) (= *C. corneyana* Knight ex Carr.; *C. torulosa* 'Pendula' Sénécl.). Schon seit vor 1850 bekannt und auch heute noch viel in Kultur (auch im Botanischen Garten Dortmund). Λ—ΛΛ

Abb. 85. *Cupressus cashmeriana,* 10 m breit, 60 Jahre alt, in den Malahide Gardens, Irland

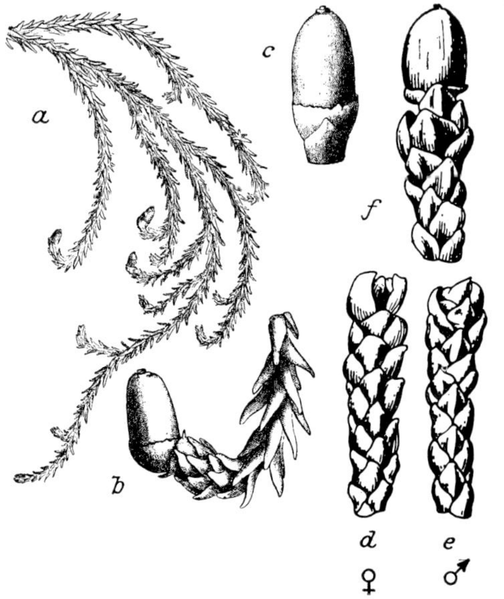

Abb. 86. *Dacrydium cupressinum.* a Zweig mit Früchten; b—c Früchte. *D. fonkii.* d—e Blütentriebe; f Frucht (nach GILG)

DACRYDIUM Solander — HARZEIBE — PODOCARPACEAE

Immergrüne Bäume oder Sträucher, sehr nahe verwandt mit *Podocarpus,* doch Blätter klein, meist schuppenförmig oder an jüngeren Pflanzen oder den unteren Zweigen ausgewachsener Pflanzen linealisch, allmählich in die Schuppenform übergehend; Blüten 2häusig, seltener 1-häusig, ♂ Blüten in den oberen Blättern achselständig, länglich oder walzenförmig, Staubbeutel sitzend, 2fächerig, Pollen mit Flugblase; ♀ Blüten endständig oder fast endständig, aus wenigen Schuppen bestehend; Samenanlagen zuerst umgewendet und von dem stets gut entwickelten Epimatium ganz eingehüllt, später mehr oder weniger aufrecht, das Epimatium meist überragend, dieses mit der Samenhülle nicht verwachsen; Samen eirund, in dünner, fast fleischiger Hülle, im 2. Jahre reifend; $x = 12$. — Etwa 16 Arten, meist auf Neuseeland, Tasmanien, Australien, Borneo, Neukaledonien und Chile. Bei uns nur Kalthauspflanzen. ⋀⋀⋀

Dacrydium cupressinum Sol. Als junger Baum kegelförmig, später Äste weit überhängend und eine breite, runde Krone bildend; Jugendblätter nadelförmig, locker, 5—8 mm lang, abstehend, allmählich in die Altersblätter übergehend, diese nur halb so lang, linealisch. KHN Taf. 52. Wichtiger Forstbaum in Neuseeland. ⋀⋀⋀ Abb. 86.

Abb. 87. *Cupressus sempervirens* var. *sempervirens* (Foto: Dr. ANLIKER)

D. fonkii Benth. Strauch, dicht verzweigt, Zweige kurz und aufrecht; Blätter angepreßt, schuppenförmig, dicht dachziegelig, gekielt, stumpf. KHN 69. Chile. Vermutlich härteste Art. ⋀⋀⋀ Abb. 86.

D. franklinii Hook. f. Baum, kegelförmig, junge Triebe dünn und hängend; Blätter sehr klein, in 5 Reihen, schuppenförmig, angepreßt. KHN 69. Tasmanien. ⋀⋀⋀ Abb. 89.

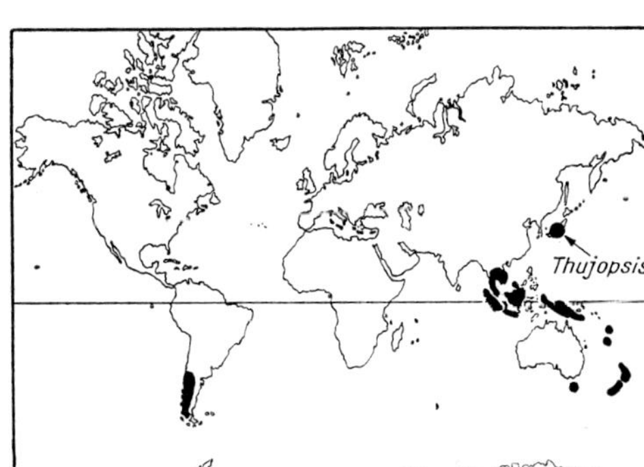

Abb. 88. Areale der Gattungen *Dacrydium* (schwarz) und *Thujopsis* (Pfeil)

'Pendulum'. Wuchs aufrecht (in der Jugend Aufbinden notwendig?), alle Triebe in kurzem Bogen schlaff abwärts hängend, frischgrün. Sehr schöne alte Pflanze, etwa 6 m hoch (1977) auf Garnish Island, S-Irland. Außergewöhnlich dekorativ. ∧∧∧ ■ Taf. IV.

D. laxifolium Hook. f. Niederliegender oder aufgerichteter Strauch, kaum 10 cm hoch, Äste dünn fadenförmig, fast wie eine *Erica*; Blätter im Jugendstadium abstehend, pfriemlich, 8 mm lang, später kürzer und dicker, dunkelgrün. KHN 68. Neuseeland, Nordinseln, in Wäldern zwischen Hokianga und Manukau Harbor nicht selten. Wird als eine der kleinsten Koniferen der Welt angesehen. ∧—∧∧

Abb. 89. *Dacrydium franklinii*, ½ natürliche Größe (nach Baker & Smith)

EPHEDRA L. — MEERTRÄUBEL — EPHEDRACEAE

Rutenförmige Sträucher, in warmen Gegenden mitunter auch kleine Bäume von schachtelhalmartigem Aussehen, mitunter an anderen Bäumen oder Sträuchern emporkletternd, Zweige kreuzweise gegenständig oder zu 3—4 quirlig, graugrün bis lebhaft grün; Blätter meist gegenständig, sehr klein, am Grunde fast immer scheidenartig verwachsen, nur bei einigen Arten mit halbzylindrischer, etwa 1 mm dicker, kurzer und hinfälliger Spreite; Blüten 2häusig, seltener 1häusig, ♂ Blüten in einzelnen oder zu mehreren stehenden kurzen bis geknäuelten Ähren, mit je 2—24 Blüten, Staubbeutel ohne Staubfäden, aber auf gemeinsamem, stielförmigem Träger; ♀ Blüten einzeln oder zu 2—3 endständig, Samenanlagen einzeln, aufrecht, ihr röhrenförmiger Hals (Tubillus) aus der taschenähnlichen Blütenhülle hervorgestreckt; Frucht von der verholzenden oder zuweilen beerenartig fleischigen Blütenhülle umschlossen; $x = 7$. — Etwa 42 Arten in den regenarmen Wüsten- und Steppengebieten der wärmeren Zonen. Die sichere Bestimmung der Arten ist nur möglich bei Vorhandensein von Blüten und Früchten.

Abb. 90. *Ephedra distachya* im Botanischen Garten Dortmund

Ephedra distachya L. Niederliegender Strauch, selten bis 1 m ansteigend, Äste tiefgrün, ziemlich steif, fein gestreift, Internodien 1,5 bis 5 cm lang, gerade oder gebogen, 2 mm dick; Blätter bis 2 m lang, Mitte krautig, sonst weiß, trockenhäutig; Tubillus gerade, Frucht ku-

Abb. 91. *Ephedra major* var. *procera* im Rauhreif (Foto: Archiv)

gelig, rot, 6—7 mm dick. KHN Taf. 55 (= *E. vulgaris* Rich.). Westkuste von Frankreich, Mittelmeergebiet von Spanien bis Sizilien, Nord-ost-Asien. Abb. 90.

subsp. **helvetica** (C. A. Mey.) Hegi. Wuchs etwas niedriger, kaum 0,5 m hoch, reichlich verzweigt, besenartig; Tubillus korkenzieherartig gedreht. KHN Taf. 53 und 55. Schweiz (Wallis, auf Kalk, in der Walliser Felsenheide von Follaterres bis Sierre).

E. equisetina Bge. Aufrechter Strauch, 1—2 m hoch, sehr ähnlich *E. major*, doch Zweige dicker und ausgesprochen blau oder blaugrün, steif und hart, Internodien 1—2 cm lang, 1,5—2 mm dick; Blätter als Scheiden ausgebildet, zu 2, verwachsen zu etwa 2 Drittel; Blütenzäpfchen einblütig, Frucht kugelig, fleischig, 6—7 mm dick, rot. KHN Taf. 53 und 55. Balkan, Turkestan, Altai, Zentral-Asien bis Nordwest-China. ∧

E. gerardiana Wall. Meist sehr niedriger Strauch, in der Regel nicht über 5 cm hoch, Zweige dünn, dunkelgrün, fein gestreift, 1,5 bis 2 mm dick, Internodien bis 2 cm lang; Blätter schuppenförmig, etwa zur Hälfte verwachsen; ♂ Ähren 1—2, sitzend, meist mit 3—4 Blütenpaaren; Tubillus gerade, Frucht kugelig, 5 bis 7 mm dick, rot, Samen 1—2, vorragend. KHN Taf. 55. Trockene Hochtäler im Himalaja und südwestlichen China.

var. **sikkimensis** Stapf. Wuchs steif aufrecht, bis 15 cm hoch; Blätter länger als bei der Art; ♂ Blütenähren größer; gut fruchtend. Sikkim.

E. major Host. Aufrechter Strauch, 1—2 m hoch, Zweige dick, kurz oder ausgestreckt, Zweiglein dicht gebüschelt, scheinbar quirlig, 1 bis 1,5 mm dick, dunkelgrün, streifig; Blätter bis 3 mm lang, schuppenförmig, trockenhäutig, zu 2 Drittel verwachsen; ♂ Ähren einzeln oder zu wenigen, ♀ zu 1—3, kurz gestielt, einblütig, Frucht 5—7 mm dick, rot. KHN Taf. 53 und 55 (= *E. nebrodensis* Tineo). Kanarische Inseln, Mittelmeergebiete bis zum Himalaja. ∧?

var. **procera** (Fisch. & Mey.) Fitchen. Wie die Art, doch Triebe glatt; Fruchtzapfen kleiner und mehr länglich, Samen länglich eirund. Im östlichen Teil des gemeinsamen Verbreitungsgebietes. Abb. 91.

E. minima Hao. In seiner Heimat nur bis zu 3 cm hoch, aufrecht oder liegend, sehr dicht büschelig verzweigt, Zweige knotig und gegliedert, Scheide an den Knoten 1,5 mm lang; ♀ Blüten in den Scheiden achselständig; Früchte

Abb. 92. *Ephedra minuta*
im Botanischen Garten Göteborg, Schweden

6 mm lang, hochrot. China, Kokonor, im Gebirge, 3450 m; auf nacktem Boden, zusammen mit *Gentiana*-Arten. Bereits in Kultur (München, Dortmund), aber dort etwa 10 cm hoch. Wird als schönste Art angesehen.

E. minuta Florin. In seiner Heimat nur 7 bis 10 cm hoher, niederliegender Strauch, in Gartenkultur jedoch anscheinend bis über 20 cm hoch, Zweige sehr zahlreich, dünn, stumpfgrün; Schuppenblätter den Knoten scheidenförmig umgebend, mit scharfer Spitze; Staubblüten einzeln, groß, purpurn, an kleinen Seitentrieben endständig. KHN Taf. 54. W-China, im Gebirge, bei 3500—4700 m Höhe. Abb. 92.

FITZROYA Hook. f. — PATAGONISCHE ZYPRESSE — CUPRESSACEAE

Immergrüner Baum, Blätter schuppenförmig, in Quirlen zu 3; ♂ Blüten einzeln achselständig, nahe den Enden der Zweiglein, mit 15—24 in 3zähligen Quirlen stehenden Staubblättern mit je 4 Pollensäcken; ♀ Blüten einzeln, kugelig, mit 9 in 3 Quirlen stehenden Schuppen, davon die obersten und zuweilen auch die mittleren fruchtbar, an der Spitze 3 pfriemliche oder keulige, stark harzabsondernde, zu Drüsen reduzierte Schuppen; Samenanlagen zu 3; Zapfen holzig, 6—8 mm breit, im 1. Jahre reifend; Zapfenschuppen flach, klappig, auf dem Rücken mit breiter, 3eckiger Spitze, bei der Reife auseinanderweichend; Samen eiförmig, mit 2 halbmondförmigen Flügeln; Keimblätter 2; $x = 11$. — 1 Art im südlichen Chile, Valdivia (Arealkarte bei Sequoia).

Fitzroya cupressoides (Molina) Johnston. Patagonische Zypresse, Alerce. Baum, bis 35 m Höhe und 5 m Stammdurchmesser, in höheren Erhebungen strauchförmig, Rinde rötlich, gefurcht, in langen Streifen abblätternd, Zweige hängend, biegsam, dünn, zuerst grün, im Alter rot, Knospen eiförmig oder kugelig, grünschuppig; Blätter in 3zähligen Quirlen, mehr oder weniger abstehend, länglich oder lanzettlich, etwa 3 mm lang, mit sehr kleiner, eingebogener Spitze, auf der Unterseite gewölbt, mit breiter, grüner Mittelrippe, jederseits der Rippe mit einem weißen Spaltöffnungsstreifen; Blüten und Zapfen siehe oben. KHN Taf. 54 (= *F. patagonica* Hook. f.). Süd-Chile, Patagonien. 1849. Bei uns Überwinterung im Gewächshaus notwendig, in England noch hart, dort jedoch meist nur strauchig. ∧∧∧ Abb. 93, Taf. IV.

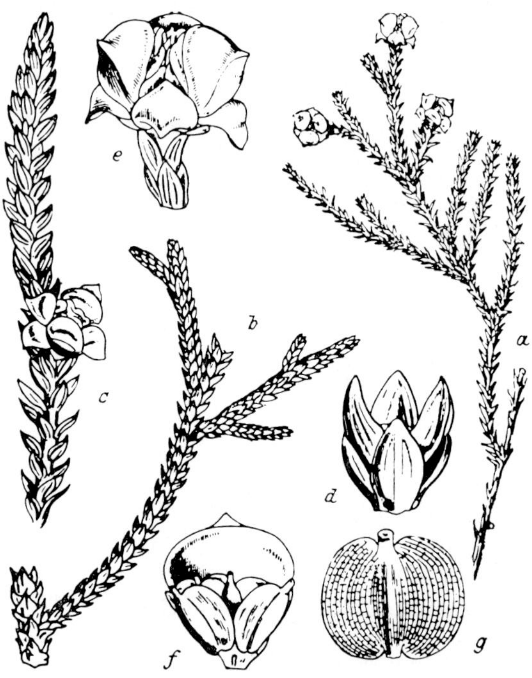

Abb. 93. *Fitzroya cupressoides.* a Zweig mit Früchten; b—c ebenso, stärker vergrößert; e Fruchtstand; f Fruchtschuppe mit Samen; g Same (nach Bot. Mag. und BAILEY)

FOKIENIA Henry & Thomas — CUPRESSACEAE

Bäume mit schuppenförmigen Blättern und abgeflachten, in einer Ebene liegenden Zweigen; ♂ Blüten unbekannt; ♀ Blüten endständig, mit 6—8 gegenständigen Schuppenpaaren; Samenanlage 2, aufrecht; Zapfen an kurzen Zweigen, birnenförmig, 12—18 mm lang, im 2. Jahre reifend; Zapfenschuppen 12—16, holzig, verkehrteiförmig, ziemlich dünn, 2samig, mit kurzer Spitze auf dem Rücken; Samen oval oder länglich, spitzlich, mit sehr ungleichen Flügeln; $x = 11$. — 3 Arten in China, davon jedoch anscheinend nur 1 in Kultur (Arealkarte bei *Chamaecyparis*).

Fokienia hodginsii Henry & Thomas. Baum, bis 13 m hoch, in der Tracht an *Libocedrus* erinnernd, Zweiglein abgeflacht, in einer Ebene ausgebreitet; Blätter schuppenförmig, an älteren Pflanzen zu 4 quirlständig, spitzlich, etwa 2 mm lang, die seitlichen eiförmig, mit Spaltöffnungslinien an der Unterseite, die etwa gleich langen flächenständigen verkehrtlanzettlich, mit 3eckiger Spitze, an jungen Pflanzen die Blätter etwa 8 mm lang, die kantenständigen 3eckig, scharf

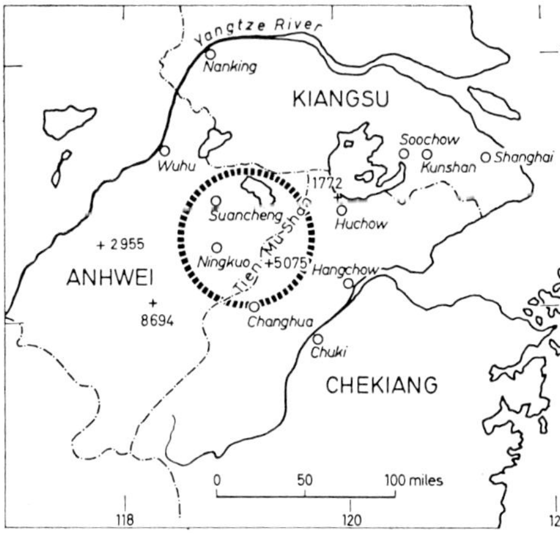

Abb. 94. Areal von *Ginkgo biloba* (im Kreis)

zugespitzt, länger als die Flächenblätter; Blüte und Zapfen wie oben beschrieben. KHN 74. Ost-China, Provinz Fokien. 1909. Bei uns nicht winterhart und kaum in Kultur, selbst in England meist Kalthausüberwinterung erforderlich. ∧∧∧

GINKGO L. — GINKGOBAUM — GINKGOCEAE

Sommergrüner, hoher Baum, mit Lang- und Kurztrieben, Blätter fächerförmig, parallelnervig; Blüten 2häusig; ♂ Blüten kätzchenartig, einzeln, achselständig, Staubblätter zahlreich, locker stehend; ♀ Blüten langgestielt, einzeln, achselständig, am verdickten Stielende 2 gegenüberstehende Samenanlagen; Samen steinfruchtartig, äußere Schale fleischig, innere knochenartig hart; Befruchtung erfolgt durch Spermatozoiden; Keimblätter 2; $x = 8$. — Nur 1 Art in China (Abb. 94). Verwildert in Japan; einziges Relikt einer in der Vorzeit weit verbreiteten und artenreichen, doch heute bis auf diese Art ausgestorbenen Pflanzengruppe.

Ginkgo biloba L. Ginkgo-Baum (das japanische Wort Ginkgo bedeutet „Silber-Aprikose"). Baum, bis 40 m, Habitus vielgestaltig, schmal kegelförmig oder auch ausgebreitet, Rinde grau, an alten Stämmen tief gefurcht; Blätter an Langtrieben wechselständig, an Kurztrieben in Büscheln zu 3—5, fächerförmig, fast lederartig, 5—8 cm breit, lang gestielt, an der breiten Seite oft eingeschnitten oder auch gelappt, parallel- und gabelnervig, frischgrün, im Herbst goldgelb, dann abfallend; Früchte fast wie kleine Pflaumen, gelbgrün, 2,5 cm lang, außen fleischig, innen mit 2kantigem Steinkern, unangenehm riechend, Kern eßbar, süß, in Ost-Asien gegessen. KHN Taf. 56. Spontan bekannt nur aus der Provinz Chekiang in China, doch inzwischen auch verwildert aus Japan; hauptsächlich als Tempelbaum durch Mönche in beiden Ländern verbreitet. 1730 aus Japan nach Europa eingeführt. ♂ und ♀ Bäume sind vor dem Erscheinen von Früchten oder Blüten nicht zu unterscheiden; ♀ Bäume sind wegen der unangenehm riechenden Früchte zur Anpflanzung in Anlagen nicht beliebt. Harter, sehr interessanter Parkbaum, in jedem botanischen Garten zu finden. ✶✶✶ Abb. 95, 96.

'Aurea'. Blätter ganz goldgelb.

'Fastigiata'. Wuchs spitz kegelförmig bis säulenförmig. Hierzu eine Selektion.

'Laciniata'. Baum, kegelförmig und stark wachsend; Blätter sehr groß, 20—30 cm breit, mit vielen Einschnitten, Nerven stark erhaben, Rand kraus und eingeschnitten (= *G. biloba macrophylla* Hort.; *Salisburia adiantifolia macrophylla laciniata* Hort.). Entstanden vor 1850 als Sämling bei Reynier, Avignon, Frankreich.

'Pendula'. Krone schirmförmig ausgebreitet, Äste mehr oder weniger überhängend, sonst wie die Art. ✶

'St. Cloud'. Baum, Stamm gerade durchgehend, Seitenzweige sparrig abstehend, sehr lang, auf ihrer ganzen Länge dicht besetzt mit winzigen Kurztrie-

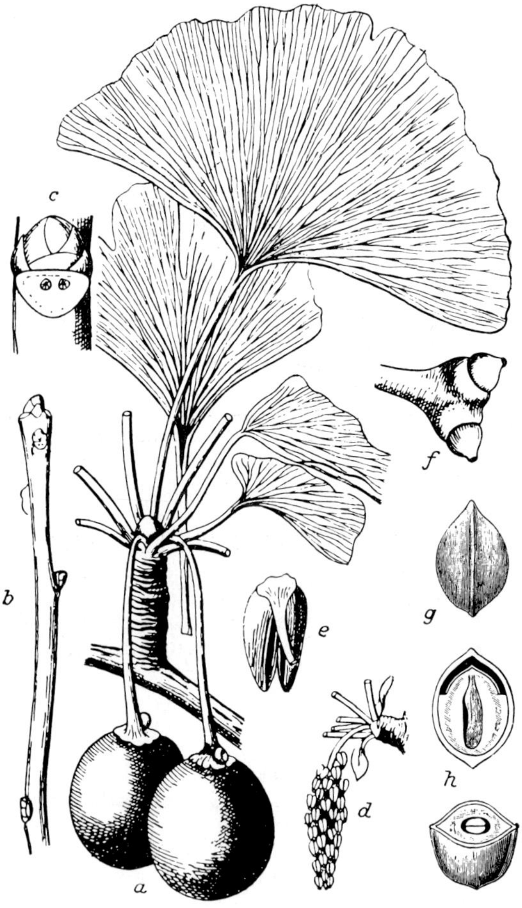

Abb. 95. *Ginkgo biloba.* a Zweig mit Früchten; b Winterzweig; c Knospe mit Blattnarbe; d ♂ Blüte; e Staubblatt; f ♀ Blüte; g—h Frucht (nach Beissner, Schneider, Shirasawa)

Abb. 96. *Ginkgo biloba* im Schloßpark Hluboka, ČSSR (Foto: G. Hiekova)

ben. KHN Taf. 54. Im Jardin Albert Kahn, St. Cloud-sur-Seine (bei Paris).

'Tremonia' (Bot. Garten Dortmund). Strenge Säulenform, zum Zeitpunkt der Benennung etwa 12 m hoch und 80 cm breit; gute Herbstfärbung. 1970 vom Botanischen Garten Dortmund in den Handel gegeben; Standbaum dort etwa 1930 als Sämling entstanden. ⋀⋀

'Variegata'. Blätter goldgelb gestreift. Empfindlich. ⋀

GLYPTOSTROBUS Endl. — WASSERFICHTE — TAXODIACEAE

Mit *Taxodium* sehr nahe verwandte Gattung mit nur 1 Art, aber abweichend durch Blätter und Früchte. Kleiner bis mittelhoher Baum, untere Äste abstehend, obere Äste mehr aufrecht, Zweige steif, Blätter 3gestaltig, sommergrün, ähnlich wie bei *Taxodium*; Blüten 1häusig, die ♂ in vielblütigen Blütenständen an den Enden kurzer Zweige; Staubblätter kurz gestielt, mit breiter Endschuppe, diese am Grunde mit 3—4 Pollensäcken; ♀ Blüten an seitlichen Zweigen endständig, denen von *Taxodium* ähnlich, mit einem über die Deckschuppe weit vorragenden Schuppenwulst; Samenanlagen 2, aufrecht; Zapfen birnenförmig oder länglich, 12 bis 18 mm lang, gestielt; Zapfenschuppen verlängert, nicht schildförmig, ziemlich dünn, am oberen bogigen Rande gekerbt; Samen 2 unter jeder Schuppe, eckig, geflügelt; Keimblätter 4—5; $x = 11$. — 1 Art in Südwest-China. (Arealkarte bei *Taxodium*).

Glyptostrobus pensilis (Staunton) K. Koch. Habitus vgl. vorstehend; Blätter in 3 Formen ausgebildet, zuweilen gleichzeitig an derselben Pflanze: a) an den abfälligen Zweigen junger Pflanzen und anfangs auch an den bleibenden Trieben junger Bäume flach, dünn, linealisch, spitzig, an der Basis eingeschnürt, am Zweig herablaufend, an 1jährigen Trieben 2zeilig, an älteren Zweigen spiralig (wie bei *Taxodium*);

Abb. 97. *Glyptostrobus pensilis* in der Forstlichen Versuchsstation Kyoto, Japan

b) an den abfälligen Zweigen älterer Bäume nadelartig, sichelförmig, im Querschnitt rhombisch, spitz, am Grunde nicht eingeschnürt, der rötlichgelbe Kiel am Zweig herablaufend, weniger deutlich 2zeilig (ähnlich *Cryptomeria japonica* 'Elegans'); c) an bleibenden Zweigen älterer Bäume sowie an den Blüten und Zapfen tragenden Zweigen schuppenförmig, bis fast zur Spitze angewachsen (wie bei *Cupressus*); Beschreibung der Zapfen und Samen siehe oben. KHN Taf. 54 (= *G. heterophyllus* Endl.; *Taxodium japonicum heterophyllum* Brongn.). Südwest-China (bei Kanton und Foochow am Minfluß) an Sümpfen, Flußufern und Reisfeldern, angepflanzt, wild anscheinend nicht mehr vorhanden. In Deutschland nicht winterhart und auch kaum in Kultur; was unter diesem Namen bei uns geht, sind Verwechslungen mit *Taxodium ascendens* oder *Taxodium ascendens* 'Nutans'. Selbst in England nur in den mildesten Gebieten im Freien aushaltend. ∧∧∧ Abb. 97.

JUNIPERUS L. — WACHOLDER — CUPRESSACEAE

Kleine oder größere Bäume oder reich verzweigte Sträucher mit dünner, selten schuppenförmiger Rinde, Blätter gegenständig oder zu 3 quirlig, nadelförmig oder schuppenförmig, an Jungpflanzen stets nadelförmig, an alten Pflanzen entweder alle nadelförmig oder alle schuppenförmig oder beide Typen gleichzeitig; Blüten 2häusig oder 1häusig, die ♂ eiförmig, an kurzen Zweiglein endständig oder achselständig, zu mehreren kopfig vereint, selten einzeln, ♀ Blüten kugelig, auf kurzen, beschuppten Stielen oder am Ende längerer Zweiglein, Fruchtschuppen 3—8, gegenständig oder zu 3 quirlig, fleischig werdend und zu einem Beerenzapfen verwachsend, meist bereift, Samen zu 1—10, frei oder zu einem Steinkern vereinigt, Samenschale knöchern oder lederartig erhärtet; Keimblätter 2 oder 4—6; $x = 11$, bei *J. chinensis*. $x = 22$. — Etwa 60 Arten in der nördlichen Halbkugel, weit verbreitet von der Polarzone bis zu den Gebirgen der Tropen.

Übersicht über die Gattung Juniperus
(nur behandelte Arten genannt)

Subgenus I. **Caryocedrus** (Endl.) Gaussen
Blätter alle nadelförmig, 3—4 mm breit, in Quirlen zu 3, abstehend, an der Basis abgegliedert, Basis am Zweig herablaufend, starr und scharfspitzig; ♂ Blüten zu 3—6 in den Blattachseln; Beerenzapfen bis 2,5 cm dick, Samen zu einem Steinkern verwachsen:
J. drupacea

Subgenus II. **Oxycedrus** (Spach) Gaussen
Blätter alle nadelförmig, 1,5—3 mm breit, zu 3 quirlig, abstehend, an der Basis abgegliedert, Basis nie am Zweig herablaufend; Beerenzapfen kleiner, Samen nicht zusammengewachsen;

Sektion **Oxycedroides** Gaussen
Blätter oberseits mit 2 weißen Bändern, durch eine grüne Mittellinie getrennt, Zapfen nicht blau:
J. oxycedrus, cedrus, macrocarpa

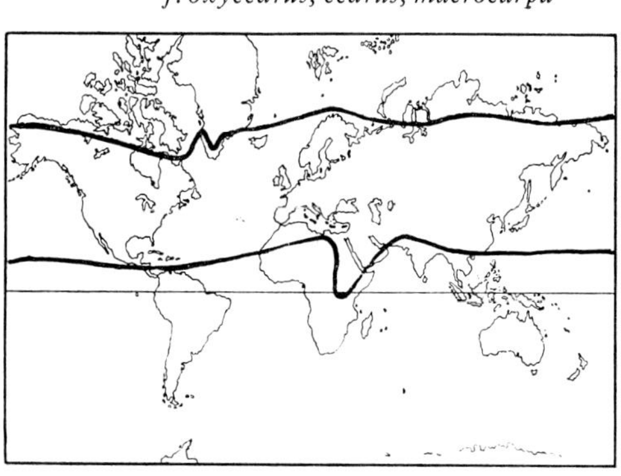

Abb. 98. Areal der Gattung *Juniperus* (zwischen den beiden Linien)

Sektion **Rigidoides** Gaussen
Blätter oberseits mit einem breiten weißen Mittelband:
J. rigida, conferta, procumbens, communis

Sektion **Recurvoides** Gaussen
Blätter herablaufend; Früchte blauschwarz, mit 1 Samen, glatt; asiatische Arten:
J. recurva, squamata

Subgenus III. **Sabina** (Spach) Gaussen
Jugendblätter nadelförmig, zu 3 quirlig, die folgenden sämtlich oder teilweise schuppenförmig, weniger oft alle nadelförmig, am Grunde nicht abgegliedert, herablaufend, ohne deutliche Winterknospen; Blüten 2häusig oder 1häusig, ♂ Blüten einzeln achselständig; Samenanlagen 3—6 (bis 10), zu 1—2 vor den Fruchtblättern oder einzeln endständig; Fruchtzapfen meist aus 6 Schuppen gebildet;

° Blätter ganz fein gezähnt (mit Lupe sichtbar);

Sektion **Phoenicioides** Gaussen
Früchte zur Reife rot, mit nur 1 Samen:
J. phoenicia

Sektion **Pachyphlaeoides** Gaussen
Amerikanische Arten mit gezähnelten Blättern und blauen Früchten:
J. deppeana

Sektion **Occidentalis** Gaussen
(nicht behandelt)

°° Blätter ganzrandig;

Sektion **Excelsoides** Gaussen
Früchte rot, schwarz oder blauschwarz, mit 1—3 Samen; Afrika, Orient, Zentral-Asien:
J. excelsa, foetidissima

Sektion **Chinensioides** Gaussen
Früchte blau; Europa bis O-Asien:
J. sabina, thurifera, davurica, chinensis

Sektion **Virginioides** Gaussen
Früchte blau oder braun, mit mehreren Samen; N-Amerika:
J. horizontalis, scopulorum, virginiana

Übersicht über die Zugehörigkeit der Cultivare

'Admirabilis'	→	*horizontalis*
'Adpressa'	→	*horizontalis*
'Alpina'	→	*horizontalis*
'Ames'	→	*chinensis*
'Andorra'	=	*horizontalis* **'Plumosa'**
'Andorra Compact'	→	*horizontalis*
'Argenteus'	→	*horizontalis*
'Black Hill's Creeper'	=	**'Emerson'**
'Armstrongii'	→	*chinensis*
'Arcadia'	→	*sabina*
'Bar Harbour'	→	*horizontalis*
„B 2"	=	*communis* **'Suecica'**
'Berry Hill'	→	'Pfitzeriana'-Typ
'Blaauw'	→	*chinensis*
'Blaauw's Var.'	=	*chinensis* **'Blaauw'**
'Blaue Donau'	=	*sabina* **'Blue Danube'**
'Blue Carpet'	→	*squamata*
'Blue Chip'	→	*horizontalis*
'Blue Cloud'	→	*chinensis*
'Blue Danube'	→	*sabina*
'Blue Heaven'	→	*scopulorum*
'Blue Moon'	→	*horizontalis*
'Blue Pacific'	→	*conferta*
'Blue Point'	→	*chinensis*
'Blue Rug'	=	**'Wiltonii'**
'Blue Star'	→	*squamata*
'Blue Wiltonii'	=	**'Wiltonii'**
'Boskoop Purple'	→	*virginiana*
'Broadmoor'	→	*sabina*
'Bruns'	→	*communis* 'Suecica'
'Buffalo'	→	*sabina*
'Burkii'	→	*virginiana*
'Campbellii'	=	*chinensis* **'Stricta'**
'Canaertii'	→	*virginiana*
'Castlewellan'	→	*recurva*
'Chandler's Silver'	→	*scopulorum*
'Columnaris' (*comm.*)	=	**'Suecica Nana'**
'Columnaris' (*chin.*)	→	*chinensis*
'Columnaris Glauca'	→	*chinensis*
'Compressa'	→	*communis*
'Cracovica'	→	*communis*
'Cupressifolia'	→	*sabina*
'Depressa Aurea'	→	*communis*
'Douglasii'	→	*horizontalis*
'Echiniformis'	→	*chinensis*
'Elegantissima'	→	*virginiana*
'Emerald Sea'	→	*conferta*
'Emerald Spreader'	→	*horizontalis*
'Emerson'	→	*horizontalis*
'Erecta' (*communis*)	→	*communis*
'Erecta' (*sabina*)	→	*sabina*
'Expansa'	→	*dahurica*
'Expansa Variegata'	→	*dahurica*
'Fairview'	→	*chinensis*
'Fastigiata' (*sabina*)	→	*sabina*
'Fastigiata' (*virginiana*)	→	*virginiana*
'Filicina'	→	*horizontalis*
'Fruitlandii'	→	*chinensis*
'Glauca Major'	=	*horizontalis* **'Douglasii'**
'Glenmore'	→	*horizontalis*
'Globe'	→	*scopulorum*
'Globosa' (*chinensis*)	→	*chinensis*
'Globosa' (*virginiana*)	→	*virginiana*
'Globosa Cinerea'	→	*chinensis*
'Gold Beach'	→	*communis*
'Gold Coast'	→	*chinensis*
'Golden'	→	*procumbens*
'Golden Flame'	→	*squamata*
'Graciosa'	→	*communis*
'Gray Gleam'	→	*scopulorum*
'Grey Owl'	→	*virginiana*
'Helle'	→	*virginiana*
'Hetzii'	→	*chinensis*
'Hetz's Columnaris'	=	**'Fairview'**
'Hibernica'	→	*communis*
"Hibernica Erecta"	=	**'Erecta'** (*communis*)
"Hibernica Excelsa Pyramidalis"	=	**'Pyramidalis'** (*comm.*)
„Hib. Pyramidalis"	=	**'Pyramidalis'** (*comm.*)
'Hicksii'	→	*sabina*
'Hillii'	→	*virginiana*
'Holmes Silver'	→	*scopulorum*
„Hollywood Juniper"	=	**'Kaizuka'**
'Hornibrookii'	→	*communis*

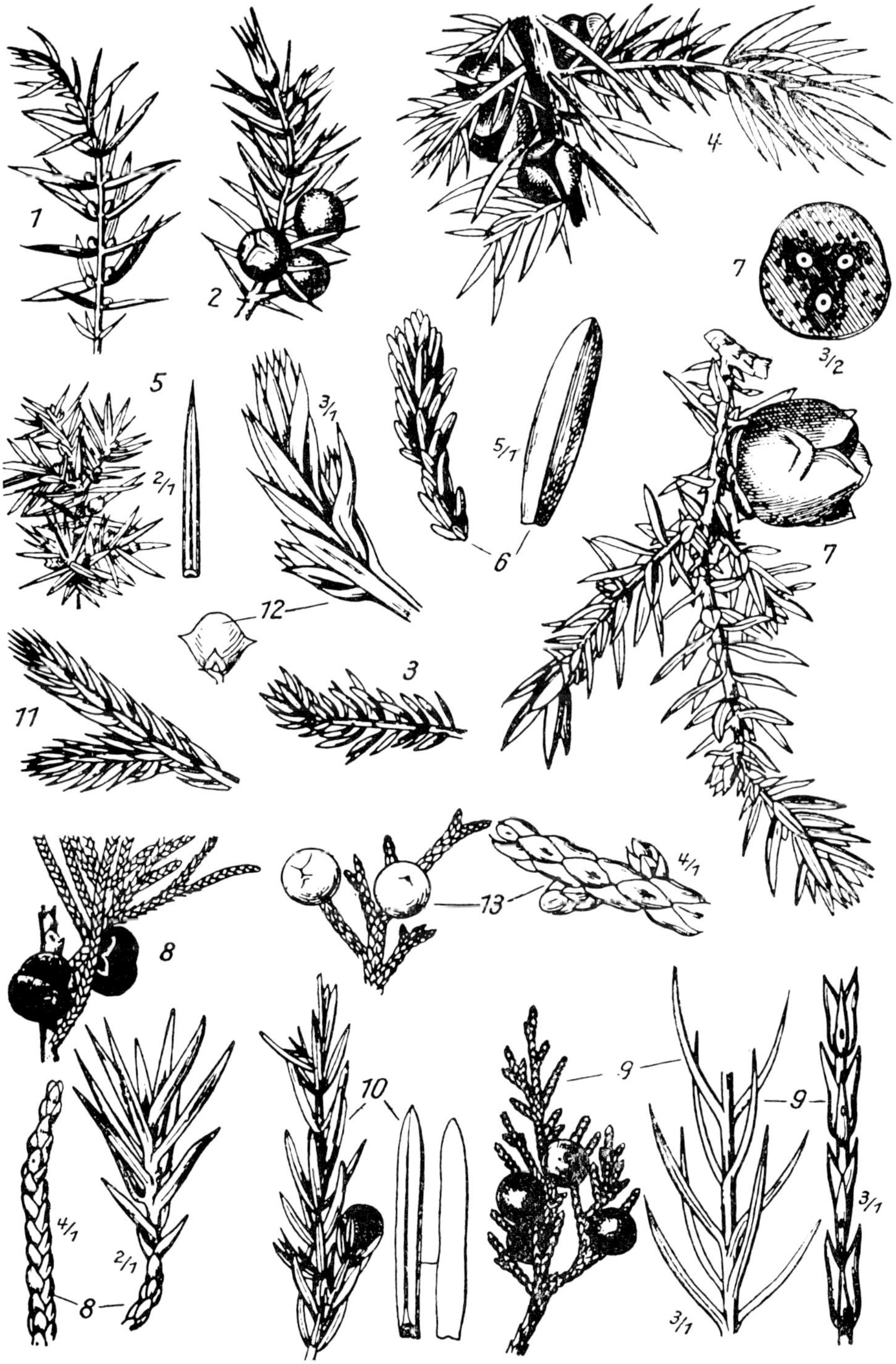

Abb. 99. *Juniperus*-Arten. 1 *J. communis*, Zweig mit Knospen, 2 Früchte; 3 *J. communis* var. *montana*; 4 *J. rigida*; 5 *J. oxycedrus*; 6 *J. brevifolia* (im Text nicht behandelt); 7 *J. drupacea*; 8 *J. chinensis*; 9 *J. virginiana*; 10 *J. taxifolia* (im Text nicht behandelt); 11 *J. procumbens*; 12 *J. squamata*; 13 *J. occidentalis* (im Text nicht behandelt) (nach Hempel & Wilhelm, Gard. Chron., Kirchner, Mayr, Sargent, Shirasawa, Silva Tarouca)

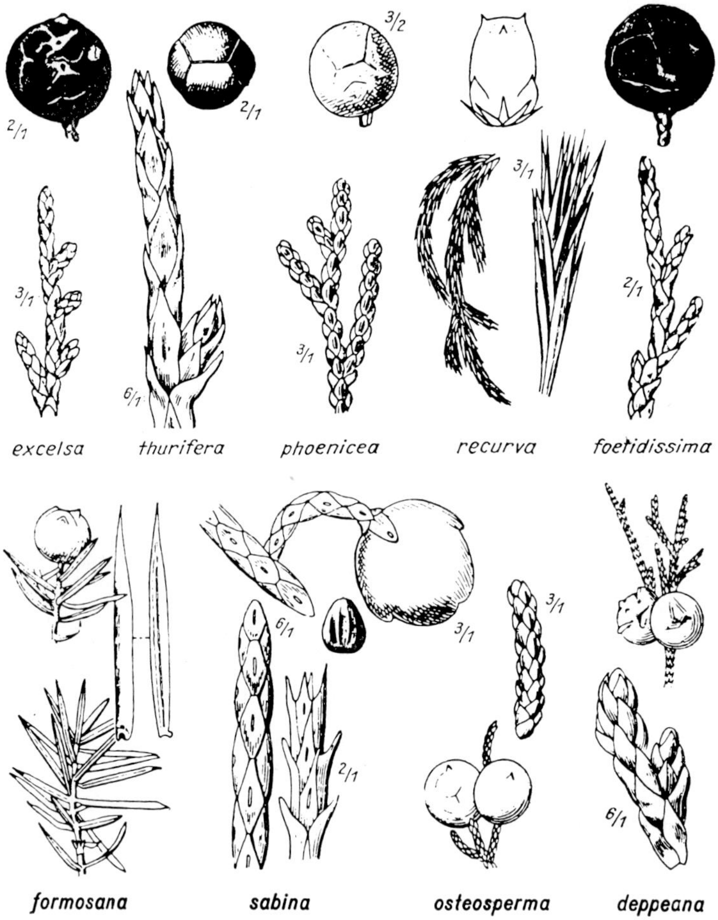

Abb. 100. *Juniperus*-Arten. Triebspitzen und Fruchtzapfen (*J. formosana* und *J. osteosperma* sind im Text nicht behandelt) (nach HEMPEL & WILHELM, Gard. Chron., HAYATA, KIRCHNER, SARGENT, SILVA TAROUCA)

'Hughes'	→ *horizontalis*
'Hulkjaerhus'	→ *communis*
'Iowa'	→ *chinensis*
'Jade'	→ *sabina*
'Japonica'	→ *chinensis*
'Kaizuka'	→ *chinensis*
'Kenyonii'	→ *scopulorum*
'Keteleerii'	→ *chinensis*
'Lakewood Globe'	→ *scopulorum*
'Lividus'	→ *horizontalis*
'Loderi'	→ *squamata*
'Maney'	→ *chinensis*
'Manhattan Blue'	→ *virginiana*
'Marcellus'	→ *horizontalis*
„Marshall"	= **'Emerson'**
'Mathot'	→ *chinensis*
'Meyer'	→ *communis*
'Meyeri'	→ *squamata*
'Mint Julep'	→ *chinensis*
'Moffetii'	→ *scopulorum*
'Monarch'	→ *chinensis*
'Montana'	→ *scopulorum*
'Moraine'	→ *chinensis*
'Mordigan Aurea'	→ *chinensis*
'Mountbatten'	→ *chinensis*
'Nana' (*communis*)	= *communis montana*
'Nana Aurea'	→ *communis*
'Neaboriensis'	→ *chinensis*
'New Blue'	zu **'Tamariscifolia'**
'Nick's Compact'	= **'Pfitzeriana Compacta'**
'Obelisk'	→ *chinensis*
'Obergärtner Bruns'	= **'Bruns'**
'Oblonga Pendula'	→ *communis*
'O'Connor'	→ *scopulorum*
'Old Gold'	→ *chinensis*
'Olympia'	→ *chinensis*
'Palmeri'	→ *scopulorum* **'Repens'**
'Pathfinder'	→ *scopulorum*
'Petraeus'	→ *horizontalis*
'Pfitzeriana'	→ *chinensis*
'Pfitzeriana Aurea'	→ *chinensis*
'Pfitzeriana Compacta'	→ *chinensis*

'Pfitzeriana Glauca'	→	*chinensis*
'Pfitzeriana Nana'	→	*chinensis*
'Planifolia'	→	*horizontalis*
'Platinum'	→	*scopulorum*
'Plumosa' (*horizontalis*)	→	*horizontalis*
'Plumosa' (*chinensis*)	→	*chinensis*
'Plum. Albovariegata'	→	*chinensis*
'Plumosa Aurea'	→	*chinensis*
'Plumosa Tremonia'	→	*chinensis*
'Prostrata' (*horizontalis*)	→	*horizontalis*
'Pulchella'	→	*horizontalis*
'Pyramidalis'	→	*chinensis*
'Pyramidalis' (*comm.*)	→	*communis*
'Pyramidiformis'	→	*virginiana*
'Repanda'	→	*communis*
'Repens'	→	*scopulorum*
'Richeson'	→	*chinensis*
'Robusta Green'	→	*virginiana*
'Rockery Gem'	→	*chinensis*
saxatilis	=	*communis* **montana**
'Scandia'	→	*sabina*
'Schottii'	→	*virginiana*
'Sea Spray'	→	*horizontalis*
'Sentinel'	→	*communis*
'Shoosmith'	→	*chinensis*
'Silver Beauty'	→	*scopulorum*
'Silver Cord'	→	*scopulorum*
'Silver King'	→	*scopulorum*
'Silver Spreader'	→	*virginiana*
'Skyrocket'	→	*virginiana*
'Spartan'	→	*chinensis*
'Steel Blue'	→	*scopulorum*
'Stricta' (*chinensis*)	→	*chinensis*
'Stricta' (*communis*)	=	**'Hibernica'**
'Suecica'	→	*communis*
'Suecica Aurea'	→	*communis*
'Suecica Major'	=	**'Meyer'**
'Suecica Nana'	→	*communis*
'Sulphur Spray'	→	*chinensis*
'Tabletop'	→	*scopulorum*
'Tamariscifolia'	→	*sabina*
'Tolleson's Weeping'	→	*scopulorum*
'Tremonia'	=	**'Plumosa Tremonia'**
'Tripartita'	→	*virginiana*
'Turquoise Spreader'	→	*horizontalis*
'Waukegan Juniper'	=	*horizontalis* **'Douglasii'**
'Welchii'	→	*scopulorum*
'Wichita Blue'	→	*scopulorum*
'Wilsonii'	→	*squamata*
'Wilton Carpet'	=	**'Wiltonii'**
'Wiltonii'	→	*horizontalis*
'Youngstown'	→	*horizontalis*
'Yukon Belle'	→	*horizontalis*

Juniperus cedrus Webb & Berthelot. Baum, 30 m hoch; Nadeln blaugrün, 5—14 mm lang, in sehr dichten Quirlen; Früchte bis 14 mm dick, rotbraun, blau bereift. KHN 91. Im Aussterben begriffen, nur noch wenige Exemplare auf den Kanarischen Inseln. Nicht hart. ∧∧∧

J. chinensis L. Baum oder Strauch, in seiner Heimat bis 20 m hoch, breit kegelförmig oder auch nur niederliegend und strauchig, ♂ und ♀ Pflanzen verschiedengestaltig, Zweiglein dünn, meist mit 2 Sorten Nadeln; Schuppenblätter schmal rhombisch, dicht angedrückt, stumpf, 1,5 mm lang, Nadelblätter meist zu 3, quirlig, bis 12 mm lang, oben mit grüner Mittelrippe und 2 weißen Streifen, stachelspitz; Blüten 2-häusig, Staubblüten gelb; Früchte rundlich, 6 bis 8 mm dick, braun, mit mehligem Reif, im 2. Jahre reif; x — 22. KHN 80. China, Mongolei, Japan. Vor 1767. ✶ Abb. 99.

Hiervon zahlreiche Gartenformen.

Übersicht über die behandelten Formen von *Juniperus chinensis*

Wuchs aufrecht, normal kräftig

Habitus breit bis kegelförmig

blaugrün bis grau	grün
'Ames'	'Keteleerii'
f. *glauca*	
'Iowa'	gelb
'Maney'	'Aurea'
'Obelisk'	

Habitus schmal kegelförmig bis säulenförmig

blaugrün bis grau	grün
'Columnaris'	'Fairview'
'Columnaris Glauca'	'Keteleerii'
'Mountbatten'	'Neaboriensis'
'Olympia'	
'Monarch'	
'Pyramidalis'	
'Stricta'	
'Shoosmith'	

Habitus strauchig, meist niedrig

blaugrün bis grau	weißbunt oder gelb
'Blaauw'	'Plumosa Albovariegata'
'Globosa Cinerea'	'Plumosa Aurea'
'Pendula'	'Plumosa Tremonia'
grün	'Sulphur Spray'
'Japonica' (2 m)	
'Kaizuka' (5 m)	
'Plumosa' (1,5 m)	

Wuchs ausgebreitet, ohne deutlichen Mitteltrieb

starkwüchsig

blaugrün	grün
'Blue Mountain'	'Kosteriana'
'Hill's Blue'	'Pfitzeriana'
'Mathot'	'Mint Julep'
'Pfitzeriana Glauca'	gelb
'Hetzii'	'Pfitzeriana Aurea'

schwächer wachsend

blaugrün	grün
'Blue Cloud'	'Armstrongii'
'Moraine'	'Pfitzeriana Compacta'
var. *sargentii* 'Glauca'	var. *sargentii*

gelb

'Gold Coast'
'Old Gold'

Kugelform

'Echiniformis'

Abb. 101. *Juniperus chinensis* 'Blaauw' im Botanischen Garten Dortmund

So kann man *J. chinensis* und *J. virginiana* mit Formen unterscheiden:

J. chinensis	*J. virginiana*
Jugendblätter (Nadelblätter)	
meist quirlig zu 3	meist paarweise, an Leittrieben quirlig
Schuppenblätter	
an der Spitze stumpf, einwärts gebogen	an der Spitze spitz, nicht einwärts gebogen

'Ames' (Maney). Wuchs breit kegelförmig aufrecht; Blätter alle pfriemförmig, stahlblau, aber zuletzt mehr grün werdend. Selektion von F. J. MANEY, Iowa State College, 1935, jedoch erst 1947 eingeführt.

'Armstrongii' (Armstrong). Niedriger, langsamwachsender 'Pfitzeriana'-Typ, bis etwa 1,2 m hoch und breit; Nadeln wie bei 'Pfitzeriana', aber feiner und weicher, graublau bis graugrün, mehr schuppenförmig, zugespitzt bis stechend (= *J. media* f. *armstrongii* [Bailey] van Melle). 1932 in den ARMSTRONG NURSERIES, Ontario, Californien, entstanden und heute sehr verbreitet.

'Aurea' (Young). ♂; schlanke Kegelform, langsamwüchsig, bis 5 m hoch oder höher, Triebe ansteigend, Zweiglein mit 2 Nadelformen, pfriemförmige Nadeln oben mit 2 undeutlichen blauweißen Stomastreifen, Mittelrippe und Rand gelbgrün, Schuppennadeln gelbgrün. Um 1855 in der MAURICE YOUNG NURSERY, Milford, Surrey, England, entstanden, 1872 eingeführt. Schöne gelbe Form, als Jungpflanze jedoch leicht unter Sonnenbrand leidend.

'Berry Hill'. Ähnlich 'Pfitzeriana', aber Wuchs flacher und breiter. (MINIER 1976). ■

'Blaauw'. Zwergform, strauchig, bis 2 m hoch, im Aussehen wie eine blaugraue 'Plumosa'-Form, Hauptäste oft alle nach einer Seite stehend und die Zweige gleichmäßig ansteigend, fiederförmig angeordnet, jedoch auch straffe, fast säulenförmig geschlossene Typen in Kultur (so im Botanischen Garten Dortmund), Zweiglein zahlreich; Nadeln alle schuppenförmig, dicht, graublau, im Innern der Pflanze mitunter auch mit verstreuten pfriemförmigen Nadeln. KHN 93 (= 'Blaauw's Varietät'). Um 1924 durch J. BLAAUW & Co., Boskoop, aus Japan eingeführt. Vgl. auch 'Globosa Cinerea'. ✶ Abb. 101.

'Blue Cloud' (F. J. Grootendorst). Wuchs breit und niedrig strauchig, Zweiglein sehr dünn und fast fadenförmig, stahlblau, gerieben unangenehm duftend. KHN 83 (= *J. media* 'Blue Cloud' Hillier). Um 1955 bei F. J. GROOTENDORST, Boskoop, entstanden. ✶ Abb. 103.

'Blue Point'. Wuchs sehr regelmäßig spitz kegelförförmig mit eiförmig verbreiterter Basis, sehr dicht bezweigt; Belaubung blaugrau. ■

'Columnaris'. Wuchs locker säulenförmig, bis 8 m hoch, Äste und Zweige aufrecht; Nadeln pfriemförmig, blaugrün, scharfspitzig, selten schuppenförmig (= *J. chinensis columnaris* Fairchild; *J. chinensis pyramidalis* Kumlien). Selektion aus Nachzucht von eingeführtem Saatgut aus Hupeh, China, 1905, in Glenn Dale, Maryland, USA.

'Columnaris Glauca'. Wuchs säulenförmig, wie vorige, aber dichter bezweigt; Nadeln pfriemförmig, bis 12 mm lang und 1,5 mm breit, scharf zugespitzt, doch silbergrau. Stammt aus der gleichen Selektion wie vorige Form. In USA heute sehr verbreitet als „Blue Column Juniper".

'Echiniformis'. Wuchs zwergig, kugelig; Nadeln im Innern der Pflanze meist pfriemförmig, jedoch die Triebspitzen mit Schuppennadeln. KHN Taf. 65. In englischen Gärten nicht selten, obwohl dort fälschlich als „*J. communis* 'Echiniformis'" bezeichnet.

'Fairview'. Wuchs schmal kegelförmig, starkwüchsig; Blätter meist pfriemförmig, an einzelnen Trieben auch schuppenförmig, hellgrün (= *J. sinensis pyramidalis* 'Fairview' Grootendorst). Um 1930 aus Samen in den EVERGREEN NURSERIES, Fairview, Pa., USA, entstanden.

'Fruitlandii'. Wuchs breit und flach ausgebreitet, gedrungen, sehr dicht verzweigt, grün. In USA als „Improved Pfitzer Compacta" bezeichnet. ■

'Globosa'. ♀; Zwergform, locker strauchig, mitunter etwas kugelig, bis 1 m hoch, Äste abstehend, aus der Kugelform vorragend, Zweige dünn; Nadeln schuppenförmig, angepreßt, hellgrün, im Innern der Pflanze auch einige pfriemförmige Nadeln. Diese Form wurde bereits vor 1911 von der YOKOHAMA NURSERY, Japan, exportiert unter der Bezeichnung *J.* „*virginalis globosa*".

'Globosa Cinerea'. Diese Form ist so ähnlich 'Blaauw', daß man sie praktisch als identisch ansehen kann; sie unterscheidet sich weder in der Belaubung noch im Wuchs. 1916 aus Japan importiert durch WALLACE & Co., Tunbridge Wells, England.

'Gold Coast' (Sakiyama). Ähnlich 'Pfitzeriana Old Gold'. Wuchs mittelkräftig, breit und flach; Benadelung der Triebspitzen gut goldgelb, im Spätherbst und Winter dunkelgelb werdend. Eingeführt 1965 durch FRANK M. SAKIYAMA, San Gabriel, Californien. US Plant Pat. 2491.

'Hetzii' (Hetz). ♀; strauchig, Hauptstämme schräg ansteigend, 4—5 m hoch werdend, Äste nach allen Seiten strebend, Zweige dünn, hellbraun, Triebspitzen dünn, blaugrün; Blätter schuppenförmig, klein, ausgesprochen blaugrün, im Innern der Pflanze vereinzelt auch Nadelblätter. KHN 85 (= *J. glauca hetzii* Hetz). Um 1920 aus Samen entstanden; in den Handel gebracht durch die FAIRVIEW EVERGREEN NURSERIES, Fairview, Pa., USA, um 1930. Heute sehr verbreitet und oft auch als Veredlungsunterlage für andere Formen verwendet. Pflanzen mit einem durchgehenden Mitteltrieb werden in der Baumschule durch Aufbinden erzielt. ✶

'Iowa'. ♀; ähnlich 'Ames', doch höher und breiter werdend; Blätter teils auch schuppenförmig, bläulichgrün. 1947. ■ Abb. 104.

'Japonica'. Breite Zwergform, mitunter auch niederliegend oder unregelmäßig kegelförmig, bis 2 m hoch, oft mit nur einem einzigen Haupttast, Nebenäste ansteigend, Spitzen übergebogen, besonders bei Trieben mit Schuppenblättern, Zweige kurz und dicht, meist mit dicht stehenden Blättern in Quirlen zu 3, sehr scharf zugespitzt und stechend, oben mit 2

Abb. 102. *Juniperus chinensis* 'Stricta' im Morton Arboretum, USA

Abb. 103. *Juniperus chinensis* 'Blue Cloud' im Morton Arboretum, USA

Abb. 104. *Juniperus chinensis* 'Iowa' im Morton Arboretum, USA

Abb. 105. *Juniperus chinensis* 'Monarch' im Morton Arboretum, USA

blauen Stomabändern, unten leicht gekielt und hellgrün, an älteren Pflanzen die Zweigspitzen mit hellgrünen Schuppennadeln. KHN Taf. 67 (= *J. chinensis japonica* [Carr.] Lav.; *J. chinensis procumbens* Beissn.). Nicht zu verwechseln mit *J. chinensis* 'Plumosa', die in den deutschen Baumschulen ebenfalls lange Zeit als *J. chinensis japonica* bezeichnet wurde. Ⓢ

'Kaizuka'. „Hollywood Juniper" in USA. Wuchs breit strauchig, aufrecht oder ausgebreitet, 3—4 m hoch oder höher, Äste jedoch sehr unregelmäßig und oft malerisch abstehend, Zweige in Gruppen entlang der Äste stehend; Blätter frischgrün, sämtlich schuppenförmig, nur selten mit einigen Nadelblättern; Früchte eiförmig, länger als breit, deutlich violett bereift. KHN Taf. 57 (= *J. chinensis* var. *torulosa* Bail.; *J. sheppardii* var. *torulosa* [Bail.] van Melle). Um 1920 durch die YOKOHAMA NURSERY zunächst nach USA exportiert, von dort nach Europa gelangt. Auch in Deutschland seit einigen Jahren zunehmend in den Baumschulen kultiviert. ✶✶

'Keteleerii'. ♀; dicht säulenförmig oder auch mehr kegelförmig, bis 10 m hoch oder auch mitunter höher, Äste ansteigend, Zweige zahlreich, kurz, sehr dünn; Blätter schuppenförmig, sehr spitz, grün, leicht bläulich bereift; Früchte unregelmäßig kugelig, 12—13 mm dick, blauweiß bereift, an zurückgebogenem Stiel, reich fruchtend. Seit vor 1910 in Kultur, vermutlich von KETELEER gezogen oder importiert. ✶

'Maney' (Maney). Wuchs breit und aufrecht, unregelmäßig; Blätter alle pfriemförmig, bläulich und bereift. 1935 von F. MANEY selektiert, 1947 eingeführt, heute aber durch bessere Formen verdrängt.

'Mathot' (Mathot). Mutation an 'Pfitzeriana', daher im Wuchs ähnlich, jedoch dichter bezweigt; alle Blätter pfriemförmig und gegenständig, bis 7,5 mm lang, oben mit blaugrünen Stomabändern, unten grün, Oberseite jedoch nach außen gedreht, wodurch die Pflanze blaugrün wirkt (= *J. chinensis* 'Mathot' Den Ouden). In der Baumschule GEBR. MATHOT, Boskoop, entstanden, 1947 in den Handel gegeben.

'Mint Julep' (Monrovia). Gesamteindruck wie eine frischgrüne 'Pfitzeriana', Wuchs breit mit bogig abstehenden Ästen. In den MONROVIA NURSERIES, Saratoga, USA, entstanden und 1960 eingeführt. ✶

'Monarch' (Grootendorst). Schmale Kegelform; Blätter alle pfriemförmig, blaugrün, scharf zugespitzt. Bei J. F. GROOTENDORST selektiert aus japanischer Saat. Vor 1965. ✶ Abb. 105.

'Moraine' (Siebenthaler). Sport von 'Pfitzeriana', Wuchs mehr gedrungen. Entstanden 1932 bei SIEBENTHALER, USA; 1949 eingeführt. US Plant Pat. Nr. 263.

'Mordigan Aurea'. Wuchs gedrungen; goldgelb benadelt. Aus USA. (MINIER 1976). ■

'Mountbattan' (Sheridan). ♀; in der Form an 'Hibernica' erinnernd, Wuchs schmal kegelförmig oder säulenförmig, in 15 Jahren 4 m hoch, sehr dicht und kurz beastet; Blätter zumeist nadelförmig, graugrün; sehr reichfruchtend. Entstanden aus Samen in den SHERIDAN NURSERIES, Kanada. 1948 in den Handel gegeben.

'Neaboriensis'. Säulenform, 3—5 m hoch, mit Nadel- und Schuppenblättern, Nadelblätter weit entfernt stehend, mehr oder weniger steif und stechend, weit abstehend, oft kurz oder sehr kurz, silbriggrün, Schuppenblätter grün bis blaugrün. KHN 83 (= *J. chinensis neaboriensis* [Veitch] Beissn.; *J. sphaeroides* var. *neaboriensis* [Veitch] van Melle). Herkunft unbekannt; nach VAN MELLE möglicherweise von Pater A. DAVID in Schensi, China, gesammelt. 1881.

'Nick's Compact' ist die in USA übliche Bezeichnung für *J. chinensis* 'Pfitzeriana Compacta'.

'Obelisk' (Grootendorst 1946). Schlanke, oft etwas unregelmäßige Säulenform, 3 m hoch oder auch höher, bei etwa 1 m Breite, Äste ansteigend, kurz, ebenso die Zweige, Triebspitzen aufrecht; Blätter alle nadelförmig, aufrecht und nach vorn gerichtet, leicht gebogen, 10—15 mm lang, in der Mitte 1,5 bis 2 mm breit, oben mit 2 blauweißen Stomabändern, unten blau bereift, lang und scharf zugespitzt. Von F. J. GROOTENDORST, Boskoop, um 1930 aus japanischem Saatgut erzogen, jedoch erst 1946 eingeführt. Behält seine typische Wuchsform ganz ohne Schnitt, wächst langsam, etwa 3 m in 20 Jahren. ✶ Abb. 106.

'Old Gold' (Grootendorst 1958). Mutation an 'Pfitzeriana Aurea', aber im Wuchs viel flacher; Blätter bronzegelb, auch im Winter diese Farbe behaltend. Bei F. J. GROOTENDORST, Boskoop, entstanden. ✶✶

'Olympia' (Grootendorst 1956). Schlanke Säulenform, Äste ansteigend, Zweiglein kurz, mit Schuppen- und Nadelblättern, erstere dicht angedrückt und bläulich, letztere bis 12 mm lang, oben mit 2 weißen Stomabändern, unten grünlichblau, scharf zugespitzt, stechend. KHN 83. Aus japanischer Saat erzogen von F. J. GROOTENDORST, Boskoop, um 1930; eingeführt 1956.

'Pendula'. Locker beastete Hängeform, Zweige in weitem Bogen ansteigend, jedoch die Triebspitzen hängend; Nadeln graugrün (= *J. chinensis pendula* Franch.; *J. sphaerica* var. *pendula* [Franch.] van Melle). Wahrscheinlich um 1882 von Pater ARMAND DAVID aus W-China nach Frankreich importiert.

'Pfitzeriana'. Nur ♂ Pflanzen bekannt; normalerweise breit ausladend, bis 3 m hoch und breit, sehr alte Exemplare jedoch gelegentlich auch noch viel breiter, Äste weit und bogig abstehend, in Kultur aber auch oft hochgebunden, Spitzen übergebogen; Blätter teils schuppenförmig und hellgrün, im Inneren der Pflanzen jedoch nadelförmig in Quirlen zu 4, oben bläulich gestreift, scharf zugespitzt (= *J. chinensis pfitzeriana* Späth). 1899 von L. SPÄTH in den Handel gegeben und heute eine der meist gepflanzten Koniferen mit einer Reihe von Mutationen. VAN MELLES Kombination *J. media* var. *pfitzeriana* (Späth) van Melle 1946 hat bis jetzt nicht allgemeine Anerkennung gefunden. ✶✶✶

In USA sind noch eine ganze Reihe von 'Pfitzeriana'-Typen in Kultur, die aber bei uns wohl noch nicht im Sortiment sind. Hierzu zählen die „Typen" wie **'Ingel's'**, **'Nana'** und **'Plumosa'**. Auch von 'Pfitzeriana Compacta' gibt es in USA noch einige Typen, wie **'Dwarf'**, **'Kallay's'** und **'Nelson's'**. Sie sind sämtlich zu sehen im MORTON ARBORETUM, Lisle, Illinois.

'Pfitzerina Aurea' (Hill). Mutation an 'Pfitzeriana', Wuchs dem Typ sehr ähnlich, junge Triebe jedoch gelb, auf Lehmboden besonders intensiv, im Sommer jedoch allmählich vergrünend, im Winter nur gelbgrün (= *J. chinensis pfitzeriana aurea* Hill; *J. media* var. *pfitzeriana* f. *aurea* van Melle). Bereits 1923 bei D. HILL NURSERY, Dundee, USA, entstanden, doch erst 1937 eingeführt. Heute durch die bessere 'Old Gold' meist verdrängt. ✶

'Pfitzeriana Compacta' (Bobbink & Atkins). Wuchs sehr gedrungen und flach, ohne die typischen starken Äste von 'Pfitzeriana', in 12 Jahren etwa 1,8 m breit, aber nur 30—50 cm hoch; Anteil der Nadelblätter bedeutend größer als bei 'Pfitzeriana', diese kurz, ziemlich weich und hellgrün. KHN 90. Um 1930 bei BOBBINK & ATKINS, Rutherford, USA, entstanden; jedoch in N-Amerika im Handel als *J. chinensis* 'Nick's Compact'.

'Pfitzeriana Glauca' (Haygood). Wuchs wie 'Pfitzeriana', aber dichter beastet; Blätter meist nadelförmig, scharf zugespitzt und stechend, silbrigblau bis graugrün, im Winter mit etwas purpurblauem Anflug. Entstanden bei R. W. HAYGOOD, Keithville, Louisiana, USA; in den Handel gegeben, zugleich mit US Plant Pat. Nr. 422, durch die TEXAS NURSERY CO., Sherman, Texas.

Abb. 106. *Juniperus chinensis* 'Obelisk' im Morton Arboretum, USA

Abb. 107. *Juniperus chinensis* 'Shoosmith' im Morton Arboretum, USA

'Plumosa'. ♂; Zwergform, Wuchs breit, 1—1,5 m hoch, Äste ansteigend, mitunter Hauptstamm nach einer Seite gerichtet, Zweige ziemlich gleich lang, nach vorn gerichtet, fiederförmig bezweigt; Blätter schuppenförmig, dicht, dunkelgrün, im Innern der Pflanze auch einige Nadelblätter. KHN 85 (= *J. chinensis plumosa* Hornibr.; *J. media* var. *plumosa* [Hornibr.] van Melle; *J. „chinensis procumbens"* deutscher Baumschulen). Aus Japan eingeführt, vermutlich zwischen 1900 und 1910 als *„J. japonica"*. ✶

'Plumosa Albovariegata'. Zwergform, wie 'Plumosa', kaum über 1 m hoch, meist niedriger, Triebe mit kleinen weißen Spitzchen; Nadeln alle schuppenförmig, bläulichgrün (= *J. chinensis plumosa albovariegata* Hornibr.; *J. media* var. *plumosa* f. *albovariegata* [Beissn.] van Melle). Bereits vor 1867 in Holland in Kultur als *J. „japonica argenteovariegata"*.

'Plumosa Aurea'. Zwergform, im allgemeinen breit strauchig, bis etwa 1 m, Äste ansteigend, unregelmäßig, Zweige kurz, dicht stehend, Spitzen überhängend; Nadeln fast alle schuppenförmig, vor allem im Frühjahr schön goldgelb, im Winter mehr bronzegelb (= *J. chinensis procumbens aurea* Beissn.). Seit vor 1885 in England in Kultur. ✶✶

'Plumosa Tremonia'. Wuchs straff aufrecht, 2 m hoch, aber nur etwa 1 m breit; Benadelung sonst genau wie bei 'Plumosa Aurea'. KHN Taf. 67. Ursprünglich aus der Staatlichen Koniferenschule in Zehusice, ČSSR, stammend, dann vom Botanischen Garten Dortmund unter dieser Bezeichnung verbreitet. ✶✶

'Pyramidalis'. ♂; dicht und schmal säulenförmig, blaugrün, Zweige ansteigend; Blätter meist nadelförmig und scharf stechend. Bereits 1843 aus Japan nach Belgien importiert.

'Rockery Gem' (Lefeber). Wuchs niedrig, flach, stark verzweigt, etwas ähnlich *J. sabina* 'Tamariscifolia' und als eine „Verbesserung" hiervon angesehen; Benadelung schön blaugrün. Eingeführt 1967 durch Lefeber & Co., Boskoop.

var. **sargentii** Henry. Zwergform, Wuchs niederliegend, 2—3 m breit, im Alter 0,5—0,8 m hoch, alle Äste kriechend oder flach über dem Boden ausgebreitet, steif, Zweiglein aufrecht, 4kantig; Blätter fast nur schuppenförmig, klein, bläulichgrün, an jungen Trieben mehr grasgrün, auf dem Rücken leicht gefurcht; Früchte blau, hell bereift. KHN Taf. 65 (= *J. sargentii* [Henry] Takeda). Japan, Sachalin, Kurilen. 1892. Ausgezeichneter Bodenbegrüner, auch für schlechte Böden.

Hierzu auch eine Form **'Glauca'**, Wuchs besser, Zweiglein dünn, mit auffallend blauer Benadelung. Seit vor 1940 in Boskoop in Kultur. ✶

'Shoosmith'. Wuchs breit kegelförmig, Triebe kurz; Blätter meist nadelförmig, blaugrün. ■ Abb. 107.

'Spartan'. Wuchs schlank kegelförmig, hochwachsend, dicht bezweigt, schön grün (= *J. chinensis* 'Densa erecta Spartan'). 1961 durch die Monrovia Nurseries eingeführt. ■

'Stricta'. Schmale Kegelform, spitz, sehr dicht bezweigt, Zweige ansteigend, regelmäßig stehend, Triebe ebenfalls aufrecht, ziemlich kurz; Blätter alle nur nadelförmig, oben blaugrün, unten bereift, im Winter stahlblau, weich anfühlend (= *J. excelsa stricta* Hort. Americ.; *J. chinensis* 'Campbellii'). Sehr verbreitete und beliebte Form, jedoch erst nach 1945 von Holland aus in den Handel gekommen. Abb. 102.

'Sulphur Spray' (Konijn). Mutation an 'Hetzii' mit schwefelgelber Färbung. 1962 bei L. Konijn, Reeuwijk, Holland, gefunden.

J. communis L. Gemeiner Wacholder. Baumartig oder Strauch, meist mehrstämmig, Rinde zuerst glatt, später abfasernd, graubraun, Jungtriebe 3kantig mit Längsleisten; Blätter nadelförmig, zu 3 quirlig, abstehend, steif, stechend zugespitzt, 10—15 mm lang, 1—2 mm breit, gerade, meist graugrün, oben seicht rinnig mit einem breiten weißen Band, Rand grün; Blüten meist 2häusig; Frucht im 2. oder 3. Jahre reifend, rundlich, 6—9 mm dick, kurz gestielt, schwarzblau, bereift. KHN Taf. 58. Europa, Nord-Asien bis Nord-China, Nord-Afrika, Nord-Amerika. ✶ Abb. 99, 108.

In Norwegen sind 5 Klone aus wildwachsenden Beständen ausgesucht und benannt worden, sowohl breitwachsende wie auch schmale Säulenformen. Sie wurden bezeichnet mit **'Erik'** („zigarrenförmig"), **'Bukken Bruse'** (spießförmig), **'Lurvehaetta'** (vasenförmig), **'Okseladden'** (schlank säulenförmig) und **'Smørbakk'** (aufrecht und mehrstämmig). Diese sind beschrieben von O. Reisaetter und abgebildet in „Gartneryrket" 1977, 169—171.

Hierzu zahlreiche Formen:

Übersicht über die behandelten Formen

Säulenformen

Wuchs breit	schmal
'Cracovica'	'Hibernica'
'Hulkjaerhus'	'Pyramidalis'
'Meyer'	'Sentinel'
'Suecica'	„B 2"
gelb	zwergig
'Suecica Aurea'	'Compressa'
	'Suecica Nana'

Flachwachsende Formen

grün	gelb
var. *depressa*	'Depressa Aurea'
'Hornibrookii'	'Nana Aurea'
var. *montana*	'Repanda Aurea'
'Repanda'	

Hängewuchs: 'Oblonga Pendula', 'Pendula'

„B 2". Wuchs superschmal, vielleicht 2,5—3 m hoch, dabei nur 20—30 cm breit, ganz dicht. Schwedische Selektion von Holger Jensen, Ramlösa. Bis jetzt nur provisorisch benannt.

'Compressa'. Zwergform, säulenförmig, bis 1 m hoch, Zweige dicht gedrängt, Jahrestriebe 2—3 cm lang; Nadeln sehr fein, 3—6 mm lang, hellgrün. Ursprung unbekannt. Vor 1855. Winterschutz in rauhen Lagen. ✶ ∧ Taf. IV.

'Cracovica'. Kegelförmig, robust, raschwüchsig, Zweige abstehend, waagerecht, Spitzen nickend; Nadeln ziemlich kurz, hellgrün. KHN 93. Bei Krakau (Polen) gefunden, vor 1880. Neuerdings häufiger in Kultur. ✶

var. **depressa** Pursh. Niederliegend, breitflächig, Hauptäste ansteigend, als alte Pflanze mitunter bis 1 m hoch; Nadeln etwas kürzer und breiter als beim Typ (= *J. communis* var. *canadensis* Loud.). Kanada, östliches Nord-Amerika.

'Depressa Aurea'. Zwergform, strauchig, Zweige ansteigend; Nadeln der Zweigbasis gelb, der Triebspitzen bräunlichgelb. KHN Taf. 66. In Holsteiner Baumschulen nicht selten. Krankheitsanfällig (Zweigsterben). ✶✶

'Erecta' (H. A. Hesse). Säulenform, ähnlich 'Hibernica', doch schmaler, Triebe aufrecht; Nadeln 8 mm lang und 1 mm breit (= *J. communis hibernica erecta* Hesse). 1896 von Herm. A. Hesse eingeführt.

'Gold Beach'. Ganz flach dem Boden aufliegend und zwergig bleibend, in 10 Jahren nur 15 cm hoch, goldgelb. Um 1960 im Arnold Arboretum gefunden.

'Graciosa' (Konijn). Wuchs breit strauchig, Triebe fein, junge Rinde hellbraun; Nadeln fein, schmal, 5—10 mm lang, hellgrün, oben mit bläulichen Linien, scharfspitzig. Von L. Konijn & Co., Reeuwijk, aus Sämlingen selektiert. Vor 1968. ■

'Hibernica'. Irischer Wacholder. Sehr bekannte schmale Kegel- oder Säulenform, 3—5 m hoch, sehr dicht bezweigt, Zweigspitzen steif aufrecht (nicht nickend wie bei 'Suecica'); Nadeln 5—7 mm lang, 1 mm breit, plötzlich scharf zugespitzt (jedoch nicht stechend wie bei 'Suecica'), beiderseits bläulichgrün (= *J. communis hibernica* Lodd. ex Gord.; *J. hibernica* Lodd.; *J. communis stricta* Carr.). Ursprünglich aus Irland, doch jetzt weit verbreitet. ✶✶

'Hornibrookii'. Zwergform, kriechend, bis 2 m breit, zuletzt bis 0,5 m hoch, Äste kriechend, Spitzen leicht ansteigend, glänzend dunkelbraun, Zweiglein ungleich lang; Nadeln sehr dicht, 5—6 mm lang, stechend, oben flach, silberweiß gestreift, Rand hellgrün, unten grün, im Winter etwas bräunlich. KHN 84 und 93. 1923 von Hornibrook in der Grafschaft Galway, West-Irland, gefunden und heute eine der verbreitetsten Zwerg-Wacholder. ✶✶

Abb. 108. *Juniperus communis* in vielen Wuchsformen in der Lüneburger Heide, Wilseder Berg

Abb. 109. *Juniperus communis* var. *montana* aus Grönland; im Arboretum Hörsholm, Dänemark

'Hulkjaerhus' (Thomsen). Säulenform, wie 'Suecica', aber zumindest als junge Pflanze etwas niedriger und breiter; Nadeln mehr grün und weniger stechend; alte Pflanzen kaum mehr unterscheidbar von 'Suecica'. Selektiert von THOMSEN PLANTSKOLE, Skalborg, Dänemark. 1962. ■

'Meyer' (Timm & Co. 1958). Wuchs breit kegelförmig, bis 3 m hoch; Benadelung silbriggrün (= *J. communis suecica major* Grootendorst). Um 1945 von ERICH MEYER, Barmstedt, selektiert. Die Schreibweise „Mayer" (bei BOOM) ist unrichtig.

var. **montana** Ait. Niederliegend, bis 20 cm hoch, Äste dicht, Zweige kurz, dick, 3 kantig, oft hin- und hergebogen, Quirle meist 1 mm, an Haupttrieben bis 3 mm voneinander entfernt; Nadeln weniger abstehend, lineal-lanzettlich, 4—8 mm lang, 1 bis 2 mm breit, meist gebogen, plötzlich scharf zugespitzt, oben stark konkav, kreideweiß, unten rund, glänzend dunkelgrün; Frucht eirund bis fast kugelig. KHN 81 und 84 (= *J. communis nana* [Willd.] Baumg.; *J. communis* var. *saxatilis* Pall.; *J. nana* Willd.). Alpine Regionen in Europa, Nord-Asien, Nord-Amerika, oft auf Moor. ✱✱ Abb. 99, 109.

'Nana Aurea'. Zwergform, Wuchs niederliegend, bis 0,5 m hoch, Äste dicht über dem Boden abstehend, Spitzen überhängend, Zweiglein breit fächerförmig abstehend; Nadeln oben silberweiß gestreift mit grünem Rand, unten jedoch goldgelb bis braungelb. 1884. Von allen anderen Formen gut zu unterscheiden. ✱✱ Taf. IV.

'Oblonga Pendula'. Wuchs breit und locker aufrecht, 3—4 m hoch, Äste zunächst aufrecht, dann aber im oberen Teil zierlich überhängend, Zweiglein 10 bis 20 cm lang, hängend; Nadeln 15—20 mm lang, dünn, steif, scharf zugespitzt, stechend, oben mit einem deutlichen Stomaband, unten grün (= *J. communis* f. *oblongopendula* [Loud.] Beissn.). Bereits seit vor 1898 in Kultur und noch stets sehr geschätzt. Etwas empfindlich. ✱ ∧

'Pendula'. Wuchs locker aufrecht, Zweige ausgebreitet und übergebogen, lang herabhängend; Nadeln 10—12 mm lang, in weit auseinander stehenden Quirlen (= *J. communis reflexa* de Vos; *J. communis reflexa pendula* Carr.). Vor 1855.

'Pyramidalis'. Säulenform, ähnlich 'Hibernica', aber Wuchs breiter, Blätter weniger blau (= *J. communis hibernica excelsa pyramidalis* Hesse 1908; *J. communis hibernica pyramidalis* Hesse 1939). Von HERM. A. HESSE, Weener, 1908, eingeführt.

'Repanda'. Zwergform, kriechend, rund und flach, bis 1,5 m breit und 0,3 m hoch, Äste regelmäßig rundum abstehend, Zweige dicht, dünn, braun; Nadeln 5—8 mm lang, dicht stehend, etwas nach innen gebogen, ganz weich und nicht stechend anfühlend, rings um die Zweige gestellt, oben silbrig gestreift, unten grün. KHN 84. In Irland aufgefunden und um 1934 von M. KOSTER & ZONEN, Boskoop, in den Handel gebracht. Heute weit verbreitet. ✱✱

'Sentinel'. Extra schmale Säulenform, lang zugespitzt (= *J. communis* 'Pencil Point' Sheridan Nurseries

1963). Bereits vor 1961 bei den SHERIDAN NURSERIES, Kanada, entstanden. ✶

'Suecica'. Schwedischer Wacholder. Wuchs in seiner Heimat vielgestaltig und bis 10 m hoch, die in den Gärten unter diesem Namen anzutreffenden Pflanzen meist breit säulenförmig, aber auch sehr schmale Selektion in Schweden („B 2"), Zweige aufrecht, Triebspitzen nickend (!!); Blätter bläulichgrün, stechend; Früchte länglich (= *J. suecica* Mill.; *J. comunis* var. *suecica* [Mill.] Ait.). Wild in Skandinavien bis östliche UdSSR. In Kultur sehr häufig. ✶✶

Hierzu gehört auch die gelegentlich in den Baumschulen des Oldenburger Landes herangezogene Selektio **'Bruns'** (oder **'Obergärtner Bruns'**). Wuchs ähnlich wie 'Suecica', straff, vor allem an der Spitze lockerer bezweigt, Zweige hellbraun; Nadeln zu 3, Quirle 6—8 mm voneinander entfernt, an Leittrieben mitunter 15—18 mm, bis 15 mm lang und 1,5 mm breit, von der Basis allmählich in eine Nadelspitze auslaufend, oben konkav, unten deutlich gekielt und frischgrün, glänzend. Um 1930 in den Handel gebracht von HEINR. BRUNS, Westerstede, der sie jedoch als Selektion aus Schweden erhielt. Sehr widerstandsfähig gegen Gitterrost. ✶✶

'Suecica Aurea'. Austrieb gelb, später mehr gelbgrün. Gefunden von G. HORSTMANN, Schneverdingen. ■ Taf. V.

'Suecica Nana'. Zwergform, eigentlich nur ein rascher wachsender Typ von 'Compressa', säulenförmig, schmal und licht, im allgemeinen nicht über 1—1,5 m hoch und 0,3 m breit, mit stumpfer (!) Spitze, oft auch etwas unregelmäßig, Äste und Zweige ansteigend; Nadeln kurz, oben blauweiß gestreift, unten blaugrün (= *J. communis columnaris* Hornibr.). KHN Taf. 62. Seit 1929 in Kultur bekannt.

J. conferta Parl. Strauch, niederliegend, lang fortkriechend, Äste sehr lang, rotbraun, Spitzen der Zweiglein aufrecht; Blätter nadelförmig, zu 3 in dichten Quirlen, graugrün, 10—15 mm lang, 1 mm breit, lang und stechend zugespitzt, oben rinnig mit einem (nicht 2) weißen Band, ohne grüne Mittelrippe, unten konvex; Früchte kugelig, 8—12 mm dick, tief dunkelblau, grau bereift, glatt. KHN 91 (= *J. littoralis* Maxim.). In Japan und Sachalin am Meeresufer im lockeren Sand dichte Rasen bildend.

'Blue Pacific'. Vom Typ abweichend durch den mehr niederliegenden Wuchs und schöne blaugrüne Nadelfärbung. Guter Bodendecker. ■

'Emerald Sea'. Wuchs dicht mattenförmig und auch so bleibend, Triebe fast fichtenartig aussehend durch die pfriemförmigen, in Quirlen zu 3 mit gleichem Abstand stehenden, 1—1,5 cm langen, smaragdgrünen Nadeln, oberseits mit einem graugrünen Band, im Winter Nadeln mehr gelbgrün. 1957 von J. L. CREECH an der Küste von Honshu, Japan, als Steckling gesammelt, weil sehr salzverträglich; verbreitet durch US NATIONAL ARBORETUM Washington, D.C. 1977. ■

J. davurica Pall. Steht *J. sabina* sehr nahe. Niederliegender Strauch, Rinde aschgrau, abfallend,

Abb. 110. *Juniperus davurica* 'Expansa Variegata' im Botanischen Garten Dortmund

Äste rund, abstehend, Zweiglein etwa 1 mm dick, fast 4kantig; Nadeln schuppenförmig, gegenständig, angedrückt, eiförmig-rhombisch, stumpflich oder etwas zugespitzt, Rücken gewölbt, mit Drüse, oft auch lineal-pfriemlich, dann meist abstehend, scharf zugespitzt, oben rinnig, unten konvex; Früchte einzeln, seitenständig, kugelig, 5—6 mm dick, braun, blau bereift, Samen zu 1 oder 2—4. Sibirien (höchste Bergketten des Baikal und Sondochai) und sandige Flußufer des Katunja bis Amurgebiet. Unsicher, ob überhaupt echt in Kultur.

'Expansa.' Niederliegende Zwergform, viel verzweigt, dicht beastet, Äste dicht bezweigt; Nadeln teils schuppen-, teils pfriemförmig, gleichmäßig und schön hellblau. KHN 85 (= *J. chinensis parsonsii* Hornibr.). Vor 1938 aus USA eingeführt ohne Namen. Ⓢ

'Expansa Variegata'. Wie 'Expansa', Nadeln meist blau, mit größeren und kleineren weißen Zweigspitzen, Blätter nadel- und schuppenförmig. KHN Taf. 65. Aus USA stammend. Ⓢ Abb. 110.

'Parsonsii' = **J. davurica 'Expansa'.**

J. deppeana Steud. Baum, bis 20 m, Stamm kurz und dick, Borke eichenartig, rissig, grau, sehr hart, Krone breitkegelförmig bis rund, Zweige dünn, 1 mm dick, 4kantig; Nadeln meist schuppenförmig, gegenständig, dicht angedrückt, blaugrün, eirhombisch, 1,5 mm lang, Spitze rundlich oder spitz, Rückseite undeutlich gekielt, mit Drüse, Nadelblätter an Jungpflanzen zu 2—3, pfriemlich, lang zugespitzt, oben konkav, unten gekielt; Blüten 2häusig; Früchte kugelig bis breit ellipsoid, 1—1,2 cm lang, bereift, rotbraun, im 2. Jahre reif, Fleisch dick, mehlig-trocken, meist 4 Samen. KHN Taf. 66 (= *J. pachyphloea* Torr.). Südwestliche USA, auf Kalk, zusammen mit *Pinus ponderosa*; trockene und sonnige Lagen. In Deutschland an zusagenden Stellen einigermaßen hart. ∧∧ Abb. 100, 111.

J. drupacea Labill. Baum, 10—12 m hoch, bei Wildpflanzen Stamm verzweigt, aufrecht, breit kegelförmig, bei Kulturpflanzen säulenförmig, Rinde aschgrau, Äste aufstrebend bis abstehend; Blätter nadelförmig, zu 3 quirlig, herablaufend, steif, lanzettlich, scharfspitzig, 15—25 mm lang, 3—4 mm breit, oben leicht rinnig und mit 2 weißen Bändern, grüner Mittelrippe, unten gekielt; Blüten 2häusig; Früchte kugelig bis eirund, 1,5—2,5 cm lang, bläulich bereift, eßbar. im 2. Jahre reifend, Samen 3, doch meist zu einem Steinkern verwachsen. KHN Taf. 63 (=

Abb. 111. *Juniperus deppeana* am heimatlichen Standort im Coconino National Forest, Arizona (Foto: US Forest Service)

Arceuthos drupacea Ant. & Kotschy). Griechenland, Kleinasien. In Deutschland nur für mildeste Gebiete. ΛΛ Abb. 99, 112.

J. excelsa Bieb. Baum, bis 20 m hoch, Krone anfangs kegelförmig, später rundlich, Rinde braun, streifig ablösend, Triebe sehr dünn; Nadeln meist schuppenförmig, gegenständig eirhombisch, dicht angedrückt, Spitze frei, mit Drüse, Rücken rund, an Leittrieben zu 3 quirlig, Nadelblätter an älteren Trieben selten, gegenständig, 5—6 mm lang, oben mit 2 blauen Bändern; Früchte kugelig, 8 mm dick, dunkelbraun, bläulich bereift, im 2. Jahre reifend, Samen 5 bis 6. KHN Taf. 60. Südwest-Europa, Kleinasien, Kaukasus. 1836. Bei uns für milde Gegenden, sonst Winterschutz. ΛΛ Abb. 100.

J. foetidissima Willd. Baum, bis 17 m hoch, sehr alt werdend, Stamm ganz gerade, Rinde grau, Krone schlank kegelförmig, bis zum Boden beastet, Äste aufrecht, Zweige rotbraun, Zweiglein kurz, dicklich, deutlich 4kantig; Blätter gerieben unangenehm riechend (daher „Stinkwacholder"), teils nadelförmig, locker anliegend oder abstehend, stachelspitzig, auf dem Rücken scharf gekielt, teils schuppenförmig, gegenständig, eiförmig-rhombisch, spitzlich, Rücken rund, meist ohne Drüsen; Blüten 1- oder 2häusig; Früchte einzeln, doch zahlreich, an kurzen Zweigen, kugelig, 6—12 mm dick, rotbraun bis schwarz, bereift, meist 1—2 Samen. KHN 80. Gebirge in Griechenland, Kleinasien bis Transkaukasien, steinige Lagen. Kulturerfahrung fehlt uns, weil fast kaum echt in unseren Gärten, sollte aber ausreichend hart sein. Λ Abb. 100.

J. horizontalis Mnch. Strauch, dem Boden lang aufliegend, weithin kriechend, Äste lang, Zweige sehr zahlreich, kurz, dicht; Blätter an Kulturpflanzen fast nur nadelförmig, oft zu 3, blaugrün, bis stahlgrün, 2—6 mm lang, etwas abstehend, Schuppenblätter schmal elliptisch, sehr scharf zugespitzt, mit nicht anliegender Grannenspitze, Rücken konvex, mit Drüse. KHN 93 (= *J. prostrata* Pers.; *J. sabina humilis* Hook.). Nord-Amerika, sandige Ufer der großen Seen und im Gebirge. ✱✱

In den amerikanischen Baumschulen werden eine ganze Reihe von Cultivaren dieser Art angezogen, die wohl alle wildwachsend gefunden und dann vermehrt wurden. Die Unterschiede sind vielfach nur gering und auch nur dann deutlicher sichtbar, wenn die Sorten nebeneinander stehen, wie z. B. im Morton Arboretum in Lisle, Illinois.

'Admirabilis'. Raschwüchsig, doch gedrungen bleibend, Wuchs flach, niederliegend, 20—25 cm hoch, kurztriebig, die Triebe wenig ansteigend und vorwärts gerichtet, bläulichgrün. In den Rocky Mountains gefunden; durch die Plumfield Nurseries 1935 eingeführt.

Abb. 112. *Juniperus drupacea* (Foto: Dr. Anliker)

'Adpressa'. Wuchs dicht mattenförmig, nur 10 bis 15 cm hoch werdend, sehr raschwüchsig; Belaubung mehr grün mit sehr auffälligen, weißgrünen Spitzen. (Plumfield Nurseries). ■

Abb. 113. *Juniperus horizontalis* 'Alpina' (Foto: POWER, Rochester Park, USA)

'Alpina'. Stamm zuerst fast aufrecht, später mehr liegend, aber mit aufstrebenden oder fast aufrechten Zweigen, bis 75 cm hoch; Blätter meist nadelförmig, 3—4 mm lang, mehr oder weniger bläulichgrün, im Herbst purpurn. KHN Taf. 65. ✶ Abb. 113.

'Andorra' → **Juniperus horizontalis 'Plumosa'.** 1916 durch die ANDORRA NURSERIES, Chestnut Hill, Philadelphia, Pennsylvania, gefunden und verbreitet.

'Andorra Compact'. Von 'Plumosa' verschieden durch den dichteren Wuchs, schmalere Nadeln, aber sonst im Wuchs sehr ähnlich, fast kissenförmig, 30 bis 40 cm hoch und etwa 1 m breit, alle Zweige von der Mitte der Pflanze schräg ansteigend. Amerikanische Selektion; in Holstein in Kultur. ✶

'Argentea'. Wuchs mattenförmig, 15—20 cm hoch, sehr dicht; Belaubung blausilbrig. (PLUMFIELD NURSERIES). ■

'Bar Harbour'. Wuchs niederliegend, dicht, Zweige sehr dünn, weniger als 1,5 mm dick, Hauptäste auf ihrer ganzen Länge, auch ihre Spitzen, niederliegend, Seitenäste unterschiedlich schräg ansteigend, Jungtriebe orangebraun, nach der Spitze zu lila; Blätter sehr klein, alle angedrückt, dunkelgrün, dicht graugrün bereift, im Herbst mit Purpurschimmer. Die ursprüngliche Beschreibung von HORNIBROOK ist so allgemein gehalten, daß man danach eine Pflanze nicht identifizieren kann. Außerdem haben die Amerikaner mehrere Typen; es scheint, daß niemand sagen kann, welches der ursprüngliche Typ ist.

'Blue Chip'. Wuchs niedrig und dem Boden aufliegend, aber mit höherer Mitte; Benadelung schön silberblau. Sehr guter Bodendecker. ■

'Blue Moon'. Mattenförmig dem Boden aufliegend, sehr feintriebig, schön blaugrün, im Winter bräunlich. (MINIER 1976). ■

'Douglasii' (Waukegan Juniper). Wuchs mattenförmig, niederliegend, langtriebig, im Alter 2—3 m breit werdend, im Zentrum durch übereinander liegende Äste mitunter 30—40 cm hoch, Triebspitzen lang und gerade, Zweiglein 5—8 cm lang, vorwärts gerichtet und ansteigend; Blätter schuppen- und nadelförmig, Schuppenblätter sehr dicht stehend, angedrückt, graugrün, blau bereift, im Spätherbst und Winter leicht purpurn überlaufen, Nadelblätter an den Zweiglein in größerer Menge auftretend. KHN Taf. 65 (= *J. horizontalis douglasii* Rehd.; *J. horizontalis glauca major* Grootendorst). Benannt nach dem Fundort in der Nähe der WAUKEGAN NURSERIES in Waukegan, Illinois, USA. Vor 1916. Allbekannte Sorte. ✶

'Emerald Spreader'. Wuchs ganz besonders flach, dem Boden aufliegend, Zweige dicht besetzt mit feinen, smaragdgrünen, federförmig ausgebreiteten Trieben. Plant Pat. 2752 der MONROVIA NURSERY 1967.

'Emerson'. ♀; starkwüchsiger Bodendecker, 3—5 m breit werdend, ganz flach dem Boden aufliegend; Blätter schuppen- und nadelförmig, während des ganzen Jahres gleichbleibend bläulichgrün (= *J. horizontalis* 'Marshall'; *J. horizontalis* 'Black Hill's Creeper'). 1915 in den Black Hills, South Dakota, gefunden und später eingeführt durch die G. A. MARSHALL NURSERIES, Arlington, Nebraska, und durch Prof. EMERSON, University of Nebraska.

'Filicina'. ♀; schwachwüchsig und ganz zwergig, dicht den Boden bedeckend, Zweige kurz, farnartig fein und dicht mit kurzen, schräg vorwärts stehenden Trieben besetzt, Rinde hellbraun; Nadeln grün, im Winter purpurn überlaufen. Eingeführt 1936 durch die PLUMFIELD NURSERIES.

'Glauca'. Wuchs dicht mattenförmig niedergestreckt, Hauptäste gerade, anfangs dem Boden dicht aufliegend, später aber im Zentrum die Äste übereinander liegend und dann bis 30 cm hoch, Zweiglein zahlreich, 2 mm dick, vorwärts gerichtet, durch die dicht anliegenden Blätter fast fadenförmig wirkend, stahlblau, im Winter nicht (!) verfärbend; pfriemförmige Blätter hauptsächlich im Zentrum der Pflanze an schwächeren Trieben, dort ziemlich dicht stehend, in 4 Reihen. KHN Taf. 62. Im ARNOLD ARBORETUM selektiert. Vor 1939. ✶✶ Abb. 114.

'Glenmore'. ♀; eine der niedrigsten und am schwächsten wachsende Formen dieser Art, Zweige kriechend, Triebe fast aufrecht, dünn, matt hellbraun; Blätter tiefgrün, Spitzen im Winter mehr bräunlich. Wild gefunden 1932 von ROBERT E. MOORE in Wyoming, eingeführt 1940 durch die MARSHALL NURSERY, Denver, Colorado. ■ Abb. 115.

'Hughes'. Ganz flach, starkwüchsig, weißlichblau. Wird als die blaueste der *horizontalis*-Sorten angesehen. (H. KORDES 1976). ■ Abb. 116.

'Livida'. In den Rocky Mountains gefundener Klon, Wuchs kräftig, sehr flach, 10—15 cm hoch, Triebe kurz, vorwärts ansteigend, blaugrün. (PLUMFIELD).

'Marcellus'. Alle Triebe niederliegend, graublau, im Winter purpurn. Schon vor 1960 in USA selektiert; in Holland in Kultur. ■

Abb. 114. *Juniperus horizontalis* 'Glauca' (Foto: Archiv)

'Petraea'. Wuchs kräftig, flach, 18 bis 25 cm hoch; Benadelung matt silbergrün und diese Farbe auch während des Winters behaltend. (PLUMFIELD). ■

'Planifolia'. Sehr raschwüchsige Form, 20—25 cm hoch, mit langen, kräftigen Zweigen, fiederförmig mit kurzen Trieben besetzt; Benadelung silberblau. Vorzüglicher Bodendecker. (PLUMFIELD). ■

'Plumosa' (in USA 'Andorra Juniper'). Wuchs niederliegend, 2—2,5 m breit werdend, alte Pflanzen in der Mitte bis 60 cm hoch, Äste dem Boden aufliegend, die Triebe im Winkel von 45° aufsteigend, Zweiglein fiederförmig stehend; Blätter alle pfriemförmig, sehr dicht stehend und locker angedrückt, hellgraugrün, im Herbst und Winter mit deutlichem Purpurton. 1907 in USA, an der Küste von Maine, gefunden und 1916 durch die ANDORRA NURSERIES, Philadelphia, eingeführt. ✶

'Prostrata'. Dicht dem Boden aufliegend, weithin kriechend, bis 4 m breit und 0,3 m hoch, Äste lang, dick, Spitzen etwas ansteigend, Zweige zahlreich, dichtstehend, Zweiglein blaugrau, Spitzen mit Purpurton; Nadeln an den Triebspitzen schuppenförmig, graublau. KHN 89 (= *J. sabina prostrata* Hort., non Loud.). Alte bekannte Form.

'Pulchella'. Besonders schwachwachsend, Wuchs sehr dicht mattenförmig, kaum über 1 m breit werdend, 10—15 cm hoch; Blätter nadelförmig, graugrün, nur die Triebspitzen bläulich. 1935 von den PLUMFIELD NURSERIES verbreitet.

'Sea Spray'. Amerikanische Selektion, wohl bei uns noch nicht in Kultur. Eingeführt von FRANK F. SERPA, Hines Wholesale Nurseries, Santa Ana, California. US Plant Pat. Nr. 3140. ■

'Turquoise Spreader'. Wuchs kräftig und weit mattenförmig, sehr dicht bezweigt mit weichen, federförmig ausgebreiteten Trieben, bildet in der Mitte keine „Hügel"; Benadelung türkisgrün. Plant Pat. 2773 der MONROVIA NURSERIES, 1967.

Abb. 115. *Juniperus horizontalis* 'Glenmore' (grün) im Morton Arboretum, USA

Abb. 116. *Juniperus horizontalis* 'Hughes', 20 Jahre alt, 6 m breit; im Morton Arboretum, USA

'Wiltonii'. Wuchs sehr dicht teppichförmig, sehr langsamwüchsig, nur bis 10 cm hoch werdend, sehr dicht bezweigt; Nadeln meist pfriemförmig, sehr klein, silberblau (= *J. horizontalis* 'Blue Wiltonii' More; *J. horizontalis* 'Wilton Carpet'; *J. horizontalis* 'Blue Rug'). Bereits 1914 gefunden durch J. C. VAN HEININGEN, South Wilton., Connecticut, und auf der Insel Vinal Haven, Maine. Wegen ihres Zwergwuchses und der schönen Färbung sehr begehrt als Steingartenpflanze. ✶✶

'Youngstown'. Nur eine Selektion aus 'Plumosa Compacta', aber Wuchs niedriger, dicht dem Boden aufliegend, frischgrün. (PLUMFIELD). ■

'Yukon Belle'. Wuchs mattenförmig, breitwüchsig; Belaubung silberblau. Wird als „eisenhart" gerühmt. (PLUMFIELD). ■

J. macrocarpa Sibth. & Smith. Buschiger Strauch oder kleiner Baum, bis 4 m, Wuchs dicht kegelförmig; Blätter linealisch, von der Basis an schmaler werdend zu einer stechenden Spitze, 2—2,5 cm lang, 2 mm breit, Früchte kugelig, 12 mm dick, braun, blau bereift. Mittelmeergebiet. 1838. Bei uns empfindlich. ΛΛ

J. × media van Melle (1947). Dieser Name wurde von VAN MELLE gegeben für Hybriden zwischen *J. sabina* und *J. sphaerica*, jedoch wird *J. sphaerica* meist als Synonym von *J. chinensis* angesehen. Daß die meisten Autoren sich bisher nicht entschlossen haben, diesen Namen zu übernehmen, liegt daran, daß die Herkunft der hierzu gehörenden Form 'Pfitzeriana' noch immer nicht schlüssig bewiesen werden konnte. Aus diesem Grunde ist hier die bisherige Nomenklatur beibehalten worden.

J. × media	= *J. chinensis*
'Blaauw'	'Blaauw'
'Blue Cloud'	'Blue Cloud'
var. *globosa* f. *aurea-globosa*	'Plumosa Aurea'
'Hetzii'	'Hetzii'
var. *pfitzeriana*	'Pfitzeriana'
var. *pfitzeriana* f. *aurea*	'Pfitzeriana Aurea'
var. *plumosa*	'Plumosa'
var. *plumosa* 'Aurea'	'Plumosa Aurea'

J. oxycedrus L. Strauch oder Baum, Rinde graubraun; Blätter zu 3, nadelförmig, scharf stachelspitz, oben flach rinnig, mit 2 weißen Bändern, Rand und Mittelrippe grün; Blüten 2häusig; Beerenzapfen einzeln, fast sitzend, im 2. Jahre reif, rotbraun, glänzend, fast kugelig bis eiförmig, aus 3—6 Schuppen, meist 3 Samen. KHN Taf. 60. Madeira, Mittelmeergebiet bis Kaukasus und Nord-Persien, in Küstennähe, aber auch im Gebirge. ΛΛ Abb. 99.

var. **rufescens** Aschers. & Graebn. Hoher Strauch, sparrig, Äste gespreizt, steif; Nadeln starr, oft zurückgeschlagen, sehr dicht, alle abstehend, bis 16 mm lang, 1—2 mm breit, lang stechend zugespitzt; Frucht 6—8 mm dick, glänzend braunrot. Küsten im Verbreitungsgebiet.

J. phoenicia L. Strauch oder Baum, bis 6 m, dicht buschig oder kegelförmig, Rinde dunkelbraun; Zweiglein kaum 1 mm dick; Nadeln meist schuppenförmig, zu 3 oder gegenständig, eirhombisch, 1 mm lang, stumpf, unten konvex, grün bis blaugrün, an jungen Pflanzen nadelförmig, schmallanzettlich, 6 mm lang, zu 3 quirlig; Blüten meist 1häusig; Früchte veränderlich, meist kugelig, 8 mm dick, gelb oder rotbraun, glänzend, kaum bereift, mit 3—6 Samen, Fleisch trocken und faserig. KHN Taf. 60.

Abb. 117. *Juniperus procumbens* (Foto: Archiv)

Abb. 118. *Juniperus procumbens* 'Nana' (Foto: Schweiz. Gartenbaublatt)

Mittelmeergebiet, auf dürren und felsigen Hügeln. 1863. Nur für mildeste Gebiete, sonst Winterschutz. ∧∧ Abb. 100.

J. procumbens Sieb. Strauch, niederliegend ausgebreitet, Äste etwas steif, an den Enden aufgerichtet, 50—75 cm hoch (als sehr alte Pflanzen), Zweige blaugrün; Nadeln zu 3 quirlig, lineallanzettlich, anliegend, 6—8 mm lang, allmählich und scharf zugespitzt, oben konkav blaugrün mit grüner Mittelrippe, unten konvex, bläulich mit 2 grünen Flecken nahe der Basis; Früchte fast kugelig, 8—9 mm dick, 2—3samig. KHN Taf. 66. 1843. Kultiviert in Japan, wild nicht bekannt. Sehr guter Bodenbegrüner. ✱✱ Abb. 99, 117.

'Golden'. Triebspitzen kräftig goldgelb; Belaubung graugrün. Wohl nur in USA in Kultur. ■

'Nana'. Wie die Art, sehr niedrig und dicht, Äste oft wurzelnd, Jahrestriebe etwa 15 cm lang, an den unteren Partien der Äste dicht kissenförmig besetzt mit aufrechten Kurztrieben; Stomabänder nicht so ausgeprägt wie bei der Art, mitunter fehlend. KHN 90. Vor 1938. ✲ Abb. 118.

J. recurva Buch.-Ham. Baum, bis 10 m, oder Strauch, Krone breit kegelförmig, Zweige bogig abstehend und überhängend, Rinde braun, in dünnen Schuppen ablösend; Blätter zu 3 quirlig, dicht dachziegelig und locker angedrückt, lineallanzettlich, 3—6 mm lang, bis 1 mm breit, blau- oder graugrün, scharf stachelspitz, oben rinnig und mit 2 weißen Bändern, unten konvex, stumpfgrün, bis fast zur Mitte gefurcht; Blüten 1häusig; Früchte eirund, im 2. Jahre reif, 8—10 mm lang, dunkelolivbraun, glänzend, mit 1 Samen. KHN Taf. 59. Himalaja, Südwest-China. 1830. Bei uns nur strauchig und frostgefährdet. ∧∧ Abb. 100.

'Castlewellan'. Vom Typ abweichend durch höheren Wuchs, die Zweiglein peitschenförmig lang herabhängend; Blätter feiner. KHN Taf. 59. In Castlewellan, N-Irland, entstanden. ✱✱ ∧—∧∧ Taf. V.

var. **coxii** (Jacks.) Melv. Krone alter Pflanzen schmal kegelförmig, mit zierlich überhängender Bezweigung, Rinde junger Triebe schön rotbraun; Blätter 6—8 mm lang und lockerer stehend, dunkler grün, oberseits mit deutlich dunklerer Mittelrippe. KHN Taf. 59 (= *J. coxii* Jacks.). Burma, SW-China. 1930. In Deutschland durch den Botanischen Garten München verbreitet. Etwas empfindlich. ✱✱ ∧—∧∧ Abb. 119.

J. rigida S. & Z. Ähnlich *J. communis*, aber Äste überhängend, Nadeln schmaler und tief gefurcht. Strauch oder kleiner Baum, Äste braunrot bis gelbbraun, abstehend, bogig überhängend; Nadeln pfriemförmig, zu 3 quirlig, abstehend, steif, scharfspitzig, stechend, 13 bis 25 mm lang, bis 1 mm breit, oben tief rinnig mit schmalem weißem Mittelband, Rand breit und grün, einwärts gebogen, unten stark ge-

Abb. 119. *Juniperus recurva* var. *coxii* in den Malahide Gardens, Irland

kielt; Blüten 2häusig; Frucht im 2. Jahre reifend, 6—8 mm dick, schwarzblau, bereift, aus 3 Schuppen. KHN Taf. 59. Japan, Korea, Mandschurei. 1861. ✶ Abb. 99.

J. sabina L. Sadebaum. Strauch, entweder bis 4,5 m hoch, mit schräg aufstrebendem Stamm und unregelmäßiger Krone, oder fast kriechend, Äste dann mehr oder weniger niederliegend, Spitzen jedoch ansteigend, ältere Rinde rotbraun, abblätternd, Zweige sehr dicht buschig, Zweiglein dünn, kaum 1 mm dick, mehr rund als kantig; Nadeln gerieben sehr unangenehm riechend (typisch!), an jungen, vereinzelt auch an älteren Pflanzen Blätter nadelförmig, aufrecht abstehend, 4 mm lang, scharf zugespitzt, oben blaugrün, gefurcht, Mittelrippe deutlich erhaben, Schuppenblätter gegenständig, eiförmig, 1 mm lang, stumpf (an Haupttrieben bis 3 mm lang und spitz), Rücken konvex, meist drüsig; Blüten 1—2häusig; Früchte kugelig, 5 bis 7 mm dick, blauschwarz, bereift, im Herbst des 1. Jahres oder Frühjahr des 2. Jahres reifend, nickend an den Enden kleiner Zweiglein (typisch!). KHN Taf. 62. Gebirge von Süd- und Mittel-Europa, Sibirien, Kaukasus, Kleinasien. In Kultur meist der niederliegende Typ. ✶ Abb. 100, 120, 121.

'Arcadia'. Zwergform, Wuchs wie 'Tamariscifolia', aber niedriger; Nadeln meist schuppenförmig klein, hellgrün. KHN 95. Selektiert vor 1949 bei F. J. Grootendorst, aus Sämlingen von D. Hill Nurseries, USA, erzogen 1933 aus Saat aus dem Ural. Außergewöhnlich winterhart.

'Blue Danube'. Wuchs breit und niedrig, Zweigspitzen aufwärts gebogen, Zweiglein gehäuft; Blätter meist schuppenförmig, im Innern auch nadelförmig, hell graublau. Von L. Visser, Preßbaum, Österreich, als Sämling ohne Namen in den Handel gebracht, dann 1956 von Blaauw & Co., Boskoop, unter dem jetzigen Namen eingeführt; 1961 von Herm. A. Hesse mit 'Blaue Donau' bezeichnet. ✶

'Broadmoor'. ♂; ähnlich 'Tamariscifolia', aber Triebe feiner und stärker graublau, Wuchs flach, aber mit gewölbter Mitte, bis 3,5 m breit und dann bis 70 cm (doch am Rand nur 20 cm) hoch; Nadeln weich. Von D. Hill aus russischem Saatgut erzogen, zusammen mit → 'Arcadia' und → 'Scandia'.

'Buffalo'. Ähnlich 'Tamariscifolia', aber niedriger und breiter; Benadelung frischgrün. Außerordentlich frosthart. ■

Abb. 120. *Juniperus sabina*, Zweig mit Früchten (Foto: Otto)

Abb. 121. *Juniperus sabina* (Foto: Archiv)

'Cupressifolia'. ♀; breiter und niedriger Strauch, mitunter auch ansteigend, seltener ganz aufrecht; Nadeln alle schuppenförmig, dunkelgrün, angedrückt, innen und unten an der Pflanze mitunter auch Nadelblätter; sehr reich fruchtend (= *J. sabina humilis* Endl., non Hook.). ✶

'Erecta'. Breit aufrecht, mehrere Meter hoch werdend, Äste schräg aufsteigend, lang, schlank. Aus Holland.

'Fastigiata'. Schlank säulenförmig, bis 8 m hoch, dunkelgrün, fast wie *J. communis* 'Stricta', Zweige fein; Blätter vorwiegend schuppenförmig. An verschiedenen Stellen entstanden. (Mainau).

'Hicksii'. Bis 1,3 m hoch, sehr ähnlich *J. sabina* 'Mas', doch Nadelblätter auffallend graublau. Aus USA vor 1940 nach Holland eingeführt als „*J. horizontalis hicksii* Hort. Americ.". ✶

'Jade'. Langsamwüchsig, vom Typ abweichend durch feinere, blaugrüne Benadelung. (Fairview). ■

'Mas'. Strauch, bis 1,3 m hoch, Äste ansteigend, dann überneigend, Zweige ansteigend; Nadeln an den Zweigspitzen schuppenförmig, innen nadelförmig, oben hellblau, unten grün, im Winter etwas purpurn. Wird als ♂ angesehen, obwohl an sehr alten Pflanzen vereinzelt Früchte gebildet werden.

'Scandia'. Sehr ähnlich 'Arcadia' (und auch gleiche Entstehung), aber noch flacher wachsend; Blätter meist nadelförmig, mehr graublau oder auch gelblichgrün (= *J. sabina* 'Scandens' Hillier). ✶

'Tamariscifolia'. Niedriger, ausgebreiteter Strauch, Zweige aufrecht; Blätter durchweg nadelförmig, scharfspitzig, abstehend, hellgrün, mitunter auch zu 3 quirlig, Schuppenblätter eiförmig, scharfspitzig, Drüse auf dem Rücken. KHN Taf. 62. Seit etwa 1730 bekannt und viel angepflanzt. Bekommt oft absterbende Zweige. ✶✶ Abb. 122.

'Tamariscifolia New Blue'. In USA. Soll sich vom Typ nur unterscheiden durch einen deutlicher blauen Ton der Nadeln. ■

J. scopulorum Sarg. Baum, 10—13 m hoch, oft vom Grund an mehrstämmig, Rinde dunkelrotbraun, Krone unregelmäßig rundlich, Zweiglein etwas dicker als bei der ähnlichen *J. virginiana*, nicht deutlich 4kantig; Blätter schuppenförmig, gegenständig, fest angedrückt, Spitzen nicht oder kaum frei, auf dem Rücken dunkel-, hell- oder blaugrün, mit Drüse; Frucht am Ende des 2. Jahres reifend, rundlich, 6 mm dick, dunkelblau, blau bereift, Fleisch süßlich, Samen meist 2. KHN Taf. 61. Westliches Nord-Amerika, trockene Felsenrücken, von Texas und Oregon bis Britisch Kolumbien. 1839. In Kultur, aber meist falsch benannt. Abb. 123.

Von *J. scopulorum* führen die amerikanischen Baumschulen ein recht großes Sortiment, dessen Formen wohl in der Regel in den Bergen zwischen Nebraska und den Rocky Mountains ge-

Abb. 122. *Juniperus sabina* 'Tamariscifolia' (Foto: Archiv)

funden wurden. Sie sind deswegen so beliebt, weil sie zumeist sehr symmetrisch schmal kegelförmig wachsen, eine schöne silberblaue Nadelfärbung haben und selbst dort noch vorzüglich gedeihen, wo die Jahresniederschläge nur 150 bis 200 mm betragen.

'Blue Heaven' (Plumfield Nurseries). Wuchs gedrungen kegelförmig und regelmäßig; Nadelfärbung während des ganzen Jahres mehr blau als bei allen anderen *Juniperus*-Formen; alljährlich reich fruchtend. KHN 90. Vor 1963 von den PLUMFIELD NURSERIES, Fremont, Nebraska, USA, eingeführt. ★★

Abb. 123. *Juniperus scopulorum* am heimatlichen Standort in Canada (Foto: Forestry Branch, Canada)

'Chandlers Silver'. Locker kegelförmig, Äste abstehend, Zweige 7—8 cm lang, locker mit Zweiglein besetzt; Nadeln pfriemförmig, sehr schmal, dicht angedrückt, spitz, oben blau, unten grün. Vor 1936 in den USA entstanden.

'Globe'. Wuchs kugelig (ohne Schnitt!), bis 2 m hoch und breit; Benadelung silbrig und grün (= *J. scopulorum globosa* Wyman 1963). ■

'Gray Gleam'. Sehr schöne, symmetrische Säulenform, dicht bezweigt und fein; Benadelung hübsch silbergrau. 1944 in Wheat Ridge, Colorado, gefunden; 1949 durch die W. W. WILMORE NURSERIES eingeführt. Plant Pat. 848. ■

'Holmes Silver'. Silberblau. (MINIER 1976). ■

'Kenyonii'. Wuchs gedrungen aufrecht, 3—3,5 m hoch, stahlblau (= 'Dew Drop'). Selektiert in KENYON'S NURSERY, Dover, Oklahoma. ■

'Lakewood Globe'. Wuchs ziemlich kugelig (Form muß jedoch hin und wieder etwas im Schnitt gehalten werden); Benadelung schön blaugrün. ■

'Moffetii'. Wuchs regelmäßig kegelförmig aufrecht und sehr dicht bezweigt, Jahreszuwachs etwa 30 cm; Benadelung hellgrün und silbrig, die Triebspitzen stärker silbrig. 1937 in den Rocky Mountains von Colorado gefunden von L. A. MOFFET, Plumfield Nurseries. ■

'Montana'. Sehr langsamwüchsige, niedrig oder mittelhoch bleibende Kegelform, dicht bezweigt; Benadelung tiefgrün. Keine neue Form, aber erst jetzt wieder durch die PLUMFIELD NURSERIES in Kultur genommen. ■

'O'Connor'. Eine weitere, aufrechte, dicht beastete Form; Benadelung blau. Gut winterhart. (H. KORDES Katalog 1976). ■

'Pathfinder'. Wuchs breit kegelförmig, 6—9 m hoch werdend, Jahreszuwachs etwa 30 cm, dicht bezweigt, Triebe aufrecht, auch an der Basis dicht stehend, schimmernd silberblau. 1937 selektiert von L. A. MOFFET, Plumfield Nurseries. ■

'Platinum'. Wuchs dicht kegelförmig, aufrecht, schön silberblau belaubt während des ganzen Jahres. Selektiert von WILLIS NURSERIES, Ottawa, Kansas, USA. 1958. In Europa wohl kaum in Kultur? US Plant Pat. Nr. 1070. ■

'Repens'. Wuchs kriechend, Äste niederliegend, Zweiglein etwas aufstrebend, federartig, nur bis 1 cm lang, nach oben gekrümmt; Blätter nadelförmig, 5 mm lang, 0,5 mm breit, oben intensiv blau, unten blaugrün; oft reich mit Früchten (= *J. scopulorum repens* Hornibr.). Von PALMER in Britisch Kolumbien (Kanada) vor 1923 gefunden und durch GROOTENDORST in den Handel gebracht. Sehr gut winterhart und schön. ✱✱ Abb. 124.

'Silver Beauty'. Wuchs regelmäßig kegelförmig aufrecht, 6—9 m hoch, Jahreszuwachs 30 cm, Triebe straff ansteigend; Belaubung grünlich-silbern, an den Triebspitzen stärker silbrig. 1932 von den D. HILL NURSERIES, Dundee, Illinois, selektiert, aber heute nur noch wenig in Kultur (so z. B. bei PLUMFIELD). ■

'Silver Cord'. Wuchs sehr schmal und straff aufrecht, dabei gedrungen; Benadelung bläulich silbern. (PLUMFIELD). ■

'Silver King'. Niedrig und strauchig, nur bis 50 cm hoch, aber bis 2m breit ausladend, dicht bezweigt,

Agathis australis
im Botanischen Garten Dublin

Abies koreana 'Horstmanns Silberlocke'
(G. Horstmann, Schneverdingen)

Cedrus deodara 'Karl Fuchs'
(bei G. Horstmann, Schneverdingen)

Cedrus atlantica 'Glauca'
im Park Floralies, Orléans

Chamaecyparis lawsoniana 'Erecta Viridis'
in England

Chamaecyparis lawsoniana 'Elegantissima'
in England

Chamaecyparis lawsoniana 'Pembury Blue'

Chamaecyparis lawsoniana 'Globus'

beide im Botanischen Garten Dortmund

Chamaecyparis thyoides 'Nana'
im Hillier-Arboretum, England

Chamaecyparis obtusa 'Aurea'
in den Taranto Gardens, Italien

Cupressocyparis leylandii
in Wien

Cryptomeria japonica 'Knaptonensis'
in einem englischen Garten

Fitzroya cupressoides
in Benmore, Schottland

Dacrydium franklinii 'Pendulum'
auf Garnish Island, Irland

Juniperus communis 'Nana Aurea'
im Botanischen Garten Dortmund

Juniperus communis 'Compressa'
in Mount Usher, Irland

Juniperus recurva 'Castlewellan'
in Nord-Irland

Juniperus communis 'Suecica Aurea'
(bei G. Horstmann, Schneverdingen)

Larix griffithiana
im National Pinetum Bedgebury, England

Microbiota decussata
im Botanischen Garten Dortmund

Picea pungens 'Hoopsii'
im Morton Arboretum, USA

Picea glauca 'Gnom'
im Botanischen Garten Dortmund

Pinus cembroides var. *monophylla*
in einem Park in USA

Pinus bungeana, typische Rinde;
im Botanischen Garten Bonn

Pinus nigra 'Aurea'
(Baumschule Weber, Wien)

Pinus densiflora 'Oculus draconis'
im Arnold Arboretum, USA

Pinus silvestris 'Argentea'

Pinus contorta 'Frisian Gold'

beide in der Baumschule J. D. zu Jeddeloh

Pinus pumila 'Saphir'
in Boskoop

Pinus montezumae
im Park Mount Usher, Irland

Thuja orientalis 'Pyramidalis Aurea'
(Baumschule Weber, Wien)

Taxus baccata 'Decora'
im Botanischen Garten Dublin

Triebspitzen fadenförmig dünn; Benadelung silberblau. Als Sämling entstanden in der Baumschule C. WHITE, Walla Walla, Washington, USA. Plant Pat. 1186. ■

'Springbank'. Wuchs schmal kegelförmig, bis etwa 2 m hoch, obere Zweige locker und zierlich abstehend, Triebspitzen sehr dünn, fast fadenförmig; Benadelung intensiv silberblau. Sehr wüchsig und besonders winterhart. ✶ ■

'Steel Blue'. Flachwachsend; Benadelung blaugrün. Noch kaum verbreitet. (MINIER Katalog 1977). ■

'Sutherland'. Wuchs breit kegelförmig, hochwachsend, aber langsamwachsend, Triebe aufrecht, ziemlich dünn, aber steif; Blätter klein, dicht angedrückt, tiefgrün. Eingeführt 1925 durch die SUTHERLAND NURSERIES in Boulder, Colorado. ■

'Table Top'. Wuchs strauchig, bis etwa 2 m hoch, dann aber bis 5 m breit, Triebe ausladend und dicht, dünn, gelblichbraun; Blätter sehr klein, dicht angedrückt, kräftig silberblau. 1956. ■

'Tolleson's Weeping'. Breit und locker kegelförmig aufrecht, doch alle Zweige schlaff in engerem und weiterem Bogen abstehend, die Triebe fast mähnenartig herabhängend und sehr dicht. 1973 von den MONROVIA NURSERIES, Californien, verbreitet, aber wohl bereits länger in USA in Kultur. Außerordentlich schöne Form mit silberblauer Benadelung. ✶✶ ■

'Welchii'. Wuchs gedrungen schmal kegelförmig, 6 bis 7 m hoch werdend, sehr regelmäßig und dicht bezweigt; Nadeln scharf, doch den Trieben dicht angedrückt, grünlichsilbrig. 1940 selektiert und verbreitet durch die PLUMFIELD NURSERIES.

'Wichita Blue'. Wuchs mittelhoch, breit kegelförmig aufrecht; Benadelung blaugrün während des ganzen Jahres. ■

J. squamata Buch.-Ham. Strauch, meist niederliegend und stark verzweigt, Äste langgestreckt, Zweiglein kurz, ansteigend, grün; Blätter zu 3 quirlig, nadelförmig, dicht, locker angedrückt oder etwas abstehend, fein und scharf zugespitzt, steif, oben konkav und weiß, unten grün und konvex, von der Basis bis fast zur Spitze gefurcht, 3—4 mm lang; Frucht ellipsoid, 6 bis 8 mm lang, im 2. Jahre reifend, rotbraun, später schwarz, 1samig. KHN 83. Himalaja, Mittel- und West-China, Formosa. 1824. Abb. 99.

'Blue Carpet' (J. Schoemaker). Mutation an 'Meyeri', sehr wüchsig, Wuchs jedoch ganz flach und breit, nach 10 Jahren etwa 30 cm hoch und 1,2—1,5 m breit, sehr dicht verzweigt; Nadeln wie bei 'Meyeri', blaugrau, 6—9 mm lang, 1,5—2 mm breit, spitz und scharf. Vor 1972 entstanden bei JAC. SCHOEMAKER, Boskoop. ✶✶ ■

'Blue Star' (Hoogeveen). Zwergform, breit und halbkugelig, sehr dicht, (vielleicht bis) 1 m hoch; Benadelung sonst genau wei bei 'Meyeri'. KHN Taf. 66. Entstanden aus einem Hexenbesen an 'Meyeri' um 1950 bei GEBR. HOOGEVEEN in Reeuwijk, Holland, aber erst 1964 eingeführt. Heute in großem Umfang in Vermehrung. ✶✶

var. **fargesii** Rehd. & Wils. Baum, 5—20 m hoch, oft vom Grunde aus mehrstämmig, Rinde braun, in langen Streifen abfasernd, Äste aufrecht und ausgebreitet, Zweige hängend; Nadeln länger und schma-

Abb. 124. *Juniperus scopulorum* 'Repens' im Hillier-Arboretum, England

Abb. 125. *Juniperus squamata* var. *meyeri* (Foto: Archiv)

ler, bis 8 mm lang, stechend, blaß- oder blaugrün; Früchte eiförmig, 5—6 mm lang, stumpf schwarzblau. KHN Taf. 66. West-China. 1907.

'Golden Flame'. Eine 'Meyeri'-Form mit gelbbunter Benadelung. ■

'Loderi'. Ähnlich 'Wilsonii', aber niedriger, 1—1,5 m hoch, schmal kegelförmig, dicht, Äste ansteigend, Zweige ebenso, Spitzen nickend; Blätter nadelförmig, kurz, spitz, oben sehr blau, unten grün, im 2. Jahre braun oder trocken (= *J. wallichiana loderi* Hornibr.). Entstanden bei Sir EDMUND LODER, England. Vor 1929. Ⓢ

'Meyeri'. Strauch, aufrecht, bis 5 m hoch, stark verzweigt, Äste aufrecht, Zweige ansteigend, kurz, gerade, braun; Nadeln schmallanzettlich, 6—8 mm lang, gerade, besonders auf der Rückseite sehr stark blauweiß. KHN Taf. 63. China. 1914. Sehr beliebter und weitverbreiteter Strauch. ✱✱ Abb. 125.

'Prostrata'. Strauch, niederliegend, alle Äste waagerecht abstehend; Nadeln mehr abstehend, weniger gekrümmt, schmaler, oben schmaleres blauweißes Band und breiterer grüner Rand, unten leicht gekielt. 1909.

'Wilsonii'. Strauch, aufrecht, bis 2 m hoch, Zweige kurz, gedrängt, an der Spitze zurückgebogen; Nadeln kürzer und breiter, etwa 4 mm lang, dicht. KHN Taf. 63. West-China. 1909. Ⓢ Abb. 126.

J. thurifera L. Schmal kegelförmiger Baum, zuletzt Krone rund, Zweiglein fast 4kantig, gerieben streng aromatisch duftend; Blätter teils schuppenförmig, teils nadelförmig, doch stets gegenständig, graugrün, Schuppenblätter mit Drüse; Frucht rundlich, 8 mm dick, dunkelblau, bereift. KHN Taf. 60. Mittelmeergebiet. 1752. ∧∧ Abb. 100.

J. virginiana L. Rotzeder. Baum, bis 30 m hoch, Habitus sehr wechselnd, meist zuerst schlank-eiförmig, später Äste waagerecht abstehend, auch überhängend, Stamm bis 1 m dick, Rinde grau- bis rotbraun, Zweiglein undeutlich 4kantig, dünn; Blätter meist schuppenförmig, doch auch häufig Nadelblätter an älteren Bäumen, diese bis 10 mm lang, stechend, oben rinnig, weiß gezeichnet, meist zu 3 quirlig, Schuppenblätter gegenständig, lanzettlich bis eirhombisch, 1—2 mm lang, Rückseite konvex, mit oder ohne Drüse, Rand nicht gezähnt; Blüten 1häusig; Früchte fast kugelig, 6 mm dick, im 1. Herbst reifend, dunkelblau, bereift, glänzend. KHN 80. Kanada bis Florida, östlich der Felsengebirge, auf trockenem, felsigem Gebirgsboden und feuchtem, sumpfigem Talboden. Vor 1664. Sehr veränderlich. ✶✶ Abb. 99.

Hiervon zahlreiche Gartenformen.

Übersicht über die behandelten Formen, nach ihrem Wuchs geordnet

breit strauchig
- 'Grey Owl', graublau
- 'Tripartita', blaugrün
- 'Helle', reingrün
- 'Silver Spreader', silbriggrün

kegelförmig
- 'Burkii', stahlblau
- 'Elegantissima', gelb
- 'Hillii', blaugrün
- 'Schottii', gelbgrün
- 'Manhattan Blue', blaugrün

säulenförmig
- 'Boskoop Purple', blaugrau
- 'Fastigiata', blaugrün
- 'Glauca', stahlblau
- 'Robusta Green', blaugrün
- 'Canaertii', dunkelgrün
- 'Pyramidiformis', dunkelgrün
- 'Skyrocket', silberblau

sonstige
- 'Albospica', weißbunt
- 'Globosa', kugelig

'Albospica'. Zweigspitzen ausgeprägt weiß.

'Boskoop Purple' (Grootendorst). Schmale Säulenform, raschwüchsig und hoch werdend, Mutation von 'Hillii', aber höher, raschwüchsiger und im Winter intensiver purpurbraun gefärbt, sonst wie → 'Hillii'. 1960 bei F. J. Grootendorst entstanden, 1963 eingeführt.

'Burkii'. Kegelförmig, bis 3 m hoch, Äste aufrecht, dicht, Zweige zahlreich, kurz gleichmäßig gestellt; Nadeln pfriemlich, 5—7 mm lang, schmal, allmählich fein zugespitzt, scharf, doch nicht stechend, oben mattblau gestreift, Rand schmal grün, unten grün, Herbstfarbe stahlblau, im Winter purpurn. KHN Taf. 64. Vor 1930 in den USA entstanden. Eine der schönsten blauen *Juniperus*-Formen. ✶✶

Abb. 126. *Juniperus squamata* 'Wilsonii' im Botanischen Garten Dortmund

'Canaertii'. Schlank säulenförmig, dicht beastet, bis 5 m hoch, Äste ansteigend, dick, Zweige kurz, dicht gehäuft; Nadeln an Jungtrieben schuppenförmig, an älteren pfriemlich, dunkelgrün, wovon die zahlreichen kleinen, blauweißen Früchte sich gut abheben. Vor 1868. Benannt zu Ehren von Canaert d'Hamale, Mecheln, Belgien. ✶✶

'Elegantissima'. Kegelförmig, 2—3 m hoch, leicht und elegant bezweigt, Zweige goldgelb; Nadeln und ältere Zweige dunkelgrün, sehr hübsch kontrastierend. Vor 1882. Eine der schönsten Formen.

'Fastigiata'. Ähnlich *J. sabina* 'Fastigiata', doch geriebene Zweige nicht unangenehm riechend. Schmal säulenförmig, Gipfel mit mehreren Spitzen, Äste ansteigend, Zweige sehr dünn, blaugrün; Nadeln alle schuppenförmig, dicht angedrückt, sehr klein, spitz, blaugrün, mit schmalen weißen Wachslinien. Ursprung unbekannt. Von Herm. A. Hesse, Weener, im Katalog 1933—1934 angeboten.

'Glauca'. Säulenförmig, rasch und üppig wachsend, 5(—10) m hoch, gut beastet, Spitzen der Äste aus der Säule hervorragend; Nadeln schuppenförmig, angedrückt, klein, im Innern der Pflanze mitunter auch nadelförmig. 1855. Sehr bekannte Form, von der aber nur die stahlblaue, schönste Tönung vermehrt werden sollte. ✶

'Globosa'. Kugelform, dicht bezweigt, gedrungen, nur mit Schuppenblättern, frischgrün. KHN 96. Vor 1891.

'Grey Owl'. Strauchig, Äste ansteigend, kräftig, sehr ähnlich einem *J. chinensis* 'Pfitzeriana', aber Nadeln blau bereift (Farbton wie von *J. virginiana* 'Glau-

Abb. 127. *Juniperus virginiana* 'Helle' bei MINIER, Angers

ca'), Zweige dünn, Triebspitzen im Winter purpurn. KHN 85. Vor 1949 entstanden aus Samen (von *J. virginiana* 'Glauca' × *J. chinensis* 'Pfitzeriana') bei GEBR. CAAM, Oudenbosch; 1949 in den Handel gebracht von GROOTENDORST. ✶✶

'Helle'. Wuchs breit gedrungen, doch aufrecht; Benadelung reingrün. (H. KORDES 1976). ■ Abb. 127.

'Hillii'. Kegelförmig, langsamwüchsig, 3—6 m hoch, Äste und Zweige ansteigend, kurz, Zweiglein 5 bis 10 cm lang, blau bereift; Blätter pfriemförmig, 5 bis 8 mm lang, oben unregelmäßig breit blauweiß gestreift, Rand blaugrün, unten grünlichblau, im Winter purpurn. Vor 1936 bei D. HILL entstanden. Durchaus verschieden von voriger Form.

'Manhattan Blue'. ♂; mittelhoch, Wuchs gedrungen kegelförmig; Benadelung teils schuppen-, teils nadelförmig, dunkel blaugrün. 1963 eingeführt durch die R. SCOTT NURSERIES in Manhattan, Kansas.

'Pyramidiformis'. Säulenförmig schlank, 5—10 m hoch, Habitus ähnlich 'Canaertii', Äste ansteigend oder aufrecht, Zweige aufrecht, kurz, dünn mit Zweiglein besetzt; Nadeln schuppenförmig, angedrückt, sehr klein, dunkelgrün. Entstanden vor 1923 bei D. HILL in Dundee, Illinois, USA.

'Robusta Green'. Wuchs schmal säulenförmig, dicht bezweigt, Triebe einwärts gekrümmt und mehr oder weniger gedreht; Blätter nadelförmig, 5—8 mm lang, 1—1,5 mm breit, blaugrün (!), etwas einwärts gebogen, stachelspitz, im Innern der Pflanze nur selten kleine Triebe mit Schuppenblättern. Aus USA, Herkunft unbekannt. In Boskoop in Kultur. Sehr schöne gedrungen wachsende Säulenform, sehr gesund, gut winterhart. ✶ ■

'Schottii'. Schmal kegelförmig, 2—3 m hoch, Äste ansteigend, Zweige sehr dünn, gelbgrün; Nadeln alle schuppenförmig, dicht angedrückt, hellgrün bis gelbgrün. Vor 1872. ✶

'Silver Spreader'. Bodenbedecker, Wuchs sehr breit und flach; Benadelung silbriggrün. Vor 1954 von den MONROVIA NURSERIES eingeführt.

'Skyrocket'. Eine der schmalsten Säulenkoniferen, mindestens 4 m hoch werdend, dann aber nur 40 cm breit, alle Äste und Triebe senkrecht ansteigend; Benadelung schön silberblau (= *J. chinensis* 'Skyrocket' Grootendorst; *J. scopulorum pillaris* Wyman). Schon vor 1949 wild aufgefunden und zuerst ohne Namen vermehrt in der SCHUEL NURSERY in South Bend, Indiana, USA; dann in Europa durch F. G. GROOTENDORST eingeführt, heute weltbekannte Sorte. ✶✶✶

'Tripartita'. Niedrigbleibend, zuletzt als alte Pflanze aber bis 2 m hoch, Äste ausgebreitet bis aufrecht, Spitzen stark überhängend, Zweige kurz; Blätter nur nadelförmig, an den Triebspitzen mehr angedrückt, zur Basis hin jedoch mehr und mehr abstehend, oben blaugrün, unten grün. Vor 1897. Vielleicht eine Jugendform. ✶

KETELEERIA Carr. — STECHTANNE, GOLDTANNE — PINACEAE

Immerhohe Bäume (bei uns nur strauchig, seltener baumartig) von tannenartigem Aussehen, Zweige quirlig, abstehend, unregelmäßig, Krone im Alter mehr schirmförmig, in der Jugend Habitus pyramidal; Knospen eiförmig bis kugelig, nicht harzig; Blätter nadelförmig, linealisch, steif, fast 2reihig, beiderseits flach mit vortretender Mittelrippe, oben glänzendgrün, unten blaßgrün mit undeutlichen Stomabändern, an Jungpflanzen meist spitzdornig, an alten Pflanzen stumpf; mit 2 wandständigen Harzkanälen; Pflanzen 1häusig; ♂ Blüten gehäuft, achsel- oder endständig; ♀ Blüten an benadelten Seitentrieben aufrecht und endständig; Zapfen wie bei *Abies*, aufrecht, eiförmig, walzenförmig, aber bei der Reife (im 1. Jahre) ganz abfallend (bei *Abies* zerfallend), Fruchtschuppen groß, breit, lederartig-holzig; Deckschuppen halb so lang wie die Fruchtschuppen; Samen zu 2, groß, mit Harzlücken, geflügelt, Flügel so lang oder fast so lang wie die Schuppen; Keimblätter 2, unterirdisch bleibend; $x = 12$.

— 2 oder 3 Arten in China und Formosa. Eignen sich für trockenes Klima besser als *Abies*.

Keteleeria davidiana (Bertrand) Beissn. Baum, 25—40 m, Krone junger Pflanzen tannenartig, Borke dunkelgrau, rauh, rissig, junge Triebe graugelb, braun und kurz behaart, kahl, Knospen rundlich, rötlich; Nadeln fast 2zeilig, weit gestellt, 2—5 cm lang, steif, gerade, an Jungpflanzen scharfspitzig und stechend, an alten Pflanzen stumpf oder auch ausgerandet, beiderseits glänzendgrün oder unten mehr blaugrün; Zapfen aufrecht, 5—20 cm lang, vor der Reife grün, später braun, Fruchtschuppen eiförmig, so lang wie breit, Samen 1 cm lang, Flügel 1,5 cm lang, hellbraun. KHN 98 und 100. Mittel- bis Südwest-China. 1888. Härteste Art. ∧∧

LARIX Link — LÄRCHE — PINACEAE

Sommergrüne Bäume mit schraubig angeordneten, waagerechten oder hängenden Ästen, rissiger Borke, kleinen, eiförmigen Knospen mit kleinen, dachziegeligen Schuppen; Blätter nadelförmig, weich, dünn, gekielt, mit Stomabändern und 2 seitlichen Harzgängen, an Langtrieben spiralig und entfernt, an Kurztrieben in dichten Büscheln; Blüten 1häusig, einzeln, endständig; ♂ Blüten kugelig bis eiförmig, gestielt oder sitzend, gelb, aus zahlreichen, dicht und spiralig stehenden Staubblättern zusammengesetzt, ♀ Blüten fast kugelig, an Kurztrieben endständig, von einem Nadelkranz umgeben; Zapfen länglich oder eiförmig oder rundlich, zur Blütezeit grün, rötlich oder purpurn, reif braun und holzig; Samen zu je 2 unter jeder Fruchtschuppe, fast 3eckig mit großem, häutigem Flügel; $x = 12$. — Etwa 10 Arten in den kälteren Regionen der nördlichen Halbkugel, meist im Gebirge.

Merkmale einjähriger *Larix*-Triebe

	Rindenfärbung	Bereifung	Behaarung			Nadeln			
			stark	schwach	fehlend	Farbe	Querschnitt 4eckig	3eckig	flach
decidua	gelblich				×	hellgrün			×
eurolepis	graugelb					bläulich			×
gmelinii	gelblichrötlich	×		×		frischgrün			×
— *japonica*	bläulichrot	×	×			bläulich		×	
— *principis-rupprechtii*	hellgelb				×			×	
griffithiana	stumpfbraun		×			hellgrün		×	
laricina	rötlichgelb	×			×	hellgrün		×	
kaempferi	rötlichbraun	×		×		bläulich		×	
lyallii	braun		×			bläulich	×		
mastersiana	hellgelbgrün			×		hellgrün	×		
occidentalis	orangebraun		×			hellgrün		×	
pendula	rötlich	×				hellgrün			×
potaninii	rotbraun			×		frischgrün	×		
russica	hellgraugelb			×		dunkelgrün			×

Larix decidua Mill. Europäische Lärche. Baum, bis 35 m hoch, Stamm gerade, Krone schlank, kegelförmig, Borke grau, abblätternd, später braun, Äste fast waagerecht oder überhängend mit aufstrebenden Spitzen, Zweige dünn, zierlich herabhängend, gelblich, kahl, Kurztriebe schwarzbraun, Endknospen harzig; Nadeln stets hellgrün, zu 30—40 im Büschel, 1—3 cm lang,

Abb. 128. Zapfen der *Larix*-Arten (*L. sibirica* = *L. russica*; *L. leptolepis* = *L. kaempferi*; *L. griffithii* = *L. griffithiana*) (nach BEISSNER, CLINTON-BAKER, Gard. Chron., SILVA TAROUCA)

oben flach, unten gekielt; ♀ Blüten länglich-walzenförmig, purpurrot; Zapfen eiförmig, hellbraun, 2—4 cm lang, mit 40—50 Fruchtschuppen, am Rande nicht umgerollt, Samen klein, mit braunem Flügel. KHN 102 (= *L. europaea* DC.). Europa, gemäßigte Zone. Sehr geschätzter, raschwüchsiger Baum mit frischgrüner, im Herbst schön goldgelber Benadelung; verlangt zur guten Entwicklung jedoch ganz freie Lage. Abb. 128, 130, 131.

'Corley'. Langsamwüchsig, kugelig, ohne Leittrieb. Erzogen aus einem von R. F. CORLEY, England, gefundenen Hexenbesen. (HILLIER 1971). ■

'Pendula'. Hoher Baum, Wuchs unregelmäßig, sparrig, Stamm auch oft geteilt und mit mehreren Gipfeln, Äste niedergebogen.

var. **polonica** (Racib.) Ostenfeld & Syrach-Larsen. Geographische Varietät mit kleineren, mehr an *L. russica* erinnernden Zapfen, Fruchtschuppen rundlicher und nicht so ausgerandet. Polen. 1910.

'Repens'. Zwergform, Äste lang dem Boden aufliegend und kriechend, sonst aber wie die Art (= *L. decidua* var. *repens* [Laws.] Henk. & Hochst.). Schon seit 1825 — und auch heute noch — in Kultur.

L. eurolepis Henry (*L. kaempferi* ♀ × *L. decidua*). Baum, raschwüchsig, Habitus ähnlich *L. leptolepis*, doch etwas schmaler, Äste an den Enden aufgerichtet, Zweige gelb, kahl oder wenig behaart, weniger bereift, Knospen harzlos; Nadeln bis 3,6 cm lang, bläulichgrün, Stomabänder unterseits; Zapfen kegelförmig, Stiel gelb, Fruchtschuppen am Rand leicht zurückgebogen. Entstanden um 1900 in Dunkeld, Schottland. Von *L. decidua* zu unterscheiden durch breitere, bläuliche Nadeln, etwas behaarte Triebe, leicht zurückgeschlagene Deckschuppen, am Rande umgerollte Fruchtschuppen; von *L. kaempferi* zu unterscheiden durch gelbe, schwächer bereifte Triebe, kürzere Nadeln, weniger zahlreiche Stomabänder unterseits, schwächer zurückgebogene Fruchtschuppen und etwas vorragende Deckschuppen.

L. gmelinii (Rupr.) Kuzeneva. Dahurische Lärche. Baum, bis 30 m hoch, Wuchs regelmäßig pyramidal. Äste ziemlich lang, waagerecht abstehend, Jungtriebe gelblich bis rötlich, meist etwas behaart, etwas hängend, Knospen gelbbraun, an der Basis dunkler bis fast schwarz; Nadeln an Kurztrieben kelchförmig ausgebreitet, 3 cm lang, frischgrün, oben flach, unten gekielt mit deutlichen Stomabändern, Spitze stumpf, bleibt im Herbst sehr lange grün; Zapfen eiförmig, 2—2,5 cm lang, 20—40schuppig, zur Reife weit klaffend. KHN 103 (= *L. dahurica* Turcz.; *L. cajanderi* Mayr). Ost-Sibirien. Bei uns ganz hart, aber nur selten echt. Abb. 128.

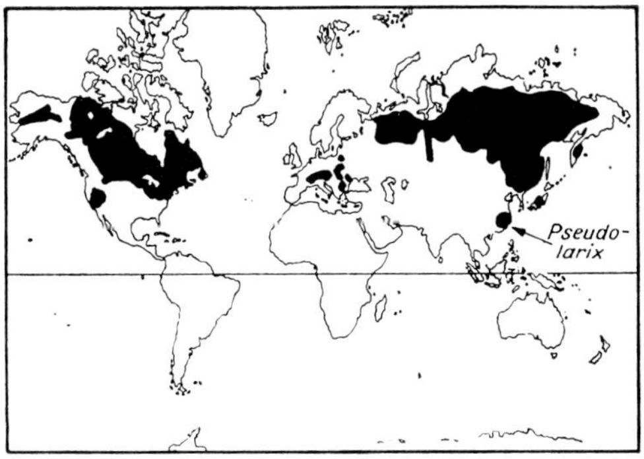

Abb. 129. Areale der Gattungen *Larix* (schwarz) und *Pseudolarix* (Pfeil)

Abb. 130. *Larix decidua* im Ebersberger Forst (Foto: Prof. Dr. ROHMEDER)

Abb. 131. *Larix decidua*. a Langtrieb; b 2 Kurztriebe; c Austrieb mit Blüte; d weibliche Blüte; e Staubblätter; f Fruchtschuppe; g Samen (nach HEMPEL & WILHELM, SCHNEIDER)

Abb. 132. *Larix kaempferi* im Botanischen Garten Dortmund

var. **japonica** (Rgl.) Pilger. Kurilen-Lärche. Baum, bis 30 m hoch, Wuchs wie bei der Art, Äste horizontal, Kurztriebe sehr dick und stark, Jungtriebe braunrot bis violett, bereift; Nadeln zu 20—30 zusammen, ganz flach ausgebreitet, steif, sichelförmig gekrümmt, 12—25 mm lang; Zapfen fast kugelig, mit 15—25 Fruchtschuppen. KHN 103, Taf. 70 (= *L. dahurica japonica* Rgl.; *L. kamtschatica* Carr.; *L. kurilensis* Mayr). Sachalin, Kurilen. Bei uns nur selten, doch ganz hart und als erste aller Lärchen grün werdend. Abb. 128.

var. **principis-rupprechtii** (Mayr) Pilger. Baum, Jungtriebe zuletzt kahl, hellgelb; Nadeln der Kurztriebe flach ausgebreitet, an Langtrieben sichelförmig, breit, mit langer Spitze; Zapfen auf 2 cm (!) langem, aufwärts gekrümmtem Stiel, kegelförmig, 3,5—4 cm lang, mit 30—40 Fruchtschuppen. KHN 103. Nord-China, Korea. Bei uns hart. (Grafrath). Abb. 128.

L. griffithiana Hook. f. Sikkim-Lärche. Baum, 10—20 m hoch, Wurzelspitzen rot, Stamm gerade, Hauptäste waagerecht, Zweige senkrecht und zierlich herabhängend, Jungtriebe behaart, rötlichbraun, Knospen kegelförmig, behaart; Nadeln 2—3,5 cm lang, frischgrün, oben flach, unten gekielt; ♀ Blüten mit langen, leuchtendroten Deckschuppen; Zapfen 7—10 cm lang, an sehr kurzem Stiel, aufrecht an hängenden Trieben. KHN 69. Südwest-China, Himalaja, in ihrer Heimat auf grasigen, frischen Gebirgshängen. In Deutschland mehrfach ausprobiert, Ergebnis jedoch meist unbefriedigend. Sehr empfindlich. ∧∧? Abb. 128; Taf. V.

L. kaempferi (Lamb.) Carr. Japanische Lärche. Baum, bis 30 m hoch, Äste waagerecht abstehend (nicht überhängend!), Krone zuletzt breit kegelförmig, Borke rotbraun, in schmalen Streifen abblätternd, Jungtriebe rötlichbraun, gefurcht, oft bereift, wenig behaart bis kahl, Kurztriebe dick, kurz, rötlich, mit 40—50 Nadeln; Nadeln 2—3,5 cm lang, weich, beiderseits blaugrün, oben flach, unten gekielt und mit 2 weißen Stomabändern zu je 5 Reihen, Herbstlaub goldgelb; Zapfen fast kugelig, 2—3 cm lang, auf rechtwinklig vom Zapfen abstehendem Stiel, Fruchtschuppen zahlreich, dünn, rosettenartig zurückgerollt (Abb. 128), Samen klein, hellbraun, mit dunkelbraunem Flügel. KHN Taf. 70 (= *L. leptolepis* [S. & Z.] Gord.). Japan, vulkanische Bergabhänge auf Hondo. Bei uns allen anderen Lärchen überlegen, wenn genügende Luft- und Bodenfeuchtigkeit. Gärtnerisch ebenfalls sehr wertvoll. In Japan auch häufig als Miniaturkonifere in Töpfen gezogen. ✱✱ Abb. 132.

'Blue Rabbit'. Wuchs kräftig, schmal kegelförmig; Benadelung ausgesprochen blau. Von L. KONIJN & Co., Reeuwijk, Holland, 1960 selektiert. (Ob = 'Blue Haze'?) (HILLIER 1971).

'Dervaes'. Zweige zierlich am Stamm niederhängend, Spitze überhängend. Entstanden 1906 bei DERVAES in Wetteren, Belgien.

'Pendula'. Langsamwüchsig, Äste ansteigend, dann überhängend. Großes Exemplar in Dortmund. Weitere Hängeformen werden von DEN OUDEN unterschieden.

L. laricina (Du Roi) K. Koch. Amerikanische Lärche. Baum, bis 20 m hoch, Äste kurz, waagerecht abstehend, Krone schmal kegelförmig, Borke grau, dann rotbraun, Triebe gelbrot, meist bereift, leicht behaart, später kahl, Kurztriebe sehr kurz, schwarz, Knospen dunkelrot, etwas harzig; Nadeln zu 12—30, pinselartig gehäuft, 2 bis 3 cm lang, hellgrün, unten stark gekielt, je 1 Stomaband beiderseits des Kieles; Zapfen kurz gestielt, reif gelbrot, 1,5 cm lang, 1 cm breit, mit 12 bis 16 kreisrunden Fruchtschuppen, Deckschuppen verdeckt, klein. KHN Taf. 69 (= *L. americana* Michx.; *L. microcarpa* Desf.; *L. alaskensis* Wight). Östliches Nord-Amerika, waldbildend. Bei uns hart und gut gedeihend. Abb. 128.

L. lyallii Parl. Alpen-Lärche. Kleiner Baum, 13—15(—25) m hoch, Krone pyramidal, Äste lang, entfernt und waagerecht stehend, oft weidenartig hängend, Jungtriebe kräftig, grau- oder braunfilzig, Kurztriebe bis 2 cm lang, mit sehr kurzen, kreisrunden Schuppen mit zerschlissenem Rand; Nadeln zu 40—50 im Büschel, aufrecht abstehend, 2,5—3,5 cm lang, bläulichgrün, steif, beiderseits gekielt; Zapfen fast sitzend, 3—4,5 cm lang, mit zahlreichen Fruchtschuppen, diese fast kreisrund, behaart, zur Reife abspreizend und zurückgeschlagen, Deckschuppen aufrecht, Samen klein, mit rosa Flügel. KHN Taf. 70. Hochgebirge des westlichen Nord-Amerika. Bei uns vermutlich nirgends echt vorhanden. Wohl hart, aber schlecht gedeihend. Abb. 128, 133, 134.

Abb. 133. *Larix lyallii* am heimatlichen Standort in Canada (Foto: Forestry Branch, Canada)

L. marschlinsii Coaz (*L. kaempferi* × *L. russica*). Raschwüchsiger Bastard (16jährige Pflanzen waren in der Schweiz 7—8 m hoch); Nadeln bläulichgrün, bis 3,5 cm lang; Zapfen fast kugelig bis eiförmig, Fruchtschuppen an der Spitze nicht mehr zurückgebogen. Entstanden im Forstgarten von Tscharnerholz bei Morat, Schweiz. 1901.

L. occidentalis Nutt. Westamerikanische Lärche. Baum, in seiner Heimat 40—80 m hoch, Wuchs schlank pyramidal, Äste kurz, fast waagerecht, junge Triebe gelblich bis orangebraun, behaart, doch bald kahl, Knospen harzig, Schuppen behaart, gefranst; Nadeln zu 15 bis 40 im Büschel, abstehend, steif, 3—4 cm lang, oben gerundet, unten gekielt, beiderseits mit je 2 weißen Stomabändern, ohne Harzkanäle; Zapfen auf 6 mm langem, weiß behaartem Stiel, eiförmig, 2,5—3,5 cm lang (Abb. 128), Fruchtschuppen zu 30—50, fast kreisförmig, ganzrandig, außen unter der Mitte feinfilzig, Deckschuppen lang zugespitzt, vorra-

Abb. 134. *Larix lyallii*, Zweige (Foto: Forestry Branch, Canada)

Abb. 135. *Larix russica* im Botanischen Garten Leningrad

gend, aufrecht, Samen weißlich, Flügel braun. KHN Taf. 71. Westliches Nord-Amerika.

L. pendula (Soland.) Salisb. (*L. decidua* × *L. laricina*). Hänge-Lärche. Baum, 20—25 m hoch, Stamm überhängend und wieder ansteigend, Äste fast senkrecht herabhängend, Borke schwarzbraun, Triebe hängend, kahl, rötlich, seltener bereift, Knospen eiförmig, harzig; Nadeln wie bei *L. decidua*; Zapfen wie bei *L. laricina*, jedoch größer, bis 2,5 cm lang, mit 20—30 in der unteren Hälfte behaarten Fruchtschuppen, Rand gekerbt, Deckschuppen verborgen (= *L. americana pendula* Loud.). Angeblich aus Neufundland. Sehr dekorative Konifere mit Hängewuchs. Aussaaten ergeben in der Regel wieder die Eltern.

L. potaninii Batal. Chinesische Lärche. Baum, 7—30 m hoch, Äste ziemlich kurz, Borke graubraun, Zweige senkrecht herabhängend, Jungtriebe orangebraun, glänzend, etwas behaart, doch bald kahl, Endknospen harzig; Nadeln beiderseits gekielt, beiderseits mit 1—2reihigen Stomabändern, 2—3 cm lang, frischgrün; Zapfen sitzend, länglich-eiförmig, 3—4,5 cm lang (Abb. 128), zuerst rötlich, reif bläulich, Deckschuppen vorragend, mit langer Spitze, purpurn, Samen klein. KHN Taf. 71 (= *L. chinensis* Beissn.; *L. thibetica* Franch.). Provinz Schensi, West-China. Winterhart, doch spätfrostgefährdet. Eine der schönsten Lärchenarten, jedoch bei uns erst geringe Kulturerfahrungen (Grafrath). ∧

L. russica (Endl.) Sabine ex Trautv. Sibirische Lärche. Baum, bis 30 m hoch, Stamm schlank, Borke rotbraun, schuppig, später rissig, Krone pyramidal, Äste fast waagerecht oder ansteigend, Triebe hellgelb, glänzend, gefurcht, anfangs etwas behaart, bald kahl, Kurztriebe sehr dicht zusammenstehend, Austrieb schon 2 Wochen vor den anderen Lärchenarten, aber auch früher kahl werdend; Nadeln zu 15—30 im Büschel, 2,5—5 cm lang, fast fadenförmig, weich, oben dunkelgrün und mit 2 Stomabändern, unten stark gekielt, hellgrün, mit je einem 2reihigen Stomaband beiderseits des Kieles; Zapfen 2,5—4 cm lang, ganz kurz gestielt, mit 20—50 Schuppen, außen braunfilzig, längs gerieft, Rand nie nach außen umgebogen. KHN Taf. 69 (= *L. sibirica* Ledeb.; *L. decidua* var. *rossica* Henk. & Hochst.). Nordost-Rußland, Sibirien. Bei uns zwar hart, aber forstliche Kulturerfahrungen ungünstig (Spätfrostschäden, Trägwüchsigkeit u. a.). ∧ Abb. 128, 135.

LIBOCEDRUS Endl. (s. str.) — SCHUPPENZEDER — CUPRESSACEAE

Immergrüne Bäume mit flachen Zweiglein und schuppenförmigen Blättern an aufrechten oder abstehenden Zweigen; Blätter kreuzweise gegenständig, Kantenblätter von den Flächenblättern verschieden; Blattrand deutlich gekennzeichnet, Flächenblätter zwischen den Kantenblättern nur kurz sichtbar; Stomata auf der Ober- und Unterseite; Außenwände der Nebenzellen der Stomata mindestens so stark kutinisiert wie die umgebenden Epidermiszellen der Stomabänder; mit nahe und weit stehenden Höckern (Papillen) auf den Nebenzellen der Stomata; Zapfenschuppen über den Fruchtblättern höchstens durch einen kleinen Achselfortsatz angedeutet; Samen geflügelt, ein Flügel gut ausgebildet, der zweite nur als schmaler Hautrand; $x = 11$. — 5 Arten in Neuseeland und Neukaledonien. Bei uns erst wenig versucht.

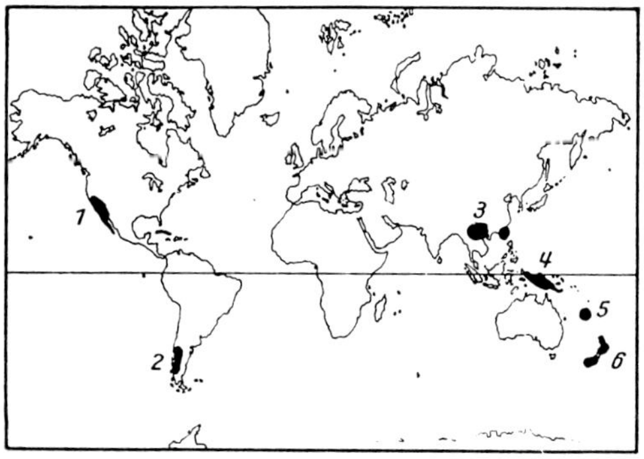

Abb. 136. Areal der Gattung *Libocedrus* (s. lat.). 1 *Calocedrus decurrens*; 2 *Austrocedrus chilensis*, *Pilgerodendron uviferum*; 3 *Calocedrus macrolepis*; 4 *Papuacedrus*-Arten; 5 *Libocedrus austrocaledonica*; 6 *Libocedrus bidwillii*, *L. chevalieri* und *L. plumosa*

Übersicht über die Aufteilung der (alten) Gattung

Frühere Bezeichnung	Heutige Bezeichnung
Libocedrus *decurrens* Torr. 1853	**Calocedrus decurrens** (Torr.) Florin 1956
— *macrolepis* Benth. & Hook. 1880	— **macrolepis** Kurz 1873
— *formosana* Florin 1930	— **formosana** (Florin) Florin 1956
— *chilensis* (D. Don) Endl. 1847	**Austrocedrus chilensis** (D. Don) Florin & Boutelje 1954. Abb. 37
— **chevalieri** Buchholz 1949	bleibt unverändert
— **yateensis** Guillaumin 1949	bleibt unverändert
— **austro-caledonica** Brongn. & Gris. 1871	bleibt unverändert
— **bidwillii** Hook. f.	bleibt unverändert
— **plumosa** (D. Don) Sarg. 1896	bleibt unverändert
— *torricellensis* Schlecht. & Lauterb. 1913	**Papuacedrus torricellensis** (Schlecht.) Li 1913
— *arfakensis* Gibbs 1917	— **arfakensis** (Gibbs) Li 1953
— *papuana* F. Muell. 1889	— **papuana** (F. Muell.) Li 1953
— *uvifera* Pilg. 1926; *tetragona* Endl. 1847	**Pilgerodendron uviferum** (D. Don) Florin 1930

Die alte Gattung *Libocedrus* Endl. (im breiteren Sinne) besteht aus 13 Arten, die allerdings in verschiedenen Merkmalen so stark voneinander abweichen, daß Pilger 1926 die Gattung in 2 Untergattungen (*Heyderia* und *Eulibocedrus*) aufteilte. 1930 teilte Florin *L. uvifera* ab und erhob sie wegen ihrer ganz abweichenden Blattstellung und Form zu einer monotypischen Gattung. Li bearbeitete 1953 die Gattung und faßte 3 tropische Arten zu einer weiteren Gattung, *Papuacedrus*, zusammen und stellte gleichzeitig die Gattung *Heyderia* wieder her, die zuletzt nur noch den Rang einer Untergattung gehabt hatte. Die verbliebenen 6 Arten bildeten die neue Gattung *Libocedrus* Endl. (im engeren Sinne). Da aber auch in dieser neuen Gattung noch eine große Verschiedenartigkeit bestand, trennten Florin & Boutelje 1954 erneut eine Art, *L. chilensis*, ab und erhoben auch diese zur monotypischen Gattung *Austrocedrus*. Schließlich stellte Florin 1956 fest, daß auf Grund der Prioritätsregel an Stelle von *Heyderia* jetzt *Calocedrus* zu verwenden ist. Die wissenschaftliche Begründung für diese starke Aufteilung der an sich kleinen Gattung ist jedoch durchaus stichhaltig; für die gärtnerische Praxis ist sie von nur geringer Bedeutung, da die meisten Arten bei uns nicht in Kultur sind.

Die unverändert gebliebenen 5 Arten bilden jetzt die neue Gattung *Libocedrus* (in engerem Sinne) mit den oben beschriebenen Gattungsmerkmalen.

Libocedrus bidwillii Hook. f. Baum, bis 20 m hoch, sehr ähnlich *L. plumosa*, aber niedriger,

Abb. 137. *Libocedrus plumosa,* Naturdruck, ½ natürliche Größe; Zweig aus einem Park in Irland

Äste aufrecht, Zweige nur 4—6 cm lang, spiralig stehend, flach, abstehend; Blätter schuppenförmig, sehr klein, in 4 Reihen gegenständig, meist gleich groß, grün; Zapfen 8—10 mm lang, mit 4 Schuppen, auf dem Rücken mit einem gekrümmten Dorn. KHN 107. Nordinsel von Neuseeland, im Gebirge. Soll härter sein als *L. plumosa* und wächst in ihrer Heimat in kälteren, höheren und feuchten Lagen, dann aber strauchig. ∧∧?

L. plumosa Sarg. Baum, 18—30 m hoch, Rinde in faserigen Streifen ablösend, Zweiglein flach; Kantenblätter an jüngeren Pflanzen größer als die Flächenblätter, letztere spitz, kaum drüsig, an älteren Pflanzen Blätter alle ziemlich gleich groß; Zapfen 8—12 mm lang, mit 4 Schuppen, auf dem Rücken mit einem Dorn, fruchtbare Schuppen mit je 1 Samen. KHN 107 (= *L. doniana* Endl.). Neuseeland. Da die Art in England und Frankreich gut hart ist, müßte sie auch bei uns in günstigen Lagen aushalten. ∧∧? Abb. 137.

METASEQUOIA Miki — TAXODIACEAE

Sommergrüner, mit *Taxodium* nahe verwandter Baum, mit gegenständigen Ästen, Triebe 2-zeilig, im Spätherbst abfallend; Blätter gegenständig, sitzend bis fast sitzend, nadelförmig, unterseits mit 2 Stomabändern zu 4—6 Reihen; 1häusig; ♂ Blüten achsel- und endständig, in Trauben oder Rispen, gegenständig, mit etwa 20 Staubblättern; ♀ Blüten mit 22—26 kreuzweise gegenständigen Fruchtschuppen, davon die obersten und untersten steril; Zapfen hängend, langgestielt; Samen zu 5—9, zusammengedrückt, ringsum geflügelt; Keimblätter 2; $\varkappa$ = 11. — Nur 1 Art in China; ein Relikt aus der Vorzeit, erst 1945 entdeckt.

Metasequoia glyptostroboides Cheng & Hu. In seiner Heimat bis 35 m hoher Baum, Stamm bis 2 m Durchmesser, nach oben allmählich schlanker werdend, Basis mit Leisten verbreitert, Borke dunkelgrau, rissig, in dünnen Streifen ablösend, Zweige gegenständig, kahl, glatt, anfangs grün, später braun; Nadeln gegenständig, 2reihig, sitzend bis fast sitzend, 8—15 mm lang, oben blaugrün, unten hellgrün, beiderseits des Mittelnervs mit 4—6 Stomareihen. KHN Taf. 73. Ost-Szechuan. Inzwischen in zahlreichen Exemplaren in einer ganzen Reihe europäischer Gärten, auch Deutschland, angepflanzt und bisher vollkommen winterhart; höchste Pflanzen in England (um 1975) etwa 18 m hoch und bereits fruchtend. (München, Hohenheim, Dortmund u. a.). ✱✱ Abb. 138.

Mittlerweile sind hiervon einige Klone ausgelesen und vermehrt worden, so z. B. in USA **'National'**, Wuchs schmal kegelförmig, 1963; **'Moerheim'** und **'Vada'** in Holland; **'Emerald Feathers'**.

Abb. 138. *Metasequoia glyptostroboides,* Zweig (Foto: Herm. A. Hesse, Weener-Ems)

MICROBIOTA Komar. — CUPRESSACEAE

Strauch, 2häusig; Zweiglein 4kantig, abgeflacht, kurz; Blätter alle schuppenförmig, Flächenblätter breit eckig, spitz, meist mit gut sichtbarer Drüse, Kantenblätter dick, etwas konvex, Spitze einwärts gekrümmt; Zapfen waagerecht an kurzen Zweiglein endständig, abstehend, kugelig, 3 × 6 mm groß, mit 2—4 Fruchtschuppen, diese lederig oder mehr holzig, davon nur 1 fertil und mit 1 Samen; Same aufrecht, elliptisch, ungeflügelt, mit großer Harzdrüse; *x* = 11. — Nur 1 Art; SO-Sibirien.

Microbiota decussata Komar. Immergrüner Strauch, kaum 30 cm hoch, aber bis 1,5 m breit, sehr stark verzweigt, Triebspitzen mehr oder weniger überhängend; Blätter sehr klein, meist 3eckig, hin und wieder auch nadelförmig, im Sommer gelblichgrün, im Winter etwas bräunlich (wie bei *Thuja occidentalis*). KHN Taf. 74. SO-Sibirien, Prov. Primorskaja (östlich Wladiwostok), Olga-Gebiet, Tal des Flusses Sutschana, Oberlauf der Flüsse Anjuja und Chora, im Gebirge, über der Waldgrenze häufig. Bei uns vollkommen winterhart und in den letzten 10 Jahren sehr stark verbreitet. Bodenbedecker mit Zukunft. ** Abb. 139, 140; Taf. V.

Abb. 139. *Microbiota decussata* im Botanischen Garten Novy Dvur u Opavy, ČSSR (Foto: J. Musil)

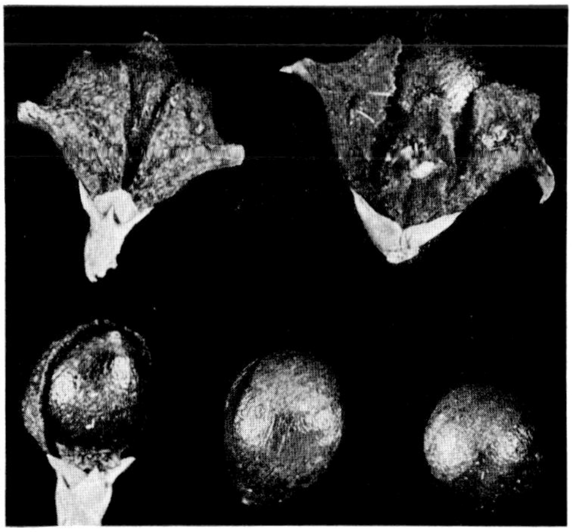

Abb. 140. Früchte von *Microbiota* (etwa 8×) (Foto: A. Bärtels)

PHYLLOCLADUS L. C. Rich. — BLATTEIBE — PODOCARPACEAE

Immergrüne Bäume oder Sträucher, die durch Ausbildung von Blattzweigen (Phyllokladien) ein merkwürdiges Aussehen haben. An den Langtrieben, die mit Zweigknospen abschließen, sind die Blätter auf kleine, zahnartige Schuppen reduziert, die spiralig angeordnet sind. Diese Schuppenblätter tragen in der Achsel blattförmig ausgebildete Kurztriebe von verlängert 4-eckiger Gestalt und derblederiger Beschaffenheit. Die Phyllokladien variieren in Form und Länge bei den einzelnen Arten beträchtlich; im unteren Teil sind sie keilförmig verschmälert und sitzen dem Zweig schmal auf, häufig fast gestielt erscheinend; in diesem Teil, der einen Hälfte des Vierecks, sind sie ganzrandig; der obere Teil dagegen ist mehr oder weniger tief grob zahnförmig oder buchtig eingeschnitten, und an den Einschnitten stehen die rudimentären Blätter als zahnartige Schüppchen; Blüten 1- oder 2häusig, die ♂ in Büscheln am Ende kurzer Zweige, die ♀ einzeln in den Achseln von Schuppenblättern, Samenanlagen aufrecht, am Grunde von einem Diskusring umgeben, der sich später zu einem weißlichen, derbhäutigen Samenmantel (Arillus) auswächst.

Phyllocladus alpinus Hook. f. Strauch oder kleiner Baum, Äste zahlreich, kurz und steif; Phyllokladien grün, unregelmäßig in Form und Größe, gesägt oder unregelmäßig tief gelappt. KHN 117. Gebirgszone von Neuseeland. ∧∧∧ Abb. 141.

P. glaucus Carr. Kleiner oder größerer Baum; echte Blätter dünn, flach, zurückgebogen, 1 bis 2 cm lang, Phyllokladien in 2 Formen, am Hauptast einzeln, fächerförmig, kurz gestielt, alle anderen dagegen quirlständig und im Aussehen wie gefiederte Blätter, 15—35 cm lang, mit 9—17 „Blättchen", derb, blaugrün. KHN 119. Neuseeland, nur in der Umgebung von Auckland. Ⓢ ∧∧∧

P. trichomanoides D. Don. Mittelhoher Baum, Borke dick, außen schwarz, innen rot, Zweige quirlig; Phyllokladien 1—3 cm lang, das endständige fächerförmig, die seitlichen etwas kleiner und schmaler, im Austrieb hübsch rotbraun. KHN 117. Neuseeland. In England in mildesten Gebieten (Cornwall) mehrfach erfolgreich im Freiland kultiviert, bei uns jedoch in jedem Falle Überwinterung im Gewächshaus. Ⓢ ∧∧∧

Abb. 141. *Phyllocladus alpinus.* Zweig mit ♂ (oben) und ♀ (unten) Blüten; rechts oben Frucht mit Arillus (nach HOOKER)

PICEA A. Dietr. — FICHTE — PINACEAE

Immergrüne, kegelförmig wachsende Bäume, Rinde schuppenartig, Äste quirlständig; junge Zweige mit deutlich erhabenen Blattkissen, gefurcht; Knospen vielfach nicht verharzt, Blätter nadelförmig, mehrere Jahre am Baum bleibend, 4kantig oder flach, auf allen oder nur auf der nach unten gerichteten Seite mit Stomalinien und einem kurzen, bräunlichen Stielchen, das nach dem Blattfall höckerartig auf dem Blattkissen sitzen bleibt; Blüten 1häusig; ♂ Blüten einzeln an vorjährigen Zweigen in den Achseln der oberen Nadeln, mit zahlreichen, spiralig angeordneten Staubblättern, Pollenkörner mit Flugblase; ♀ Blüten einzeln, endständig an der Spitze vorjähriger Zweige, am Grunde von wenigen dachziegeligen Schuppen umgeben; Zapfen hängend oder seitlich abstehend, eirund bis länglichzylindrisch, vor der Reife grün oder purpurn, bei der Reife nicht zerfallend; Fruchtschuppen zahlreich, bleibend; Deckschuppen nur klein, versteckt; Samen ohne Harzbläschen, unter jeder Schuppe 2, klein, geflügelt; Flügel leicht abfallend, den Samen auf der oberen Seite löffelartig bedeckend; Keimblätter 4—15; $x = 12$. — Rund 50 (je nach Auffassung 36 bis 80) Arten in den gemäßigten und kälteren Regionen der nördlichen gemäßigten Zone, davon etwa die Hälfte nur in West- und Mittel-China.

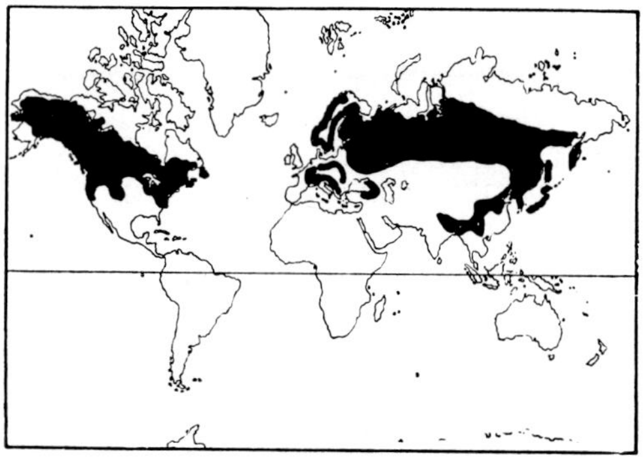

Abb. 142. Areal der Gattung *Picea*

Durch ihre teilweise beträchtliche Variationsbreite ist die sichere Bestimmung namentlich vieler ostasiatischer Arten nicht leicht.

Picea abies (L.) Karst. Fichte, Rot-Tanne. Baum, 30—50 m hoch, Stamm gerade, säulenförmig, bis zu 2 m Durchmesser, Borke rotbraun bis grau, in dünnen Schuppen abblätternd, Krone spitz kegelförmig, Äste waagerecht abstehend oder bogig abwärts stehend mit ansteigenden Spitzen, Jungtriebe braun bis rötlichgelb, kahl bis leicht behaart, Knospen

Übersicht über die Merkmale der wichtigsten *Picea*-Arten, systematisch geordnet

Arten	Jungtriebe			Knospen		Nadeln					Bemerkungen
						Länge (mm)	⌀		Stomata		
	behaart	kahl	Färbung	verharzt	harzfrei		4kantig	flach	oben	unten	
Sektion 1. **Eupicea** Willk. Nadeln 4kantig, auf allen Flächen mit Stomalinien, im Querschnitt ein fast rechtwinkliges oder schiefwinkliges Viereck bildend; Zapfen hängend; Zapfenschuppen vor der Reife dicht anliegend, an ihrer Spitze meist abgerundet und ganzrandig											
smithiana		×	grau	×		20—40	×		×	×	Triebe hängend
schrenkiana		×	grau		×	20—35	×		×	×	
wilsonii		×	grauweiß		×	10—20	×		×	×	dünntriebig
maximowiczii		×	hellbraun	×		8—15	×		×	×	
polita		×	hellgelb		×	15—20	×		×	×	Nadeln steif, stechend
asperata	×—	×	gelblich	×		10—18	×		×	×	ähnlich *P. abies*
abies	×—	×	braun		×	10—20	×		×	×	
obovata	×		braun		×	10—18	×		×	×	
orientalis	×		hellbraun		×	6—10	×		×	×	Nadeln stark glänzend
koyamai	×		braun, bereift	×		8—12	×—	×	×	×	meiste Stomata auf Oberseite
bicolor		×	bräunlich		×	10—20	×—	×	×	×	
glehnii	×		rötlichbraun	×		6—12	×—	×	×	×	
rubens	×		braun		×	10—15	×		×	×	Nadeln glänzend
mariana	×		braun		×	6—18	×		×	×	Nadeln blaugrau
glauca		×	graubraun		×	8—18	×		×	×	Nadeln bläulich
Sektion 2. **Casicta** Mayr. Nadeln 4kantig und auf allen Flächen mit Stomalinien oder zusammengedrückt und unten ohne oder mit weniger Stomalinien als oben; Zapfenschuppen vor der Reife locker anliegend, bei der Reife dunn und biegsam, meist rhombisch, mit welligem oder ausgefressenem Saum											
engelmannii	×		gelbbraun		×	15—25	×		×	×	Nadeln bläulich, gebogen
pungens		×	gelbbraun		×	20—30	×		×	×	Nadeln abstehend
likiangensis	×		gelborange	×		8—15	×—	×	×	×	Nadelpolster gelb
jezoensis		×	gelbbraun	×		10—20		×		×	Nadeln nicht stechend
sitchensis		×	gelbbraun	×		15—25		×		×	Nadeln stechend
brachytyla		×	gelbbraun		×	10—24		×		×	Nadeln ohne grüne Mittellinie
Sektion 3. **Omorika** Willk. Nadeln tannenartig zusammengedrückt, nur auf der nach unten gerichteten Seite (d. h. der morphologischen Oberseite) mit Stomalinien; Zapfen alle hängend oder die oberen abstehend											
omorika	×		braun		×	8—18		×		×	Nadeln mit grüner Mittellinie
breweriana	×		rotbraun		×	20—25		×		×	Nadeln stumpf
spinulosa		×	gelbgrau		×	20—35		×		×	Nadeln stechend

schlank kegelförmig, spitz, hellbraun, harzlos; Nadeln an der Zweigunterseite kammförmig gescheitelt, 1—2 cm lang, gleichmäßig zugespitzt, 4kantig, Stomata auf allen 4 Seiten, dunkelgrün; Zapfen hängend, zylindrisch, 10 bis 15 cm lang, 3—4 cm breit, jung grün oder rot, reif hellbraun, Fruchtschuppen ziemlich hart, rhombisch, nach dem oberen Ende hin verschmälert, Spitze abgestutzt oder ausgerandet. KHN Taf. 77 (= *P. excelsa* Link). Nord-Europa, Gebirge Mittel-Europas, waldbildend. Liebt guten, frischen Boden, große Luftfeuchtigkeit und Kühle, am besten auf Lehmböden bis lehmigem Sand. ✶ Abb. 144, 161.

Hierzu außerordentlich viele Formen:

Übersicht über die behandelten Cultivare und Formen von *Picea abies*

Gruppe 1. Wuchs **normal, kräftig aufrecht** (ausgenommen bei 3)

1. Säulen- und Kegelformen
'Columnaris'
'Cupressina'
'Falcata'
'Pyramidata'

2. Wenig beastete Formen
'Cranstonii'
'Dicksonii'
'Virgata'

3. Hängeformen
'Aarburg'
'Frohburg'
'Inversa'
'Loreley'
'Pendula Major'
'Rothenhaus'
'Viminalis'
'Wartburg'

4. Farbige Nadeln
'Argentea'
'Argenteospica'
'Aurea'
'Coerulea'
'Finedonensis'

5. Abweichende Zapfen
f. *chlorocarpa*
f. *erythrocarpa*

6. Nadelform abweichend
'Cincinnata'

7. Stamm abweichend
'Tuberculata'

Gruppe 2. Wuchs **niedrig, im allgemeinen 3—5 m hoch,** dieses jedoch teilweise erst als alte Pflanzen

1. Schmale Kegelform
'Concinna'

2. Breite Kegelformen
'Compressa'
'Conica'
'Wills Zwerg'

3. Kugelform
'Globosa'

4. Hängeformen
'Acrocona'
'Reflexa'

5. Farbige Nadeln
'Aurea Magnifica'

Gruppe 3. **Zwergformen, unter 3 m hoch.** Da diese Formen nicht immer regelmäßig wachsen, sondern im Habitus entweder mehr kugelförmig oder mehr kegelförmig sein können, ist dies in der Übersicht durch „1-2" (entsprechend den beiden Gruppen) angedeutet; U = unregelmäßiger Wuchs; ! = besonders unregelmäßig

1. Kegelformen
'Barryi' (1-2)
'Capitata' U
'Decumbens' (1-2) U
'Ellwangeriana' (1-2) U
'Humilis'
'Maxwellii' (1-2) U
'Nana' (1-2) U
'Ohlendorffii'
'Pachyphylla' U
'Pseudo-Maxwellii' (1-2) U
'Pygmaea' U
'Pyramidalis Gracilis'
'Remontii'

2. Kugelformen, starktriebig
'Compacta'
'Compacta Asselyn'
'Merkii' (1-2) U
'Parviformis'

3. Kugelformen, feintriebig
'Clanbrassiliana'
'Echiniformis' U
'Gregoryana'
'Gregoryana Parsonsii' U !
'Gregoryana Veitchii' U !
'Mariae-Orffiae'

4. Flache und breitrunde Formen
'Highlandia'
'Hornibrookii'
'Little Gem'
'Nidiformis'
'Procumbens'
'Pseudoprostrata'
'Pumila' U
'Pumila Glauca' U
'Pumila Nigra' U
'Tabuliformis'

'Aarburg' (Haller). Wuchs unregelmäßig, jedoch nicht gerade aufrecht, 8 m hoch oder höher, Äste unregelmäßig stehend, Zweige abstehend oder hängend, ziemlich dicht beastet, bizarr; Nadeln tiefgrün, ziemlich klein, an den starken Trieben 10 bis

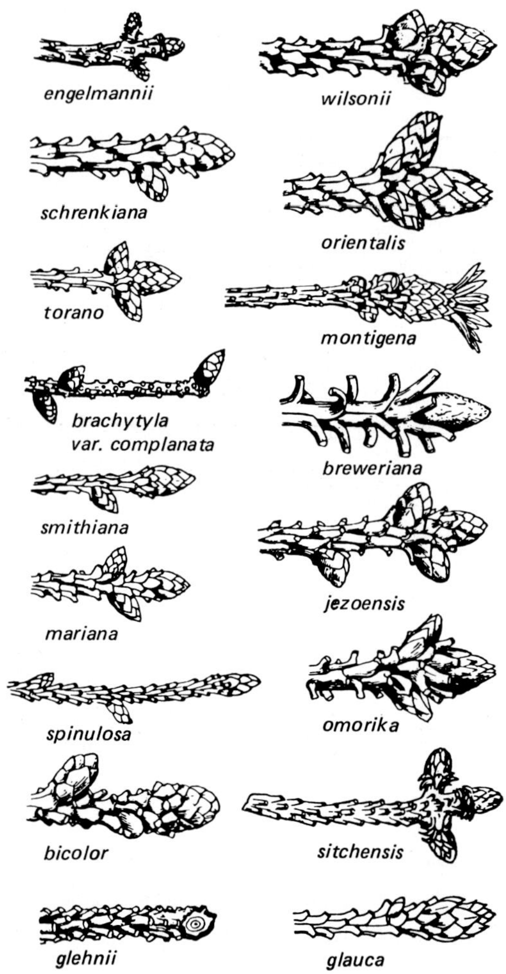

Abb. 143. Entnadelte Triebspitzen von *Picea*-Arten, meist etwa natürliche Größe (*P. complanata* = *P. brachytyla* var. *complanata*; *P. morindoides* = *P. spinulosa*) (nach Masters, Sargent, Shirasawa, Silva Tarouca)

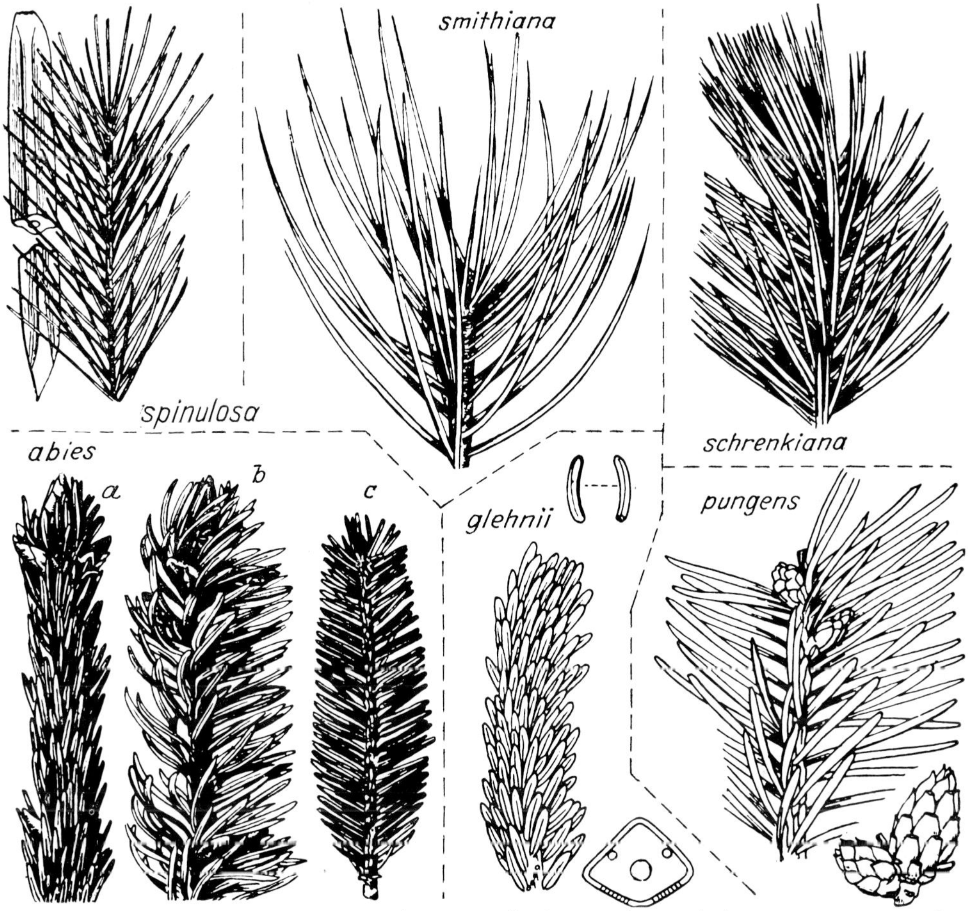

Abb. 144. *Picea*-Arten. a Langtriebspitze; b Seitentriebspitze; c ebenso, doch von ganz unten am Stamm (nach CLINTON-BAKER, HEMPEL & WILHELM, MASTERS, SHIRASAWA)

15 mm, an den Seitentrieben 8—10 mm lang. Eingeführt durch HALLER AG, Schweiz. 1965. Austrieb sehr spät, dadurch nicht nachtfrostgefährdet. ■

'Acrocona'. Baum, Seitenzweige mit normalen Zapfen, an den Zweigspitzen ebenfalls langgestreckte, monströse Zapfen, an ganz jungen Zapfen derbe, kurze, scharfspitzige Nadeln zwischen den weichen, zurückgerollten Zapfenschuppen. Vor 1890 bei Uppsala wild gefunden. Ⓢ Abb. 145.

'Argentea'. Wuchs normal kräftig; Nadeln weißbunt, jedoch nur wenig auffällig. Schon seit 1887 bekannt. In Frankreich noch in Kultur.(Katalog MINIER 1976).

'Argenteospica'. Jungtriebe weißbunt, später vergrünend. KHN Taf. 77. Bei H. A. HESSE entstanden; schon vor 1891 bekannt. Abb. 146.

'Aurea'. Wuchs wie die Art, doch niedriger, bis 10 m, Äste waagerecht, abstehend; Nadeln goldgelb, in voller Sonne verfärbend, im Schatten blasser gelb. 1855.

'Aurea Magnifica'. Niedriger als 'Aurea', breiter, mitunter strauchig, schwächer, bis 3 m hoch, Äste und Zweige ansteigend; Nadeln hell goldgelb. Um 1899 von OTTOLANDER & HOOFTMAN, Boskoop, in den Handel gebracht. Eine der schönsten gelben Formen.

'Barryi'. Kräftige, robuste Zwergform, als junge Pflanze oft mehr kugelig, jedoch im Alter kegelförmig, sehr unregelmäßig, Äste ziemlich lang, ansteigend, Zweige abstehend, kräftig, junge Triebe orangebraun, mit sehr großen Endknospen an den Triebspitzen, von kleinen Nadeln umgeben, etwas tiefer ein Kranz von kleineren Knospen; Nadeln glänzend dunkelgrün, etwa 10 mm lang, stumpf, nach vorn und oben gerichtet. KHN Taf. 80. Bereits vor 1891 bekannt. Abb. 147.

'Capitata'. Zwergform, unregelmäßig und breit kegelförmig, Äste dick, aufstrebend, Zweige verschieden lang, doch gleich dick, an den Enden der Nebenäste büschelig oder kopfförmig gehäuft, biegsam,

Abb. 145. *Picea abies* 'Acrocona' in der Baumschule G. D. Böhlje, Westerstede

oben orange, unten mehr gelb, Jahrestriebe 5—6 cm lang, Knospen eirund bis kugelig, Endknospen 3 bis 5 mm lang, die seitlichen kürzer, stumpf orangebraun, zu wenigen oder vielen (1—10) dicht um die Endknospe stehend; Nadeln radial, nach vorn gerichtet, 10—15 mm lang, sehr dick und breit, in eine kurze, scharfe Spitze ausgezogen (nicht stechend), sehr dicht stehend, steif, beiderseits mit Stomalinien, glänzend hellgrün. Vor 1889 in der Baumschule Croux in Sceaux, Frankreich, entstanden. In Holland und England noch viel in Kultur.

f. **chlorocarpa** (Purkyne) Fries. Normale Fichte mit bis zum Herbst hellgrün bleibenden Zapfen, Fruchtschuppen dünn und flach. Hin und wieder mit dem Typ auftretend. Im Harz nicht selten.

'Cincinnata'. Locken-Fichte. Wuchs normal baumartig und kräftig, untere Äste bogig nach unten abstehend, Triebe mehr oder weniger hängend, die jungen Triebe mit 4—6 cm langen Seitentrieben; Nadeln sehr lang, frischgrün, mehr oder weniger nach oben gekrümmt (jedoch nicht „gelockt", was der Name bedeutet). Bei Hesse, Weener, entstanden; 1897 eingeführt. ✶

'Clanbrassiliana'. Zwergform, Wuchs mehr oder weniger bienenkorbförmig, auch als alte Pflanze selten über 1,5 m hoch (die Originalpflanze jetzt etwa 3 m hoch und über 180 Jahre alt!), Triebe dünn und biegsam, 2—3 cm Jahreszuwachs, oberseits hell graubraun, unten rahmweiß bis grünlichweiß, glänzend, kahl, auffallende Variation zwischen kräftigen Trieben mit langen Nadeln und schwachen Trieben mit kurzen Nadeln (!!), Knospen spitz eiförmig, 4—5 mm lang, mit nur 2—3 Seitenknospen, lang, rotbraun, glänzend, im Winter sehr harzig und dann grau; Nadeln fast alle radial abstehend, etwa 5 bis 10 mm lang, glänzend hellgrün, dicht stehend, dick, in der Mitte am breitesten, im Querschnitt flach, gekielt, in der oberen Hälfte in eine lange, scharfe Spitze ausgezogen, diese jedoch nicht starr. KHN Taf. 82. Die am längsten bekannte Zwergform, aufgefunden um 1780 oder früher auf dem Gut Moira bei Belfast, dann aber von Lord Clanbrassil zu seinem Landsitz Tollymore, Co. Down, gebracht, wo die Pflanze heute noch steht und etwa 3 m hoch ist. Häufig in Kultur, doch vielfach nicht richtig benannt. Die an alten Pflanzen auftretenden gröberen Zweige sollten stets sofort ausgeschnitten werden.

'Coerulea'. Baum, Wuchs normal, junge Triebe auffallend üppig, mit stahlblau gefärbten Nadeln. Mehrfach in Kultur und auch wildwachsend gefunden, zuerst von Breinig in Mülheim-Rhein (jetzt Köln-Mülheim) eingeführt. Vor 1891.

'Columnaris'. Baum, Wuchs normal hoch, aber Hauptäste nur sehr kurz, horizontal oder etwas abwärts geneigt, Seitenäste dicht verzweigt, dadurch eine dichte, schmale Säulenform bildend. Im Gebiet der Art auftretend, vor allem in Finnland und in der Schweiz.

Abb. 146. *Picea abies* 'Argenteospica' (Foto: Archiv)

'Compacta'. Zwergform, breit kegelförmig, gedrungen, bis 1,5 m hoch, Äste zahlreich, kurz, unten abstehend, oben ansteigend, Zweige braun, Knospen freistehend, 3—4 mm lang, stumpf, glänzendbraun, Schuppen anliegend; Nadeln 9 mm lang, nach der Zweigspitze zu allmählich kürzer (bis 6 mm), 4kantig, glänzendgrün. KHN Taf. 81. 1868. ✱✱✱ Abb. 148.

'Compacta Asselyn' ist von 'Compacta' praktisch nicht zu unterscheiden, höchstens, daß die Nadeln im Frühsommer unterseits etwas bläulich sind. 1923.

'Compressa'. Zwergform, Wuchs gedrungen kegelförmig, regelmäßig, Zweige dicht gedrängt, ansteigend, Zweiglein sich überdeckend, flach, alle ziemlich gleich lang; Nadeln sehr dicht stehend, 5 bis 10 mm lang, glänzend dunkelgrün. Vor 1903 aufgefunden im Forstgarten Diedorf bei Augsburg.

'Concinna'. Niedrige Form, Wuchs kegelförmig, Zweige aufstrebend, Triebe außerordentlich dünn, weißlich; Nadeln sehr dicht stehend, dünn, kurz, fast zylindrisch, an den Trieben dicht angedrückt. Vor 1855.

'Conica'. Zwergform, gedrungen kegelförmig, doch ziemlich kräftig wachsend, Zweiglein ansteigend, dicht gedrängt, dünn, heller oder dunkler braun, jährlicher Zuwachs 3—6 cm; Nadeln radial und dicht stehend, weich, dünn, hellgrün, 3—6 mm lang. Seit vor 1847 in Kultur.

'Cranstonii'. Sehr ähnlich 'Virgata', doch Nadeln stärker zusammengedrückt. Kegelförmig oder auch strauchig, Äste locker und lang, dick, meist ohne

Abb. 147. *Picea abies* 'Barryi' im Botanischen Garten Dortmund

Abb. 148. *Picea abies* 'Compacta' (Foto: G. D. Böhlje, Westerstede)

Seitenzweige, oft durcheinander wachsend, Knospen bis 15 mm lang, kegelförmig; Nadeln allseitig und entfernt stehend, bis 3 cm lang, oft etwas wellig, dunkelgrün. Um 1889 entstanden bei Cranston in Herefeld, England. Ⓢ

'Cupressina'. Spitz säulenförmig, bis 20 m, Äste aufrecht, Zweige kurz, biegsam, hellorange, kurz behaart, Knospen klein, von Nadeln umhüllt; Nadeln 12—14 mm lang, grün, anfangs etwas blaugrün. 1904 aufgefunden im Forstrevier Tambach, Thüringer Wald. ✱ Abb. 149.

'Decumbens'. Sehr ähnlich 'Nidiformis', jedoch flacher und ohne die nestförmige Vertiefung in der Mitte, Wuchs auch mehr unregelmäßig, dichter, Nadeln heller und mehr gelbgrün. Zwergform, Wuchs breit und flach, kaum über 30 cm hoch und 1 m breit, Zweige stumpfbraun, kahl, dünn, biegsam, jährlicher Zuwachs 4—7 cm, alle Jungtriebe leicht abwärts gerichtet, Knospen kegelförmig, spitz, 2 bis 3 mm lang, alle gleich groß, rotbraun, im Winter harzig; Nadeln 12—20 mm lang, an der Spitze der Triebe am kürzesten, halbradial und dicht stehend, biegsam, doch mit scharfer Spitze, beiderseits mit 1—3 Stomabändern. In der Literatur oft mit 'Dumosa' verwechselt.

'Dicksonii'. Spärlich bezweigte Form, ähnlich 'Cranstonii', aber etwas voller bezweigt als diese und junge Triebe rötlich; Nadeln dichter gestellt. Seit vor 1891 bekannt.

'Echiniformis'. Zwergform, sehr langsamwüchsig, wird in 30 Jahren etwa 20 cm hoch und 40 cm breit, kugelig bis kissenförmig, dicht und unregelmäßig wachsend, Triebe hellbraun, kahl, etwas glänzend, ziemlich dick und steif, Jahrestriebe sehr gestaucht und unregelmäßig, 15—20 mm lang mit normalen Nadeln und 3—5 Knospen oder ein Bündel von gestauchten, nur 3—5 mm langen Trieben mit dünnen Blättern und jeder mit eigener Endknospe, hin und

Abb. 149. *Picea abies* 'Cupressina'
(Foto: AMATO, Rochester Parks, USA)

wieder auch eine große Seitenknospe an einem langen Trieb, nahe der Basis, die kräftigen Jahrestriebe stets mit nur wenigen, entfernt stehenden Nadeln, diese starr und stechend, Knospen hellbraun, die größeren walzenförmig mit runder Spitze, 1—3 mm lang, sehr unterschiedlich groß, Blattpolster ganz flach; Nadeln mittelgroß, 12—15 mm lang, stumpf gelbgrün bis graugrün, 1—1,25 mm dick, sehr schmal, doch dick, im Querschnitt rautenförmig, doch flach gestellt, mit kurzer, scharfer Spitze, die obersten Nadeln sternförmig unter der Endknospe stehend. KHN Taf. 81. Seit vor 1875 bekannt. In Kultur fast nie echt und stets verwechselt mit 'Gregoryana' oder 'Gregoryana Veitchii'.

'Ellwangeriana'. Zwergform, Wuchs breit, dicht, doch robust, mit ansteigenden Ästen, doch ohne Leittrieb in der Mitte, Jahrestriebe sehr dick und steif, 4—6 cm lang, mit starken Blattpolstern, orangebraun und behaart, Knospen orangebraun, kegelförmig, scharf zugespitzt, 3—5 mm lang, alle gleich groß, im Winter harzig, an den Triebspitzen bis zu 10 Knospen beisammen, Knospenschuppen am Rand gefranst; Nadeln glänzend dunkelgrün, dick und steif, meist gerade, mitunter etwas aufwärts gebogen, beiderseits gekielt, 12—15 mm lang, 1 mm breit, an starken Trieben fast radial, sonst halbradial, dicht stehend, beiderseits mit 2—3 Reihen glänzender Stomalinien. Vor 1890 im Highland Park, Rochester, USA, entstanden. Abb. 150.

f. **erythrocarpa** (Purkyne) Rehd. Wuchs normal wie der Typ, abweichend nur in der Färbung der Zapfen, diese mit dunkelvioletten Zapfenschuppen bis September, dann allmählich braun werdend. Gelegentlich im Gebiet der Art auftretend.

'Falcata'. Baum, Wuchs normal, Äste sämtlich sichelförmig nach oben gekrümmt, wie die Äste einer älteren *P. omorika*. Mehrfach aufgefunden.

'Finedonensis'. Baum, bis 15 m, Krone kegelförmig, Äste fast waagerecht abstehend; Nadeln an jungen Trieben blaß gelb, später mehr bräunlich, wie von der Sonne verbrannt aussehend. Entstanden vor 1891 in Finedon-Hall in England. Ⓢ

'Frohburg' (Haller). Hängeform mit mehr oder weniger gerade aufrechtem Stamm und senkrecht herabhängenden Ästen und Zweigen, die unteren Äste bis zum Boden gehend und dort auf dem Boden weiterkriechend, Knospen hellbraun, Knospenschuppen nur wenig zurückgeschlagen; Nadeln klein, frischgrün, 8—12 mm lang, auch an den kräftigen Trieben (= *P. abies* 'Halleri'). 1965 von der HALLER AG in der Schweiz eingeführt. Abb. 151.

'Globosa'. Kugel-Fichte. Der Typ dieser Pflanze war ein im unteren Teil normal gewachsener Baum, Gipfel in eine große Kugel umgewandelt, vermutlich also ein Hexenbesen, 150 cm breit, auf 10 m hohem Stamm. Vor 1887 in Estland gefunden und von BERG beschrieben. Nicht mehr in Kultur.

'Globosa Nana'. Zwergform, kugelig bis breit kegelförmig, sehr dicht, Äste nach allen Richtungen abstehend, gelegentlich sogar einwärts wachsend, Jahreszuwachs 3—6 cm, junge Triebe teils dünn, teils sehr dick, biegsam, beiderseits orangebraun, ganz leicht behaart, Seitentriebe sehr unregelmäßig abstehend, Knospen stumpf dunkelbraun, eirund, Terminalknospen 3—5 mm lang, die übrigen 2—3 mm lang, die Endknospen meist von 4—6 Nebenknospen umgeben, jedoch nicht gedrängt; Nadeln 6 bis 8 mm lang, fast graugrün, glänzend, am breitesten in der Mitte, mitunter ganz leicht zurückgekrümmt, sonst gerade, Spitze stumpf mit einem feinen Spitzchen, beiderseits mit 3—4 Stomalinien bis zur Spitze, radial stehend, an den Triebspitzen vorwärts zeigend, jedoch die Terminale nicht verbergend, dicht stehend, steif anfühlend.

'Gregoryana'. Von der viel selteneren 'Echiniformis' unterschieden durch die kürzeren Nadeln (nur 8 bis

12 mm lang), die auch viel dichter stehen, außerdem durch das Fehlen von vorbrechenden stärkeren Trieben aus der Kugelform, das für 'Echiniformis' so charakteristisch ist. Zwergform, außerordentlich langsamwüchsig, Wuchs in der Jugend mehr oder weniger kugelig bis breitkugelig-kissenförmig und sehr dicht bezweigt, im Alter mit Ausbauchungen, 60—80 cm hoch, Jahreszuwachs 5—20 mm, Triebe ziemlich dick, aber biegsam, hellbraun, leicht behaart, Knospen sehr hell gelbgrün, kugelig, nur 1 bis 1,5 mm dick, an der Triebspitze bis zu 10 beisammen, Blattpolster gut entwickelt, hellbraun; Nadeln stumpf graugrün, mit feiner, scharfer Spitze, mit 1—2 Stomalinien beiderseits bis zur Spitze, radial stehend, die obersten Blätter sternförmig abgespreizt und alle Knospen frei zeigend. KHN Taf. 81. Sehr bekannte und beliebte Form, aber sehr oft nicht richtig benannt (in den deutschen Baumschulen in der Regel irrtümlich als 'Echiniformis' bezeichnet). ✶ Abb. 152.

'Gregoryana Parsonsii'. Bis 90 cm hoch und 1,5 m breit, sehr ähnlich 'Gregoryana', doch viel lockerer, vor allem unten an der Pflanze; Nadeln länger, flacher, nie vollkommen radial stehend, sondern unten meist gescheitelt, jedoch sonst Form und Farbe der Nadeln, Knospen und Zweige mit 'Gregoryana' übereinstimmend. Vor 1923 von der S. B. Parsons Nursery in Flushing, N. Y., verbreitet unter der irrigen Bezeichnung 'Clanbrassiliana'. Abb. 155.

'Gregoryana Veitchii'. Zwergform, ebenfalls sehr ähnlich 'Gregoryana', aber Wuchs der Pflanze kräftiger, nicht so gedrungen, breiter kegelförmig, kann bis 1,8 m breit werden, dabei halb so hoch, Triebe länger und mit einem Jahreszuwachs von 12 bis 35 mm, sehr biegsam, oft abwärts geneigt, weiterhin verschieden durch nadelartige Blätter, die nur an den aufrechten Leittrieben radial stehen, an den Seitentrieben jedoch dünner und flacher sind und dort auch nur halbradial oder gescheitelt angeordnet sind, an jungen Pflanzen Nadeln radial stehend, später jedoch so wie angegeben. KHN Taf. 81. Diese Form wurde zusammen mit 'Gregoryana' 1905 von Veitch unter einem Namen eingeführt, doch wurde später erkannt, daß es sich um 2 Formen handelt. Die hier behandelte Form ist in Kultur die häufigere von beiden. ✶

Abb. 150. *Picea abies* 'Ellwangeriana' (Foto: Horsey, Rochester Parks, USA)

Abb. 151. *Picea abies* 'Frohburg' auf der Floriade Amsterdam 1972

'Highlandia'. Zwergform, gleichmäßig dicht und kugelig, 1 m hoch, Äste ansteigend, Basisäste fast waagerecht, Zweige aufrecht, steif, doch biegsam, hellrotbraun, Knospen kurz, braun, von Nadeln ganz umhüllt; Nadeln 10 mm lang, oberseits ansteigend und nach vorn gerichtet, unten gescheitelt, blaugrün. Vor 1926 entstanden im Highland Park, Rochester, USA.

'Hornibrookii'. Zwergform, strauchig, breit, 1 m hoch, Äste waagerecht, übereinander liegend, Zweige braun, Zweiglein waagerecht abstehend, Knospen spitz-kegelig, unter der Hauptknospe meist 2—3 kleinere Knospen, alle von Nadeln dicht umgeben; Nadeln an der Zweigoberseite wenig zahlreich, rechtwinklig abstehend, bis 1 cm lang, 1 mm breit,

Abb. 152. *Picea abies* 'Gregoryana' (Foto: Archiv)

spitz, unten gescheitelt. KHN Taf. 84. Vor 1937 gefunden von HORNIBROOK.

'Humilis'. Zwergform, Wuchs sehr langsam, entweder stumpf oder auch spitz kegelförmig oder mehr kugelig, regelmäßig oder ausgebaucht und unregelmäßig, Triebe sehr unterschiedlich lang, von 5 bis 30 mm lang, oben grau, unten hellgrau, kahl und glänzend, Knospen hellorange, die Endknospen 2 bis 3 mm lang, die übrigen nur 1 mm, im Winter harzig, die Terminale von vielen oder wenigen Nebenknospen (3—10) umgeben, Blattpolster ausgeprägt; Nadeln glänzend dunkelgrün, sehr kurz, 2 bis 10 mm lang, meist gerade, sehr dick, radial stehend und meist nach vorn gerichtet, an jeder Seite mit 2—3 unterbrochenen Stomalinien, spitz, dicht gedrängt, sich steif anfühlend. KHN Taf. 80. Schon seit vor 1891 bekannt, aber sehr oft unrichtig.

'Inversa'. Hängeform, Wuchs aufrecht, 5—10 m hoch oder auch höher, schmal säulenförmig, die Äste dem Stamm dicht angepreßt und senkrecht niederhängend, die unteren dem Boden aufliegend, Knospen stumpf eiförmig, 5—6 mm lang, rotbraun, stets von 2 ziemlich großen Nebenknospen umgeben, aus denen sehr gleichmäßige Triebe entstehen; Nadeln dicklich, dunkelgrün glänzend, halbradial stehend. KHN Taf. 78 (= *Abies excelsa inversa* Gord.; *Picea abies* f. *inversa* [Beissn.] Rehd.). 1884 von R. SMITH bei Kinlet Hall in Shropshire, England, gefunden. In Kultur häufig. ✶✶

'Little Gem' (Grootendorst). Ganz zwergige Form, Mutation an *P. abies* 'Nidiformis', Wuchs flachkugelig, ebenfalls oben mit der nestförmigen Vertiefung, Zweige von der Mitte aus schräg ansteigend, Jahreszuwachs 2—3 cm, Triebe sehr dünn, dicht gedrängt; Nadeln sehr dicht stehend und den Trieb ganz bedeckend, nur 2—5 mm lang, sehr dünn. KHN Taf. 84. Vor 1960 bei F. J. GROOTENDORST, Boskoop, entstanden. ✶

'Loreley' (Grootendorst). Langsamwüchsige Hängeform, Stamm mehr oder weniger bogenförmig, unterste Äste auf dem Boden kriechend, Knospen hellbraun, Schuppen zurückgeschlagen, doch weniger stark als bei 'Inversa'; Nadeln klein, 10—16 mm lang, mattgrün. Herkunft nicht bekannt, von F. G. GROOTENDORST 1975 eingeführt. ■

'Mariae-Orffiae'. Zwergform, gedrungen, kugelig, ganz niedrig und schwachwüchsig, Jahrestriebe nur 1 cm lang, Zweige sehr kurz, gelbbraun, Knospen klein, kugelig, von Nadeln umhüllt, Seitenknospen rechtwinklig abstehend; Nadeln radial gestellt, an alten Zweigen gescheitelt, 4—8 mm lang, etwas sichelförmig, hellgelbgrün mit deutlicher gelber Spitze. KHN Taf. 81. Aufgefunden von der Ehefrau von Prof. ALW. SEIFERT (Maria Orff) am Ammersee, Bayern; von H. A. HESSE 1941 in den Handel gebracht. Eine der kleinsten Zwergfichten. Abb. 153.

'Maxwellii'. Unter dieser Bezeichnung sind 3 verschiedene Zwergformen beschrieben worden, daher herrscht eine beträchtliche Konfusion. Was bei BEISSNER unter diesem Namen beschrieben ist, heißt jetzt *P. abies* 'Beissneri'; die *P. abies* 'Maxwellii' der kontinentalen Baumschulen ist *P. abies* 'Pseudo-Maxwellii'. Die echte Pflanze wird von HORNIBROOK so beschrieben (im Auszug): Zwergform, Wuchs rund kissenförmig, an der Spitze mit einer Menge dicker, sehr kurzer Triebe mit radial abstehenden Nadeln, Triebe kurz und steif, weiß oder gelbbraun, Jahreszuwachs 20—25 mm, Knospen dick, eiförmig, abge-

Abb. 153. *Picea abies* 'Mariae-Orffiae' im Botanischen Garten München

Abb. 154. *Picea abies* 'Maxwellii' (Foto: HORSEY, Rochester Parks, USA)

rundet, dunkelbraun, Schuppen angedrückt; Nadeln an aufrechten Trieben radial abstehend und etwas vorwärts gerichtet, ziemlich weit gestellt, an den unteren Trieben unvollkommen radial, die oberen direkt vorwärts gerichtet, dick und steif, im Querschnitt rundlich, etwas gekrümmt, im oberen Drittel schmaler, plötzlich in eine lange Haarspitze ausgezogen, die mitunter hakig endet, frischgrün, mit etwa 3 Stomalinien an jeder Seite. Um 1860 in der Baumschule T. C. MAXWELL BROS., Geneva, N. Y., entstanden. Heute eigentlich nur in den amerikanischen Gärten wirklich echt vorhanden. ✱✱ Abb. 154.

'Merkii'. Zwergform, Wuchs kugelig oder auch breit kegelförmig, gedrungen, kurzzweigig, mehr in die Breite wachsend, Äste ausgebreitet, etwas aufstrebend, doch die Spitzen hängend, Zweige sehr unregelmäßig in Größe und Menge, gelbweiß, meist sehr dünn, biegsam, Jahreszuwachs 6—24 mm, Knospen 1,5—3 mm lang, kegelförmig, hellbraun, Schuppen etwas locker; Nadeln an der Zweigunterseite gescheitelt oder fast so, oberseits halbradial, gerade, sehr dünn, flach, grasgrün, allmählich in eine lange, haarfeine Spitze verschmälert, etwa 12 mm lang, auf jeder Seite mit 1—3 Stomalinien. Bereits seit vor 1884 in Kultur, aber oft falsch bezeichnet.

'Nana'. Zwergform, Wuchs breit kegelförmig, bis 1,5 m hoch, unregelmäßig, besonders im Gipfel oft starke, aufrechte Triebe, junge Triebe beiderseits orange, kahl und glänzend, mit sehr ausgeprägten Blattpolstern, sehr dick und steif, häufig auch geschwollen oder monströs, Jahreszuwachs sehr unterschiedlich, von 5—50 mm, jedoch an den groben Triebspitzen auch bis 10 cm lang, Knospen orangebraun, stumpf eirund, in der Größe sehr schwankend, Terminale von 2—6 mm lang, die übrigen 1 bis 2 mm, Knospenschuppen groß, spitz, dick, gefranst, locker angedrückt; Nadeln radial stehend, an den schwachen Trieben dicht stehend, an den groben Trieben jedoch weit gestellt, frischgrün, glänzend, sehr unterschiedlich groß, 2—16 mm lang, meist gerade, doch an den robusten Trieben auch nach außen gekrümmt, rautenförmig im Querschnitt, sonst vorwärts gerichtet und die Terminale völlig bedeckend, mit kurzer, ganz feiner, scharfer Spitze, jederseits mit 2—4 Stomalinien, die jedoch nicht bis zur Spitze gehen. Herkunft unbekannt, doch schon vor 1855 in Frankreich in Kultur, heute aber selten. Was unter diesem Namen im Handel ist, dürfte wohl immer unrichtig sein (vielleicht 'Pygmaea').

'Nana Compacta'. Zwergform, flachkugelig, so hoch wie breit, sehr gedrungen, dicht beastet, am Gipfel starke, dicke, schräg aufsteigende (nie senkrechte!) Äste, Triebe graugelb oder graugrün, unten mehr weißlich, kahl, glänzend, dünn und biegsam, doch die oben erwähnten groben Triebe sehr dick, Jahreszuwachs bei den Seitentrieben 2—3 cm, bei den groben Trieben 4—6 cm, Knospen stumpf eiförmig, dunkel rotbraun, Terminale 4—5 mm lang, die übrigen Knospen 2—3 mm, die auffallend großen Knospen an den Triebspitzen zu 1—5 oder mehr beisammen, Knospenschuppen spitz, oft harzrandig, dicht angedrückt, Blattpolster deutlich entwickelt und orangebraun; Nadeln fast überall radial gestellt, auch an den Seitentrieben, dicht gestellt und steif, stechend anfühlend, 4—7 mm lang und 0,5 mm breit, frischgrün, ziemlich gerade, 4kantig im Querschnitt, mit 1—2 Stomalinien auf jeder Seite, an den Triebspitzen nur wenige und locker stehende Nadeln. Bei HESSE, Weener, entstanden und 1950 eingeführt. Wird gelegentlich mit 'Ohlendorffii' verwechselt, die aber mehr aufrecht und steifer wächst,

Abb. 155. *Picea abies* 'Gregoryana Parsonsii' (Foto: Arnold Arboretum, USA)

mehr gelbgrüne Nadeln und nicht so viele Knospen hat. Ziemlich selten.

'Nidiformis'. Zwergform, Wuchs breit und dicht, regelmäßig, mit einer mehr oder weniger ausgeprägten, nestförmigen Vertiefung in der Mitte, verursacht durch die von der Mitte an schräg nach außen ansteigenden Äste, Triebe sehr zahlreich, abstehend und an den Spitzen abwärts gekrümmt, oben gelbgrau, unten fast weiß, kahl, glänzend, dünn und sehr biegsam, Jahreszuwachs 3—4 cm, Knospen stumpf eiförmig, klein, Terminale 1—2 mm lang, die übrigen nur wenig kleiner, dunkelbraun, Terminale meist allein oder mit 2 Nebenknospen, Knospenschuppen rund, dicht angedrückt, Blattpolster ausgeprägt; Nadeln nur unvollkommen radial, unterseits mehr oder weniger gescheitelt, 7—10 mm lang, von der Triebbasis zur Spitze hin allmählich kürzer werdend, etwas hellgrün gefärbt, flach, kantig, unter der Lupe (20×) deutlich am Rand mit 8—10 scharfen, mehr oder weniger angedrückten Zähnen, an denen man diese Form von allen anderen sehr zuverlässig unterscheiden kann, mit 1—2 Stomalinien bis zur Spitze. KHN Taf. 84. Vor 1904 in der Baumschule RULEMANN GRISSON in Hamburg-Saselheide gefunden; 1906 von BEISSNER benannt. Heute eine der am meisten verbreiteten Zwerg-Fichten. ✱✱✱

'Ohlendorffii'. Zwergform, in der Jugend kugelig, später jedoch breit kegelförmig werdend, Äste ansteigend und ausgebreitet, dicht bezweigt, Zweige nicht flach fächerförmig, sondern unregelmäßig, Triebe hellbraun, unten heller, glänzend, kahl, dünn, biegsam, nicht in einer Ebene, Jahreszuwachs 3 bis 6 cm, Knospen dunkel orangebraun, spitz kegelförmig, im allgemeinen die Terminale nur 2—3 mm lang, die übrigen Knospen noch kleiner, meist zu 3—5 in unregelmäßiger Gruppe endständig, an sehr starken Trieben auch bis zu 10 beisammen, an den Jungtrieben Knospen ansehnlich; Nadeln an jungen Pflanzen und an den Leittrieben radial, sonst halbradial auf der Oberseite, unten gescheitelt, gelbgrün, 4—8 mm lang, glänzend, sehr dünn, im Querschnitt 4kantig oder rund, nach beiden Enden zu spitz zulaufend, an der Spitze scharf, beiderseits mit 1—4 unregelmäßigen Reihen sehr kleiner Stomata, steif, dicht stehend, die Endknospe jedoch nicht verdeckend. KHN Taf. 82 (= *P. orientalis pygmaea* Th. Ohlendorff). Entstanden bei TH. OHLENDORFF, Gärtnerei in Hamm bei Hamburg, zwischen 1840 und 1850, aus Saat, die aus Nikita, Krim, stammte; 1904 von SPÄTH benannt und eingeführt. ✱✱✱

'Pachyphylla'. Zwergform, außerordentlich langsamwüchsig, unregelmäßig und locker, doch sehr kurz bezweigt, als sehr alte Pflanze vielleicht bis 80 cm hoch, Äste und Zweige sehr kurz, dick, steif, Triebe meist grau, kahl, mit ausgeprägten Blattpolstern, Jahreszuwachs 5—20 mm, Knospen kugelig, klein, die Terminale 2 bis 3 mm lang, die anderen 1—2 mm, Terminale allein stehend, selten mit Nebenknospen; Nadeln radial, nach vorn gerichtet, 10 bis 15 mm lang, bis 1,5 mm dick, sehr dick und fleischig, Oberseite vertieft, Unterseite gekielt (im Querschnitt nierenförmig), Spitze ganz stumpf, glänzend grün, oben mit 5—6, unten mit 3—4 Stomalinien, sehr steif, weit gestellt. KHN Taf. 80. Seit vor 1923 bekannt. Ⓢ

'Parviformis'. Zwergform, aber doch bis 2,5 m hoch werdend, breit kegelförmig, Jahreszuwachs 5—8 cm, an den starken Trieben auch mehr, Zweige dünn und fein, gelblich, abstehend, Knospen eiförmig, spitz, groß; Nadeln an der Zweigbasis 8 mm lang, nach der Triebspitze zu allmählich kürzer werdend, bis 2 mm lang, grün. KHN Taf. 84. Aus N-Amerika stammend; seit vor 1866 in Kultur.

„Pendula" sollte nur als ein Sammelname angesehen werden, da es sich hier nicht um einen Klon handelt und die unter dieser Bezeichnung angetroffenen Pflanzen sehr uneinheitlich sind. Es gibt hierunter sowohl Pflanzen mit hohem, geradem Stamm und senkrecht herabhängenden Ästen wie auch solche mit bogenförmigem oder gewundenem Stamm und dichter, mehr oder weniger senkrecht hängender oder schräg nach unten abstehender oder sogar dem Boden aufliegender und dort weiterwachsender Beastung. Zuerst 1835 von BRIOT, Trianon, Versailles, gefunden und in Kultur genommen.

'Pendula Major'. Hängeform, Wuchs kegelförmig aufrecht, die Hauptäste jedoch teils waagerecht abstehend, teils in größerem Bogen abwärts gekrümmt, junge Triebe senkrecht herabhängend; Nadeln lang, derb, 2—3 cm lang, sichelförmig aufwärts gekrümmt; reiche Zapfenbildung. Bereits vor 1868 in der Baumschule SIMON-LOUIS in Metz entstanden. Ⓢ

'Procumbens'. Zwergform, in Kultur aber keineswegs einheitlich; es ist auch nicht mehr möglich, die ursprünglich von CARRIERE so benannte Pflanze zu identifizieren. WELCH hat eine neue Beschreibung angefertigt, um Einheitlichkeit zu erreichen: Zwergform, Wuchs breit und flach, doch sehr starkwüchsig, Äste leicht ansteigend, steif, flach, Triebe dick und steif, orangebraun, kahl, glänzend, Jahreszuwachs 5—10 cm (!), Knospen orangebraun, spitz, kegelförmig, Terminale 4—5 mm lang, die anderen 3 bis 4 mm, im Winter nicht harzig, Terminalgruppe stets aus 3 Knospen gebildet (falls noch eine 4. Knospe vorhanden, dann diese stets nach unten gerichtet!), am Trieb überall noch zahlreiche Nebenknospen von geringerer Größe, Knospenschuppen klein, Saum gefranst, sehr dicht angedrückt, Blattpolster deutlich ausgeprägt; Nadeln halbradial gestellt, dicht stehend, sehr steif anfühlend, frischgrün, gerade, parallelrandig, dick, doch flach, 10 bis 17 mm lang (die längsten Nadeln unter allen flachwachsenden Formen!), in ihrer Länge von der Basis zur Triebspitze allmählich abnehmend, mit scharfer Spitze, mit 3 Stomalinien ober- und unterseits. KHN Taf. 84. ✶ Abb. 156.

„Prostrata" kann man nicht mehr sicher definieren, es ist vielleicht synonym zu 'Procumbens' (= *P. excelsa* var. *prostrata* Schneid.). 1913.

'Pseudo-Maxwellii'. Zwergform, Wuchs zunächst niedrig, später bienenkorbförmig, Äste in waagerechten Lagen übereinander, sehr an 'Maxwellii' erinnernd, hiervon jedoch beträchtlich abweichend in den Knospen sowie in der Form und Größe der Blätter, Triebe etwas ansteigend, dicht, hell orangebraun, Jahreszuwachs 1,5—4 cm; Nadeln gelblichgrün, meist radial stehend, auf der Triebοberseite und an der Triebspitze sehr dicht, 4—10 mm lang, im Querschnitt mehr flach als rund, Basis dem Trieb leicht angedrückt, Spitze meist etwas gekrümmt, scharf und mitunter auch haarförmig ausgezogen (ähnlich 'Maxwellii', aber kürzer). Herkunft unbekannt.

'Pseudoprostrata'. Zwergform, Wuchs ganz flach, breit auf dem Boden ausgebreitet, Triebe dicht, doch sehr biegsam, in unregelmäßigen Büscheln zu sehr vielen in einer Ebene, Jahreszuwachs 1—7 cm, Knospen kugelig, hellbraun, in unregelmäßigen Gruppen an den Triebenden, unterschiedlich auch in der Größe; Nadeln unregelmäßig in Länge, Größe und Richtung, an der Triebbasis meist 8 mm lang, in der Mitte 12 mm und an der Triebspitze wiederum 8 mm lang, im Querschnitt rund, mit etwa 4 Stomalinien an jeder Seite. Vor 1923 von Hillier verbreitet unter der Bezeichnung var. *procumbens*.

'Pumila'. Zwergform, Wuchs niedrig, breit, unregelmäßig, die unteren Äste weit ausgebreitet und niederliegend, die oberen Äste jedoch aufgerichtet, Triebe gelbbraun, kahl, dünn und sehr biegsam, Jahreszuwachs 2—3 cm, Knospen hellorange, eiförmig, Terminale 2,5 mm lang, übrige 2,5—2 mm meist 2 waagerecht neben der Terminale stehende Knospen, Blattpolster ausgeprägt; Nadeln frischgrün, gerade, dünn, flach, 6—10 mm lang und 0,5 bis 0,7 mm breit, entfernt gestellt, mit feiner Spitze, in dichten Reihen übereinander liegend, wobei die untere Reihe immer etwas längere Nadeln hat als die darüber liegende (auch für 'Pumila Nigra' und 'Pumila Glauca' zutreffend!), Stomalinien 1—2, bis zur Spitze gehend. Zwar seit bereits vor 1874 in Kultur, aber keineswegs häufig, bzw. Pflanzen unter diesem Namen in Kultur sind in der Regel nicht richtig!

Abb. 156. *Picea abies* 'Procumbens' im Botanischen Garten Freiburg i. Br.

Abb. 157. *Picea abies* 'Pumila Glauca' (Foto: Archiv)

'Pumila Glauca'. Diese Form und die nächste sind im Habitus, in der Benadelung bis auf eine winzige Abweichung völlig gleich: auf die Stomata, die unter 25facher Vergrößerung deutlich glänzen sollen und dadurch den Nadeln einen allerdings kaum wahrnehmbaren bläulichen Ton geben. In der Baumschule ist dieser Unterschied so unbedeutend, daß man diese und die folgende Form nicht besonders zu unterscheiden braucht, sondern unbedenklich einen der beiden Namen führen kann. KHN 122. In Deutschland ist 'Pumila Glauca' häufiger. ✶✶ Abb. 157.

'Pumila Nigra'. Zwergform, Wuchs breit und flach, auch als sehr alte Pflanze kaum 1 m hoch, Triebe oben braun, unten mehr orange, kahl, glänzend, dünn und sehr biegsam, Jahreszuwachs 3—5 cm, Seitenzweige im Winkel von 50° überall gleichmäßig abstehend, Leittrieb steif in einem Winkel von 30 bis 45° ansteigend (!), Knospen orangebraun, stumpf kegelförmig, Terminale 2,5—3 mm lang, die anderen nur wenig kleiner, im Winter harzig, Terminale meist mit einem sehr dicht stehenden seitlichen Knospenpaar, Blattpolster ausgeprägt; Nadeln halbradial stehend, sehr dicht beisammen, steif anfühlend, 8 bis 12 mm lang, an der Triebspitze etwas kürzer, dunkel bläulichgrün, gerade, dünn, flach, mit einem ganz kleinen scharfen Spitzchen, mit 2—4 Reihen sehr kleiner (nach WELCH n i c h t glänzender) Stomata. KHN Taf. 84. Bereits vor 1891 in Kultur, doch Herkunft nicht bekannt. ✶✶

'Pygmaea'. Zwergform, sehr schwachwüchsig, kugelig bis breit kegelförmig, gewöhnlich nicht über 1 m hoch (kann aber in 100 Jahren bei gesundem Zustand doppelt so hoch werden), Wuchs sehr dicht und gestaucht, Triebe ganz hellgelb bis graugelb, glänzend, kahl, dick, doch ziemlich biegsam, Jahreszuwachs 1—3 cm, doch sehr veränderlich in Stärke, Form und Stellung, Knospen braun, kugelig, Terminale 2 mm lang, die anderen 1 mm, Terminale meist allein endständig, Blattpolster ausgeprägt; Nadeln an starken Trieben radial, sonst auch spiralig und deutlich gedreht, sehr dicht gestellt, besonders an den schwächeren Trieben, 5—8 mm lang und etwa 1 mm breit, frischgrün, gerade, parallelseitig, im Querschnitt rhombisch bis fast quadratisch, in eine kurze, feine Spitze ausgezogen, oben und unten mit 2—3 Reihen unterbrochener Stomata. Bereits seit etwa 1800 in Kultur und die älteste bekannte Zwergform. ✶

'Pyramidalis Gracilis'. Zwergform, doch ziemlich starkwüchsig, regelmäßig kegelförmig, zierlich, Äste aufstrebend, Zweige kräftig orangerot, dick, Jahreszuwachs 5—7 cm, Knospen kegelförmig, rötlich, glänzend, 6 bis 7 mm lang; Nadeln radial, doch unterseits mehr gescheitelt, nach außen und vorn gerichtet, kräftig, 10 bis 12 mm lang, etwas sichelförmig gekrümmt, im Querschnitt mehr rund als flach, Spitze stumpf, jedoch steif (= *P. abies pyramidalis gracilis* [Beissn.] Slavin; *P. abies gracilis* Kruessm.). Seit vor 1891 in Kultur, doch selten.

'Pyramidata'. Hoher Baum, Wuchs normal, doch Hauptäste besonders steil aufstrebend, die unteren Äste sehr lang, die oberen nach dem Gipfel zu allmählich an Länge abnehmend, dadurch Krone schlank kegelförmig; Nadeln an der Zweigoberseite angedrückt und nach vorn gerichtet, unten gescheitelt, in der Zweigmitte am längsten, 15 mm (= *P. abies pyramidalis* Nash; *P. excelsa erecta* Schröd.).

'Reflexa'. Hängeform, die entweder zunächst einen kurzen oder längeren, mehr oder weniger aufrechten Leittrieb bildet oder in der Baumschule so gezogen wird, dann aber mit starker, abwärts gehender Bezweigung sich mattenförmig auf dem Boden ausbreitet, Triebe sehr dick und steif, grau, behaart, Jahreszuwachs 5—12 cm, Knospen sehr groß, Terminale 6—8 mm lang, an starken Trieben von 2—5 Seitenknospen umgeben, Knospenschuppen groß und spitz, im oberen Teil zurückgebogen; Nadeln dicht stehend, steif, 10—12 mm lang, radial, frischgrün bis mehr blaugrün, auf jeder Seite mit 1—4 unterbrochenen Stomalinien. KHN Taf. 79. Sehr alte Form. Häufig.

'Remontii'. Zwergform, jedoch bis 3 m hoch werdend, regelmäßig kegelförmig, Äste spitzwinklig abstehend, Triebe braun, unterseits heller, kahl, ziemlich dünn, Jahreszuwachs etwa 2—3 cm, Knospen orange, stumpf kegel- oder eiförmig, Terminale 2—3 mm lang, die anderen nur 1—2 mm, glänzend, meist nur die Terminale mit noch 1—2 Seitenknospen; Blätter frischgrün, unvollständig radial, 5 bis 7 mm lang, die längsten unten am Trieb und abwärts zeigend, an der Triebspitze kurz und vorwärts zeigend, die Knospen nicht verdeckend, biegsam anfühlend, an der Basis gebogen, sonst gerade, mit 1—3 unterbrochenen Stomalinien auf jeder

Seite. KHN Taf. 82. Bereits seit 1874 bekannt. In Kultur sehr häufig. ✶✶

'Repens'. Zwergform, Wuchs niederliegend bis ausgebreitet, Zweige von der Mitte der Pflanze aus allmählich in Lagen übereinander geschichtet, regelmäßig, dicht und gleichförmig, Triebe orangebraun, kahl, dünn und sehr biegsam, waagerecht abstehend, Spitzen leicht übergeneigt, Jahreszuwachs 3—5 cm, Knospen orange, eikegelförmig, mit scharfer Spitze, Terminale 3—4 mm lang, die übrigen 2—3 mm, meist 3 Knospen an der Triebspitze beisammen, Blattpolster kaum ausgeprägt; Nadeln frischgrün bis gelbgrün (Farbe veränderlich!), halbradial stehend, aber sehr flach, auf der Unterseite Triebe frei sichtbar, sehr dicht stehend und biegsam anfühlend, 8 bis 10 mm lang, gerade, am breitesten an der Basis, mit deutlicher Mittelrippe, in eine scharfe kleine Spitze auslaufend, mit 1—2 unterbrochenen Stomalinien auf jeder Seite. KHN Taf. 81. Unter der Bezeichnung 'Repens' gibt es bei den Autoren (BEISSNER-FITSCHEN, HORNIBROOK und DEN OUDEN-BOOM) keine Übereinstimmung, obwohl sich alle auf die von SIMON-LOUIS benannte Pflanze beziehen. Obige Beschreibung ist von WELCH nach der Originalpflanze von HORNIBROOK angefertigt worden und deshalb als richtig anzusehen. ✶✶

'Rothenhaus'. Baum, Wuchs normal kräftig und hoch, schmal, im Habitus und den kurzen Nadeln etwas an *P. orientalis* erinnernd, aber Zweige mehr spiralig angeordnet and hängend. KHN Taf. 78 (= *P. excelsa rothenhausii* Hahn). Vor 1900 gefunden im Wald von Schloß Rothenhaus bei Eisenberg, ČSSR; von dort später zum Park Pruhonitz bei Prag gebracht. Sehr dekorativ.

Abb. 159. *Picea abies* 'Virgata' im Morton Arboretum, USA

Abb. 158. *Picea abies* 'Viminalis' in Verbanella, Locarno, Lago Maggiore

'Sargentii'. Zwergform, Triebe dünn und dicht gedrängt, hellgelb, schräg vorwärts gerichtet, Jahreszuwachs etwa 2,5 cm, Knospen klein, kegelförmig, rotbraun, etwas harzig; Nadeln unregelmäßig stehend, gescheitelt oder radial, ziemlich dünn, gleichförmig, 8 mm lang, an der Spitze plötzlich verschmälert, stumpf, weich, im Winter gelegentlich gelbspitzig. Vor 1923 vom ARNOLD ARBORETUM verbreitet.

'Tabuliformis'. Zwergform, Wuchs ausgebreitet, anfangs mattenförmig, im Alter Äste und Zweige in Lagen übereinander liegend und dann flachkugelig, doch locker, Äste flach verzweigt, Spitzen leicht übergebogen, Gipfel der Pflanze stets ganz flach (!), Triebe oben hellbraun, unten mehr grau, kahl, glänzend, sehr dünn und biegsam, Jahreszuwachs etwa 2—3 cm, alle Seitentriebe sehr gleichförmig, Knospen orangebraun, eirund, 2—3 mm lang, mit 1—2 kleineren Nebenknospen; Nadeln halbradial gestellt, ziemlich weit auseinander stehend, biegsam anfühlend, hell gelbgrün, gerade, doch an der Basis gedreht, 7—10 mm lang, Mittelrippe kräftig, in eine lange Spitze ausgezogen, mit 1—4 Stomalinien bis zur Spitze. Vor 1865 als Hexenbesen in Trianon, Versailles, gefunden, später auch in Schweden.

'Tuberculata'. Wuchs wie die Art, aber leicht kenntlich an den zahlreichen kegelförmigen Auswüchsen am unteren Stammteil, diese 3 cm hoch. Vor 1898. Baum im Hainberg bei Göttingen, ferner „Oud Ehrenstein" bei Kerkrade. Ⓢ

'Viminalis'. Baum, bis 20 m hoch, Wuchs breit kegelförmig, Äste lang und waagerecht abstehend, später mehr abwärts geneigt, Triebe lang, fast senkrecht herabhängend, biegsam; Nadeln 2,5—3 cm lang, hellgrün, etwas sichelförmig gebogen. KHN Taf. 83. Wiederholt wildwachsend gefunden an verschiedenen Plätzen in Deutschland, Österreich, Schweiz, Skandinavien und Polen, zuerst 1741 in der Nähe von Stockholm. ✶ Abb. 158.

'Virgata'. Schlangen-Fichte. Sowohl als hoher Baum wie auch strauchig, im allgemeinen mit durchgehendem Leittrieb, Äste meist einzeln stehend oder in unregelmäßigen Quirlen, lang, waagerecht ausgestreckt, oft wirr schlangenförmig durcheinander wachsend, die oberen aufwärts gerichtet, die unteren mehr hängend, oft ohne Seitenknospen, daher meist nur an den Triebspitzen weiter wachsend; Nadeln radial, verschieden lang, etwa bis 26 mm lang, dick, spitz, oft auch aufwärts gekrümmt, meist 10 Jahre an den Trieben bleibend. KHN Taf. 83. Häufig gefunden, zuerst wohl in Frankreich 1853, später in Deutschland, Skandinavien, Böhmen, Schweiz und Tirol. ✶ Abb. 159.

'Wartburg' (Haller). Wuchs aufrecht mit durchgehendem Stamm, hoch werdend, Äste waagerecht abstehend oder in schlankem Bogen zum Boden gehend, Seitenzweige schräg abstehend oder nach unten gehend (sieht fast aus wie „mehrere Schirme übereinander"); Benadelung wie bei 'Frohburg', der sie als junge Pflanze sehr gleicht, später jedoch nicht mehr. Eingeführt durch HALLER AG, Schweiz. 1965. ■

'Wills Zwerg'. Niedrige Form, in 30 Jahren etwa 2 m hoch, regelmäßig und sehr dicht kegelförmig, aber im Alter lockerer werdend; interessant durch die hellgrüne Benadelung des Juli-Triebes (Johannistrieb), die viel heller ist als die dunkelgrünen alten Nadeln. KHN Taf. 82. Entstanden um 1936 in der Baumschule HANS WILL, Aspern bei Barmstedt, Holstein; eingeführt 1956. ✶

P. asperata Mast. Hoher Baum, Habitus wie *P. abies*, Äste waagerecht, an älteren Pflanzen steigend, junge Zweige kräftig, grau-etwas abwärts gerichtet, Spitzen angelb, glänzend, behaart (oder kahl), Knospen bis 15 mm lang, ockerbraun, verharzt, Knospenschuppen anliegend, Spitzen meist etwas umgerollt (Knospenmerkmale sehr wichtig!), Blattkissen geschwollen; Nadeln bläulichgrün, steif, stechend, radial abstehend, auf allen Seiten mit Stomalinien, 10 bis 18 mm lang, 1 mm dick; Zapfen zylindrisch, 8—10 cm lang. West-China 1910. Hart. ✶ Abb. 160.

var. **notabilis** Rehd. & Wils. Nadeln 12 bis 20 mm lang; Zapfen 9—12 cm lang, schuppen rhombisch-verkehrt-eiförmig, nach der Spitze zu allmählich verschmälert.

Abb. 160. *Picea asperata* (Foto: Arnold Arboretum, USA)

P. aurantiaca Mast. Mittelhoher Baum, schmal kegelförmig, junge Zweige gelblich bis hellbraun, fein behaart oder seltener kahl, oft aber auch Jungtriebe im 2. Jahre (folgende Triebe) dicht behaart, alljährlich abwechselnd, Knospen 4—7 mm lang, kegelförmig, harzig; Nadeln 8 bis 18 mm lang, stumpflich, gekrümmt, blaugrün, 4kantig, jederzeit mit 3—5 (—8) Stomalinien; Zapfen länglich, 6—7 cm lang, glänzendbraun, Schuppen verkehrt-eiförmig (= *P. asperata* var. *aurantiaca* [Mast.] Boom). Nord-China. 1910. Hart.

Abb. 161. Zapfen von *Picea*-Arten (*P. complanata* = *P. brachytyla* var. *complanata*)
(nach BEISSNER, Bot. Mag., CLINTON-BAKER, Gard. Chron.)

Abb. 162. *Picea brachytyla* im Bicton Park, England

P. bicolor (Maxim.) Mayr. Baum, bis 25 m hoch, Krone breit kegelförmig, Borke grau, rissig, junge Zweige gelb bis rotbraun, glänzend, Haupttriebe behaart, Seitentriebe kahl (wichtig! Gegensatz zu *P. koyamai*), Knospen eiförmig, etwas harzig; Nadeln blaugrün oben und mit je 5—6 Stomalinien, unten dunkelgrün und nur mit je 2 Stomalinien, lang zugespitzt, Querschnitt etwas breiter als hoch, 10—20 mm lang; Zapfen länglich, 6—12 cm lang, braun, jung purpurn, Schuppen gezähnelt (= *P. alcoquiana* [Veitch & Lindl.] Carr.). Japan. 1861. Hart und bei uns nicht selten, auch teils hohe Bäume. Abb. 143, 161, 179.

var. **acicularis** Shiras. & Koyama. Junge Triebe fein braun behaart, Knospen dicht grauweiß behaart; Nadeln dichter stehend als beim Typ, gekrümmt, blauweiß; Fruchtschuppen ganzrandig, nicht wellig. Berg Jatsugatake, Japan. 1868.

var. **reflexa** Shiras. & Koyama. Junge Triebe alle behaart, Knospen harzfrei; Nadeln gekrümmt, kürzer als beim Typ, nur 10—15 mm lang; Schuppenrand sehr dünn, ganzrandig, nicht wellig, Spitze zungenartig verlängert und zurückgeschlagen. Japan, nur in einem Hochgebirgstal des Oiflusses, 1500 bis 1800 m.

P. brachytyla (Franch.) Pritz. Baum, bis 25 m, Äste waagerecht und ansteigend, Zweige jedoch senkrecht herabhängend, orangegelb, kahl oder etwas behaart, Knospen eiförmig, braun, nicht harzig, Schuppen fest angedrückt; Nadeln zusammengedrückt, unten gescheitelt, 10—24 mm lang, etwa 1—1,5 mm breit, stumpf oder spitz, unten weiß, oben grün und gekielt; Zapfen zylindrisch, 6—12 cm lang, anfangs grün, steif stumpfbraun, Schuppen breit verkehrt-eiförmig, rund und ganzrandig (= *P. sargentiana* Rehd. & Wils.). Mittel- und West-China. 1901. Eine der schönsten chinesischen Fichten. Hart. ✱✱ Abb. 162, 173.

var. **complanata** (Mast.) Rehd. Nadeln 10—25 mm lang, lang zugespitzt; Zapfen vor der Reife braun oder purpurbraun, Rand der Schuppen rund oder abgestutzt. West-China. 1903. Abb. 143, 161.

P. breweriana S. Wats. Siskiyou-Fichte. Hoher Baum, bis 40 m, Äste waagerecht abstehend, Zweige senkrecht und peitschenförmig schlaff herabhängend, an alten Bäumen bis 2,5 m lang, junge Zweige rötlichbraun, behaart, zottig, Knospen kastanienbraun, kegelförmig; Nadeln unterseits gescheitelt, sonst meist radial, 20 bis 25 mm lang, etwas zusammengedrückt, stumpf, gerade oder leicht gebogen, unten fast flach und mit weißen Stomabändern, oben rund und dunkelgrün; Zapfen zylindrisch, 6—12 cm lang, 2 bis 3 cm breit, zuerst grün, dann purpurn, zuletzt gelbbraun, Schuppen verkehrt-eiförmig, ganzrandig. KHN 126, 132. Süd-Oregon und Nord-Californien. Außerordentlich schöne Fichte mit prächtig hängenden Zweigen. In ihrer Heimat sehr selten wild, im Hochgebirge, auf trockenem, felsigem Boden, dort aber nicht so schön wie in Kultur. 1893. Bei uns ganz hart. ✱✱✱ Abb. 143, 161, 163.

P. engelmannii (Parry) Engelm. Hoher Baum, 20—50 m hoch, Krone sehr dicht, kegelförmig oder auch schmal und spitz, Äste in dichten Quirlen, leicht hängend, Rinde hellbraun, harzig, dünn, junge Zweige gelbbraun, ganz feindrüsig, behaart, Knospen kegelförmig, braun, mit anliegenden Schuppen, Spitzen oft etwas zurückgeschlagen, verharzt; Nadeln dünn, 15 bis 25 mm lang, gerade oder leicht gebogen, bläulichgrün, nicht steif, gerieben mit unangenehmem Geruch; Zapfen zylindrisch-eiförmig, 4—8 cm lang, hellbraun, vor der Reife etwas gerötet, Schuppen rhombisch-länglich, nach dem Ende zu verschmälert, Spitze abgestutzt und ausgefressen. KHN 126, 127. Westliches Nord-Amerika, auf hohen Gebirgen, waldbildend. 1862. Bei uns ganz hart, aber häufig nicht echt. ✱✱ Abb. 143, 164, 179, 183.

'Argentea'. Nadeln silbergrau. 1891. In Aussaaten mitunter auftretend.

Abb. 163. *Picea breweriana* im Rauhreif, im Botanischen Garten Berlin (Foto: C. R. JELITTO)

Abb. 164. *Picea engelmannii* im Arboretum von Gimborn, Doorn, Holland

'Glauca'. Nadeln besonders im Frühjahr prächtig stahlblau, im Winter nicht so ausgeprägt. Vor 1874. ✱✱✱

P. excelsa → **P. abies.**

P. glauca (Moench) Voss. Weiß-Fichte. Baum, bis 30 (bei uns bis 20) m hoch, Wuchs kegelförmig, Äste und Zweige sehr dicht, waagerecht, Rinde graubraun, schuppig, junge Zweige hell graugelb bis fast weiß, kahl, Krospen bis 6 mm lang, eirundlich, hellbraun, Knospenschuppen stumpf, die oberen meist mit abgebogenen Spitzen; Nadeln 8—18 mm lang, bläulichgrün, oben mit je 3—4, unten mit je 2—3 Stomalinien, gerieben unangenehm nach *Ribes nigrum* riechend; Zapfen länglich, 3—6 cm lang, 1,2—2 cm breit, jung grün, reif hellbraun, Schuppen weich, biegsam, Rand rund und ganz, Deckschuppen klein, eingeschlossen. KHN 126, 128 (= *P. canadensis* B. S. P.; *P. alba* Link.). Östliches Nord-Amerika. 1700. Bewährt auch bei uns an Seeküsten und in Windlagen, auch Hecken, liebt genügend feuchten Stand. ✱ Abb. 143, 165, 179, 183.

'Alberta Globe' (Streng). Mutation aus *P. glauca* 'Conica', aber Wuchs kugelig; Nadeln grün, 6—9 mm lang, dünn wie bei 'Conica'. Vor 1967 bei C. Streng Jr. in Boskoop entstanden.

var. **albertiana** (S. Brown) Sarg. Hoher Baum, Wuchs rascher und höher als bei der typischen Art, schmalkronig, junge Zweige mitunter etwas behaart, Knospen leicht harzig; Nadeln größer, 12—24 mm lang, am Ende kurz zugespitzt; Zapfen kleiner, Schuppen steifer und Saum gezähnelt (= *P. alba albertiana* Beissn.). Geographische Form in NW-Nord-Amerika, besonders im Staat Alberta. ✱

Abb. 165. *Picea glauca*, ½ natürliche Größe (Foto: Forestry Branch, Canada)

'Coerulea'. Wuchs gedrungen kegelförmig; Nadeln kurz und dicht, auffallend blaugrün bis silbergrau. Selten.

'Conica'. „Zuckerhut-Fichte". Zwergform, älteste Pflanze in Europa, 1960 etwa 4 m hoch (bei Raymond Chenault, Orléans, 50 Jahre alt), Wuchs sehr langsam, ganz dicht, schmal und regelmäßig kegelförmig, Zweige sehr fein, biegsam, in den Furchen etwas behaart; Nadeln radial, locker gestellt, 10 mm lang, hellgrün im Austrieb, später leicht bläulichgrün (= *P. canadensis conica* Beissn.; *P. glauca albertiana conica* Rehd.). 1904 von Rehder und Jack am Lake Laggan in Kanada aufgefunden. Sehr häufig in den Baumschulen anzutreffen. Hat oft sehr unter der Roten Spinne zu leiden. ✱✱✱ Abb. 166.

'Echiniformis'. Zwergform, ganz niedrig, flach, dicht buschig, Zweige sehr kurz; Nadeln radial, steif, stark blaugrün, 16—22 mm lang. Sehr schön für Steingärten. ✶

'Gnom'. Mutation an 'Conica' mit deutlich graugrüner Benadelung; Jahrestriebe 3—5 cm lang. Taf. VI.

'Laurin' (Arnold). Mutation an *P. glauca* 'Conica', Wuchs noch zwergiger, sehr schwachwüchsig, Jahrestriebe nur 15—25 mm lang, sehr dicht stehend; Nadeln radial, 5—10 mm lang, dunkelgrün. 1952 bei R. ARNOLD, Alveslohe, Holstein, entstanden, 1970 eingeführt, heute bereits sehr verbreitet. ✶✶✶ Abb. 167.

'Nana'. Zwergform, 1 m hoch, rundlich, breit, Zweige sehr dicht und zahlreich; Nadeln radial, 7—8 mm lang, dünn, steif, graublau. Häufig.

P. glehnii (Fr. Schmidt) Mast. Sachalin-Fichte. Baum, bis 40 m, Krone schmal kegelförmig, Äste dünn, kurz, junge Zweige rotbraun, dicht behaart, Rinde braun, rissig, Knospen eikegelig, harzig, braun, Endknospen mit pfriemförmigen Basalschuppen, Austrieb spät; Nadeln 6 bis 12 mm lang, oben mattgrün mit meist je 3 Stomalinien, unten leuchtendgrün mit meist 1 Stomalinie, stumpf, an jungen Pflanzen jedoch meist spitz, Querschnitt so hoch wie breit; Zapfen länglich, 5—8 cm lang, glänzendbraun, Schuppen holzig-starr, rundlich, ganzrandig bis leicht ausgefressen. KHN 126, 127. Sachalin, Japan. 1891. Sehr hart, in ihrer Heimat auch noch gut auf kalten und morastigen Böden. ✶ Abb. 143, 144, 168, 183.

P. × hurstii De Hurst. (*P. engelmannii* × *P. pungens*). Baum, Krone kegelförmig, Äste fast aufrecht, Zweige dünn, weiß, kahl, Knospen klein, hellbraun, Blattkissen nahezu fehlend; Nadeln zahlreich, dicht gestellt, 10—12 mm lang, dünn, fein zugespitzt, fühlbar stechend, hellgrün; Zapfen ähnlich denen von *P. pungens*.

P. jezoensis (S. & Z.) Carr. Yedo-Fichte. Baum, bis 50 m hoch, Habitus ähnlich *P. abies*, Rinde grau, in Platten abblätternd, Äste dünn, abstehend, junge Zweige kahl, glänzend, gelbbraun bis grünlichgelb, Knospen kegelig, glänzend, harzig, Blattkissen geschwollen, Blattstiele gekrümmt; Nadeln zusammengedrückt, 10 bis 20 mm lang, spitz, leicht gebogen, leicht gekielt an beiden Seiten, unten mit weißen Stomabändern, oben dunkelgrün, glänzend, ohne Stomata; Zapfen zylindrisch-länglich, 4—7,5 cm lang, hellbraun, jung grünlichbraun, Schuppen rhombisch-länglich, ausgefressen und gezähnelt. KHN 126, 128 (= *P. ajanensis* Fisch.). Man-

Abb. 166. *Picea glauca* 'Conica' in der Baumschule J. D. ZU JEDDELOH in Jeddeloh

Abb. 167. *Picea glauca* 'Laurin' bei ARNOLD, Alveslohe, Holstein

dschurei, Sachalin, Nord-Japan. 1878. Bei uns ganz hart und in großen Bäumen vorhanden. * Abb. 143, 183.

var. **hondoensis** (Mayr) Rehd. Hondo-Fichte. Baum, bis 30 m, junge Zweige mehr rotbraun, Blattkissen stärker verdickt und nach oben gerichtet; Nadeln mattgrün, mehr dem Zweig anliegend, kürzer und stumpfer. Mittelgebirge in Japan. 1860. Treibt später aus als die Art, daher in kälteren Gegenden besser. Hart.

P. koyamai Shiras. Baum, bis 20 m, schmal kegelförmige Krone, Rinde graubraun, schuppig, junge Zweige rotbraun, meist leicht bereift, Haupttriebe fast kahl, Seitentriebe drüsig behaart, Knospen harzig; Nadeln gerade oder gebogen, sehr dicht, kräftig und dick, stumpf oder spitz, 8—12 mm lang, oben mit je 5—8 deutlichen, unten mit je 2—4 Stomabändern, Querschnitt etwas breiter als hoch; Zapfen zylindrisch-länglich, 4—10 cm lang, reif hellbraun, vor der Reife grün, Schuppen gezähnelt, sehr fest. KHN Taf. 87. Japan, Korea. 1914. Bei uns hart, aber selten, außerdem anscheinend nur kurzlebig.

P. likiangensis (Franch.) Pritz. Baum, bis 30 m hoch, Äste waagerecht abstehend, Rinde grau,

Abb. 169. *Picea mariana* 'Doumetii' (Foto: G. D. Böhlje, Westerstede)

Abb. 168. *Picea glehnii* im Versuchsgarten Aurich

tief gefurcht, junge Zweige hellgelb bis bräunlich bis orange, mehr oder weniger behaart, seltener kahl, Knospen eikegelig, spitz, harzig, etwa 1 mm lange gelbe Blattkissen; Nadeln zusammengedrückt, 8—15 mm lang, spitz oder stumpf, oben mit 2 weißen Stomabändern, unten mit 1—2 unterbrochenen Stomalinien (seltener 3—4); Zapfen zylindrisch-länglich, Schuppen länglich-rhombisch, dünn, spitz oder abgestutzt, ausgefressen und gewellt. KHN Taf. 87. West-China. 1910. Hart und bei uns in Kultur seit etwa 1925.

var. **balfouriana** (Rehd. & Wils.) Hillier ex Slavin. Abweichend durch kürzere Äste, dadurch schmalere Kronenform, junge Triebe auch mehr gelblich, jung dicht zottig behaart; Nadeln 8—15 mm lang, 1,5 mm breit, Stomalinien weniger deutlich; Zapfen 5—9 cm lang, vor der Reife purpurviolett, Fruchtschuppen papierdünn, rhombisch-eiförmig und nach oben hin verlängert, am Rand gewellt (= *P. balfouriana* Rehd.; *P. sikangensis* Cheng; *P. yunnanensis* [Forrest] Vilm.). W-China; W-Setschuan, 3000—4000 m. Eingeführt durch H. E. Wilson 1910.

Abb. 170. *Picea mariana* 'Nana' in der Baumschule J. D. zu Jeddeloh

var. **purpurea** (Mast.) Dallim. & Jacks.). Purpur-Fichte. Baum, 20—30 m hoch, mit dunkelgrauer Borke, in dünne Schuppen gespalten, junge Zweige orangegelb oder hellgelbgrau, dicht behaart, Knospen kegelig, spitz, dunkelbraun, verharzt; Nadeln 5—12 mm lang, stumpf, stark zusammengedrückt, graugrün, oben mit 2—3 schwach hervortretenden Stomalinien an jeder Seite, unten mit je 1—2 oft unterbrochenen Linien; Zapfen länglich-zylindrisch, 5—6 cm lang, vor der Reife violett, Schuppen rhombisch-länglich. KHN Taf. 87 (= *P. purpurea* Mast.). West-China. 1910. Hart bei uns. ✶

P. × lutzii Little. (*P. glauca* × *P. sitchensis*). 1950 aufgefunden in Süd-Alaska, wo die Verbreitungsgrenzen der beiden Arten sich berühren; in Europa auch künstlich erzielt.

P. mariana (Mill.) B. S. P. Schwarz-Fichte. Baum, bis 20 m, selten höher, Äste dünn, oft hängend, Krone schmal kegelförmig, häufig unregelmäßig, junge Triebe rotbraun, dicht zottig behaart, Knospen kurz, dick, harzlos, Basalschuppen pfriemlich, die Knospenspitze überragend; Nadeln sehr dicht, 6—18 mm lang, stumpfgrün bis blaugrün oder bläulichweiß schimmernd, gerade oder leicht gekrümmt, dünn, oben je 3—4, unten je 1—2 Stomalinien; Zapfen eiförmig klein, 2—3,4 cm lang, matt braungrau, vor der Reife dunkelpurpurn, mehrere Jahre am Baume bleibend, Schuppen steif, rund, Rand fein gezähnt. KHN 126, 131 (= *P. nigra* Ait.; *P. brevifolia* Peck.). Nord-Amerika und Kanada, große Wälder bildend, oft in kalten Sümpfen. 1700. Zwar hart, aber nicht so schön wie die Gartenformen, darum verhältnismäßig selten. ○ Abb. 143, 179, 183.

'Beissneri'. Sehr ähnlich 'Doumetii', aber Wuchs breiter und gedrungen kegelförmig; Nadeln heller blaugrün, silbergrau bis stahlgrau. KHN Taf. 88. ✶✶

'Doumetii'. Wuchs sehr dicht kegelförmig, Zweige sehr zahlreich, aufstrebend (= *P. nigra doumetii* Carr.). Entstanden vor 1855 am Schloß Balène bei Moulins, Frankreich. ✶ Abb. 169.

'Nana'. Zwergform, Wuchs kugelig, schwachwüchsig, Zweige fein, dünn; Nadeln sehr dünn, hell blaugrün. KHN Taf. 89 (= *P. nigra nana* Beissn.). ✶ Abb. 170.

P. × mariorika Boom (*P. mariana* × *P. omorika*). Wie *P. omorika*, aber Wuchs breit kegelförmig, Zweige kurz behaart, mit vereinzelten Drüsen; Nadeln schmaler, mehr blaugrün, mit

Abb. 171. *Picea mariorika* (links), *Picea omorika* (rechts) im Arnold Arboretum (Foto: Arnold Arboretum, USA)

scharfer Spitze, oberseits mit 4—6 Stomalinien, unterseits mit 0—1 Stomalinie; Zapfen 3,5 bis 4,5 cm lang, in der Jugend purpurn (bei *P. omorika* 4—6 cm lang, in der Jugend braun). KHN Taf. 88. Unter dieser Bezeichnung faßt BOOM alle in den deutschen Baumschulen angezogenen, breit wachsenden Pflanzen mit den verschiedenen Übergangsstadien zusammen, die nicht den typischen, fast säulenförmig schmalen Wuchs von *P. omorika* zeigen. Nach Ansicht von BOOM ist die Hybride um 1925 in der Baumschule G. D. BÖHLJE in Westerstede entstanden und von dort weit verbreitet worden. Die Ansicht von BOOM kann jedoch nicht unwidersprochen bleiben, denn ein großer (vielleicht die weitaus meisten) der breitwüchsigen Exemplare sind keineswegs Hybriden, sondern weiter nichts als breitwüchsige *Omorika*, die ebenfalls in Jugoslawien vorkommen und dort vor allem in niedrigeren Lagen oder sogar aus deutschem Saatgut erzogen wurden. Vgl. auch das bei *P. omorika* Gesagte. Abb. 171.

Zu dieser Kreuzung gehören auch die beiden folgenden Cultivare:

'Kobold' (Jeddeloh) (*P. mariana* 'Doumetii' × *P. omorika*). Wuchs kugelig, dicht, in 20 Jahren etwa 1 m hoch und breit, sehr dicht bezweigt, Jahreszuwachs etwa 5 cm, Triebe ziemlich dick und steif, rotbraun, gefurcht, zerstreut behaart, Knospen stumpf eiförmig, 2—3 mm lang, Terminale meist einzeln stehend, oft ganz von Nadeln eingeschlossen, Basalschuppen die Spitze oft überragend; Nadeln radial stehend, straff vorwärts gerichtet, 8 bis 12 mm lang, etwa 0,5 mm breit, gerade bis leicht gekrümmt, unten tiefgrün, oben mit je 3—4 Stomalinien. 1951 bei ZU JEDDELOH selektiert. ✶

'Machala' (Machala). Wuchs zwergig, ausgebreitet bis flachkugelig, etwa 1 m breit (oder mehr) und 30 bis 50 cm hoch, Triebe teils waagerecht, in der Mitte mehr ansteigend, Jahrestriebe etwa 10 cm lang, ziemlich starr, Knospen mittelbraun, eiförmig, spitz; Nadeln meist 10—15 mm lang, ziemlich steif und sehr spitz, etaw 0,8 mm breit, dunkelgrün, aber durch die 2 einzelnen Stomareihen oben und 2 Stomabänder unterseits oft silberweiß bis graublau wirkend. 1963 aus den KONIFEROVY SKOLKY, Žehušize, ČSSR, verbreitet, zunächst unter der Bezeichnung *P. omorika* 'Compacta'. Aus *P. omorika* selektiert, aber wegen der spitzen Nadeln vielleicht Hybride mit *P. sitchensis* (statt *P. glauca*?). ✶ ■

P. maximowiczii Rgl. Mittelhoher Baum, Krone kegelförmig, gedrungen, Äste abstehend, Spitzen ansteigend, junge Zweige kurz, starr, sehr dicht, graugelb, kahl, Knospen rundlich, klein, stark harzig; Nadeln locker stehend, sehr steif, scharf stechend, oben radial, unten meist etwas gescheitelt, fast senkrecht abstehend, 10—15 mm lang, 4kantig, jederseits mit 3—4 Stomalinien, dunkelgrün; Zapfen länglich, 3—6 cm lang, jung grüngelb, reif glänzendbraun. KHN 88. Japan, Hochgebirge, aber auch oft an Tempeln angepflanzt. 1865. Bei uns hart, aber sehr selten und nur als Busch. Abb. 172.

Abb. 172. *Picea maximowiczii* am heimatlichen Standort, Yatsuga-dake, Hondo, Japan (Foto: E. H. WILSON; by courtesy Arnold Arboretum)

Abb. 173. *Picea obovata*, Zweig mit Zapfen (Foto: Archiv)

P. montigena Mast. Baum, bis 30 m, junge Zweige behaart, Äste kurz und horizontal, Knospen länglich, dunkelbraun, stark harzig; Nadeln 8—15 mm lang, stumpf oder spitz, unten mit 2—3 undeutlichen Stomareihen auf jeder Seite, blaugrün, derb; Zapfen zimtbraun, Schuppen rhombisch-eiförmig, etwas ausgefressen, nicht gewellt. KHN 126. West-China. 1908. Hart. Abb. 143.

P. × moseri Mast. (*P. jezoensis × P. mariana*). Zweige kahl, grünlich oder olivgrün; Nadeln dicht, in vielen Reihen, ungleich gestellt, 4kantig, leicht zusammengedrückt, oben blaugrün, unten grün, 16 mm lang, scharfspitzig, dünn. Vor 1900 von MOSER in Versailles künstlich erzielt aus *P. jezoensis × P. mariana* 'Doumetii'.

P. obovata Ledeb. Sibirische Fichte. Hoher Baum, Wuchs ähnlich *P. abies*, Äste leicht hängend, Zweige dünn, leicht hängend, gelbgrün, schwach glänzend, dicht drüsig behaart, Knospen kegelig, etwas harzig, Blattkissen wenig vorstehend; Nadeln kurz, 10—18 mm lang, matt, oberseits den Zweigen angedrückt und nach vorn gerichtet, unten etwas gescheitelt und teilweise auch nach unten abstehend, jederseits mit 2—3 schwachen Stomalinien; Zapfen zylindrisch-eiförmig, 6—8 cm lang, jung purpurn, Schuppen oben breit abgerundet, ganzrandig oder etwas ausgerandet. KHN 129 (= *P. excelsa* var. *obovata* [Ledeb.] Blytt). Nord-Europa bis Kamtschatka und Mandschurei. 1852. Sehr hart. Abb. 161.

var. **fennica** (Rgl.) Henry. Nadeln tiefgrün; Zapfenschuppen abgerundet, stets fein gezähnelt. Skandinavien, Nord-Finnland, Nord-Rußland.

P. omorika (Pančic) Purkyne. Serbische Fichte. Baum, bis 30 m, Krone schmal pyramidal, fast säulenförmig, Äste ziemlich kurz, abstehend und ansteigend, junge Zweige braun, behaart, Knospen dunkelbraun, nicht harzig, Endknospen mit langen pfriemförmigen Basalschuppen; Nadeln zusammengedrückt, 8 bis 18 mm lang, 2 mm breit, beiderseits gekielt, stumpf mit kleiner Spitze, unten mit 2 weißen breiten Stomabändern, oben glänzend dunkelgrün; Zapfen eilänglich, 3—6 cm lang, glänzend zimtbraun, schon an jungen Pflanzen zahlreich, Schuppen rundlich, fein gezähnelt. KHN 126, 131. Bosnien und Serbien, auf steilen Kalkwänden des mittleren Laufes der Drina. 1880. 1877 von Prof. PANČIC bei Zaovina erstmalig aufgefunden, jedoch hatte er Zweige und Zapfen davon schon 2 Jahre früher erhalten. Das heutige natürliche Verbreitungsgebiet umfaßt einige

Abb. 174. *Picea omorika* 'Aurea' bei G. BOS & ZONEN, Boskoop

Abb. 175. *Picea omorika* am heimatlichen Standort, am rechten Abhang des Drina-Canon, im Tara-Gebirge, Jugoslawien (Foto: S. KOLAROWIC)

Standorte am mittleren und oberen Lauf der Drina in Jugoslawien bei Vizegrad und 2 weitere Vorkommen in der Nähe, nämlich die Viogora-Berge über der Mündung des Lim-Flusses und auf dem Radomislje in den Zelengora-Bergen, westlich Foca. Ältere Angaben, die auch über Vorkommen in Montenegro, Bosnien und Herzegovina berichten, sind unrichtig und beruhen darauf, daß der Name „omorika" in der serbischen Sprache weiter nichts bedeutet als „Fichte" und dort gleichzeitig für *P. omorika* und *P. abies* verwendet wird. Heute eines der am meisten angepflanzten Nadelgehölze unserer Anlagen, raschwüchsig, gesund, unempfindlich. *** Abb. 143, 170, 175, 176, 177, 179, 183.

Die Kulturpflanzen zeigen zum großen Teil heute nicht die typische spießförmige, sondern eine schmalere oder breitere Kegelform, die in Jugoslawien auch bei den Bäumen aus niedrigeren Lagen bekannt ist. In der Ebene (so in Mit-

Abb. 177. *Picea omorika* im Arboretum Kornik, Polen (Foto: K. JAKUSZ)

Abb. 176. Gipfel einer jungen *Picea omorika* mit zahlreichen Zapfen (Foto: OTTO)

Abb. 178. *Picea omorika* 'Nana' im Botanischen Garten Dortmund

Abb. 179. *Picea*-Arten, Zapfen und Zweige (nach BEISSNER)

Abb. 180. *Picea orientalis* im National Pinetum Bedgebury, England

tel- und W-Europa) überwiegt der breitkronige Typ, und zwar deshalb, weil die Pflanzen nahezu immer aus dem leicht zu erhaltenden Saatgut der breiten Pflanzen erzogen werden, das mühelos zu beschaffen und viel billiger ist als Saatgut von spießförmigen Pflanzen im Hochgebirge.

'Aurea'. Benadelung schön dauerhaft gelb; sonst im Wuchs etwa wie die Art. Abb. 174.

'Expansa'. Zwergform, ohne Stamm, vollkommen auf dem Boden ausgebreitet, doch kräftig wachsend, Zweigspitzen leicht ansteigend, sonst wie die Art. 1930 als Sämling bei G. D. Böhlje, Westerstede, entstanden. Die Originalpflanze steht im Arboretum Trompenburg, Rotterdam, jetzt etwa 4 m breit und 80 cm hoch.

'Gnom' (Jeddeloh). Wuchs breit kegelförmig, in 20 Jahren bis etwa 1,5 m hoch, sehr dicht bezweigt, Jahrestriebe älterer Pflanzen nur 2—3 cm lang, Triebe dünn, biegsam, graugelb, verstreut kurz behaart, Terminalknospen 3—4 mm lang, meist von 2—3 kleineren Nebenknospen umgeben, untermischt mit einzelnen Nadeln, Schuppen schmal pfriemlich, lang, rotbraun, locker anliegend, harzfrei, Blattpolster kaum ausgeprägt; Nadeln sehr dicht stehend, mehr oder weniger radial, vorwärts gerichtet, 10 bis 15 mm lang, etwas gekrümmt, spitz, aber nicht scharf, oben mit 4—5 weißen Stomalinien, unten glänzendgrün, im Querschnitt 4kantig. 1951 von zu Jeddeloh selektiert. Soll sehr unempfindlich gegen Rote Spinne sein. ✶

'Minima'. Wuchs ganz zwergig, sehr kurztriebig, sonst wie *P. omorika* 'Nana', an der diese Form als Hexenbesen gefunden wurde von zu Jeddeloh, wo sie bereits in Vermehrung ist. ✶ ■

'Nana' (Goudkade). Zwergform, bis 3 m hoch (vielleicht noch höher werdend), ganz breit kegelförmig, dicht bezweigt; Nadeln locker und radial gestellt, die blaue Seite auffällig nach außen zeigend. Um 1930 entstanden als Mutation bei Gebr. Goudkade, Boskoop. Bereits ziemlich verbreitet. ✶ Abb. 178.

'Pendula'. Unter dieser Bezeichnung findet man in den Baumschulen gelegentlich Formen von unterschiedlichem Aussehen: entweder Wuchs aufrecht und Äste herabhängend oder auch der Stamm bereits übergebogen. Wird am besten vorerst als Sammelname angesehen.

P. orientalis (L.) Link. Sapindus-Fichte. Hoher Baum, Krone kegelförmig, dicht verzweigt, bis zum Boden beastet, Rinde braun, schuppig, Äste unregelmäßig, quirlig, aufstrebend oder abstehend, junge Zweige hellbraun, bis fast weiß, zottig behaart, glänzend, Knospen spitz eiförmig, 3 mm lang, harzfrei, Blattkissen stark vortretend; Nadeln dunkelgrün, stark glänzend, ganz stumpf, 6—8 mm lang, oberseits mit je 1—2, unten mit je 3—4 Stomalinien; ♀ Blüten violettpurpurn; Zapfen zylindrisch-eiförmig, 6—9 cm lang, vor der Reihe violett. KHN 126, 127. Kaukasus, Kleinasien. 1837. Hart. ✶✶ Abb. 143, 161, 180.

'Aurea'. Wuchs normal, junge Triebe im Austrieb intensiv rahmgelb, später aber allmählich vergrünend oder auch einen gelblichen Schimmer behaltend. KHN Taf. 92 (= *P. orientalis aureospicata* Beissn.). Mehrfach entstanden, zuerst wohl bei P. Smith in Bergedorf bei Hamburg. Vor 1873.

'Aurea Compacta' (Jeddeloh). Wuchs sehr gedrungen, Jahreszuwachs 4—7 cm; Nadeln während des ganzen Jahres zumindest auf der Zweigoberseite heller oder dunkler gelb, auf der Unterseite jedoch stets grün. Ⓢ ■

'Early Gold' (Konijn). Nadeln gelb, im Sommer vergrünend, jedoch viel später als bei 'Aureospica'.

'Gracilis' (Kort). Zwergform, eirundlich, bis 3 m hoch oder noch etwas höher, Äste feiner, zierlicher, viel dichter gestellt als bei der Art. Entstanden in der Baumschule van Geert, heute Arboretum Kalmthout bei Antwerpen.

'Nutans'. Hängeform, Wuchs unregelmäßig und sehr sparrig, Äste oft weit abstehend und überhängend, verschieden lang. 1905 durch Hesse in den Handel gebracht. Selten. (Dortmund). ✶ Ⓢ

'Pendula'. Gedrungene, langsamwüchsige Form mit überhängenden Zweigen. (Hillier). ■

P. polita (S. & Z.) Carr. Tigerschwanz-Fichte. Baum, Wuchs langsam, Krone jung kegelförmig, später Äste (in der Heimat) mehr überhängend, Rinde hellgrau, kleinschuppig abblätternd, junge Triebe dick, steif, gelbbraun, kahl, Knospen groß, eiförmig, bis 1 cm lang; Nadeln radial gestellt, sehr starr, dolchartig zugespitzt, sehr scharf stechend, glänzend frischgrün, 15 bis 24 mm lang, seitlich stark zusammengedrückt, höher als breit, jederseits mit 5—6 Stomalinien; Zapfen sitzend, länglich, eiförmig, 7—10 cm lang, 3—4 cm breit. KHN 126, 129 (= *P. torano* Koehne). Mittel-Japan. Bei uns hart. ✶ Abb. 143, 161, 179, 181, 182.

P. pungens Engelm. Stech-Fichte. Hoher Baum, 30(—50) m hoch, Äste waagerecht abstehend, Quirle mitunter ziemlich entfernt, junge Zweige hell gelblichbraun, Knospen bräunlichgelb, stumpf, harzlos, Schuppen locker anliegend, Spitzen zurückgeschlagen; Nadeln starr, 2 bis 3 cm lang, lang zugespitzt, stechend, gekrümmt, radial abstehend, bläulichgrün, selten ganz grün, jederseits mit 4—5 Stomabändern; Zapfen länglich-zylindrisch, 6—10 cm lang, hellbraun, Schuppen dünn, biegsam, längsfaltig, nach dem Ende zu verschmälert. KHN 128, Taf. 89. USA, Felsengebirge, Utah, Kolorado, im Gebirge in 2000—3300 m Höhe, nie bestandsweise. 1862. Besonders mit ihren blauweißnadeligen Formen sehr beliebt und eine der am meisten angepflanzten Zierkoniferen, vor allem auch wegen ihrer Unempfindlichkeit gegen trockene Luft. ✶ Abb. 144, 183.

Übersicht über die behandelten Formen

• Nadelfärbung deutlich grün, grünlich oder gelb; Wuchs normal aufrecht:
  var. *pungens* (grünlich, seltener grün)
  'Aurea', gelb

•• Nadeln heller oder dunkler bläulich bis blauweiß ('Glauca'-Gruppe);

* Wuchs normal kräftig aufrecht, kegelförmig;

a) normale, mehr oder weniger „blaue Sämlinge“:
  f. *glauca*

b) häufige veredelte Sorten:
  'Endtz', 'Hoopsii', 'Koster', 'Moerheim', 'Spek', 'Thomsen', 'Vuyk'

c) seltenere, veredelte Sorten:
  'Bakeri', 'Erich Frahm', 'Fürst Bismarck', 'Hoto', 'Oldenburg', 'Lombarts', 'Mission Blue', 'Schovenhorst', 'Schwartz'

** Wuchs zwergig;

a) flachkugelig, breit:
  'Glauca Globosa', 'Luusbarg'

Abb. 181. *Picea polita* im Botanischen Garten Dortmund

Abb. 182. *Picea polita*, Zapfen (Foto: Eiselt)

b) breit kegelförmig:
'Blue Trinket', 'Moll', 'Montgomery'

*** Wuchs unregelmäßig, flach, breit, niedrig oder auch im Alter 2—3 m hoch und breit (oft aus Seitentrieben erzogen!):
'Glauca Procumbens',
'Glauca Prostrata'

**** Hängeform:
'Glauca Pendula'

'Bakeri'. Wuchs hoch, breit kegelförmig; Nadelfarbe etwas dunkler blau als bei 'Moerheim', Nadeln auch länger. Als Sämling selektiert vor 1930 in Massachusetts, dann 1933 verbreitet durch die HITI NURSERIES, R. E. Baker, Pomfret, Connecticut, USA. ■

'Blue Trinket' (Konijn). Sämling, Wuchs gedrungen und breit kegelförmig; Nadeln blauweiß; sieht etwa aus wie eine kompakt wachsende Pflanze von 'Endtz'. Selektiert vor 1965 von L. KONIJN & Co., Reeuwijk, Holland. ■

'Endtz'. Hochwachsend, dicht kegelförmig, Äste waagerecht ausgebreitet mit kleinen, spornartig aufrecht stehenden Trieben, einjährige Triebe gelblichbraun, Knospen dick, stumpf, Spitzen der Schuppen zurückgeschlagen, Nebenknospen kranzförmig und regelmäßig um die Terminale stehend; Nadeln blau, im Winter silbrig, 25—30 mm lang, leicht sichelförmig gebogen. Um 1925 durch L. J. ENDTZ, Baumschule, Boskoop, eingeführt. ✶ Abb. 184, 188.

'Erich Frahm' (J. Timm & Co.). Wuchs sehr regelmäßig kegelförmig; Benadelung schön blau. Selektion der Baumschule J. TIMM & Co., Elmshorn; eingeführt 1950. Abb. 185.

'Fürst Bismarck'. Wuchs normal aufrecht, kegelförmig, Äste in tellerförmigen, dichten und regelmäßigen Lagen, vor allem in der unteren Hälfte der Pflanze, dagegen in der oberen Hälfte der Krone alle Zweige leicht ansteigend; junge Nadeln fast weiß. Entstanden bei WEISSE in Kamenz; eingeführt 1887.

f. **glauca** (Regel) Beissn. Hiermit sind alle wild vorkommenden oder auch in Kultur befindlichen, nicht selektierten Sämlingspflanzen gemeint, mit mehr oder weniger bläulicher Nadelfärbung. Die selektierten und benannten Klone hingegen bilden die 'Glauca'-Gruppe. ✶

'Glauca Globosa'. Zwergform, Wuchs anfangs noch etwas locker und unregelmäßig, bald aber flachkugelig und sehr dicht, bis etwa 1 m hoch und 1,5 m breit (endgültige Höhe und Breite bisher nicht bekannt), Jahrestriebe 5—8 cm, Triebe hell gelbbraun, dünn, Knospen spitz eiförmig, hellbraun; Nadeln dicht stehend, unvollständig radial, leicht sichelförmig, weißblau, 10 bis 12 mm lang, 1 mm dick, jederseits mit 3 bis 4 Stomalinien. KHN Taf. 89 (= *P. pungens glauca nana* Hesse; *P. pungens* 'Glauca Globosa' Hillier). 1937 bei ANTH. KLUIS in Boskoop aus Samen entstanden; 1955 von LE FEBER & Co. eingeführt. Heute sehr stark verbreitet. ✶✶✶

'Glauca Pendula'. Wuchs krumm oder schief aufrecht, untere Äste schräg herabhängend, die höher stehenden Äste meist anfangs waagerecht, später ebenfalls hängend; Nadeln wie beim Typ, jedoch silberweiß, mitunter aber nur blaugrau, sichelförmig (= *P. pungens kosteriana* Henry). Zuerst 1895 von KOSTER & Co., Boskoop,

Abb. 183. Zapfen von *Picea*-Arten
(nach BEISSNER, CLINTON-BAKER, Gard. Chron., SHIRASAWA)

Abb. 184. *Picea pungens* 'Endtz'
im Botanischen Garten Dortmund

Abb. 185. *Picea pungens* 'Erich Frahm'
im Botanischen Garten Dortmund

Abb. 186. *Picea pungens* 'Moerheim'
im Botanischen Garten Dortmund

Abb. 187. *Picea pungens* 'Thomsen'
in der Baumschule J. D. zu Jeddeloh

eingeführt. Vielgestaltige Form, wahrscheinlich auch verschiedene Klone. Abb. 191.

'Glauca Procumbens'. Zwergig, strauchig, breit niedergestreckt, doch sehr unregelmäßig, Äste teils übergebogen, teils ansteigend; Benadelung wie bei 'Koster'. Nach DEN OUDEN ein Sport von 'Koster', der um 1910 in einer Baumschule in Boskoop gefunden, vermehrt und 1924 von H. DEN OUDEN & ZOON eingeführt wurde. Heute recht verbreitet, aber man kann aus Seitentrieben von 'Koster' und den anderen aufrechtwachsenden Formen mühelos breitwachsende Pflanzen ohne Gipfeltrieb erziehen, die sich nicht von der obigen Form unterscheiden.

'Glauca Prostrata'. Zwergig, Zweige ganz flach dem Boden aufliegend, aber sonst hinsichtlich der Beständigkeit genau so unsicher wie 'Glauca Procumbens'. Eine sehr schöne Pflanze, 2 m breit und nur 40 cm hoch, steht im Trompenburg Arboretum, Rotterdam.

'Hoopsii'. Wuchs normal kräftig aufrecht, sehr dicht, Jahreszuwachs 12—20 cm, Äste breit abstehend, Triebe hell rotbraun, sehr kräftig, Endknospen eirund, 1 cm lang, Schuppen kurz zurückgerollt; Nadeln an starken Trieben etwas locker stehend, sonst dichter, radial, vorwärts gerichtet, stark blauweiß, 2—3 cm lang. In der früheren Baumschule HOOPS entstanden und 1958 von GROOTENDORST eingeführt. Diese Form und 'Thomsen' sind heute wohl die besten und am intensivsten weißblauen Formen. ✱✱✱ Taf. VI.

'Hoto'. Wuchs kegelförmig, ziemlich dicht, regelmäßig verzweigt, sehr raschwüchsig, Zweige hellbraun, Endknospen eiförmig, Schuppen abstehend, hellbraun, von einem Kranz meist etwas gedrehter Nadeln umgeben; Nadeln 15—25 mm lang, 1—1,3 mm breit, blaugrau. Herkunft unbekannt; 1972 verbreitet durch A. HOOGENDOORN und GEBR. VAN TOL, beide in Boskoop. Sehr leicht vermehrbar und immer vorzüglich regelmäßig wachsende Pflanzen bildend, aber nicht schön blau. ■

'Koster' (Blaauw & Co. 1901). Bekannteste der Blaufichten-Formen, Wuchs regelmäßig kegelförmig, Zweige quirlständig ausgebreitet, junge Triebe orangebraun, Terminalknospe kegelförmig, 1 cm lang, 5—6 mm breit, an der Basis breit, Schuppen dicht angedrückt, mitunter an der Spitze zurückgeschlagen; Nadeln leicht sichelförmig, von der Unterseite der Triebe aufwärts gekrümmt, 20—25 mm lang, silberblau, auch im Winter. 1885 von ARIE KOSTER MZ, Boskoop, verbreitet, aber damals ein Klongemisch, aus dem C. B. VAN NES & ZOON (jetzt BLAAUW & Co.) 10 sehr ähnliche Pflanzen auswählte und verbreitete. Später wurde der Name fälschlich verändert in *P. pungens compacta* 'Koster' (1908) und 1913 noch einmal in *P. pungens glauca compacta.* Korrekt ist jedoch nur der Name von 1901. ✱✱ Abb. 190.

'Lombarts'. Kegelform, Wuchs etwas unregelmäßig, dicht bezweigt, Zweige ziemlich kurz, überhängend, wenig verzweigt; Nadeln blauweiß, sehr dicht stehend, 25—30 mm lang. Von P. LOMBARTS, Zundert, Holland, verbreitet. ■

'Luusbarg'. Sehr schwachwüchsige Zwergform, breiter als hoch, nach 80 Jahren etwa 1 m hoch und 2,5 m breit, flachkugelig und etwas unregelmäßig, Zweige in Lagen übereinander; Nadeln bläulich, 15 bis 20 mm lang (= 'Kleinood Luusbarg'). Originalpflanze im Garten Münchmayer, Hamburg-Rissen, dort 1907 gepflanzt. ■

'Mission Blue'. Sämlingsselektion, hauptsächlich wegen des sehr raschen Wuchses und der breiter kegelförmigen Basis (im Vergleich zu 'Koster'); Benadelung blauweiß. Eingeführt durch die MISSION GARDENS, Techny, Illinois, USA. (In Kultur bei JEDDELOH). ■

'Moerheim'. Wuchs schmal kegelförmig, dicht, Leittrieb oft lang, Äste sonst kurz, in Quirlen, junge Triebe gelbbraun, Terminalknospen oft 10—15 mm lang, stumpf gelbbraun, Nebenknospen unterschiedlich groß und etwas spiralig unter der Terminale stehend, Schuppen an der Spitze stark zurückgeschlagen; Nadeln etwas sichelförmig, 25—30 mm lang, blauweiß bereift, auch im Winter. KHN Taf. 91 (= *P. pungens glauca Moerheimi* Ruys). 1912 von der Baumschule MOERHEIM, B. RUYS, Dedemsvaart, Holland, eingeführt. ✱✱ Abb. 186.

Abb. 188.
Picea pungens 'Endtz'

Abb. 189.
Picea pungens 'Vuyk'

Abb. 190.
Picea pungens 'Koster'

Abb. 191. *Picea pungens* 'Glauca Pendula' (Foto: Arnold Arboretum, USA)

'Moll'. Zwergform, ähnlich 'Montgomery', doch etwas langsamer wachsend, in 20 Jahren etwa 1 m hoch, Jahreszuwachs 3—5 cm, breit kegelförmig und sehr dicht bezweigt, Triebe gelbbraun; Nadeln schön blauweiß, 10—15 mm lang, 1 mm dick. Entstanden in der Baumschule PETER MOLL, Heisterbacherrott, Siegkreis. Vor 1935.

'Montgomery'. Zwergform, langsamwüchsig und sehr gedrungen, breit kegelförmig, in 35 Jahren etwa 1,8 m hoch und breit, Jahreszuwachs etwa 6 cm, Triebe gelbbraun, Knospen eiförmig, gelbbraun, Schuppen zurückgeschlagen; Nadeln 18—20 mm lang, graublau, stechend. Entstanden vor 1934 in der EASTERN NURSERY und dort benannt als *P. pungens glauca compacta globosa*; diese Pflanze erhielt dann Col. R. H. MONTGOMERY, Coscob, Connecticut, USA, zu dessen Ehren 1949 die Pflanze durch TEUSCHER, Montreal, Canada, ihren heutigen Namen bekam. ✶

„Nana" ➛ **Glauca Globosa'.**

'Oldenburg' (Jeddeloh). Wuchs kräftig und sehr regelmäßig kegelförmig, Triebe gelbbraun, Jahreszuwachs 10—15 cm, Terminale etwa 1 cm lang, eiförmig, Schuppen rosettenförmig zurückgerollt und von abstehenden Nadeln dicht umgeben, darunter schräg vorwärts gerichtet, 20—25 cm lang, stahlblau. Selektiert von J. D. ZU JEDDELOH; kommt 1980 mit Züchterschutz in den Handel. Besonders hervorzuheben ist die Fähigkeit der Pflanze, schon als kleine Veredlung rasch eine Terminale zu bilden und gerade durchzutreiben. Zukunftssorte. ✶✶ ■

„Procumbens" ➛ **'Glauca Procumbens'.**

var. **pungens.** Der normale, mehr oder weniger grünnadelige Typ der Pflanze.

'Schovenhorst'. Wuchs breit kegelförmig, dicht bezweigt, im Aussehen ähnlich 'Koster', aber die Zweige steifer und mehr aufrecht, die unteren Zweige nicht über dem Boden hängend; Nadeln schön blau, etwas sichelförmig. 1951 auf dem Gut Schovenhorst in Putten, Gelderland, Holland, selektiert und 1962 durch P. VAN NES, Boskoop, eingeführt. ■

'Schwartz'. Wuchs normal, Triebe hellblau, Terminale dick eiförmig, gelbbraun, Schuppen angedrückt, nur die äußersten Spitzen ganz wenig abstehend; Nadeln 2—3 cm lang, nach vorn gerichtet. Amerikanische Sorte, die JEDDELOH aus dem Arnold Arboretum erhielt. ■

'Spek'. Wuchs stark, kegelförmig, locker, Triebe steif, hellbraun, Terminalen dick, stumpf, 8—10 mm lang, Nebenknospen unregelmäßig stehend; Nadeln entfernt stehend, etwas sichelförmig, wachsartig blau bereift. Eingeführt um 1925 von JAN SPEK, Baumschulen, Boskoop.

'Thomsen'. Die zur Zeit wohl schönste weiß-silberblaue Fichte, Wuchs kräftig und regelmäßig aufrecht; Benadelung fast weißsilbrig, ähnlich 'Hoopsii', aber Nadeln doppelt so dick. KHN Taf. 91. Gefunden von THOMSEN in einem Privatgarten in Lancaster, Pennsylvanien, USA, um 1928, und dann von den THOMSEN NURSERIES, Mansfield, Pennsylvanien, eingeführt (seit 1934 ist diese Firma in Skalborg, Dänemark). Der Sortenname wird oft fälschlich „Thompson" geschrieben! ✶✶✶ Abb. 187.

'Vuyk'. Wuchs kräftig, kegelförmig, hochwachsend, Äste in regelmäßigen Quirlen, Leittrieb dick und steif, rotbraun, Terminale dick, lang zugespitzt, hellbraun, 8—10 mm lang, die Nebenknospen etwas unter der Terminale stehend; Nadeln locker gestellt,

Abb. 192. *Picea sitchensis* am heimatlichen Standort im Olympic National Park in Washington, USA (Foto: National Park Service)

Abb. 193. *Picea sitchensis*

fast ganz gerade, 25 mm lang, vorwärts gerichtet, im Querschnitt kantig bis rund, mäßig silbrig, blauweiß bereift, im Winter aber mehr grau. 1912 von T. Vuyk & Zoon, Boskoop, eingeführt. ** Abb. 189.

P. retroflexa Mast. Hoher Baum, Tracht wie *P. abies,* aber junge Zweige goldgelb oder gelbbraun, kahl oder fast kahl, Knospen spitz kegelförmig, 5—12 mm lang, gelbbraun; Nadeln sehr steif, stechend, abstehend, blaugrün; Zapfen zylindrisch, 10—12 cm lang, Schuppen lederartig, zuerst angedrückt, dann zurückgeschlagen. West-Setschuan.

P. rubens Sarg. Baum, bis 30 m, Krone schmal kegelförmig, Äste kurz, dünn, junge Zweige braun, behaart, Knospen spitz eiförmig, Endknospen auf den Basalschuppen behaart; Nadeln stark glänzend, dunkelgrün, mit kleiner Stachelspitze, oben jederseits mit 6, unten mit je 3 Stomalinien, 10—15 mm lang, leicht gelblichgrün, unten gescheitelt, oben gehäuft und sehr dicht; Zapfen 3—4 cm lang, Schuppen holzig-starr, bald nach der Reife abfallend (= *P. rubra* Lk.). Gebirge der Küste des nordöstlichen Nord-Amerika. Vor 1755. Liebt kühle, frische Luft. Hart. * Abb. 179, 183.

P. schrenkiana Fisch. & Mey. Hoher Baum, Krone kegelförmig bis säulenförmig, Äste und Zweige etwas überhängend, junge Zweige graugelb bis fast weiß, kahl, Knospen eiförmig, harzig; Nadeln oberseits nach vorn gerichtet, unten leicht gescheitelt, steif, grün, 18—30 mm lang, 1 mm breit, allmählich scharf zugespitzt, 4kantig, oben mit je 2—3, unten mit 3—4 wenig auffälligen Stomabändern; Zapfen zylindrisch, 7—10 cm lang, 2,5 cm dick, Schuppen verkehrteiförmig. KHN Taf. 92 (= *P. tianschanica* Rupr.). Mittel-Asien, besonders Turkestan. 1877. Ganz hart, gut gedeihend. * Abb. 143, 144, 161.

P. sitchensis (Bong.) Carr. Sitka-Fichte. Baum, 40(—60) m hoch, Krone breit kegelförmig mit dünnen, waagerecht abstehenden Ästen, später breitkronig, obere Äste aufstrebend, junge Zweige steif, bräunlich, tief gefurcht, Knospen spitzkegelförmig, hellbraun, harzig; Nadeln steif, zusammengedrückt, 15—25 mm lang, stechend, unten leicht gekielt und silbrigweiß, oben rund und glänzendgrün; Zapfen zylindrischlänglich, 6—10 cm lang, blaß rötlich oder gelblichbraun, Schuppen länglich-rhombisch, Spitze rund und ausgefressen. KHN Taf. 92 (= *P.*

falcata Suring). Alaska bis Californien, liebt als Baum der Küstengebiete feuchte bis nasse, sandige Böden und kühle, feuchte Luft. Sehr schöner Zierbaum. ✶ Abb. 143, 161, 179, 192, 193.

P. smithiana (Wall.) Boiss. Himalaja-Fichte. Hoher Baum, 30—50 m hoch, Stamm schlank, Äste an alten Bäumen weit abstehend, junge Zweige stark hängend, gelblich, kahl, Knospen eiförmig, spitz, harzig; Nadeln radial abstehend, anfangs hellgrün, später dunkelgrün, 25—50 mm lang (längste Nadeln aller Fichten), 1 mm dick, zugespitzt, nicht stechend, im Querschnitt etwas höher als breit, jederseits mit 3 bis 5 Stomalinien; Zapfen zylindrisch, 12—15 cm lang, 3—4 cm dick, zuerst grün, reif glänzendbraun, Deckschuppen rudimentär, Samen mit breitem, gelbrotem Flügel (= *P. morinda* Link.). West-Himalaja, 2000—3000 m. 1818. Durch ihre langen Nadeln und hängenden Zweige kaum mit einer anderen Art zu verwechseln. Nur in sehr milden, geschützten Lagen, bei uns hart. ✶ ∧∧ Abb. 143, 144, 161.

P. spinulosa (Griff.) Henry. Dorn-Fichte. Hoher Baum, Zweige lang, hängend, junge Zweige graugelb, Knospen eiförmig, kaum harzig; Nadeln unvollständig radial stehend, 20—35 mm lang, leicht zusammengedrückt, beiderseits gekielt, stechend, oben grün, unten mit 2 blauen Bändern; Zapfen länglich, 6—10 cm lang. KHN Taf. 92 (= *P. morindoides* Rehd.). Himalaja. 1878. Bei uns wohl nicht in Kultur. (Les Barres). ∧∧ Abb. 143, 144, 161, 194.

P. torano → **P. polita.** Dieser Name wurde beibehalten, da die Priorität von **P. torano** bezweifelt wird.

P. wilsonii Mast. Baum, bis 25 m, kegelförmig, Äste kurz, abstehend, Knospen eiförmig, braun, glänzend, nicht harzig, junge Zweige kahl, grauweiß, Blattpolster kaum vorstehend; Nadeln dünn, 10—20 mm lang, 1 mm breit, spitz, dunkelgrün; Zapfen zylindrisch-länglich, 4 bis 6 cm lang, Schuppen fast kreisrund, ganzrandig (= *P. watsoniana* Mast.). Mittel- und West-China. 1901. Hart. Abb. 143, 183.

PILGERODENDRON Florin — CUPRESSACEAE

Immergrüner Baum oder Strauch, Zweiglein 4kantig, Blätter gleichartig, gegenständig, 2-seitig, nur auf der Oberseite mit Stomata, ab-

Abb. 194. *Picea spinulosa* im Younger Botanic Garden, Benmore, Schottland

Abb. 195. *Pilgerodendron uviferum,* links Zapfen (nach Gard. Chron.)

stehend bis angedrückt und dachziegelig; Blüten 2häusig; ♂ Blüten in zylindrischen Zapfen, groß, am Grunde von 2 verlängerten, am Rande mit trockenhäutigen Nadeln umgeben; Staubblätter gegenständig, fast schildförmig, kurzgestielt, aufrecht, eiförmig oder rhomboidal, mehr oder weniger lang zugespitzt; Pollensäcke verschieden an Zahl, im unteren Teil des Blütenstandes meist 6, unter sich frei, mit einem Längsriß aufspringend; ♀ Blütenstände eiförmig oder elliptisch, am Grunde von 4 gegenständigen Nadeln umgeben; Zapfen mit 4 Schuppen, die beiden oberen fruchtbar, mit je 2 Samenanlagen, zuletzt holzig-ledern, auf dem Rücken mit 1 pfriemlichen, einwärts gekrümmten Dorn, bei der Reife sich klappig öffnend; Samen (3—)4, blaß gelbbraun, stumpf 3seitig, mit 2 ungleichen Flügeln. (Arealkarte bei *Libocedrus*.)

Pilgerodendron uviferum (Pilg.) Florin. Hoher Baum oder nur Strauch, Rinde dünn, Krone schmal kegelförmig, Zweiglein 4kantig; Blätter alle gleich, etwa 2 mm lang, angepreßt oder mehr oder weniger abstehend, stumpflich, bis auf eine grüne Randlinie silbergrau durch Stomata; Zapfen an kurzen Zweigen, 8—12 mm lang, mit 4 Schuppen, davon das untere Paar kleiner, alle mit steifem, mittelständigem Dorn. KHN 134 (= *Libocedrus uvifera* Pilg.; *L. tetragona* Endl.). Westliche Abhänge der Anden von Süd-Chile bis Patagonien. Von *Libocedrus* verschieden durch die 4kantigen Zweige mit gleichförmigen Blättern, von *Fitzroya* durch die nach der Spitze zu verbreiterten Blätter. Bei uns vermutlich nur als Kalthauspflanze möglich, da ihre Heimat das gleichmäßigste und feuchteste Klima der Welt hat. Es ist heute kaum noch zu verstehen, daß dieses so stark abweichende Gehölz überhaupt einmal in die Gattung *Libocedrus* einbezogen worden ist. Ⓢ ∧∧∧? Abb. 195.

PINUS L. — KIEFER — PINACEAE

Immergrüne Bäume, seltener Sträucher, mit rissiger oder schuppenförmiger Borke; Äste (wenigstens anfangs) quirlständig; Knospen ansehnlich, mit zahlreichen dachziegeligen Schuppen, meist verharzt, seltener harzfrei; Blätter nadelförmig, in Bündeln zu 2—5, seltener nur 1 oder 6—8, im Querschnitt 3kantig oder halbstielrund am Grunde umgeben von einer Scheide aus 8—12 Schuppen; Blattrand meist fein gezähnelt; mit Stomalinien auf dem Rücken oder (bei den 3—5nadeligen) nur an den inneren Seiten, mit 1—2 Gefäßbündeln und 2 oder mehr Harzkanälen; Blüten 1häusig; ♂ Blüten achselständig am Grunde junger Langtriebe, ährenförmig gehäuft, gelb, orange oder rot, zusammengesetzt aus zahlreichen, spiralig stehenden Staubblättern mit je 2 Pollensäcken; ♀ Blüten seitlich oder fast endständig (subterminal), einzeln oder zu mehreren, zusammengesetzt aus zahlreichen, spiralig stehenden Fruchtschuppen, davon jede mit einer kleinen Deckschuppe; Zapfen kugelig, oder eiförmig oder walzenförmig, symmetrisch oder schief, gerade oder gekrümmt, meist hängend oder auch aufwärts abstehend, im 2. oder (seltener) 3. Jahre reifend und dann aufspringend oder auch jahrelang geschlossen bleibend; Fruchtschuppen holzig, dicht dachziegelig, fest anliegend, an der Außenseite der Zapfen mit charakteristischem, meist stark verdicktem Schuppenschild (Apophyse), dieses meist rhombisch mit querstehendem Kiel, in der Regel in der Mitte mit einer Warze oder Dorn (Nabel); Samen zu je 2 unter einer Schuppe, in der Regel mit angewachsenem oder leicht abtrennbarem Flügel, seltener ungeflügelt; Keimblätter 4—15; $x = 12$. — Rund 80 Arten in der nördlichen Halbkugel, vom Polarkreis bis Guatemala, West-Indien, Nord-Afrika, Indonesien.

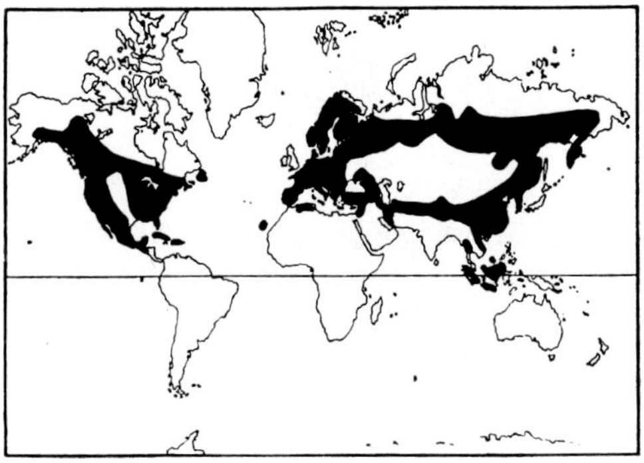

Abb. 196. Areal der Gattung *Pinus*

Eine sichere Identifikation ist sehr oft nur möglich durch mikroskopische Untersuchungen des Nadelquerschnitts (starke Lupe reicht vielfach aus) und sorgfältiges Studium der Zapfen, insbesondere der Schuppenschilder.

Einteilung der Gattung (nach Pilger, im Auszug)

Subgenus **Haploxylon** Koehne

Nadeln im Zentralstrang mit 1 Gefäßbündel; Scheiden ganz abfallend, selten anfangs in zurückrollende Schuppen sich spaltend und erst später bis auf einen kleinen Rest abfallend;

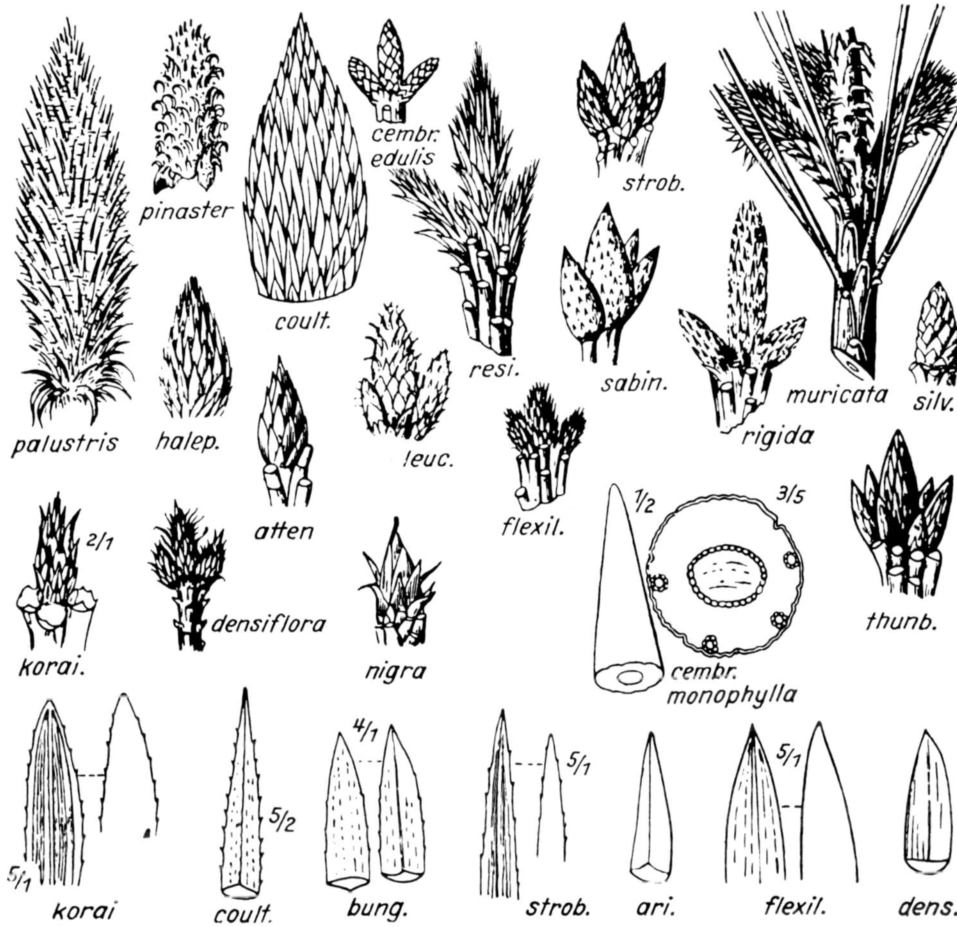

Abb. 197. Knospen und Nadelspitzen von *Pinus*-Arten (meist nach Silva Tarouca)

Sektion 1. **Cembra** Spach
Schuppenschild mit endständigem Nabel, Samen dick, ungeflügelt oder kaum geflügelt; Blätter zu 5 beisammen; Scheiden ganz abfällig:
P. albicaulis, armandii, cembra, flexilis, koraiensis, pumila

Sektion 2. **Strobus** Sweet ex Spach
Zapfen dünnschuppig, lang; Schuppenschild mit endständigem Nabel; Samen mit fest angewachsenem Flügel, der den Samen außen völlig bedeckt; Blätter zu 5 beisammen; Scheiden ganz abfällig:
P. ayacahuite, lambertiana, monticola, parviflora, peuce, strobus, wallichiana

Sektion 3. **Paracembra** Koehne
Schuppenschild gewölbt oder pyramidal, dick, mit dem oft bedornten Nabel in der Mitte; Blätter zu 1—5 beisammen, ihre Scheiden ganz abfallend, in zurückgerollte Zipfel sich lösend;

1. Subsektion. **Cembroides** Shaw
Samen flügellos; Nadeln zu 1—4 beisammen, selten 5, ganzrandig; Nadelscheiden bis auf einige zurückgerollte Lappen ganz abfallend:
P. cembroides mit Varietäten

2. Subsektion. **Gerardiana** Shaw
Samenflügel sehr kurz; Blätter zu 3, Scheiden im 1. oder 2. Jahr ganz abfallend:
P. bungeana, gerardiana

3. Subsektion. **Balfourianae** Shaw
Samenflügel lang; Blätter zu 5; Scheiden abfallend:
P. aristata, balfouriana

Subgenus **Diploxylon** Koehne
Blätter im Zentralstrang mit 2 Gefäßbündeln; Blätter zu 2—5(—8); Scheiden als fest geschlos-

Abb. 198. *Pinus albicaulis* im Austrieb (Foto: Forestry Branch, Canada)

Abb. 199. *Pinus aristata*, Zweig mit den typischen Harzflocken (Foto: C. R. JELITTO)

sene, höchstens an der Spitze zerschlitzte Röhren bleibend, selten ganz abfallend; Schuppenschild gewölbt bis pyramidal, mit mittelständigem Nabel; Flügelhaut den Samen fast immer zangenförmig umgebend, der Flügel leicht ablösbar (ausgenommen bei Sektion 4);

Sektion 4. **Sula** Mayr
Samenflügelhaut dem Samen angewachsen; Blätter zu 3:
P. canariensis

Sektion 5. **Eupitys** Spach
Blätter zu 2 (gelegentlich zu 2—3), Harzgänge im Parenchym oder an der Epidermis; mit bleibenden Scheiden, Jahreszuwachs 1gliedrig; Zapfen klein, geöffnet; Samenflügel vollkommen ausgebildet:
P. densiflora, heldreichii, leucodermis, mugo, nigra, pinaster, resinosa, silvestris, tabuliformis, thunbergiana, uncinata, yunnanensis

Sektion 6. **Banksia** Mayr
Blätter zu 2, gelegentlich zu 3, mit bleibenden Scheiden; Harzgänge im Parenchym; Jahreszuwachs mehrgliedrig; Zapfen meist klein, zuweilen schief, oft lange bleibend und spät aufspringend:
P. banksiana, brutia, contorta, echinata, glabra, halepensis, muricata, pungens, virginiana

Sektion 7. **Pinea** Endl.
Blätter zu 2, mit bleibenden Scheiden; Harzgänge an der Epidermis; Samen sehr groß, sehr schmal geflügelt; Jahreszuwachs 1gliedrig: *P. pinea*

Sektion 8. **Australes** Pilger
Blätter zu 2—5 (meist 3), mit bleibenden Scheiden, Harzgänge an der Gefäßbündelscheide; Zapfen meist symmetrisch, abfallend, aufspringend; Jahreszuwachs 1- bis mehrgliedrig:
P. caribaea, elliottii, lawsonii, occidentalis, oocarpa, palustris, pringlei (— nicht behandelt —)

Sektion 9. **Khasia** Mayr
Nadeln zu 3, mit bleibenden Scheiden; Harzgänge dem Hautgewebe anliegend; Jahreszuwachs 1gliedrig:
P. insularis, khasya
(— nicht behandelt —)

Sektion 10. **Pseudostrobus** Endl.
Blätter zu 3—5, mit abfallenden oder bleibenden Scheiden; Harzgänge im Parenchym; Zapfen meist symmetrisch, abfallend, geöffnet; Jahreszuwachs meist 1gliedrig:
P. jeffreyi, montezumae, ponderosa, torreyana

Sektion 11. **Taeda** Spach
Blätter zu 3, mit bleibenden Scheiden; Harzgänge im Parenchym; Zapfen oft schief, meist spät sich öffnend und lange am Baum bleibend; Jahreszuwachs mehrgliedrig:
P. attenuata, coulteri, patula, radiata, rigida, sabiniana, taeda

Pinus albicaulis Engelm. Weißstämmige Zirbel-Kiefer. Baum, bis 10 m (seltener bis 20 m) hoch, mit weit ausgebreiteten Ästen, Krone unregelmäßig, Rinde junger Pflanzen weißlich glatt, an alten Bäumen abblätternd, Triebe rötlichgelb bis braun oder orange, glatt und verstreut behaart, Knospen breit eiförmig, zugespitzt, Schuppen lose anliegend und lang zugespitzt; Nadeln zu 5, etwa 4—8 Jahre bleibend, 4,5—6 cm lang, steif, doch biegsam, 1,5 mm dick, dunkelgrün, ganzrandig, kurz zugespitzt, außen mit 2 vertieften Stomalinien, Innenseiten mit 3—5 Stomalinien, Scheiden im 1. Jahr abfallend; Zapfen einzeln, eiförmig bis fast kugelig, 4—8 cm lang, anfangs purpurn, später braun, mit kurzen, dicken Schuppen, nicht aufspringend, Samen groß, bis 12 mm lang, flügellos. KHN Taf. 96. Höhere Lagen der Gebirge des westlichen Nord-Amerika (Britisch-Kolumbien bis Süd-Californien). In Deutschland zwar hart, aber nur selten zu finden. Abb. 198.

P. aristata Engelm. Grannen-Kiefer. Buschiger, bis 15 m hoher Baum, bei uns viel niedriger, mitunter nur niederliegender Strauch, Rinde junger Bäume grün, glatt, später schuppig, Äste ansteigend, derb, kurz, in der Jugend regelmäßig stehend; Nadeln zu 5, dicht anliegend (fuchsschwanzartig), 2—4 cm lang, dunkelgrün, leicht kenntlich an den weißen Harzausscheidungen; Zapfen sitzend, zylindrisch-eiförmig, 4 bis 9 cm lang, etwa vom 20. Lebensjahr an erscheinend. KHN Taf. 93. Die typische Art ist nur auf das Gebiet von Colorado, New Mexiko und Arizona beschränkt. Die in den trockenen Hochgebirgslagen von Utah, Nevada und Kalifornien vorkommenden 4000 Jahre alt geschätzten Bäume hingegen werden jetzt als eine neue Art, **P. longaeva** D. K. Bailey, angesehen (Zapfen abweichend, Nadeln fast ganz ohne Harzausscheidungen). ✶ Abb. 197, 199.

P. armandii Franch. Ähnlich *P. wallichiana*, aber Nadeln nicht so stark hängend und oft gelblichgrün; von *P. koraiensis* zu unterscheiden durch kahle Zweige, Zapfen zu 1—3, gestielt, 10—20 cm lang, anfangs aufrecht, im 2. Jahre hängend. Mittelhoher Baum, Äste weit ausgebreitet, Rinde dünn, glatt, grün, junge Triebe gelblichgrün, kahl, mitunter leicht drüsig, Knospen zylindrisch, stumpf mit kurzer Spitze, braun, leicht harzig, Knospenschuppen lang zugespitzt und oben abstehend; Nadeln locker stehend, zu 5 beisammen, 2—3 Jahre bleibend, dünn und schlaff, auseinanderspreizend oder etwas hängend, gelbgrün (!) bis frischgrün, 8—15 cm lang, spitz, Rand gezähnt, auf dem Rücken ohne Stomalinien, innere Seiten bläulichweiß, Harzgänge im Parenchym, Scheiden im 1. Jahre abfallend. KHN Taf. 93. Mittel- und West-China, Korea, Formosa. In Deutschland hart, doch selten zu finden. Schöner Zierbaum. ✶ Λ Abb. 204.

Abb. 200. *Pinus ayacahuite* in Wisley Gardens, England

P. attenuata Lemmon. Höcker-Kiefer. Kleiner Baum, meist jedoch buschig-strauchig, junge Triebe kahl, orangebraun, Knospen spindelförmig, lang zugespitzt, 18—24 mm lang, wenig harzig, Schuppen dicht anliegend; Nadeln meist zu 3, steif aufrecht, 3—4 Jahre bleibend, gelblich- bis bläulich-grün, 7—18 cm lang, scharf zugespitzt, Rand undeutlich gesägt, jederseits mit Stomalinien; Harzgänge im Parenchym, Büschel locker stehend, Scheiden etwa 10 mm lang, bleibend; Zapfen 10—15 cm lang, unsymmetrisch, in Büscheln mitten in den Jahrestrieben, auch schon bei Jungpflanzen, Schuppen an der Lichtseite stark kegelförmig und eckig (Höcker!). KHN Taf. 93 (= *P. tuberculata* Gord.). Californische Küstengebirge.

P. ayacahuite Ehrenb. Mexikanische Kiefer mit grauer, glatter Rinde und langen, silbrig schimmernden Nadeln, junge Triebe hellbraun oder grau, meist kurz rostbraun behaart, mitunter auch kahl, Knospen kegelförmig, 12 mm lang, harzig, Schuppen mit langen, am Ende freien Spitzen; Nadeln zu 5, meist 3 Jahre bleibend, dünn, schlaff, hängend, silbrig oder bläulichgrün schimmernd durch die Stomalinien auf den inneren Seiten, auf dem Rücken ohne Stomalinien, Rand fein gezähnt, Harzgänge an der Epidermis, Nadelscheiden 3 cm lang, abfällig; Zapfen 20—30(—45) cm lang, gekrümmt. KHN Taf. 93. Guatemala bis Mexiko. Bei uns Zapfen 25—45 cm lang, gekrümmt. KHN Taf. 93. Guatemala bis Mexiko. Bei uns ∧—∧∧. Abb. 200.

Abb. 201. Zapfen von *Pinus*-Arten
(nach Beissner, Gard. Chron., Hempel & Wilhelm, Shirasawa, Silva Tarouca)

Abb. 202. Zapfen von *Pinus*-Arten
(nach BEISSNER, CLINTON-BAKE, HEMPEL & WILHELM, SARGENT, SHIRASAWA, SILVA TAROUCA)

Abb. 203. *Pinus cembra* var. *sibirica* im Botanischen Garten Bonn (Foto: G. Munker, Bonn)

P. balfouriana A. Murray. Fuchsschwanz-Kiefer. In seiner Heimat bis 15 m hoher Baum mit anfangs milchweißer Rinde, nahe verwandt mit *P. aristata*; Nadeln ebenfalls zu 5, fuchsschwanzartig an den Zweigen angedrückt, aber nur 2—4 cm lang, mehr blaugrün, stets ohne die für *P. aristata* so bezeichnenden Harzausscheidungen auf den Nadeln. KHN Taf. 94. Californien. Bei uns vermutlich nicht angepflanzt, da Winterhärte kaum ausreichend. (Botanischer Garten Edinburgh). ∧∧?

P. banksiana Lamb. Strauch-Kiefer. Mittelgroßer Baum, meist aber nur hoher Strauch, Borke dickschuppig, rötlich, Äste hin- und hergebogen (wichtiges Merkmal!), meist mit 2 Quirlen an einem Jahrestrieb, ganz unregelmäßige Quirle, junge Triebe biegsam, grün bis braun, im 2. Jahre kahl, Knospen eiänglich, 8 mm lang, Schuppen dicht angedrückt; Nadeln zu 2, gedreht und gespreizt, 2—4 Jahre dauernd, 2 bis 4 cm lang, hellgrün, fein und undeutlich gesägt, mit Stomalinien auf beiden Seiten, Harzgänge im Parenchym, Scheiden 3 mm lang, an alten Zweigen oft fast ganz verschwunden; Zapfen klein, oft fingerartig gekrümmt. KHN Taf. 94. Kälteres Nord-Amerika und Kanada, oft auf Felsen und trockensten Sandböden. In der Jugend leicht verpflanzbar, bildet später eine Pfahlwurzel. Von geringem Zierwert. Abb. 201.

P. brutia Ten. Baum, bis 20 m hoch, mit runder Krone, Stamm und Äste gerade, Borke silbergrau, später rötlichbraun werdend und tiefrissig, nicht so dicht beastet wie *P. halepensis*, Triebe kahl, rötlichgelb oder grünlich, Knospen nicht harzig; Nadeln zu 2, etwa 8 bis 12 cm lang, 1—1,5 mm breit, dick und starr, tiefgrün; Zapfen mehr horizontal bis aufrecht abstehend, 5—11 cm lang 4 cm breit, braun, etwas glänzend, Schuppenschild gewölbt, Stiel kurz, nicht gebogen, Samen 8 mm lang, Flügel 20 mm. KHN 154 (= *P. halepensis* var. *brutia* [Ten.] Henry; *P. pyrenaica* Lapeyr.). Süd-Italien, Kreta, Türkei.

var. **pyramidalis** Selik. Wuchs säulenförmig, bis 10 m hoch, Äste und Triebe spitzwinklig aufwärts gerichtet; Nadeln wie bei der Art, doch kürzer, 5 bis 11 cm lang, an den Triebspitzen gehäuft; Zapfen in Form und Färbung wie bei der Art, doch kleiner, 4—7 cm lang, etwa 3 cm breit, ohne Stiel, Same 5—7 mm lang. Türkei; im Gebiet der Art (bisher nur im Gebiet zwischen Balikesir und Edremit gefunden, dort lokal verbreitet). ■

P. bungeana Zucc. Baum, in seiner Heimat 20 bis 30 m hoch, schon von weitem kenntlich an der buntscheckigen Rinde, weiß mit rötlichen Flecken, alljährlich platanenartig abblätternd, glatt, Triebe graugrün, kahl, glänzend, Knospen harzlos; Nadeln zu 3, sehr locker stehend, 5 bis 9 cm lang, scharf zugespitzt, zerrieben stark nach Terpentin riechend; Zapfen fast end- oder seitenständig, zu 1—2, eiförmig. KHN Taf. 94. Nord-China, sehr häufig an Tempeln angepflanzt. In den milderen Gebieten Deutschlands ganz hart, Rindenfärbung beginnt jedoch erst nach dem 50. Lebensjahr. Im Botanischen Garten Bonn große Pflanze, Rinde prachtvoll bunt; in Kew Gardens herrlich weißrindig mit rotbraun. Die prachtvolle Rindenfarbe wird vor allem im Herbst sichtbar, während sie im Frühjahr oft nur graugrün ist. Abb. 197; Taf. VI.

P. canariensis P. Smith. 3nadelige Kiefer mit bis 30 cm langen, dünnen Nadeln, gelben Zweigen, lang gewimperten Knospenschuppen; Zapfen 10—17 cm lang, gestielt. KHN Taf. 94.

Abb. 204. Zapfen von *Pinus*-Arten (*P. griffithii* = *P. wallichiana*)
(nach CLINTON-BAKER, Bot. Mag., SARGENT, SILVA TAROUCA)

Kanarische Inseln. Bei uns als Freilandpflanze nicht möglich. (MM)

P. cembra L. Zirbel-Kiefer, Arve. Baum, 10 bis 25 m hoch, im Gebirge mit malerischer, breiter, oft zerbrochener Krone, in Kultur jedoch meist spitz eiförmig, Seitenäste kurz, dicht bezweigt, Rinde anfangs graugrün, glatt, später grünbraun, rissig, junge Triebe im 1. Jahr rostgelb filzig, im 2. Jahr schwarzgrau, Knospen eiförmig, 6 bis 10 mm lang, spitz, harzig, Schuppen lang zugespitzt, Spitzen etwas abstehend; Nadeln zu 5, in dichten, pinselartigen Büscheln stehend, 3 bis 5 Jahre dauernd, ziemlich steif, gerade, 5—8 (bis 12) cm lang, stumpf zugespitzt, Rand ganz fein gesägt, frischgrün, auf dem Rücken dunkelgrün und ohne Stomata, beide Innenseiten mit blauweißen Stomabändern, Harzgänge im Parenchym, Scheiden im 1. Jahre abfallend; Zapfen erst im Alter von 60—80 Jahren gebildet, 6—8 cm lang, jung violett, reif zimtbraun, nicht aufspringend, im 3. Jahr ganz abfallend, Samen 12 mm lang, als „Zirbelnüsse" bekannt, eßbar. KHN Taf. 95. Alpen, Karpaten, Sibirien. Darf nie unter Druck stehen! Am besten für Nordhänge in ganz freier Lage, auch für rauhes Klima, genügend feuchten, lehmigen Boden. ✱✱ Abb. 202.

Abb. 205. *Pinus contorta* am heimatlichen Standort in Canada (Foto: Forestry Branch, Canada)

'Aurea' ➛ **'Aureovariegata'.**

'Aureovariegata'. Nadeln mehr oder weniger gelb. Schon vor 1869 in Kultur bei Seneclause, heute noch bei Hillier.

'Glauca'. Selektion mit silbrigblauen Nadeln. Bereits seit vor 1866 in Kultur bekannt und auch heute noch in den Baumschulen verbreitet. ✱

'Globe'. Zwergform, Wuchs kugelig, bis 2 m hoch und breit; Nadeln nur 5—7 cm lang (= *P. cembra globosa* Hort. Holl.; *P. strobus pygmaea* Den Ouden 1949). Gefunden vor 1949 im Pinetum Von Gimborn, Doorn, danach von L. Konijn & Zoon eingeführt.

'Pygmaea'. Zwergform, kaum 40 cm hoch, im Wuchs bienenkorbartig, Zweige sehr kurz, dünn, ausgebreitet und übergebogen; Nadeln kurz, ungleich lang, dünn, wie zerknittert aussehend. Diese 1855 von Carriere beschriebene Form dürfte kaum die gleiche sein, die heute unter diesem Namen gelegentlich in Baumschulkultur ist.

'Pygmaea' oder 'Nana' der Baumschulen ist in der Regel immer ➛ **P. pumila 'Compacta'.**

var. **sibirica** (Du Tour) Loud. Wuchs höher, bis 33 m, Krone schmal kegelförmig, aber junge Bäume auch mehr ellipsoid; Zapfen 6—12 cm lang (= *P. sibirica* Du Tour). Sibirien. Abb. 203.

'Stricta'. Säulenform, Äste fast senkrecht aufstrebend, Zweige dicht anliegend (= *P. cembra columnaris* Hellemann 1897). In Kultur selektiert von Hellemann in Moorende bei Bremen, jedoch schon früher in Frankreich bekannt. Abb. 232.

P. cembroides Zucc. Nuß-Kiefer, Pinon. Kleiner Baum, in seiner Heimat 6—7 m hoch, Äste abstehend, Krone rund, Triebe anfangs behaart, dann kahl, dunkelorange, Knospen 6 mm lang, Schuppen dicht dachziegelig, nicht harzig; Nadeln meist zu 3—2 (oder 1—5), gekrümmt, 2 bis 5 cm lang, dunkelgrün, ganzrandig, scharf zugespitzt, Stomata an allen Seiten; Zapfen kugelig-eiförmig, 3—4 cm lang, mit nur wenigen, zur Reife weit spreizenden Schuppen, Samen groß, ungeflügelt, verkehrt-eilänglich, schwärzlich. Mexiko bis Arizona, trockenes Bergland. Gut kenntlich durch die in mehrere zurückgerollte Zipfel sich lösende Nadelscheide, die ganzrandigen Nadeln und wenigschuppigen

Zapfen. In Deutschland nur für ganz milde Gebiete geeignet. Nur botanisch interessant. ΛΛ

var. **edulis** (Engelm.) Voss. Nadeln meist zu 2, steif, kräftig, 2,5—4 cm lang, dunkelgrün, scharf zugespitzt, ganzrandig; Zapfen breit eiförmig, Schuppenschild mit kleinem, zurückgebogenem Nabel, Samen eßbar. KHN Taf. 96 (= *P. edulis* Engelm.). Nord-Kolorado und Ost-Utah, südwestlich bis Oklahoma, Texas, Arizona und Nord-Mexiko. Bei uns nur für geschützte Lagen. (Berlin-Dahlem, Darmstadt). Abb. 197, 202.

var. **monophylla** (Torr.) Voss. Nadeln meist einzeln, mitunter zu 2, steif, stechend, dick, graugrün, 2 bis 5 cm lang, 10—12 Jahre haltend. KHN Taf. 96 (= *P. monophylla* Torr.). Kalifornien bis Kolorado und Arizona. In Deutschland nur für milde Gebiete geeignet. Abb. 197, 204; Taf. VI.

P. contorta Dougl. ex. Loud. Dreh-Kiefer. Ziemlich kleiner, rundkroniger bis schlank kegelförmiger Baum, 10—25(—35) m hoch, im freien Stand oft bis weit nach unten hin beastet, in engem Stand jedoch bis in großer Höhe ohne Äste, Borke dünn oder bis etwa 2 cm dick, rötlichbraun bis schwarzbraun, kleinschuppig; Nadeln zu 2, dunkelgrün bis gelbgrün, 3—5 cm lang, gedreht, 5—9 Jahre dauernd, Scheiden 4 bis 9 mm lang; Zapfen eiförmig, meist gebogen, 3—6 cm lang, entweder bald nach der Reife klaffend und nach dem Ausfliegen der Samen abfallend oder mehrere Jahre geschlossen bleibend und die Samen allmählich ausfliegen lassend, Fruchtschuppen schmal, purpurbraun mit hell- oder dunkelbraunem Schild und scharfem Dorn, Samen 4—5 mm lang, rotbraun, mit 1 bis 2 cm langem Flügel, am breitesten in der Mitte. Westliches N-Amerika, von S-Alaska bis Californien, nach Osten bis zu den Rocky Mountains.

Heute in mehrere geographische Varietäten aufgeteilt:

var. **contorta.** Niedriger Baum, ausgewachsen 3 bis höchstens 11 m hoch, doch meist niedriger, Krone mehr oder weniger rund, Borke bis 2,5 cm dick, dunkelgrau bis grauschwarz, kleinschuppig (fast wie beim Birnbaum); Nadeln unter 5 cm lang, etwa 1,4 bis 1,7 mm breit, tiefgrün, meist mit 2 Harzgängen; Zapfen stark unsymmetrisch und gekrümmt, bleibend, doch meist bald nach der Reife die Samen ausfliegen lassend, Schuppenschilder etwas kegelförmig. USA, im Küstengebiet von S-Alaska bis Kalifornien. ✶ Abb. 205, 206.

var. **latifolia** Wats. Hoher Baum mit schlankem Stamm, 20—35 m hoch, Borke dünn, hellbraun bis rötlichbraun, kaum über 1 cm dick, Krone schmal kegelförmig; Nadeln meist über 5 cm lang, 1,3 bis 1,7 mm breit, mit 2 Harzgängen; Zapfen mehr oder weniger rechtwinklig vom Zweig abstehend, selten stark gekrümmt, bleibend. KHN Taf. 96. Die Inlandsform mit dem größten Areal, von Kanada im Norden, durch die Rocky Mountains, nach Süden bis Colorado, nach Osten bis zu den Black Hills. ✶

Abb. 206. *Pinus contorta* in Reinbek (Bundesanstalt für Forst- und Holzwirtschaft)

var. **murrayana** (Balf.) Engelm. In seiner Heimat Baum, 20—25 m, gelegentlich auch höher, vor allem unterschieden durch die nur 5—6 mm dicke, rötliche Borke, ohne Risse und Furchen, nur mit locker anliegenden Schuppen bedeckt, Stamm 0,6—1 m dick, Krone schmal kegelförmig; Nadeln zwischen 1,4 bis 2,2 mm breit; Zapfen symmetrisch, Schuppenschilder flach, Samen kurz nach der Reife ausfliegend und bald darauf auch die Zapfen abfallend (= *P. murrayana* Balf.). Areal von den Cascade Mountains im Norden, Columbia River, bis zu den Hochgebirgen von Kalifornien im Süden. ✶

'Frisian Gold' (Jeddeloh). Mutation an *P. contorta*, um 1962, Originalbaum jetzt etwa 80 cm breit und 40 cm hoch, Wuchsform noch nicht bekannt, da älteste Pflanzen erst 60—70 cm hoch und breit (vermutlich breit eiförmig), Jahrestriebe 8—12 cm lang, Terminale schmal walzenförmig, 10—15 mm lang, 3 mm dick, harzfrei, schwarzbraun, Schuppen etwas abstehend; Nadeln 6—7 cm lang, 1 mm breit gedreht, goldgelb, im 2. Jahr Spitzen goldgelb, sonst gelbgrün. Kommt demnächst in den Handel bei zu Jeddeloh. ✶✶✶ ■ Taf. VII.

P. coulteri D. Don. Hoher Baum, Stamm stets gerade, ungeteilt, Äste stark, weit ausgebreitet, Borke dick, braun bis fast schwarz, Krone pyramidal, fast fichtenartig, junge Triebe sehr dick, bläulichweiß bereift, kahl, im 2. Jahr orangebraun, Knospen eilänglich, lang zugespitzt, 25 bis 40 mm lang, harzig, Schuppen fest anlie-

Abb. 207. *Pinus densiflora* in Japan
(Foto: K. UYEHARA)

gend, am Rand gefranst; Nadeln zu 3, steif, 2 bis 3 Jahre dauernd, 15—20(—30) cm lang, etwa 2 mm breit, gekrümmt, dunkel blaugrün, Rand fein gesägt, kurz und scharf zugespitzt, Stomalinien auf allen Seiten, Harzgänge im Parenchym oder an der Epidermis, Scheiden bis 4 cm lang; Zapfen eiförmig, sehr groß und schwer, bis 35 cm lang und 12 cm breit, Fruchtschuppen bis 6 cm lang und 4 cm breit, in einen langen Haken ausgezogen. KHN Taf. 95. Küstengebiete Californiens, trockene, warme Lagen, gern auf Lehm. Bei uns empfindlich und nur für geschützte Standorte, aber dort sehr schöner Baum mit violetten Jungtrieben und langen Nadeln. Schutz vor Wintersonne. ✶ ∧∧ Abb. 197, 204.

P. densiflora S & Z. Japanische Rot-Kiefer. Von der ihr nahestehenden *P. silvestris* zu unterscheiden durch die weniger blauen und dünneren Nadeln, bereifte Triebe und glatte Rinde. In ihrer Heimat hoher Baum, bei uns meist nur einige Meter hoch, Krone niedrig, breit und flach, Borke dünn, schuppig, orangebraun, junge Triebe grün und bereift, später orangegelb und kahl, Knospen eilänglich, 12 mm lang, spitz, rotbraun, harzig, Spitzen an den Enden oft frei und zurückgerollt; Nadeln zu 2, dicht pinselförmig an den Triebenden, 3 Jahre dauernd, 6

Abb. 208. *Pinus densiflora* 'Umbraculifera' in einem Park in Shinjoku, Tokyo, Japan
(Foto: T. NITZELIUS, Göteborg)

bis 12 cm lang, 1 mm breit, gesägt, fein zugespitzt, beiderseits mit undeutlichen Stomalinien, Harzgänge an der Epidermis, Scheiden jüngerer Nadeln 15 mm lang, oft in 2 fadenförmige Zipfel aufgelöst; Zapfen einzeln oder zu vielen quirlig, 3—5 cm lang, kegel- bis eiförmig. KHN Taf. 97. Kulturerfahrungen hiermit bei uns sehr unterschiedlich; Jungpflanzen empfindlich gegen Frost, in Süd-Deutschland soll sie besser aushalten. ✶✶ (∧∧) Abb. 197, 202, 207.

In Japan hiervon nicht weniger als 90 Gartenformen bekannt (nach MAYR).

'Aurea'. Nadeln im Herbst und Winter gelb, im Frühjahr vergrünend.

'Oculus-draconis'. Jede Nadel mit 2 gelben Flecken. Ⓢ Taf. VII.

'Umbraculifera'. Strauchig, Krone schirmförmig, flach, ganz langsamwüchsig, alljährlich nur wenige Zentimeter, Äste glatt, hellbraun; Nadeln 3—10 cm lang, dünn, etwas durchscheinend, frischgrün, Rand gesägt, Knospen dunkelbraun, harzfrei. In den norddeutschen Baumschulen mitunter zu finden. Viel härter als die Art. ✶✶ Abb. 208.

P. excelsa → **P. wallichiana.**

P. flexilis James. Nevada-Zirbelkiefer. Baum, 6—30 m hoch, Stamm kurz und dick, Krone pyramidal, Äste kurz und biegsam, hängend, junge Triebe gelbgrün, kahl oder behaart, sehr biegsam, Knospen breit eiförmig, spitz, 9 mm lang; Nadeln zu 5, etwa 5—6 Jahre dauernd, an den Triebenden dicht gedrängt, nach vorn gerichtet, steif, gerade bis etwas gebogen, 3 bis 7,5 cm lang, 1 mm breit, scharf zugespitzt, ganzrandig, auf allen Seiten mit Stomalinien, blaugrün, Harzgänge an der Epidermis, Nadelscheiden abfallend; Zapfen walzenförmig, 8 bis 15 cm lang. KHN Taf. 98. Rocky Mountains, Alberta bis Texas. Stark anfällig für Blasenrost, aber sonst hart bei uns. Schön. ✶ Abb. 197, 202, 209.

'Glenmore'. Nadeln länger, im Mittel 11,5 cm lang, ausgesprochen silbrigblau (= 'Silver Limber Pine'). 1944 gefunden von E. MOORE in Colorado; eingeführt 1949 durch SCOT WILMORE, Wilmore Nurseries, Wheatbridge, Colorado. US Plant Pat. 221.

'Nana'. Buschige Zwergform, Nadeln nur 3 cm lang. 1947 in der Sierra Nevada, in der Nähe des Echo Lake, von JAMES R. NOBLE gefunden.

'Pendula'. Wuchs (soweit bekannt) schwach, Stamm und Äste hängend, aus in der Regel zunächst senkrecht gezogener Form; Benadelung wie beim Typ. In USA gefunden. (JEDDELOH). ■

'Tiny Temple'. Ganz niedrige Form, Jahreszuwachs etwa 10 cm; Nadeln kürzer, 6—7 cm lang, 0,7 bis 1 mm breit, außen dunkelgrün, innen graublau. Aus USA. (JEDDELOH). ■

P. gerardiana Wall. Hoher Baum, Rinde grau, dünn, abblätternd, Triebe kahl, grün, gefurcht;

Abb. 209. *Pinus flexilis* im Morton Arboretum, USA (Foto: KRÜSSMANN)

Abb. 210. *Pinus halepensis* am natürlichen Standort auf Mallorca

Nadeln zu 3, steif, 5—10 cm lang, zugespitzt, blaugrün, Scheide im 2. Jahre abfallend; Zapfen länglich-eiförmig, 18—22 cm lang, 10 cm breit, Fruchtschuppen dick, mit hakigem Nabel, Samen bis 2 cm lang, eßbar. KHN 147, 155. Nordwest-Himalaja, Afghanistan. Unter Decke bei uns aushaltend (früher Bonn). Anzucht aus Samen soll schwierig sein, besser Veredlung auf *P. silvestris.* Interessant und versuchswert. Großes Exemplar im Botanischen Garten Cambridge, England. ΛΛ

P. griffithii ➛ **P. wallichiana.**

P. halepensis Mill. See-Kiefer. Baum, 10—15 m hoch, mit unregelmäßiger dünner Bezweigung, junge Triebe nur 2—3 mm dick, lang, leicht bereift, hellgrau bis grünlichbraun, kahl bis fein behaart, Knospen eiförmig, 5—10 mm lang, Schuppen mit zurückgeschlagenen Spitzen, am Rand spinnwebartig gefranst; Nadeln zu 2, selten zu 3, abstehend, 2 Jahre dauernd, oft an den Triebenden büschelig, mit kurzer, horniger Spitze, dünn, 6—10 cm lang, Rand fein gesägt, Stomalinien an beiden Seiten, Harzgänge an der Epidermis oder im Parenchym, Scheiden 8 mm lang, bleibend; Zapfen einzeln oder in kleinen Quirlen, breitkegelig, 5—10 cm lang, gelbbraun, einige Jahre am Zweig bleibend. KHN Taf. 98. Mittelmeergebiet. Kommt nur für sehr warme Gebiete in Frage, wo sie beträchtliche Dürrezeiten mühelos erträgt. ΛΛ Abb. 197, 209.

P. heldreichii Christ. Panzer-Kiefer. Baum, bis 20 m, Krone stumpf pyramidal, nie schirmförmig, alte Borke aschgrau, in eckige Felder (5 bis 15 zu 4—8 cm groß) zerspringend, junge Triebe meist bereift, nach dem Abfall der Nadeln durch die großen Blattkissen sehr uneben, im 2. Jahr braun werdend (!!), Knospen eilänglich, braun mit weißen Spitzen bis fast grauweiß, harzlos; Nadeln zu 2, an den Zweigenden nicht (!!) pinselartig gehäuft wie bei *P. leucodermis,* 5—6 Jahre dauernd, starr, meist zum Zweig gekrümmt, in der Jugend heller grün als bei *P. nigra austriaca,* später glänzend grün, 6—9 cm lang, 1,5 mm breit, stechend oder stumpflich, Rand etwas gezähnt, beiderseits mit Stomalinien, Harzgänge im Parenchym, Scheiden 12 mm lang; Zapfen zu 1—2, eiförmig, 7 bis 8 cm lang, ähnlich wie bei *P. nigra,* aber innen und außen gleichmäßig hellbraun (bei *P. nigra* schwarzbraun). KHN Taf. 99. Albanien. In

Abb. 211. *Pinus heldreichii* und *P. peuce* (Mitte) am heimatlichen Standort im Pirin-Gebirge, Bulgarien, in etwa 2000 m Höhe (Foto: K. Browicz, Polen)

ihrer Heimat zusammen mit *P. nigra* und *Abies cephalonica*. In Kultur viel seltener als *P. leucodermis*, doch ganz hart, langsamwüchsig, liebt kiesige, trockene Böden. ✶ Abb. 211.

P. holfordiana A. B. Jacks. (*P. ayacahuite* × *P. wallichiana*). Zwischen den Eltern stehend, aber am meisten ähnlich *P. wallichiana*, hiervon jedoch verschieden durch die meist behaarten Jungtriebe, die breiteren Zapfen mit spitzen Schuppenschildern (nicht abgerundet mit aufgesetzten Spitzen); von *P. ayacahuite* abweichend durch die nicht zurückgebogenen Spitzen der Fruchtschuppen und die kleineren Samen mit jedoch längeren, schmaleren Flügeln. KHN Taf. 98. 1906 im Westonbirt Arboretum, England, entstanden, doch erst 1933 beschrieben. 50 Jahre alte Bäume waren rund 24 m hoch und fast 20 m breit!

P. jeffreyi Balf. Von der ähnlichen *P. ponderosa* zu unterscheiden durch die blauweiß bereiften Jungtriebe. Hoher Baum, 30 m hoch und mehr, Krone rundlich, Äste stark ausgebreitet, Borke zimtbraun, in große Platten gespalten, junge Triebe im 1. Jahr blauweiß bereift (!!), im 2. Jahr graubraun, Knospen groß, länglich kegelförmig, rotbraun, harzlos, Schuppen mit freien Spitzen; Nadeln gewöhnlich zu 3, an den Triebenden gedrängt, 2 Jahre dauernd, 18 bis 22 cm lang, an Seitentrieben etwas kürzer, 2 mm breit, graugrün, steif, nicht glänzend, scharf zugespitzt, Rand fein und scharf gesägt, auf dem Rücken mit 8—10, auf den Seiten mit je 4—6 Stomalinien, Harzgänge im Parenchym, Scheiden 15 mm lang; Zapfen 15—30 cm lang, ei-kegelförmig, kurz gestielt. KHN Taf. 99. Californien bis Oregon. Sehr schöne, harte, langnadelige Kiefer; liebt feuchte bis frische, lockere, kiesige Böden. In Deutschland nicht selten in Parks und botanischen Gärten. ✶ Abb. 204, 212.

P. koraiensis S. & Z. Korea-Kiefer. Hoher Baum, im Habitus ähnlich *P. cembra*, aber lockerer, Borke ziemlich glatt, graubraun, Äste aufrecht bis abstehend, junge Triebe kräftig, grün, dicht rotbraun behaart, doch im 3. Jahr meist ganz kahl, Knospen eiförmig-zylindrisch, mit kurzer, scharfer Spitze, 10—18 mm lang, stark harzig, Knospenschuppen lanzettlich, spitz, die oberen abstehend, die anderen anliegend; Nadeln zu 5, ziemlich locker stehend, im 2. Jahr abfallend, ziemlich steif, 6—12 cm lang, etwa 1 mm breit, mit ziemlich stumpfer Spitze, Rand fein und dicht gesägt (rauh anfühlend!!), auf dem Rücken grün, an den Seiten ausgeprägt blauweiß von je 5—7 starken Stomalinien, Harzgänge im Parenchym, Scheiden bald abfallend; Zapfen endständig, fast sitzend, 10 bis 14 cm lang, gelbbraun, nicht aufspringend. KHN Taf. 99. Korea, Japan, Mandschurei, Amurgebiet. Sehr schöne Kiefer mit blauschimmernden, langen Nadeln, üppig wachsend, hart. In Deutschland viele gute Exemplare. ✶ Abb. 197, 202.

Abb. 212. *Pinus jeffreyi* in der Baumschule

'Compacta Glauca'. Wuchs kräftig, doch gedrungen, Zweige kurz, dick, dicht stehend; Benadelung schön blaugrün (= *P. cembra* 'Compacta Glauca' der Baumschulen). Seit 1949 in Kultur. (JEDDELOH). ✶ ■

'Glauca'. Selektion mit dickeren, stärker blauen Nadeln. Ursprünglich von HERM. A. HESSE, Weener, verbreitet, doch jetzt noch in manchen deutschen Baumschulen in Kultur. ✶ ■

'Variegata'. Nadeln entweder ganz hellgelb, gelb gerandet oder gelb gefleckt. Zuerst 1887 gefunden; auch heute noch in Kultur, doch selten.

'Winton' (Hillier 1964). Zwergform, Wuchs breiter als hoch, bis 4 m breit und 2 m hoch; Nadeln sonst wie bei der Art. Im Arboretum HILLIER.

P. lambertiana Dougl. Zucker-Kiefer. In seiner Heimat hoher Baum, 50—100 m hoch, Stammdurchmesser dort 3—6 m, Stamm lang und hoch, mit wenigen kurzen Ästen, Borke junger Bäume glatt und hellbraun, junge Triebe ziemlich kräftig, braun, kurz weichhaarig, Knospen eiförmig, nur 3—8 mm lang, spitz, harzig,

Abb. 213. *Pinus leucodermis* 'Compact Gem' in Wisley Gardens

Schuppen rotbraun, dicht anliegend; Nadeln zu 5, sehr steif und breit, einmal um ihre Achse gedreht, 2—3 Jahre dauernd, dunkelgrün, 7 bis 10 cm lang, bis 2 mm breit, scharf zugespitzt, Rand gesägt, auf dem Rücken ohne, an den beiden inneren Seiten mit bläulichweißen Stomalinien, Harzgänge an der Epidermis, Scheiden etwa 18 mm lang, abfallend; Zapfen 30—50 cm lang, 11 cm breit, walzenförmig, an bis 9 cm langem Stiel, hellbraun, glänzend, Fruchtschuppen lederartig, Schuppenschilder mit leicht zurückgebogener Spitze, Samen schwarz, eßbar. KHN Taf. 100. Westliches Nord-Amerika. Die verletzte Rinde scheidet eine kristallklare, wenig harzige, süße Masse aus, die mitunter auch wirtschaftlich verwendet wird. Bei uns langsamwüchsig. ✶ (∧∧) Abb. 204.

P. leucodermis Ant. Schlangenhaut-Kiefer, Bosnische Kiefer. Sehr nahe verwandt mit *P. heldreichii* und auch von vielen Autoren als Varietät hierzu gestellt, aber deutlich abweichend durch ihre schlangenhautartigen, gefelderten Jahrestriebe, Nadeln an den Triebenden büschelig gehäuft, Zapfen mit abweichenden Schuppenschildern. Baum, bis 30 m hoch, Stamm bis 50 cm dick, Borke mehr grau, nach Ablösen in unregelmäßigen Schuppen gelbliche Flecke hinterlassend, junge Triebe grauweiß, dick und kahl, nach dem Abfallen der 5—6 Jahre dauernden Nadeln schlangenhautartig gefeldert durch die sehr eng stehenden Blattkissen, Knospen ähnlich denen von *P. nigra*, doch dunkler in der Färbung und harzfrei; Nadeln zu 2, sehr dicht gedrängt stehend und pinselartig an den Triebenden gehäuft, steif, 6—8 cm lang, Rand fein gesägt, scharf zugespitzt, Stomalinien auf allen Seiten, Scheiden 10—12 mm lang; Zapfen länglich eiförmig, in der Jugend schwarz (!), 5 bis 7,5 cm lang, kurz gestielt, stumpfbraun, leicht glänzend, Schuppenschilder der unteren Schuppen pyramidenförmig erhöht und mit einem spitzen, meist der Basis des Zapfens zugekrümmten Nabel, Samen wie bei *P. nigra*. KHN Taf. 100 (= *P. heldreichii* var. *leucodermis* [Ant.] Markgraf ex Fitsch.). Jugoslawien, Albanien, Bulgarien, Griechenland, Italien, auf trockenen Kalkböden. 1865 von Maly eingeführt, zuerst zum Botanischen Garten Wien. Heute eine der gärtnerisch wichtigsten Kiefernarten. ✶✶ Abb. 197, 202.

Hierzu folgende Gartenformen:

'Aureospicata'. Langsamwüchsig, breit kegelförmig, kaum über 3 m hoch; Nadeln an der Spitze beständig gelb bleibend. 1955 von Herm. A. Hesse, Weener-Ems, selektiert und eingeführt. Hübsche Form für Liebhaber. Ⓢ

'Compact Gem'. Zwergform, Wuchs gedrungen und langsamwüchsig, in 10 Jahren nur 25 cm hoch und 30 cm breit; Benadelung schwarzgrün. 1964 von Hillier eingeführt unter dem Namen *P. leucodermis* 'Compacta' und 'Dwarf Form'.

'Satellit'. Wuchs besonders schmal kegelförmig; dunkelgrün. In Holland in Kultur. ■

'Schmidtii'. Kugelige Zwergform, sehr langsamwüchsig, aber doch verschieden von 'Compacta Gem'. KHN Taf. 100 (= 'Pygmaea'; 'Pygmy'; *P. leucodermis* f. *smithii* Pilat). 1942 im Alpinum des Parkes von Pruhonice bei Prag gefunden. Ⓢ ■

P. montana und Formen → **P. mugo.**

P. montezumae Lamb. Montezuma-Kiefer. In ihrer Heimat bis 20 m hoch, sehr variabel, Borke rauh, rötlichbraun, junge Triebe rotbraun, kahl, gefurcht, mit den Resten der abgefallenen Scheiden, Knospen spitz eiförmig, 20 bis 25 mm lang, harzfrei, Schuppen schmal, rotbraun, Rand gefranst; Nadeln zu 3—8 (!!) beisammen, doch meist 5 (abhängig vom Zustand des Baumes), 3 Jahre dauernd, an den Zweigen gedrängt, bläulichgrün, 17—24 cm lang, aufrecht oder abstehend, spitz, Rand fein gesägt, mit Stomalinien auf allen Seiten, Harzgänge im Parenchym, Scheiden im 1. Jahr 3—5 cm lang, bleibend; Zapfen walzenförmig, 15—25 cm lang. KHN Taf. 101. Mexiko. Sehr schön, aber leider nicht hart bei uns. ∧∧∧ Taf. VIII.

var. **hartwegii** (Lindl.) Engelm. In der Hauptsache unterschieden durch kleine, etwas harzige Knospen; Nadeln starrer (!), meist zu 3—4 beisammen, grün (nicht blaugrün!), 10—15 cm lang, Scheiden nur 10 bis 17 mm lang; Zapfen breit eiförmig, spitz, etwas unsymmetrisch, 7—14 cm lang, dunkelbraun bis fast schwarz zur Reife, Samen schwärzlich, 5—7 mm lang und 5 mm breit. KHN 155 (= *P. hartwegii* Lindl.). Zentral-Mexiko; bis zu 3800 m hoch im Gebirge. Härter als der Typ und in England auch nicht selten in den Parks. ΛΛΛ

P. monticola Dougl. Baum, 20—30 m hoch, Krone schmal pyramidal, im Alter aber breit und Äste waagerecht abstehend, Stamm gerade, Borke im Alter runzelig und tiefrissig, Triebe bräunlich, fein behaart, Knospen zylindrisch bis kugelig, 12 mm lang, harzig, Schuppen anliegend; Nadeln zu 5 beisammen, 3—4 Jahre dauernd, dicht gedrängt, gerade, steif, 4—10 cm lang, olivgrün, Spitze stumpf, Rand fein und entfernt gesägt, innere Seiten mit etwa 5 Stomalinien, Harzgänge an der Epidermis, Scheiden 18 mm lang, bald abfallend; Zapfen einzeln oder in Bündeln zu mehreren kurz gestielt, 10—25 cm lang (vgl. Abb. 204). Samen braun, schwarz gefleckt, 6 mm lang, mit 20 mm langem Flügel, bei Reife ausfallend. KHN Taf. 101. Westliches Nord-Amerika. Bei uns in mehreren botanischen Gärten und ganz hart. Liebt feuchte, luftige, freie Lage, gedeiht aber auch auf sandig-trockenen Böden. Sehr anfällig für Blasenrost.

'Ammerland' (Jeddeloh). Starkwüchsiger Klon, Triebe fingerdick, Jahreszuwachs 50 cm oder mehr; Nadeln schön blaugrün, 8—12 cm lang, auf der Rückseite dunkelgrün, Seiten blaugrün. Selektiert und in Vermehrung bei JEDDELOH. Als Ersatz gedacht für Lagen, in denen *P. wallichiana* durch Frost oder Windbruch gefährdet ist. Wächst gleich gut als Veredlung auf *P. strobus* und *P. contorta*. ✶ ■

'Glauca'. Selektion mit stärker blauen Nadeln, sonst wie der Typ. Von JEDDELOH aus USA importiert. ■

'Minima'. Wuchs zwergig; Benadelung kürzer, blaugrün. Als Hexenbesen gefunden. (JEDDELOH). Ⓢ ■

'Pendula'. Schöne Form mit stark hängenden Ästen und bogenförmigem Stamm. Gefunden in einem Forst bei Schermbeck, Westfalen. (JEDDELOH). ■

P. mugo Turra. Berg-Kiefer. Strauch mit ansteigenden Stämmen oder mit kurzem Stamm und kegelförmiger Krone oder niederliegend mit vielen knieförmig gebogenen Stämmen, Rinde graubraun, schuppig, in unregelmäßigen Platten zerreißend, doch nicht ablösend, junge Triebe zuerst hellgrün, dann braun bis schwarz braun, kahl, Knospen eilänglich, 6 mm lang, zugespitzt, stark harzig, Schuppen dicht angedrückt; Nadeln zu 2, häufig sichelförmig gekrümmt zum Trieb, oft leicht gedreht, 3—4 cm lang, 1,5—2 mm breit, an der Spitze hornartig zugespitzt, Rand ganz fein gesägt, beiderseits mit undeutlichen Stomalinien, Harzgänge an der Epidermis; Zapfen kurz gestielt, zu 1 bis 3, aufwärts oder waagerecht oder abwärts gerichtet (Abb. 201), Schuppenschild rhombisch bis fast quadratisch, meist pyramidal, Nabel meist groß, hellbraun mit schwarzem Rand, Dorn kurz, meist vor der Reife abfallend. KHN 148, 157 (= *P. montana* Mill.). Gebirge Mittel-Europas und Süd-Europas, in der Regel auf Kalk und Hochmoor, bis 2500 m. Ganz hart. Sehr häufig in den Gärten angepflanzt. ✶✶

Hierzu viele Formen, hauptsächlich unterschieden durch Wuchs und Zapfen. Jungpflanzen meist sehr verschiedenartig. Die Gartenformen siehe hinter den beiden folgenden Varietäten.

var. **mughus** (Scop.) Zenari. Krummholz-Kiefer. Wuchs meist strauchig-niederliegend, Äste knieförmig gebogen; Zapfen symmetrisch, sitzend oder sehr kurz gestielt, reif waagerecht abstehend oder heruntergebogen kegelförmig bis mehr eiförmig und sehr gleichförmig, niemals bereift, im Herbst des 1. Jahres gelbbraun, bis zur Vollreife zimtbraun, Schuppenschilder alle gleich hoch, alle ganz gleich in Größe und Form, scharf quer gekielt, jedoch flacher bei den unteren Schuppen, Nabel zentral stehend, meist mit einem stechenden Dorn, im Spätherbst des 2. Jahres klaffend. KHN 146. Ost-Alpen bis Balkan. In Gartenkultur sehr verbreitet. ✶✶

var. **pumilio** (Haenke) Zenari. Zwerg-Kiefer. Wuchs strauchig, niedergestreckt, flach kugelig (!), gelegentlich bis 3 m breit, Äste sehr dicht gestellt, unterschiedlich lang, Zweige aufwärts gerichtet, Knospen sehr ausgeprägt; Nadeln in der Länge sehr unterschiedlich, doch meist kurz, aufwärts gerichtet, an den Triebenden mehr radial; Zapfen symmetrisch, fast sitzend, eiförmig bis kugelig, im 1. Jahr bläulich bis violett, zur Vollreife gelblich bis dunkel braun, Schuppenschild mit konvexem Ober- und konkavem Unterschild, Nabel unter der Mitte, eingedrückt. KHN 148. Gebirge Mittel- und O-Europas, Alpen, Karpaten, Balkan. In Gartenkultur häufig. ✶✶

'Frisia'. Etwa 2 m hoch und 1,4 m breit werdend, alle Äste straff aufrecht, sehr dicht bezweigt; Nadeln moosgrün. Von G. KRÜSSMANN in den Dünen bei Bergen, Nord-Holland, gefunden; seit 1970 bei ZU JEDDELOH in Vermehrung. Abb. 214.

'Gnom' (den Ouden). Wuchs sehr dicht und kugelig, etwa bis 2 m hoch und breit, sehr vieltriebig, meist zu 3—5 aus jedem vorjährigen Trieb entspringend, Knospen länglich-kegelförmig, harzig; Nadeln dicht gedrängt, radial stehend, 3,5—4,5 cm lang, tiefgrün. KHN Taf. 101. Bereits um 1890 von DEN OUDEN selektiert, aber erst um 1920 in Vermehrung genommen, 1927 verbreitet. ✶

'Humpy' (Draijer). Wuchs sehr gedrungen, kurztriebig, Knospen rot (!); Nadeln 2—5 cm lang. 1970. ✶ ■

'Knapenburg' (Draijer). Pumilio-Typ, Wuchs kompakt, etwas unregelmäßig; Benadelung tiefgrün. ■

'Kobold'. Zwergform, Wuchs breit und kugelig, Äste ziemlich steif und dick, Knospen zu 3—5 beisam-

Abb. 214. *Pinus mugo* 'Frisia', Originalpflanze in Bergen, Nord-Holland

men, weit stehend und unterschiedlich in der Länge, 5—12 mm lang, dicht, Spitze stumpf, ausgeprägt braun; Nadeln dicht stehend, gerade, 2—3,5 cm lang, 1 mm breit, Scheiden ziemlich lang. Selektiert von HUGO F. HOOFTMAN, Boskoop; 1951 eingeführt. ✶

'Mops'. Zwergform, kugelig, so hoch wie breit, im Alter aber doch bis 1,5 m hoch, Äste sehr kurz, Knospen sehr dicht stehend, unterschiedlich groß, 1 bis 2 cm lang, schmal, braun, harzig; Nadeln an den jungen Trieben ziemlich gerade, 2—4,5 cm lang, 1,5 bis 1,8 mm breit, Scheiden kurz, dunkelbraun. Selektiert und eingeführt von HUGO T. HOOFTMAN, Boskoop. ✶

'Ophir' (Kraan). Selektion aus var. *mughus*, Wuchs flach kugelig, in 6 Jahren etwa 60 cm breit, 30 bis 40 cm hoch; Nadeln 4—7 cm lang, auf dem Gipfel und an der Sonnenseite goldgelb, im unteren Teil der Pflanze grün, mitunter etwas gedreht. Selektiert durch K. J. KRAAN, Waddinxveen, Holland. ■

'Rigi' (Draijer). Wuchs sehr straff aufrecht, fast säulenförmig. Selektiert und verbreitet von DRAIJER, Heemstede. ■

P. muricata D. Don. Bischofs-Kiefer. Kleiner Baum, 8—10 m hoch, gelegentlich auch höher, in der Jugend Krone schmal und kegelförmig, im Alter jedoch meist rundkronig, Stamm 60 bis 120 cm dick, Borke rotbraun, in unregelmäßige, dicke Platten zerteilt, diese schuppig, Äste unregelmäßig stehend, junge Triebe anfangs grün, dann orangebraun, Knospen 20 bis 25 mm lang, dunkel rotbraun, stark harzig; Nadeln zu 2, etwa 3—4 Jahre bleibend, 10 bis 15 cm lang, etwas gedreht, 2 mm breit, mit kurzer, horniger Spitze, Rand fein gesägt, mit Stomalinien an beiden Seiten, Scheiden 8 bis 12 mm lang; Zapfen eiförmig, schief, einzeln oder in Quirlen, sitzend, 5—9 cm lang, 4 bis 7 cm breit, glänzend rotbraun, oft jahrelang sitzen bleibend. KHN 154. Westliches N-Amerika; von allen 2nadeligen Kiefern leicht zu erkennen an den langen Nadeln, harzigen Knospen und bleibenden Zapfen. ∧∧—∧∧∧ Abb. 197.

P. nigra Arnold. Schwarz-Kiefer. Sehr veränderlicher Baum, 20—40(—50) m hoch, Stamm gerade, Borke grau bis dunkelbraun, tief rissig, Krone jüngerer Bäume, besonders bei Kulturpflanzen, breit kegelförmig, im Alter jedoch schirmförmig, insbesondere auf felsigen Böden im Gebirge, Äste jüngerer Pflanzen regelmäßig quirlständig, im Alter jedoch unregelmäßig, junge Triebe kahl, hellbraun bis orangebraun, Knospen eiförmig bis mehr zylindrisch, harzig; Nadeln zu 2, heller oder dunkler grün, ziemlich steif, 4(—8) Jahre dauernd, 8—12 cm lang, 1

Abb. 215. *Pinus nigra* var. *pallasiana* in Kew Gardens, London. Stamm etwa 1 m Durchmesser

Abb. 216. *Pinus nigra* var. *pallasiana* am heimatlichen Standort im Cilicischen Taurus (Foto: SCHACHT)

bis 2 mm breit, gerade oder gebogen, Rand fein gezähnt, mit 12—14 Stomalinien, mit 3—17 Harzgängen im Parenchym, Scheiden 10 bis 12 mm lang, bleibend; Zapfen zu 2—4 beisammen, sitzend bis fast sitzend, waagerecht abstehend, 5—8 cm lang, 2—4 cm breit, gelbbraun oder hellbraun, glänzend, im 3. Jahre klaffend, Schuppenschild leicht oder stumpf gekielt, Nabel dunkelbraun, meist mit einem kleinen Dorn, Samen 5—7 mm lang, grau, Flügel 4—5 mm lang. KHN 146. S-Europa, nach Norden bis Österreich und bis zu den Südkarpaten, doch in Zentral- und N-Europa sehr viel angepflanzt. Abb. 197, 202.

Zunächst eine Übersicht über die geographischen Varietäten, wobei ausdrücklich darauf hingewiesen werden muß, daß ihre eindeutige Bestimmung nicht immer leicht ist, da der Schlüssel teilweise auf anatomischen Merkmalen basiert (vgl. FUKAREK 1958).

* Nadeln mehr oder weniger hin und her gebogen; 1—2(—3) Lagen von leicht verdickten Hypodermalzellen (= Zellen unter der Epidermis oder Oberhaut);

+ Nadeln 1,2—1,9 mm dick, etwas stechend; Hypodermalzellen in 1—2(—3) Lagen:
ssp. *laricio*

++ Nadeln 1—1,2 mm dick, nicht stechend; Hypodermalzellen in nur 1 Lage:
ssp. *salzmannii*

** Nadeln mehr oder weniger starr; Hypodermalzellen stark verdickt und in 2—5 Lagen;

+ Nadeln nur 4—7 cm lang:
ssp. *dalmatica*

++ Nadeln 7—18 cm lang;

× Nadeln gerade oder gekrümmt; Blattscheide 10—16 mm lang:
ssp. *nigra*

×× Nadeln gedreht oder unregelmäßig gekrümmt; Blattscheiden (13—)18—26 mm lang:
ssp. *pallasiana*

'Aurea'. Habitus wie bei der Art, Wuchs langsam, bei freiem Stand bis zum Boden beastet; Nadeln im 1. Jahre goldgelb, im 2. Jahre vergrünend, zum Teil grün, teils graugrün (= *P. nigra* var. *austriaca aurea* [Beissn.] Fitsch.). Vor 1909 von ILSEMANN im Forst Nyulas des Erzherzogs Albrecht von Ungarn gefunden. Neuerdings vom Arboretum Kalmthout, Belgien, wieder verbreitet. ✱✱ Taf. VII.

var. *austriaca* (Hoess) Loud. → unter ssp. **nigra.**

var. *calabrica* (Loud.) Schneid. = ssp. **laricio** (Pour.) Maire. KHN Taf. 102.

var. *caramanica* (Loud.) Rehd. = ssp. **pallasiana** (Lamb.) Holmboe. KHN Taf. 102.

var. *cebennensis* (Godr.) Rehd. = ssp. **salzmannii** (Dunal) Franco.

'Columnaris'. Säulenform, Äste ganz kurz, nach oben gekrümmt (= *P. nigra* var. *columnaris* Hartmann). Durch HARTMANN vor 1907 auf Zypern gefunden.

Abb. 217. *Pinus parviflora* (Foto: Archiv)

ssp. **dalmatica** (Vis.) Franco. Kleiner Baum, Krone breit kegelförmig; Nadeln 4—7 cm lang, 1,5 bis 1,8 mm dick, sehr starr; Zapfen nur 3,5—4,5 cm lang. Küste und Inseln von NW-Jugoslawien.

'Globosa'. Schwachwüchsig, kurztriebig, Terminalknospen spindelförmig, 3 cm lang, hellbraun, leicht harzig; Nadeln 12—16 cm lang (!) und 1,5—2 mm breit, etwas gedreht. Aus dem Arnold Arboretum von JEDDELOH importiert. ■

'Hornibrookiana'. Zwergform, Wuchs breit, strauchig, etwas ausladend, Äste dick und steif, verzweigt, ansteigend bis aufrecht; Nadeln dicht gedrängt, gerade, steif, 5—6 cm lang, scharf zugespitzt, glänzend dunkelgrün (= *P. nigra hornibrookiana* Slavin). Von SLAVIN vor 1932 als Hexenbesen an einer *P. nigra* ssp. *nigra* gefunden im Seneca Park, Rochester, N. Y., USA.

'Jeddeloh' (Jeddeloh 1965). Wuchs gedrungen und sehr dicht, Zweige und Triebe viel kürzer als bei *P. nigra*; Nadeln ebenfalls kürzer und sehr stechend (*dalmatica*-Typ?). ■

ssp. **laricio** (Poir.) Maire. Korsische oder Kalabrische Schwarz-Kiefer. Hoher Baum, bis 40 m hoch, Krone schmal eilänglich, bei sehr alten Bäumen auch flach; Nadeln 8—16 cm lang, 1,2—1,9 mm dick, etwas stechend, gedreht (!); Zapfen 6—8 cm lang, gelbbraun, Schuppenschilder stumpf gekielt. KHN Taf. 102 (= *P. nigra* var. *calabrica* [Loud.] Schneid.; *P. nigra* var. *corsicana* [Loud.] Hyl.). Korsika, S-Italien (Kalabrien), Sizilien.

'Monstrosa'. Zwergform, Zweige sehr kurz und dick, zuweilen auch verbändert; Nadeln dicht stehend, dunkelgrün. 1867.

'Nana'. Strauchige Form, bis 3 m hoch, aufrecht und breit wachsend, Jahreszuwachs nur 4,5—5 cm lang; Nadeln wie bei ssp. *nigra*. Schon seit 1855 bekannt.

ssp. **nigra.** Österreichische Schwarz-Kiefer. Hoher Baum, Krone kegelförmig, auf Felsen im Gebirge jedoch im Alter mit flacher Krone; Nadeln 8—16 cm lang, starr, stechend; Zapfen 5—9 cm lang, Schuppenschilder etwas gekielt. KHN Taf. 102 (= *P. nigra* var. *austriaca* [Hoess] Neum.; *P. austriaca* Hoess; *P. laricio* [Hoess] Loud.). Von Österreich bis Mittel-Italien, Griechenland und Jugoslawien. Außerordentlich beliebt und verbreitet in Gartenkultur. ✶✶✶ Abb. 202.

ssp. **pallasiana** (Lamb.) Holmb. Krim-Kiefer. Mittelgroßer Baum, Krone breit eiförmig und dicht; Nadeln 12—18 cm lang, 1,6—2,1 mm dick; Zapfen 5 bis 12 cm lang. KHN Taf. 102 (= *P. nigra* var. *caramanica* [Loud.] Rehd.; *P. nigra* var. *pallasiana* Schneid.). Balkan, S-Karpaten, Krim. Abb. 215, 216.

'Pygmaea'. Zwergform, sehr langsamwüchsig und dicht, kugelig bis ausgebreitet, Zweige sehr kurz, dicht stehend; Nadeln steif, 5—6 cm lang, gedreht. Bergform vom Monte Ansaro, Italien. ✶

var. **pyramidata** Acatay. Wuchs säulenförmig, 20 bis 25 m hoch, im Habitus an *Cupressus sempervirens* erinnernd, gelegentlich auch mehr kegelförmig, Äste dicht stehend, straff aufwärts gerichtet, mehr oder weniger parallel zum Stamm; Nadeln dicht, meist kurz, 5,5—12 cm lang; Zapfen meist etwa 5,5 cm lang und 3 cm breit, sonst wie bei var. *pallasiana*. MD 63: 55. Türkei. 1955 von A. ACATAY im Tavschanli-Gebiet bestandsweise gefunden. Inzwischen ist diese schöne Säulenform in Kultur genommen worden von MEYER-Bodenchemie in 4154 Tönis-

Abb. 218. *Pinus parviflora,* etwa 18 m hoch, in Adzuma-san, Prov. Uzen, Hondo, Japan (Foto: E. H. WILSON; by courtesy: Arnold Arboretum)

vorst 1. Was in der Literatur als *P. nigra* 'Pyramidata' beschrieben wurde, ist vermutlich nur eine aus Kulturpflanzen ausgelesene Form gewesen und jedenfalls nicht identisch mit der türkischen Pflanze, die dort in einem 250 ha großen Bestand gefunden wurde. ■

ssp. **salzmannii** (Dunal) Franco. Pyrenäen-Schwarzkiefer. Mittelhoher Baum, höchstens bis 20 m hoch, Krone schmal kegelförmig bis walzenförmig; Nadeln 8—16 cm lang, bis 2 mm breit, nicht stechend; Zapfen 4—6 cm lang, Schuppenschilder etwas gekielt. KHN Taf. 102 (= *P. nigra* var. *cebennensis* [Godr.] Rehd.). S-Frankreich (Sevennen), Pyrenäen, Mittel- und O-Spanien.

P. palustris Mill. Hoher Baum mit unregelmäßiger Krone, Borke rötlichbraun; Nadeln zu 3, an den Trieben sehr dicht gedrängt, 20—25 (an jungen Pflanzen sogar bis 45 cm!) lang, dünn, biegsam, dunkelgrün; Zapfen zylindrisch bis mehr kegelförmig, 15—20 cm lang (= *P. australis* Michx.; *P. longifolia* Salisb. non Roxb.). Südost-USA. 1727. ΛΛΛ Abb. 197, 204.

P. parviflora S. & Z. Mädchen-Kiefer. Baum, 5—12 m hoch, Krone flach ausgebreitet, in der Jugend dicht pyramidal wachsend, Borke graubraun, lange Zeit ganz glatt, später in dünnen Schuppen ablösend, Äste dicht und kurz verzweigt, junge Triebe grünlichbraun, dann hellgrau, meist kurz behaart, Knospen eiförmig, mit kurzer Spitze, 5 mm lang, bräunlichgelb, harzlos, Spitze der Schuppen frei; Nadeln zu 5 beisammen, 3—4 Jahre dauernd, an den Triebenden pinselförmig gedrängt, stark gekrümmt und gedreht, entweder ziemlich steif und an den Innenseiten ausgeprägt blauweiß und mit hellen, glänzenden Jungtrieben oder mit weicheren, mehr grasgrünen Nadeln und dunkelbraunen, später behaarten Jungtrieben, 4 bis 6 cm lang, etwa 1 mm breit, stumpf, Rand fein gesägt, beide Innenseiten mit weißen Stomalinien, mit 2 Harzgängen an der Epidermis, Nadelscheide abfallend; Zapfen einzeln oder in Büscheln, fast sitzend, fast waagerecht abstehend, gerade, eiförmig bis zylindrisch, 5—10 cm lang, 3—4 cm breit, weit klaffend, 6—7 Jahre an den Ästen bleibend, Schuppen wenig zahlreich, lederig-holzig, braunrot, Samen elliptisch, schwärzlich, 10 mm lang, mit kurzem Flügel. KHN Taf. 104. Japan. ✶✶ Abb. 202, 217, 218.

Die japanischen Botaniker teilen die Art, soweit sie in Japan aufritt, wie folgt auf:

P. pentaphylla Mayr. Zapfen kleiner, Schuppen fast halbkreisförmig, Schild mit geringer, wulstförmiger Verdickung, Samenflügel so lang wie das Korn (= *P. parviflora* var. *pentaphylla* [Mayr] Henry). N-Japan, Hokkaido, Honshu, im Gebirge bei 60—2500 m.

P. pentaphylla var. **himekomatsu** (Miyabe & Kudo) Makino. Zapfen länger, Schuppenschilder rautenförmig mit abgerundeter Spitze und mit einer Vertiefung, Same etwa 10 mm lang, Flügel viel kürzer als das Samenkorn (= *P. himekomatsu* Miyabe & Kudo). S-Japan, Honshu (in Zentral-Honshu treffen die beiden Varietäten aufeinander), im Gebirge von 100—1850 m. Diese Varietät dürfte identisch sein mit den Pflanzen, die bei uns als *P. parviflora* in Kultur sind.

Hiervon gibt es eine sehr große Anzahl von Gartenformen, viele mit japanischen Bezeichnungen und als „Bonsai" bekannt. Hier können nur die Formen behandelt werden, die auch tatsächlich eine größere Verbreitung bei uns haben:

'Adock's Dwarf'. Zwergform, Wuchs sehr langsam und gedrungen; Nadeln nur 15—25 mm lang, graugrün, büschelig an den Triebspitzen gedrängt stehend. 1961 in der Baumschule von Hillier in Ampfield, England, entstanden und nach ihrem Vermehrungsobergärtner Graham Adock benannt. ✶ ■

'Brevifolia'. Wuchs normal aufrecht, schmal, wenig bezweigt, mit nur wenigen, kurzen Trieben; Nadeln ziemlich steif, etwas gebogen, nur 2—3 cm lang, 1 mm breit, außen blaugrün, innen mit 5—6 undeutlichen Stomalinien. Vor 1900 in der Baumschule Barbier & Fils, Orléans, entstanden. ✶

'Gimborn's Ideal'. Großer Strauch, Äste pyramidal bis säulenförmig angeordnet, bis 8 m hoch; Nadeln ziemlich fein, bläulichgrün. Erzogen im Gimborn Arboretum, Doorn; eingeführt durch L. Konijn & Zoon. ✶

'Gimborn's Pyramide'. Selektion, Wuchs gedrungen, breit, langsamwachsend, Habitus mehr breit eirund, bis 3 m hoch und 2 m breit, Äste sehr dicht stehend; Nadeln im Frühjahr besonders intensiv blaugrün. Entstanden im Pinetum Gimborn; eingeführt durch L. Konijn & Zoon. ✶

'Glauca'. Kleiner, aufrechter Baum, 5—12 m hoch (vielleicht höher), junge Pflanzen meist nur wenig beastet, alte Bäume aber breitkronig, Knospen etwa 1—1,5 cm lang, von Nadeln dicht umgeben; Nadeln steifer als beim Typ, gebogen und gedreht, 5—7 cm lang, außen grün, innen stark blauweiß. In den Baumschulen allgemein in Kultur und weit bekannter als der normale Typ. ✶✶✶

'Negishi'. Japanische Selektion, endgültige Höhe nicht bekannt, Wuchs aufrecht, locker verzweigt, Zweige ansteigend; Nadeln mehr oder weniger gedreht, 3,5—4,5 cm lang, graugrün bis blaugrün. In Boskoop in Kultur. ■

'Tempelhof'. Selektion, Wuchs baumartig, raschwüchsig, mit dickem Stamm. Entstanden im Pinetum Gimborn, dort selektiert von L. Konijn und auch von ihm verbreitet.

P. patula Schlecht. & Cham. Ausgebreitete Kiefer. Meist mehrstämmiger Baum, Borke im unteren Teil schuppig, im oberen Teil der Stämme papierartig abblätternd, rötlich, Jungtriebe grünlichblau bereift, Knospen walzenförmig, bis 25 mm lang, lang zugespitzt, harzlos; Nadeln zu 3(—4—5), sehr dünn, 15—22 cm lang, hängend; Zapfen seitenständig, zu 2 bis 5, erst spät aufspringend. KHN Taf. 101. Mexiko. Bei uns nicht hart. ΛΛΛ

P. peuce Griseb. Mazedonische Kiefer. Baum, 10—20 m hoch, Krone schlank, kegelförmig bis säulenförmig, Stamm meist bis zum Boden beastet, Äste kurz, dick, kahl, junge Triebe dick, grünlich, kahl (!), glänzend, im 2. Jahr graubraun, Knospen spitz eiförmig, 10 mm lang, braun, harzig; Nadeln zu 5 beisammen, an den Triebenden pinselförmig gehäuft, 7—10 cm lang, gerade und ziemlich steif, grün oder auch graugrün, scharf zugespitzt, Rand fein gesägt, mit Stomalinien auf allen Seiten, Harzgänge an der Epidermis, Scheiden 18 mm lang, im 1. Jahr abfallend; Zapfen meist reichlich vorhanden, zu 1 bis 4 stehend, kurz gestielt, abstehend bis hängend, hellbraun, Samen klein, mit Flügel 15 mm lang. KHN Taf. 99 und 104. Balkan. Raschwüchsige, ganz harte und sehr zierende Kiefer, wohl in allen botanischen Gärten und in vielen Anlagen zu finden. ✶ Abb. 201, 211, 219, 220.

P. pinaster Ait. Strand-Kiefer. In der Heimat hoher Baum, Krone kegelförmig, Äste zahlreich, herabgebogen, Borke dick, rotgrau bis braunrot, tief gespalten, junge Triebe rötlichbraun, kahl, die älteren Partien durch die Reste der Scheiden rauh und wie gefurcht wirkend, Knospen groß, spindelförmig, 20 bis 35 mm lang, 8—12 mm breit, braun, nicht harzig, Knospenschuppen braun, am Rand silberweiß fransig und ineinander verwoben, Spitzen zurückgeschlagen; Nadeln zu 2, meist 3 Jahre dauernd, büschelig an den Triebenden, 10—20 cm lang, steif, glänzend grün, stechend, Rand fein gezähnt, beiderseits mit vielen Stomalinien, Harzgänge im Parenchym, Scheiden 20—25 mm lang, schwärzlich; Zapfen zu 2—4 beisammen, schief abwärts gerichtet, 9 bis 18 cm lang, hellbraun, glänzend. KHN Taf. 103 (= *P. maritima* Mill.). Mittelmeerländer, oft auch kultiviert. In Deutschland mitunter jahrelang ausgehalten, dann wieder erfroren, in Holland dagegen aushaltend. Nach SCHENCK gibt es verschiedene Rassen mit ganz unterschiedlicher Winterhärte. Abb. 197, 204.

Abb. 219. *Pinus peuce*, Zapfen (Foto: ERICH FRAHM)

Abb. 220. *Pinus peuce* im Botanischen Garten Berlin (Foto: Archiv)

Abb. 221. *Pinus pinea* auf dem Castel Sao Jorje in Lissabon; Blick über die Mündung des Tejo

Diese Art wird mitunter auch aufgeteilt in die folgenden Subspecies:

ssp. **pinaster.** Nadeln 18—25 cm lang, mit mehr als 2 Harzkanälen; Zapfen 14—22 cm lang (= *P. mesogeensis* Fieschi & Gaussen). Zentrales und westliches Mittelmeergebiet.

ssp. **atlantica** H. del Villar. Nadeln 10—20 cm lang, mit nur 2 Harzkanälen; Zapfen 9—18 cm lang. S-Frankreich; atlantische Küste von Spanien, Portugal.

'Aberdoniae'. Sehr hoher Baum, Äste stark ausgebreitet; Nadeln 15—25 cm lang, sehr stark rinnig, tiefgrün; Zapfen meist einzeln, zylindrisch kegelförmig, bis 20 cm lang, Schuppenschilder stark pyramidal (= *P. pinaster hamiltonii* Parl.; *P. hamiltonii* Ten.). Um 1825 in der Umgebung von Nizza gefunden und durch den Earl of Aberdeen in Kultur genommen. Bedeutend winterhärter als die Art.

'Nana'. Zwergform, Wuchs halbkugelig mit flachem Gipfel, etwa 1 m hoch und breit, Triebe zahlreich und dicht stehend, alle spitzwinklig ansteigend, steif, Knospen zu 2—5 beisammen, 1—2 cm lang, rotbraun; Nadeln kürzer, dick, etwas gebogen, blaßgrün, spitzwinklig vorwärts gerichtet. Vor 1939 von Hornibrook in einem Wald aus *P. pinaster* in der Nähe von Mandelieu, Alpes Maritimes, Frankreich, als alte Pflanze gefunden.

P. pinea L. Pinie. Baum, 15—25 m hoch, Krone breit schirmförmig gewölbt, Äste waagerecht, Borke rötlichgrau bis graubraun, längsrissig, Triebe dünn, dicht benadelt, graugrün, später gelbbraun, kahl, Knospen spitz eiförmig, 6 bis 12 mm lang, harzfrei, Schuppen mit langen, silbrigen Fransen, Spitzen zurückgebogen; Nadeln zu 2 beisammen, 2—3 Jahre dauernd, leicht gedreht, steif, 10—15 cm lang, bis 2 mm breit, an der Spitze gelb und scharf, Rand fein gezähnt, außen mit etwa 12, innen mit etwa 6 Stomalinien, hellgrün (an jungen Pflanzen und mitunter auch an einzelnen Zweigen älterer Bäume blaugrün!), Harzkanäle an der Epidermis, Scheiden 10—12 mm lang, hell gelbbraun; Zapfen meist einzeln, groß, rundlich, endständig, symmetrisch, abwärts geneigt, 8—15 cm lang, im 3. Jahre reifend, braun, Schuppenschilder mit großem, grauweißem Nabel, Samen zahlreich, 15—20 mm lang, zimtbraun, eßbar („Piniennüsse"). KHN 147, 151. In allen Mittelmeerländern. Bei uns in vielen botanischen Gärten als kleine Exemplare, im Gewächshaus überwintert. ∧∧? Abb. 201, 221.

P. ponderosa Dougl. Gelb-Kiefer. In seiner Heimat sehr hoher Baum, 50—75 m hoch, Stamm bis 4 m Durchmesser, Borke sehr dick, rotbraun bis schwarz, tiefrissig, Äste kurz, stark, wenig zahlreich, meist regelmäßig quirlig stehend, oft hängend mit aufwärts gerichteter Spitze, junge Triebe bräunlich oder grünlich, niemals bereift (!), Knospen länglich-zylindrisch, spitz, bis 2 cm lang, harzig, Schuppen rotbraun, dicht angedrückt; Nadeln zu 3 beisammen, 3 Jahre dauernd, an den Triebspitzen dicht gedrängt, aufrecht oder abstehend, gebogen, 12—25 cm lang, dunkelgrün, 1,5 mm breit, mit horniger, scharfer Spitze, Rand fein gesägt, auf dem Rücken mit 8—12, an den Seiten mit 4—5 Stomalinien, Scheiden etwa 22 mm lang, bleibend; Zapfen endständig, einzeln oder zu 3 bis 5 beisammen, fast sitzend, abstehend, lebhaft braun. KHN Taf. 103. Westliche USA; in ihrer Heimat auf sandigkiesigen Böden. In vielen deutschen Gärten und Parks als große Bäume. ✶ Abb. 201, 222.

'Pendula'. Stamm aufrecht, Äste fast senkrecht abwärts hängend; Nadeln lang. In den USA aufgefunden. Großes Exemplar im Arboretum SPÄTH in Berlin-Baumschulenweg. Ⓢ Abb. 223.

Abb. 222. *Pinus ponderosa* am heimatlichen Standort im Yosemite National Park, Californien (Foto: National Park Service, Washington, D.C.)

Abb. 223. *Pinus ponderosa* 'Pendula' im Botanischen Garten Dortmund

var. **scopulorum** Engelm. Wuchs niedriger, Borke fast schwarz; Nadeln kürzer, an den Enden meist nackter Zweige pinselartig gehäuft, 12—16 cm lang, häufig zu 2 (statt 3) in einer Scheide; Zapfen eiförmig, kleiner, 6—8 cm lang, Schuppen stark dornig. Osthang der Felsengebirge in den USA, gemischt mit der Art, aber weniger wertvoll.

P. pumila (Pall.) Rgl. Kriech-Kiefer. Niederliegender Strauch, in seiner Heimat bis 3 m hoch, stets ohne Stamm, Äste niederliegend-aufrecht, junge Triebe kräftig, im 1. Jahr grünlich, im 2. Jahr graubraun, kurz, fein behaart, Knospen zylindrisch, mit kurzer Spitze, rotbraun, etwa 10 mm lang, sehr harzig, Schuppen lanzettlich, dicht angedrückt, die oberen fadenförmig ausgezogen; Nadeln zu 5 beisammen, sehr dicht stehend, 4—7(—10) cm lang, mehr oder weniger dem Trieb angedrückt, Rand weit gesägt, außen dunkelgrün und ohne Stomalinien, Innenseiten stark blaugrün durch je 5—6 ausgeprägte Stomalinien, 2 Harzgänge an der Epidermis, Nadelscheiden im 1. Jahr ganz abfallend; ♂ Blüten auffallend tiefrot; Zapfen eiförmig, 3—4 cm lang, jung violett, reif braun, stets geschlossen (vgl. Abb. 202). KHN Taf. 104. Sibirien bis Japan, auf den Felsen bis zur oberen Baumgrenze. Bei uns ganz hart, aber in Kultur nicht immer echt. Langsamwüchsiger Strauch für größere Steingärten usw. ✱✱ Abb. 224, 225.

Abb. 224. *Pinus pumila* im Royal Botanic Garden Edinburgh

Hierzu mittlerweile eine ganze Reihe von Selektionen in den Baumschulen in Kultur:

'Draijers Dwarf' (Draijer). Wuchs ganz flach und niedrig, ziemlich locker; Nadeln ziemlich locker angeordnet und besonders blau. Vor 1950 bei HERM. A. HESSE selektiert und von H. DEN OUDEN & ZOON, Boskoop, als *P. pumila* var. *nana* verbreitet, 1954 dann endgültig benannt. ✶

'Glauca'. Selektion, Wuchs breit, buschig, langsamwüchsig, Äste sehr kräftig; Nadeln mehr graublau. 1943 von HUGO F. HOOFTMAN, Boskoop, eingeführt.

'Globe'. Ziemlich starkwüchsig für die Art, kugelig, sehr dicht, bis 2 m hoch und breit; Nadeln 5—7 cm lang, dünn, schön blaugrün (= *P. cembra* 'Globe' DEN OUDEN & BOOM). Als alte Pflanze im Arboretum GIMBORN, Doorn, selektiert und durch H. J. DRAIJER, Heemstede, 1965 eingeführt.

Abb. 225. *Pinus pumila* am heimatlichen Standort in der hochalpinen Region der Daisetsu-Kette auf Hokkaido, Japan (Foto: T. NITZELIUS, Göteborg)

'Jeddeloh'. Wuchs flach, breit ausladend, mit vertiefter (nestförmiger) Mitte, Zweige schräg nach außen ansteigend, Jahreszuwachs 7—10 cm, Triebe sehr dicht benadelt; Nadeln dem Trieb angedrückt, gerade, doch an der Spitze meist in kurzem Bogen einwärts gekrümmt, 3—5 cm lang, frischgrün, Innenseiten blauweiß, Terminale walzenförmig, 10 bis 12 mm lang, graubraun, harzfrei, Schuppen angedrückt. Selektiert von JEDDELOH. Sehr wüchsig und gesund. ✶ ■

'Jermyns'. Zwergform, besonders langsamwüchsig, sehr gedrungen und kegelförmig, im Wuchs ganz verschieden von den anderen Formen. 1965 von HILLIER & SONS, Winchester, eingeführt.

'Säntis' (Draijer 1972). Wuchs breit, doch kompakt; Nadeln lang. ■

'Saphir'. Schwach und unregelmäßig wachsend; Nadeln kurz, schön blau. Selektion von DRAIJER 1970. ✶ ■ Taf. VIII.

P. pungens Lamb. Stech-Kiefer. Kleiner Baum, zuletzt breitkronig, Äste nur wenig zahlreich, ansteigend, unregelmäßig, Borke dunkelbraun, schuppig abblätternd, junge Triebe zuerst grün, dann glänzend rotbraun, kahl, Knospen zylindrisch, stumpf, 12—18 mm lang, tiefbraun, harzig; Nadeln zu 2, mitunter zu 3, dicht gedrängt stehend, 3 Jahre dauernd, abstehend, sehr steif und dick, etwas gedreht, tiefgrün, 3 bis 8 cm lang, 2 mm breit, scharf zugespitzt,

Abb. 226. *Pinus resinosa* am heimatlichen Standort in Canada (Foto: Forestry Branch, Canada)

Abb. 227. *Pinus rigida*, typischer Baum, in New Jersey, USA
(by courtesy: US Forest Service)

Rand gesägt, Stomalinien auf beiden Seiten, Harzkanäle im Parenchym, Scheiden 6 mm lang, bleibend; Zapfen seitenständig, zu 1—2—5, dick, nickend an kurzem Stiel, hellbraun. KHN 146, 154. Östliches Nord-Amerika. Von allen anderen 2nadeligen Kiefern gut zu unterscheiden durch die starren, scharf stechenden Nadeln und die schon an jungen Pflanzen erscheinenden, sehr dornigen Zapfen. Bei uns ganz hart, aber wenig zierend und nur botanisch interessant. Für trockene, heiße Südhänge. Abb. 202.

P. radiata D. Don. Monterey-Kiefer. Baum, in seiner Heimat 25—30 m hoch, Krone unregelmäßig, offen, Äste stark, abstehend, Borke stets dick, rotbraun, rissig, junge Triebe braun, Knospen eiförmig, hellbraun; Nadeln zu 2 oder 3, dünn, 10—15 cm lang, hellgrün; Zapfen einzeln oder zu 3—5, sitzend bis kurz gestielt, 5 bis 8 cm lang, braun, viele Jahre geschlossen bleibend, Samen schwarz, langgeflügelt. KHN Taf. 105. Californien. Bei uns kaum hart oder doch nur für sehr geschützte luftfeuchte Lage. ∧∧ Abb. 201.

P. resinosa Ait. Amerikanische Rot-Kiefer. Baum, 20—30 m hoch, in engem Stand meist mit ganz astfreiem Stamm und sehr kleiner Krone, Äste dick, kurz, breit, Krone offen, junge Triebe kräftig, orange bis purpurbraun, unbereift, kahl, Knospen eiförmig bis schmal kegelförmig, lang zugespitzt, 12 mm lang, rotbraun, harzig; Nadeln zu 2, die Zweige dicht bedeckend, 4 Jahre dauernd, einmal gedreht, 2 Jahre lang den Trieben angedrückt, im 3. Jahr abspreizend, dunkelgrün, biegsam, 12 bis 17 cm lang, 1 mm breit, scharf zugespitzt, Rand fein und regelmäßig gesägt, Stomalinien an beiden Seiten undeutlich, Harzgänge an der Epidermis, Nadelscheiden 18—20 mm lang, im 2. Jahre abfallend; Zapfen zu 1—2, endständig, sitzend, waagerecht abstehend, symmetrisch, eikegelförmig, 4—5 cm lang, hellbraun. KHN Taf. 105. Östliches Nord-Amerika. In den USA eine der wertvollsten Koniferen, auch für die Gartengestalter, braucht aber immer viel Platz zur guten Entwicklung. Anspruchslos an den Boden. ✱ Abb. 197, 202, 226.

P. rhaetica Bruegger (*P. mugo* × *P. silvestris*). Strauch-Kiefer. Nadeln dunkelgrün, oben mehr

Abb. 228. *Pinus rigida* (Foto: Archiv)

graugrün, spitz, 4 cm lang; Zapfen ganz kurz gestielt, später schräg abwärts gerichtet, junge Zapfen purpurbraun, oval, zugespitzt, 3 bis 3,5 cm lang, unsymmetrisch, später zimtbraun, geschlossen ohne Glanz, geöffnet jedoch glänzend und gelbbraun, Schuppenschild bauchig gewölbt mit viel größerem Oberfeld, Nabel groß, stachelspitz. Schweiz; im Gebirge bei Samaden, Ober-Engadin, gefunden. Vor 1864.

P. rigida Mill. Pech-Kiefer. Kleiner bis mittelhoher Baum, 10—15 m hoch, meist niedriger, Äste stark, waagerecht abstehend, meist mit vielen Adventivknospen, Krone unregelmäßig, offen, Borke schwarzbraun, rissig, junge Triebe zuerst hellgrün, dann orangebraun, kahl, gefurcht, Knospen zylindrisch bis ei-länglich, scharf zugespitzt, 6—14 mm lang, meist harzig, Schuppen braun, angedrückt, mit freien Spitzen; Nadeln zu 3, steif und abstehend, 2 Jahre bleibend, etwas gebogen und gedreht, junge Nadeln hellgrün bis gelbgrün (!), später mehr dunkelgrün, 7—14 cm lang, meist jedoch nur 7—8 cm lang, zugespitzt, am Rand fein gezähnt, auf dem Rücken flach, bis 2 mm breit, mit vielen Stomalinien auf jeder Seite, Harzgänge im Parenchym, Nadelscheiden 9—12 mm lang, rotbraun, bleibend; Zapfen seitlich, zu 3 bis 5, fast sitzend, anfangs abwärts, später rechtwinklig abstehend, aschgrau, bei Reife aufspringend, Samen klein, geflügelt. KHN Taf. 107. Östliches Nord-Amerika, auf dürren und auf sumpfigen Böden. Bei uns als Parkbaum überflüssig, weil nicht schön, doch botanisch interessant, für sandige Böden. Forstlich abgelehnt; nachdem er ursprünglich irrtümlich als Lieferant des wertvollen Pitchpineholzes ange-

Abb. 229. *Pinus sabiniana* in einer Baumschule in Spanien

sehen worden war, kam der Anbau bei uns ganz zum Erliegen. Abb. 197, 202, 227, 228.

P. sabiniana Dougl. Weiß-Kiefer. Mittelhoher Baum, meist mehrstämmig, Krone rundlich, durchsichtig, Äste kurz, hin- und hergebogen, Borke graubraun, dick, tiefrissig, junge Triebe dünn, blaugrün, kahl, gefurcht, Knospen schmal, zylindrisch, spitz, 2—2,5 cm lang, harzig, Schuppen anliegend, am Rand gefranst, hellbraun; Nadeln zu 3, abstehend oder hängend, 3 Jahre dauernd, hell blaugrün (!), 20—30 cm lang, 1,5 mm breit, scharf zugespitzt, am Rand gesägt, Stomalinien auf allen Seiten, Harzkanäle im Parenchym, Nadelscheiden zuerst etwa 25 mm lang, hellbraun, seidig, später zurückgerollt; Zapfen ungewöhnlich groß und schwer, 15—20 cm lang, 10—15 cm breit, gestielt, nickend, rotbraun, nach Ausfallen der Samen oft noch jahrelang am Baum bleibend, Samen 2—3 cm lang, Flügel 1 cm lang, dick. KHN Taf. 106. Nordwestliche USA, Californien, auf trockenen, heißen Hügeln. 1832. Benannt nach Joseph Sabine, der um 1832 Sekretär der Royal Horticultural Society in London war. Bei uns empfindlich, wenigstens in der Jugend; will bei uns nahrhaften, lehmigen, durchlässigen Boden. ✶ Abb. 197, 204, 229.

P. schwerinii Fitschen (*P. wallichiana* × *P. strobus*). Baum, Habitus ähnlich *P. wallichiana*, Zweige kräftig bereift, grünlich, kurz behaart, Knospen allmählich zugespitzt, stark beharzt; Nadeln 8—11 cm lang, dünn, schlaff, hängend, rauh, mit auffälligen, blauweißen Stomalinien; Zapfen 8—15 cm lang, walzenförmig, gerade oder leicht gekrümmt, harzig, grau bis braun, mit 2,5 cm langem Stiel, Rücken der Fruchtschuppen deutlich gewölbt (wie bei *P. wallichiana*). Herkunft unbekannt; gefunden als Baum im Garten Schwerin, Wendisch-Wilmersdorf bei Berlin. Um 1905. ✶✶

P. silvestris L. Gemeine Kiefer, Föhre. Baum, 20—40 m hoch, Wuchs sehr rasch, Stamm oft gerade und schlank, aber auch knorrig und gedreht, Krone länglich bis breit schirmförmig, je nach Standort, Borke rostrot, rissig, an jungen Bäumen fuchsrot, abblätternd, Äste meist regelmäßig, quirlig, später unregelmäßig, junge Triebe grünlich, im 2. Jahre graubraun, Knospen länglich-eiförmig, 6—12 mm lang, rötlich braun, im allgemeinen harzfrei oder auch harzig; Nadeln zu 2, etwa 3 Jahre dauernd, steif, gewöhnlich etwas gedreht, 4—7 cm lang, bis 2 mm breit, spitz, blau- oder graugrün, am Rand gesägt, auf der Innenseite mit deutlichen Stomalinien, Harzgänge an der Epidermis, Nadelscheiden 8 mm lang, später kürzer; Zapfen einzeln oder zu 2—3, graubraun, matt. In ganz Europa und Nord-Asien bis zum Amurgebiet. Forstlich sehr wichtig, aber auch gärtnerisch bedeutsam. Am schönsten in ganz freiem Stand. ✶ Abb. 197, 201.

Hierzu eine große Zahl von Rassen und Formen.

Übersicht über die behandelten Varietäten und Formen

Geographische Varietäten:
- nur var. *lapponica* behandelt

Gartenformen und Selektionen
- a) Wuchs abweichend;
  - Säulenform:
    - 'Fastigiata'
  - Zwergformen:
    - 'Albyns', 'Argentea Compacta', 'Beuvronensis', 'Compressa', 'Doone Valley', 'Globosa Viridis', 'Hibernia', 'Iceni', 'Glauca Compacta', 'Nana' 'Repens', 'Repanda', 'Watereri', 'Windsor'
- b) Nadeln abweichend:
  - viel breiter, blaugrün:
    - f. *latifolia*, 'Glauca Draht', 'Alba', 'Kamon Blue'
  - farbig;
    - silbergrau:
      - f. *argentea*, 'Argentea Compacta', 'Watereri'

milchweiß-gelblich:
'Variegata'
gelb:
'Aurea', 'Aureopicta'
teilweise einzeln:
'Monophylla'

Wichtigste blaunadelige Formen von *P. silvestris*
Wuchs normal, baumartig:
'Glauca Draht', 'Kamon Blue'
Wuchs mittelstark, strauchig:
'Argentea Compacta', 'Watereri'
Wuchs schwach, zwergig:
'Beuvronensis', 'Hibernia'

'Alba'. Triebe hell graubraun bis gelbbraun, Jahreszuwachs 15—20 cm, Terminale rotbraun, Schuppen an der Spitze abstehend; Nadeln 5—8 cm lang, 1 mm breit, graublau. Von JEDDELOH aus dem Bedgbury Pinetum, England, eingeführt. ■

'Albyns'. Zwergform, dem Boden flach aufliegend, Originalpflanze war 2,5 m breit, aber nur 30 cm hoch, Jahrestriebe etwa 10 cm lang, waagerecht bis leicht ansteigend; Benadelung graugrün. Um 1960 (oder früher) als Zufallssämling entstanden in der H. A. ALBYN NURSERY, Newark, Ohio, 43055, USA. In USA nicht im Handel, jedoch im Morton Arboretum, Dawes Arboretum. In Deutschland bei JEDDELOH und HINRICH KORDES. Ⓢ ■

f. **argentea** Stev. Hoher, starker Baum, Borke dick, aschgrau oder rötlich; Nadeln mit deutlich silberglänzendem Anflug, ebenso die Zapfen; Schuppenschilder in einen rückwärts gebogenen Höcker verlängert. 1839. Wild im Kaukasus vorkommend. Taf. VII.

'Argentea Compacta'. Ähnlich 'Watereri', aber heller benadelt und nur etwa 2 m hoch (im Alter wohl etwas höher), ganz dicht bezweigt; Nadeln silbergrau. 1899. Besonders sicher zu erkennen an der gelblichgrünen Rinde der jungen Triebe („Kerzen"). ✶✶

'Aurea'. Gedrungener, rundlicher Busch, langsamwüchsig; junge Nadeln gelbgrün, im Winter jedoch goldgelb. Seit 1876 in Kultur. Ⓢ

'Aureopicta'. Nadelspitzen goldgelb. Seit 1868 in Kultur, zuerst in Frankreich.

'Beuvronensis'. Zwergform, Jahreszuwachs etwa 3,5 cm, in 25 Jahren etwa 50 cm hoch, Wuchs unregelmäßig, dicht bezweigt, Triebe grün, glänzend, glatt, Knospen eiförmig, 5—6 mm lang, sehr harzig; Nadeln etwa 1,5 cm lang, blaugrün, Scheiden etwa 5—6 mm lang. Vor 1891 von TRANSON FRERES, Orléans, als Hexenbesen gefunden, vermehrt und eingeführt. Sehr hübsche Form. ✶✶

'Compressa'. Zwergform, Wuchs säulenförmig, Zweige aufrecht, dem Stamm dicht angedrückt, Triebe in sehr spitzem Winkel ansteigend, kurz, steif, dunkelbraun, Jahreszuwachs 4—5 cm; Nadeln gedrängt, nur 1—2 cm lang, seltener gedreht; Zapfen sehr klein. 1867 in Frankreich eingeführt; noch in Kultur. (JEDDELOH).

'Doone Valley'. Zwergform, Wuchs sehr gedrungen und etwas kegelförmig; Nadeln intensiv blau. Englische Gartenform. ■

Abb. 230. *Pinus silvestris* 'Blue Kamon' in der Baumschule J. D. ZU JEDDELOH

'Fastigiata'. Wuchs straff säulenförmig, bis 15 m hoch (oder vielleicht höher), Äste ziemlich stark, dicht angedrückt, ebenso die Triebe; Nadeln blaugrün; Zapfen klein, eiförmig. Seit vor 1856 bekannt und noch heute sehr häufig angepflanzt. Gefunden in Frankreich, Deutschland, Finnland, Norwegen u. a. ✶✶

'Glauca Compacta'. Ähnlich 'Watereri', doch Wuchs straffer aufrecht; Nadeln etwas dunkler blaugrün. Ursprünglich bei HERM. A. HESSE, Weener, selektiert. (JEDDELOH). ✶ ■

'Glauca Draht'. Wuchs kräftig, Krone breit kegelförmig. Selektierter Klon mit besonders intensiv blauer Benadelung; ausgelesen von der Baumschule DRAHT in Barmstedt, Holstein. ✶ ■

'Globosa Viridis'. Zwergform, Wuchs ziemlich kugelig oder mehr eiförmig, nicht immer regelmäßig, 1 bis 1,5 m hoch, Zweige dicht gedrängt und bis zum Boden hin ausgebreitet, Triebe kurz; Nadeln bis 10 cm lang, 2 mm breit, oft bis zur Hälfte ihrer Länge gedreht, ziemlich steif, dunkelgrün. 1900. Bringt im Spätsommer neue Nadeln, welche die Winterknospen bedecken. Nicht selten. ✶

'Hibernia'. Wuchs zwergig, eirund, als ältere Pflanze jedoch etwa 10 cm Jahreszuwachs, Winterknospen auffällig rot; Nadeln ziemlich kurz, blau; schon als kleine Pflanze Zapfen ansetzend, diese früh abfallend. Gefunden als Hexenbesen in Glendalough, Co. Wicklow, Irland, von J. D. ZU JEDDELOH; 1962 von ihm eingeführt. ✶✶ ■

Abb. 231. *Pinus silvestris* 'Watereri' im Botanischen Garten St. Gallen, Schweiz

'Iceni'. Starkwüchsiger 'Watereri'-Typ, Jahreszuwachs 10—15 cm, Terminale spitz eiförmig, 15 mm lang, braun, meist mit 2 Nebenknospen; Nadeln hell blaugrün, 6—8 cm lang, 1,5—2 mm breit. Von JEDDELOH aus England erhalten. ■

'Kamon Blue' (Barabits). Baum, Wuchs normal stark, sehr breit kegelförmig, dicht beastet; Nadeln intensiv blau, gedreht (!). Selektiert und verbreitet durch E. BARABITS, Sopron, Ungarn. Um 1965. (JEDDELOH). ✶✶ ■ Abb. 230.

var. **lapponica** Hartm. Baumartig, geradwüchsig, sehr langsamwüchsig, Krone fichtenartig, schmal und spitz, Äste schräg ansteigend; Nadeln grün, im Winter bräunlich, kurz, dicht stehend; Zapfen gelblich, Schuppenschild konvex und hakig. Nord-Skandinavien. Sehr gesund, forstlich wertvoll.

f. **latifolia** Gord. Wuchs sehr robust, hochwachsend; Nadeln viel breiter und länger als bei allen anderen Formen und ausgesprochen blaugrau. Hochgebirge im Kaukasus und in Persien.

'Monophylla'. Wuchs viel schwächer als die Art, meist nur lockerer, unregelmäßiger Strauch; Nadelpaare im 1. Jahr auf ihrer ganzen Länge zusammenhaftend, im 2. Jahr meist normal getrennt (= *P. silvestris monophylla* Loud.). Vor 1867. ■

'Nana'. Zwergform, klein, buschig, nur etwa 50 cm hoch werdend, sehr dicht bezweigt, Zweige sehr kurz, aufwärts gerichtet; Nadeln entfernt stehend, gerade, 3 cm lang, blaugrün (= *P. silvestris* 'Pygmaea' Hort.). Die 'Nana' der Baumschulen ist richtig 'Watereri'.

'Nisbet's Gem'. Zwergform, Nadeln gelb. Aus der Sammlung in Wisley Gardens. (JEDDELOH). ■

'Repanda'. Wuchs breit, ganz flach und sparrig, Triebe kräftig, Jahreszuwachs 10—15 cm, Terminale walzenförmig, 1,5 cm lang, 5 mm dick, hellbraun, leicht harzig; Nadeln 5—8 cm lang, graugrün. (JEDDELOH). Ⓢ ■

'Repens'. Wuchs sehr schwach, horstförmig, erst nach einigen Jahren kurze, waagerechte Seitentriebe bildend; Nadeln lang, tiefgrün. Selektiert von VERKADE, N. J., USA. Schütteanfällig! (JEDDELOH). Ⓢ ■

'Variegata'. Wuchs schwach, strauchig; Nadeln weißbunt, teils auch ganz gelblichweiß oder grün, ganze Pflanze unregelmäßig bunt. Mehrfach gefunden und schon seit 1855 in Kultur.

'Watereri'. Zwergform, aber doch 3—4 m hoch und fast so breit werdend (Originalbaum noch lebend und jetzt 7,5 m hoch), Wuchs zuerst aufrecht und breit kegelförmig, später mehr kugelig durch die nach außen strebenden Hauptäste, Zweigspitzen aufwärts gerichtet, Jahreszuwachs 5 cm, Knospen spitz eiförmig, harzig; Nadeln 25—40 mm lang, blaugrau, schmal, steif, gedreht, Scheiden bleibend, weiß bis braun (= *P. silvestris watereri* Beissn. 1902; *P. silvestris* f. *pumila* Beissn. 1891; *P. silvestris nana* Den Ouden 1937). 1865 von ANTHONY WATERER

Abb. 232. *Pinus cembra* 'Stricta' im Trompenburg Arboretum, Rotterdam

Abb. 233. *Pinus strobus* 'Densa' im Morton Arboretum

Abb. 234. *Pinus strobus* 'Pendula', Aurich

gefunden und in seine Baumschule Knap Hill gebracht, wo der Baum heute noch steht. ✱✱✱ Abb. 231.

'Windsor'. Zwergform, flachkugelig; Nadeln sehr kurz, graugrün. Aus einem Hexenbesen erzogen. (HILLIER). ■

'Wintergold' ist identisch mit *P. silvestris* 'Aurea', von DRAIJER unter dem ersteren Namen verbreitet.

P. strobus L. Weymouths-Kiefer. Baum, 25 bis 50 m hoch (höchste in Deutschland etwa 35 m), Wuchs pyramidal, Äste kurz, waagerecht abstehend, in regelmäßigen Quirlen, im Alter Krone oft breit und unregelmäßig, Stamm gerade, Rinde lange glatt, grau, glänzend, zuletzt runzlig, längsrissig, junge Triebe sehr dünn, hell grünlichbraun, ganz fein behaart oder auch kahl, Knospen eilänglich, spitz, 5—7 mm lang, orange, wenig harzig, Schuppen fest angedrückt, mit breitem, weißem Hautrand; Nadeln zu 5 beisammen, 2—3 Jahre bleibend, gerade, dünn, weich, blaugrün, 5—10 cm lang, stumpf, Rand gesägt, an den inneren Seiten mit je 2—3 Stomalinien, Harzkanäle an der Epidermis; Zapfen endständig, zu 1—3, hängend, oft gebogen, schmal walzenförmig, 10—15(—20) cm lang, erst grün, zuletzt braun, Stiel 2—2,5 cm lang, Samen klein, geflügelt. KHN Taf. 107. Östliches Nord-Amerika, auf den verschiedensten Böden vorkommend, am besten aber auf feuchtem, sandigem Lehm gedeihend. Bei uns gerne gelegentlich im Park verwendet. Forstliche Anpflanzungen sind in den meisten Teilen Deutschlands vorgenommen, leider ist der Baum sehr anfällig für den Blasenrost. Abb. 197, 201.

'Alba'. Wuchs normal wie der Typ, aber junge Nadeln weißlichgrün, aufrecht, ziemlich kurz (= *P. strobus nivea* R. Smith; *P. strobus* var. *argentea* Sénécl.). Im Botanischen Garten Dortmund in Kultur, sonst recht selten. Ⓢ

'Aurea'. Nadeln beständig goldgelb, vor allem an jungen Trieben, ebenso gelbe Rinde bei jüngeren Trieben.

'Brevifolia'. Zwergform, Wuchs strauchig und mit flachem Gipfel, 1—2 m hoch und breit, meist niedriger; Nadeln dünn, nur 2,5—3,5 cm lang. 1955. (In Kultur bei JEDDELOH). ■

'Contorta'. Stamm gedreht, Äste ansteigend und ebenso wie die jungen Triebe gedreht und gewunden; Nadeln dicht stehend, 5—8 cm lang; Zapfen kürzer als beim Typ, 4—8 cm lang. Seit 1932 in Kultur, zuerst im Seneca Park, Rochester, N. Y., USA.

'Densa'. Amerikanische Zwergform, Wuchs unregelmäßig kugelig, ziemlich kurznadelig. In Europa wohl bisher nicht in Kultur. Abb. 233.

'Fastigiata'. Säulenform, junge Pflanzen jedoch anfangs meist strauchig, erst nach einigen Jahren typisch straff und schmal aufrecht wachsend (= *P. strobus* var. *pyramidalis* Schneid.). 1884. ✶

'Macopin'. Starkwüchsige, sehr dicht bezweigte Kegelform aus USA. (Jeddeloh). ■

'Minima'. Zwergform, Wuchs flach kugelig, viel breiter als hoch, Triebe sehr dünn; Nadeln sehr dünn, doch dabei ziemlich steif, nur 25 mm lang, etwas gebogen, dunkelgrün. 1923. ✶

'Nana'. Dies sollte nur als eine Sammelbezeichnung angesehen werden. Was unter diesem Namen in den Baumschulen und Gärten zu sehen ist, dürfte in der Regel die Form 'Radiata' sein.

'Pendula'. Hochstrauchig und mehrstämmig oder nur einstämmig, Zweige abstehend und weit überhängend, teilweise bis zum Boden. 1866. ■ Abb. 234.

'Prostrata'. Wuchs zwergig, niederliegend, Äste vom Boden aus aufstrebend, Zweige anfangs waagerecht oder auch auf dem Boden ausgebreitet. Vor 1899 von Rehder im Arnold Arboretum (aber auch von Beissner in seinem Garten in Langensalza, Thüringen) gefunden.

'Pumila'. Zwergform, Wuchs kugelig, Jahreszuwachs 5 cm, Knospen nur 3 mm lang; Nadeln etwa 10 cm lang, fein, silbriggrün, gedreht und etwas gebogen. Seit 1875 in England in Kultur und ganz verschieden von *P. strobus* 'Radiata'.

'Radiata'. Zwergform, Wuchs sehr gedrungen, kugelig, als sehr alte Pflanze bis 1,5 m hoch und etwa so breit, Zweige dicht gedrängt, schlank, Knospen 3 mm lang, Schuppen angedrückt, dunkelbraun; Nadeln an den Triebspitzen, alle aufwärts gerichtet, ungleich lang, 7—9 cm lang, scharf zugespitzt, auf dem Rükken grün, Innenseiten deutlich blaugrün, niemals hängend (!!), an der Basis der Nadelscheiden Zweige leicht behaart. In Kultur häufig. ✶✶ Abb. 235.

'Reinshaus' (Weiss). Zwergform, Wuchs breit kugelig, breiter als hoch, dicht geschlossen und bis zum Boden beastet, sehr langsamwüchsig, Jahreszuwachs etwa 5 cm. 1966 selektiert von A. & M. Weiss, Seeheim a. d. Bergstraße. ■

P. tabuliformis Carr. Chinesische Kiefer. Baum, in seiner Heimat bis 25 m hoch, meist niedriger, Krone breit, ganz flach, Stamm sehr kurz und dick, Borke dunkelgrau, rissig, junge Triebe hell orangegelb, zuerst bereift, später hellbraun, kahl, Knospen spitz, länglich, hellbraun, wenig oder nicht harzig, Schuppen dicht angedrückt, schmal, Rand gefranst; Nadeln zu 2(—3), an den Triebspitzen dicht stehend, aufrecht oder abstehend, 10—15 cm lang, dünn, oft bläulichgrün, scharf

Abb. 235. *Pinus strobus* 'Radiata' im Austrieb, im Botanischen Garten Dortmund

Abb. 236. *Pinus tabuliformis* im Arboretum Les Barres, Frankreich

Abb. 237. *Pinus thunbergiana* in Japan (Foto: K. Uyehara)

zugespitzt, Rand fein gesägt, beiderseits mit Stomalinien, Harzkanäle meist an der Epidermis, Scheiden 6 mm lang, bleibend, Zapfen eiförmig, symmetrisch oder schief, 4—9 cm lang, anfangs hellbraun, später dunkler werdend, mehrere Jahre am Baum haltend, Samen dunkelbraun, mit kurzem, breitem Flügel (= *P. sinensis* Mayr). Die verbreitetste Kiefer in Nord- bis West-China. Erfahrungen mit dieser Kiefer bei uns fehlen. ⋀⋀? Abb. 236.

var. **densata** (Mast.) Rehd. Nadeln meist zu 2, abstehend; Zapfen eiförmig, 5—6 cm lang, schief, untere Fruchtschuppen mit stark hervortretendem Nabel. West-China. Vermutlich härter als die Art. ⋀?

P. taeda L. Weihrauch-Kiefer. In der Heimat Baum, 20—30(—50) m hoch, Krone rund, junge Stämme grau oder gelblich, glatt, später tief rissig, junge Triebe gelbbraun, kahl, mitunter auch bereift, Knospen spitz-kegelförmig, 6 bis 12 mm lang, hellbraun, harzfrei, Schuppen am Rand oft gefranst, Spitzen zurückgeschlagen; Nadeln zu 3, etwa 3—4 Jahre dauernd, hellgrün, dünn, doch steif, etwas gedreht, 15 bis 25 cm lang, 1,5 mm breit, lang zugepitzt, Rand fein gezähnt, Stomalinien auf allen Seiten, Harzkanäle im Parenchym, Scheiden etwa 25 mm lang; Zapfen seiten- oder endständig, sitzend, ei-kegelförmig, 6—10 cm lang, rotbraun, Schuppenschilder mit kräftigem zurückgekrümmtem Dorn, Samen klein, mit langem Flügel. KHN 146 und 155. Südöstliche USA, feuchte Sand- und Sumpfböden. Was bei uns gelegentlich unter diesem Namen in Kultur, ist meist wohl *P. rigida* oder eine *nigra*-Varietät. Die echte *P. taeda* hält unsere Winter kaum aus. ⋀⋀⋀

P. thunbergiana Franco. Japanische Schwarz-Kiefer. Baum, Krone breit, Äste dick, abstehend, oft etwas hängend und mit nach oben gerichteten Spitzen, Borke schwarzgrau, unregelmäßig gefeldert, junge Triebe orangegelb, im 2. Jahre grauschwarz, kahl, Knospen 12 bis 18 mm lang, eiförmig, spitz, harzfrei, Schuppen angedrückt, weißlich, mit Fransen; Nadeln zu 2, meist 3 Jahre dauernd, gedrängt stehend, steif, abstehend, etwas gedreht, dunkelgrün, 6 bis 12 mm lang, 1,5—2 mm breit, scharf zugespitzt, Rand fein gesägt, auf beiden Seiten mit Stomalinien, Harzkanäle im Parenchym, Scheiden 12 mm lang, bleibend, in 2 lange Fäden endigend; Zapfen ei-kegelig, 4—6 cm lang, nuß-

Abb. 238. *Pinus uncinata* im Arboretum Amance bei Nancy

Abb. 239. *Pinus wallichiana* im Botanischen Garten Angers

braun, gestielt, Fruchtschuppen mit flachem Schild, mit vertieftem, kleinem, meist dornigem Nabel. KHN Taf. 105 (= *P. thunbergii* Parl.). Japan. 1855. Einer der am meisten in Japan angepflanzten Bäume. Bei uns nur für sandige Böden in Küstennähe oder als Einzelpflanze in geschützter Lage. In mehreren botanischen Gärten vorhanden. ∧∧ Abb. 237.

P. torreyana Parry. Soledad-Kiefer. 5nadelige Kiefer, nahe verwandt mit *P. sabiniana*; Nadeln bis 30 cm lang, dunkelgrün; Zapfen 10 bis 15 cm lang, breit eiförmig, Samen groß, eßbar, mit Flügelrest. KHN 161. Californien. Nicht hart genug bei uns. ∧∧∧

P. uncinata Mill. ex Mirb. Haken-Kiefer. Ähnlich *P. mugo,* aber vor allem abweichend durch den baumartigen Wuchs, 10—20(—25) m hoch, 1stämmig; Nadeln wie bei *P. mugo*; Zapfen sehr schief, unsymmetrisch, 4—6 cm lang, abwärts gerichtet, Schuppenschilder als 4seitige, schnabelförmige, hakig zurückgekrümmte Pyramiden ausgebildet, mit stark vorragendem Nabel (= *P. mugo* var. *rostrata* [Ant.] Gord.; *P. montana* var. *uncinata* [DC.] Heer). Alpen. Abb. 238.

var. **rotundata** (Link) Antoine. „Krummholz-Kiefer". Etwa in der Mitte stehend zwischen *P. mugo* und *P. uncinata,* meist strauchig, aber doch bis 9 m hoch ansteigend; Zapfen ei- oder kegelförmig, waagerecht stehend oder abwärts geneigt, Schuppenschilder der mittleren und unteren oder nur die der unteren Schuppen auf der Lichtseite in eine 4seitige, abwärts gekrümmte Pyramide verlängert, Oberfeld kapuzenförmig aufgeschwollen und zurückgekrümmt. KHN 148 (= *P. rotundata* Link; *P. uliginosa* Neumann). Alpen, weit verbreitet, auch oft (unerkannt) in Kultur.

P. virginiana Mill. Jersey-Kiefer. Baum, 10 bis 15 m hoch, Krone weit ausladend, durchsichtig, oft bis zum Boden reichend, Äste dünn und schlangenförmig, junge Triebe dünn, rötlich, kahl, bläulichweiß bereift, Knospen spindelförmig, spitz, 8—12 mm lang, sehr harzig, Schuppen anliegend; Nadeln zu 2, in lockeren Büscheln stehend, etwa 3—4 Jahre dauernd, dunkelgrün, steif, meist gedreht, 4—8 cm lang, mit kurzer Stachelspitze, Rand gesägt, Stomalinien auf beiden Seiten, gerieben aromatisch duftend, Harzkanäle im Parenchym; Zapfen zu 1—2, kurz gestielt bis sitzend, abstehend bis hängend, 2,5—3,5 cm lang, dunkelrotbraun, Samen klein, gefleckt, kurz geflügelt. KHN 154. Östliches

Abb. 240. *Pinus wallichiana* im Rauhreif (Foto: Archiv)

Nord-Amerika. Bei uns raschwüchsig, verlangt aber gute Böden, viel Licht und warme, trokkene Lage. In einigen Gärten vorhanden. ∧∧ Abb. 202.

P. wallichiana A. B. Jacks. Tränen-Kiefer. Baum, raschwüchsig, in seiner Heimat bis 50 m hoch, Krone pyramidal, bei freiem Stand von unten an beastet, Borke dunkelaschgrau, zuletzt rissig und in Platten abblätternd, Äste waagerecht ausgebreitet, die oberen ansteigend, junge Triebe kahl, etwas harzig bereift, im Alter dunkler werdend, Knospen zylindrisch-kegelförmig, 6—8 mm lang, Schuppen frei oder mit Harz überzogen; Nadeln zu 5, etwa 3—4 Jahre dauernd, an den jüngeren Trieben mehr aufrecht stehend, an den älteren Trieben meist schlaff herabhängend, dünn, 15—20 cm lang, spitz, bläulichsilbrig, Rand fein gesägt, auf den inneren Seiten mit weißen Stomalinien, auf dem Rücken grün, Harzkanäle an der Epidermis, Scheiden 18 mm lang, bald abfallend; Zapfen mit 2—5 cm langem Stiel, anfangs aufrecht, später hängend, hellbraun, 30 cm lang, meist mit Harzausscheidungen. KHN Taf. 108 (= *P. excelsa* Wall.; *P. griffithii* McClelland). Himalaja, waldbildend, zusammen mit *Cedrus deodara.* Von kalten Lagen abgesehen, bei uns überall ganz hart; braucht stets viel Licht und ganz freie Lage. Eine der schönsten Koniferen für Solitärstellung. ✶✶✶ Abb. 204, 239, 240.

'Densa'. Wuchs dicht kegelförmig; Nadeln kürzer als bei der Art. (zu JEDDELOH). ■

'Glauca'. Wie der Typ, aber Nadeln mehr ausgeprägt blau. In den Aussaaten gelegentlich auftretend. ✶ ■

'Nana'. Zwergform, Wuchs buschig-kugelig, sehr dicht beastet; Nadeln kürzer als beim Typ und mehr silbrigblau. (zu JEDDELOH). ■

'Vernisson'. Zweige junger Pflanzen straff aufgerichtet; Nadeln länger. Winterhärte größer als bei der Art. (zu JEDDELOH). ■

'Zebrina'. Wuchs kräftig wie der Typ, Nadeln jedoch bunt, etwa 2,5 cm von der Spitze mit einem gelblichen Querband (von oben gesehen alle Flecken dann einen Ring bildend), sonst grün mit gelber Zeichnung. 1874 bei CROUX & FILS, Sceaux, Frankreich, entstanden, in den Sammlungen zu finden (Arnold Arboretum, HILLIER u. a.). ✶ ■

P. yunnanensis Franch. Yunnan-Kiefer. Steht *P. tabuliformis* nahe. Baum mit großfeldriger Borke; Nadeln dünner, 10—18 cm lang, meist zu 3 stehend; Zapfen 6—9 cm lang, Schuppenschilder abgeflacht. KHN 151 (= *P. sinensis* var. *yunnanensis* Shaw). West-China. ∧∧?

PODOCARPUS L'Hér. ex Pers. — STEINEIBE — PODOCARPACEAE

Immergrüne Bäume oder Sträucher, meist mit geraden, starken Stämmen, Rinde in Streifen ablösend, Äste quirlig oder unregelmäßig angeordnet, Blätter sehr unterschiedlich, eng oder weit gestellt, meist spiralig, seltener gegenständig oder fast gegenständig-2zeilig (wie bei *Abies*) oder dicht gehäuft und sich teilweise überdeckend, in der Form sehr veränderlich von Schuppenform bis zu 35 cm Länge und 5 cm Breite, teils dünn und brüchig, teils dick und derb lederig mit eingerolltem Rand, im Austrieb oft rosa oder rötlich; Blüten meist 2häusig; ♂ Blüten meist achselständig, seltener endständig, in dichten, schmalen, zylindrischen Kätzchen; ♀ Blüten achsel- oder endständig, gestielt oder sitzend, meist mit 2—4 (seltener mehr) Schuppen, davon nur 1 oder 2 fruchtbar, die übrigen Schuppen mit dem oberen Stielende zu einem verdickten, fleischigen, lebhaft gefärbten Fruchtboden verwachsen; Samen etwa erbsengroß, äußere Samenschale fleischig, grünlich, bereift oder rötlich, innere Schale holzig; x = 19 (12, 20). — Etwa 100 Arten, meist in den Bergwäldern der warmen, gemäßigten und subtropischen Zone der südlichen Halbkugel, einige Arten auch in Japan, China, Malaya und auf den Philippinen.

Bei uns am besten als Kalthauspflanzen zu behandeln, wenn auch einige Arten in besonders günstiger Lage im Freien aushalten mögen. In den botanischen Gärten häufig. Bis auf wenige Arten alle ∧∧∧.

Podocarpus alpinus R. Br. Strauch, Wuchs breit und dicht, 0,5—3 m hoch, Zweige rauh, rund,

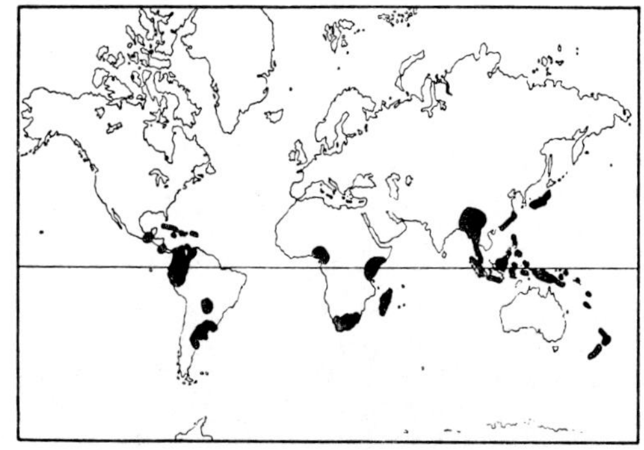

Abb. 241. Areal der Gattung *Podocarpus*

dicht beblättert; Blätter zahlreich, dicht, gerade oder etwas sichelförmig, 6—9 mm lang, weich, oben dunkelgrün, unten blaugrün, zugespitzt, Mittelrippe unten ausgeprägt; Samen eiförmig, 8 mm dick, hellrot. KHN Taf. 108 (= *P. totara alpina* Carr.). Tasmanien, Gebirge in Victoria. Eine der härtesten Arten. ∧—∧∧

P. andinus Poepp. ex Endl. Kleiner Baum oder nur Strauch, *Taxus*-artig; Blätter wie bei *Taxus*, linealisch, meist fast 2reihig, 12—20 mm lang und 2 mm breit, oben dunkelgrün, unten blaugrün, kurz zugespitzt; Blüten vielfach 2häusig; Samen fast schlehenartig aussehend, schwarzblau, etwa 12 mm lang, gestielt, doch ohne fleischigen Fuß. KHN Taf. 111 (= *Prumnopitys*

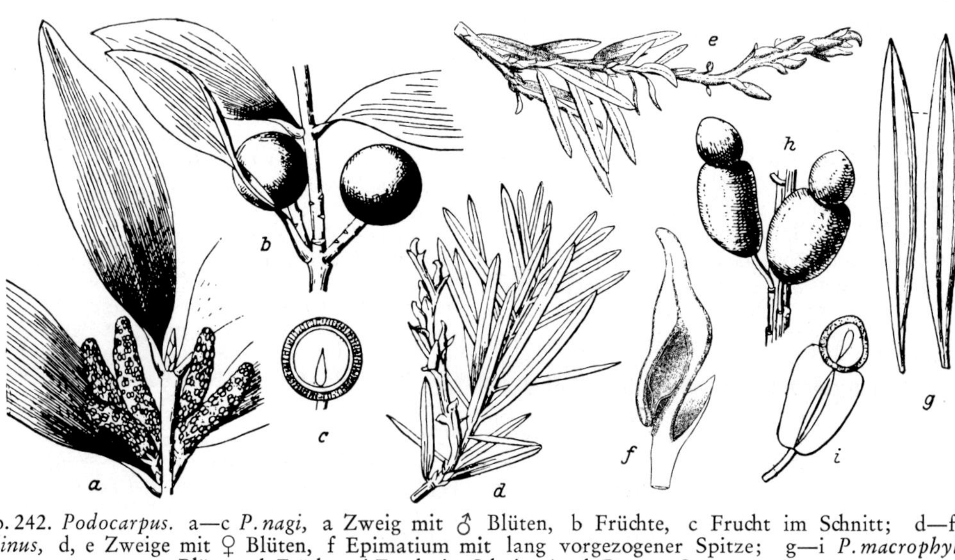

Abb. 242. *Podocarpus.* a—c *P. nagi,* a Zweig mit ♂ Blüten, b Früchte, c Frucht im Schnitt; d—f *P. andinus,* d, e Zweige mit ♀ Blüten, f Epimatium mit lang vorgezogener Spitze; g—i *P. macrophyllus,* g Blätter, h Früchte, i Frucht im Schnitt (nach PILGER, SHIRASAWA)

Abb. 243. *Podocarpus macrophyllus,* ♂ Blüten (Foto: Dr. WATARI, Tokyo, Japan)

elegans Phil.). Chile, südliche Anden, in 1300 m Höhe. 1860. Ebenfalls eine recht harte Art. ΛΛΛ Abb. 242.

P. dacrydioides A. Rich. Baum, bis 30 m, Stamm bis in großer Höhe unbeastet, an der Basis 1—1,5 m stark, Äste fein, hängend; Blätter in 2 Arten: an Jungpflanzen flach, weich, 4 bis 8 mm lang, an jeder Seite der Zweige nur 1 einzige Reihe, zugespitzt, bronzegrün, an älteren Bäumen viel kürzer, schuppenförmig, 2 bis 4 mm lang, dann spiralig in 2 Reihen, häufig Äste mit beiden Blattformen an einer Pflanze; Samen klein, rund, 5—7 mm dick, Fuß fleischig, rot, bläulich bereift. KHN Taf. 111. Neuseeland. ΛΛΛ

P. glaucus Foxw. Strauch oder kleiner Baum, dicht beastet; Blätter fast *Buxus*-artig, 4 bis 15 mm lang, etwa 3 mm breit, schräg abstehend, oft fast gegenständig, lederig, oben glänzend dunkelgrün, unten heller oder bläulich, an der Spitze meist abgerundet und verschmälert; Früchte nicht bekannt. Philippinen, Hochgebirge. In Holland neuerdings in Kultur. Λ?

P. hallii Kirk. Hoher Baum, in seiner Heimat bis 20 m, sehr ähnlich *P. totara,* aber lockerer bezweigt, junge Triebe etwas hängend; Nadeln lineallanzettlich, 25—40 mm lang, 4—5 mm breit, steif und stechend. KHN Taf. 109. Als Jungpflanze leicht von *P. totara* zu unterscheiden, im Alter, wenn die Nadeln kleiner werden, schwieriger. Neuseeland.

P. latifolius R. Br. Baum, 20—30 m hoch, Rinde dünn faserig, Äste steif aufrecht; Blätter meist spiralig, mitunter 2reihig, länglich-lanzettlich, an alten Bäumen 3—6 cm lang, an Jungpflanzen länger; Samen kugelig, 8 mm dick, blaugrün, Fuß fleischig, grün. KHN Taf. 110. Süd-Afrika. Abb. 245.

P. macrophyllus D. Don. Baum, 12—15 m hoch, stets einstämmig, sehr dicht beastet, Zweige gedrängt stehend, aufstrebend; Blätter lederartig, lanzettlich, 8—10 cm lang, 9—10 mm breit, kurz zugespitzt oder stumpf, mit deutlichem Mittelnerv, oben glänzendgrün, unten blaßgrün; Samen erbsengroß, eiförmig, Basis fleischig, etwa 13 mm lang, violett. KHN Taf. 109. China, Japan, in Yunnan im Gebirge bei 2400—3000 m. 1804. In Japan Heckenpflanze. Abb. 242, 243.

var. **maki** Sieb. Meist strauchig, stets mehrstämmig, Äste ansteigend; Blätter gedrängt stehend, 4—7 cm

Abb. 244. *Podocarpus totara* im Botanischen Garten Bonn

Abb. 245. *Podocarpus latifolius* im Botanischen Garten Bonn

lang, an der Spitze abgerundet. KHN 169 (= *P. chinensis* Wall.). China, kultiviert in Japan. 1840. Empfindlicher als die Art. Es sei hier besonders darauf aufmerksam gemacht, daß in Japan *P. macrophyllus* var. *maki* in den Baumschulen immer wieder verwechselt wird mit der in Wuchs und Belaubung so ähnlichen *Cephalotaxus harringtonia* 'Fastigiata', die in Japan als „chosen-maki" bezeichnet wird. In den europäischen Gärten würde eine Verifizierung empfehlenswert sein.

P. nagi Mak. Baum, bis 25 m, Rinde glatt, rötlich, Äste gegenständig oder wechselständig, abstehend, Zweige dünn, überhängend; Blätter gegenständig oder wechselständig, elliptisch, 3,5 bis 6 cm lang, 2—3 cm breit, stumpf oder etwas spitz, derb lederartig, oben dunkelgrün, unten heller; Samen einzeln, etwa 12 mm dick, Basis fleischig, dunkelrot, blau bereift. KHN 109 (= *P. nageia* R. Br.). China, Japan, Formosa. Abb. 242.

P. neriifolius D. Don. Baum 12—18 m hoch, Rinde graubraun, faserig, Äste quirlig; Blätter wechselständig, schmal lanzettlich, 12—20 cm lang, 1—1,5 cm breit, an jungen, wüchsigen Pflanzen auch länger und breiter, lederartig, oben glänzendgrün, unten heller, Mittelrippe beiderseits ausgeprägt, zugespitzt; Samen rund, 1 cm dick, Basis sehr dick. KHN 169. Himalaja, Java, Borneo.

P. nivalis Hook. f. Strauch, aufrecht oder liegend, bis 2 m hoch, Äste oft wurzelnd, Zweige kurz; Nadeln dicht und unregelmäßig gestellt, kurz und steif gestielt, etwa 8—12 mm lang, 1—2 mm breit, derb lederartig; Same steinfruchtartig, sehr klein, Basis fleischig. KHN Taf. 108. Neuseeland, im Gebirge. ∧∧

P. salignus D. Don. Baum, 15—20 m hoch, Äste schlank, überhängend, unregelmäßig stehend; Blätter kurz gestielt, wechselständig, schmal lanzettlich, 5—12 cm lang, 4—7 mm breit, stumpf oder kurz zugespitzt, oben glänzend hellgrün, unten heller, mit Stomabändern; Samen klein, 8 mm lang, an langem, dünnem Stiel, Basis fleischig, dunkelrot. KHN Taf. 111.

Chile. 1853. In England in milderen Gebieten winterhart. ∧∧

P. totara A. Cunn. Baum, bis über 30 m hoch, mit sehr dickem, symmetrischem Stamm, Rinde dunkelbraun, faserig, an alten Bäumen dick und tief rissig, Äste abstehend, Zweige 2reihig; Blatter 2reihig, verschieden dicht oder aber auch an den Zweigen verstreut, lineallanzettlich, kurz gestielt, 12—20 mm lang, etwa 3 mm breit, spitz und stechend, steif, lederartig, oben stumpfgrün, oft etwas gefurcht, unten heller und mit undeutlicher Mittelrippe; Samen nußartig, kurz gestielt, einzeln, rund, Basis fleischig, karminrot. KHN Taf. 111. Neuseeland. Sehr wichtiger Forstbaum. Abb. 244.

PSEUDOLARIX Gord. — GOLDLÄRCHE — PINACEAE

Sommergrüner, hoher Baum, Äste horizontal-quirlig abstehend, Zweige entweder als Langtriebe mit zerstreut stehenden Blättern oder als Kurztriebe mit büschelig gehäuften Blättern; Blätter linealisch, weich, im Herbst abfallend; Blüten 1häusig; ♂ Blüten zu vielen in Büscheln an blattlosen Seitentrieben endständig; ♀ Blüten einzeln, kugelig, an kurzen, beblätterten Trieben; Zapfen eiförmig, kurz gestielt, aufrecht, Fruchtschuppen eilanzettlich, abspreizend, lederig, am Grunde holzig, bei der Reife abfallend, Deckschuppen halb so lang wie die Fruchtschuppen; Samen zu 2 unter jeder Fruchtschuppe, mit derben Flügeln, fast so lang wie die Schuppen und mit den Samen fest verwachsen; Keimblätter 5—6; $\varkappa$ = 11. — 1 Art in China. (Arealkarte bei *Larix*).

Pseudolarix kaempferi Gord. Goldlärche. Baum, 30—40 m hoch, Krone breit kegelförmig, Äste fast quirlförmig, waagerecht abstehend, alte Borke rötlichbraun und schuppig, Langtriebe dünn, kahl, bereift, im 2. Jahr braun, Endknospen eiförmig, spitz, Schuppen abfallend, Kurztriebe länger als bei *Larix*, mit rundlichen Knospen und bleibenden Schuppen; Nadeln linealisch, weich, 3—7 cm lang, 1—2 mm breit, hellgrün, im Herbst goldgelb, unten grün gekielt und mit 2 Stomabändern, 3 wandständige Harzkanäle, 1 Gefäßbündel; Zapfen einzeln, eiförmig, 6—7 cm lang, aufrecht, rötlichbraun, Fruchtschuppen bei der Reife abfallend, Samen eiförmig, 7—8 mm lang, Flügel etwa 2,5 cm lang. KHN Taf. 112 (= *P. amabilis* [Nels.] Rehd.). Östliches China. 1853. Für sonnige Lage, mildes Klima, Boden kalkfrei, nahrhaft. Herrliche Parkzierde im Herbst. In Heltorf bei Düsseldorf als Allee zu sehen. ✱✱ ∧ Abb. 246.

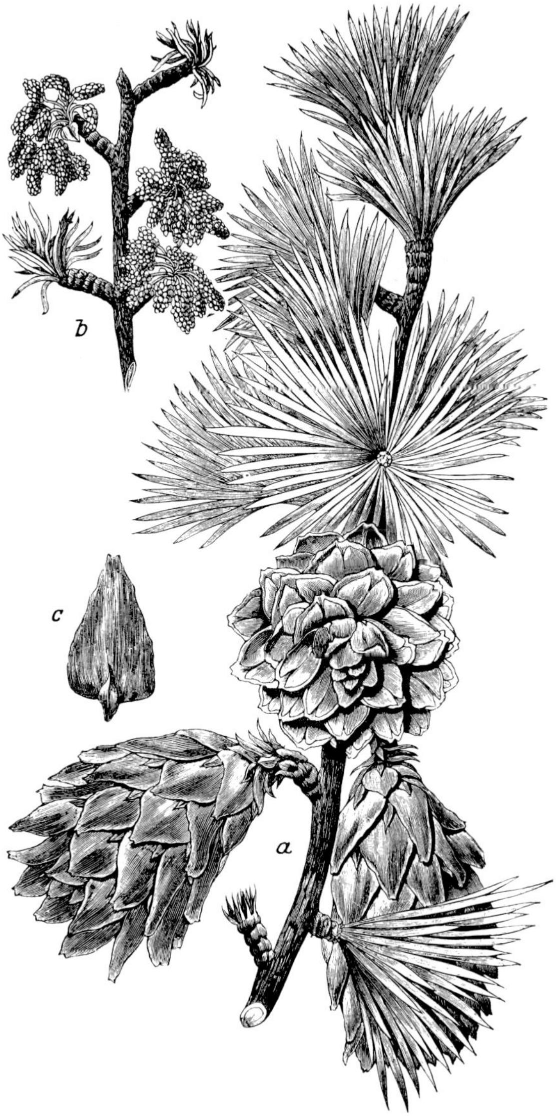

Abb. 246. *Pseudolarix kaempferi.* a Zweig mit Zapfen; b Zweig mit ♂ Blüten; c einzelne Zapfenschuppe (nach BEISSNER)

PSEUDOTSUGA Carr. — DOUGLASFICHTE — PINACEAE

Immergrüne, hohe, fichtenartige Bäume, Äste unregelmäßig quirlig, Triebe fast glatt, mit fast eiförmigen Blattnarben abgefallener Nadeln; Knospen groß, eiförmig bis spindelförmig, spitz, kahl, nicht harzig; Blätter spiralig gestellt, doch meist 2zeilig abstehend, linealisch, abgeflacht, am Grunde stielartig verschmälert und einem kurzen, schiefen Blattkissen aufsitzend, oben grün und gefurcht, unten mit 2 Stomabändern, mit 2 randständigen Harzkanälen und 1 Gefäßbündel; Blüten 1häusig; ♂ Blüten achselständig, einzeln, walzenförmig; ♀ Blüten an kurzen Trieben endständig, aus zahlreichen, spiralig angeordneten, dicht dachziegeligen Schuppen zusammengesetzt; Fruchtschuppen am Grunde mit je 2 umgewendeten Samenanlagen; Deckschuppen 2spaltig, durch grannenartig verlängerte Mittelrippe 3spitzig; Zapfen hängend, kurz gestielt, länglich, im 1. Jahre reifend, nicht zerfallend; unter jeder Fruchtschuppe 2 geflügelte Samen; Keimblätter 6—12; $x = 13$. — 5 Arten in den westlichen USA und Ost-Asien.

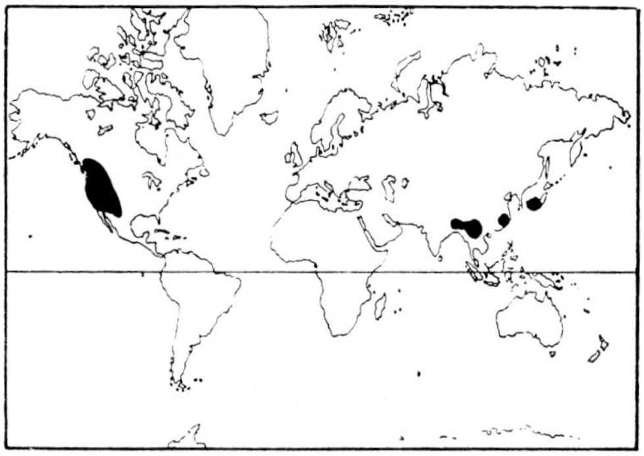

Abb. 247. Areal der Gattung *Pseudotsuga*

Übersicht über die wichtigsten Merkmale der besprochenen Arten

Nadelspitzen nicht ausgerandet;
Zapfenlänge 10—18 cm;
Nadeln hellgrün, meist stachelspitzig; seltene Art, nur in wärmsten Lagen:
P. macrocarpa

Abb. 248. *Pseudotsuga.* a—f *P. menziesii,* a Zweig, b Zweig ohne Nadeln, c Nadelspitze, d Zapfen, e Zapfenschuppe, f Deckschuppe; g *P. menziesii* var. *glauca;* h—i *P. macrocarpa,* h Zweig, i Zapfen; k—p *P. japonica,* k Zweig mit ♂ Blüten, l Zapfen, m Fruchtschuppe mit Samen, n, o Deckschuppe von von unten und oben, p Nadelspitze (nach BRITTON MAYR, SARGENT, SHIRASAWA, SILVA TAROUCA)

Abb. 249. *Pseudotsuga menziesii* 'Fletcheri' in Wisley Gardens, England

Zapfenlänge bis 10 cm;
Nadeln stumpf bis spitz, meist dunkelgrün oder blaugrün, sehr häufig:
P. menziesii

Nadelspitzen ausgerandet;
Zapfenlänge 3—5 cm;
Junge Triebe stets kahl, hell graugelb; selten:
P. japonica
Zapfenlänge 5—6 cm;
Junge Triebe behaart, rotbraun; beide sehr selten;
a) Nadeln 25—30 mm lang:
P. sinensis
b) Nadeln bis 50 mm lang:
P. wilsoniana

Pseudotsuga japonica (Shir.) Beissn. Baum, 15 bis 30 m, Rinde rötlichbraun, rissig, später graubraun, Krone kegelförmig, Äste fast waagerecht abstehend, junge Zweige gelblichgrau, kahl, Knospen spindelförmig, 1 cm lang, spitz, rotbraun, harzfrei; Nadeln allseitig abstehend, mehr oder weniger vorwärts gerichtet, linealisch, oft etwas gekrümmt, 15—25 mm lang, an der Spitze ausgerandet, oben glänzendgrün und leicht gerillt, unten mit 2 wenig auffallenden, breiten Stomabändern; Zapfen eiförmig, 3 bis 5 cm lang, in der Jugend dunkelviolett, Schuppen fest, muschelförmig, ganzrandig, bei der Reife weit klaffend, 2—3 cm breit, Deckschuppen 3spitzig, etwas vorragend und umgeschlagen. KHN Taf. 113. Mittel-Japan. 1898. Bei uns winterhart, doch sehr selten. Abb. 248.

P. macrocarpa Mayr. Baum, 12—16(—25) m, Rinde dick, rotbraun, tief gefurcht, Äste lang ausgebreitet, Zweige überhängend, Knospen glänzendbraun, größer als bei *P. menziesii*, Knospenschuppen am Rande ohne Fransen, junge Zweige rotbraun, fein behaart oder kahl; Blätter 2zeilig, reingrün, 25—35 mm lang, meist stachelspitzig, oben leicht gefurcht; ♂ Blüten 25 mm lang, hellgelb; Zapfen auf kurzem, dikkem Stiel, 10—18 cm lang, 5 cm dick, Schuppen zahlreich, groß, steif, dick, am Rande kahl, Deckschuppen aufrecht, 3spitzig, mittlere Spitze nur wenig länger als die Fruchtschuppe, Samen dick, rundlich, 11 mm lang, mit ebenso langem Flügel. KHN 176. Süd-Californien, steile, felsige Gebirgshänge. 1910. Nur für wärmste Lagen. ✶ ∧∧ Abb. 248.

P. menziesii (Mirb.) Franco. Douglasfichte, Douglasie. Baum, bis 100 m hoch, Stamm bis fast 4 m dick, Borke glatt, an alten Bäumen dick und korkig und tiefrissig, an jungen Bäumen glatt und mit Harzbeulen, Krone junger Bäume kegelförmig, im Alter flachkronig, Äste an jungen Bäumen ansteigend, an alten Bäumen waagerecht, junge Triebe kahl, zuerst orangegelb, dann rotbraun, zuletzt graubraun; Nadeln gerade, seltener gekrümmt, 2—3 cm lang, an der Spitze stumpf oder spitz, nicht ausgerandet, oben dun-

Abb. 250. *Pseudotsuga menziesii*, Zapfen (Foto: Archiv)

kelgrün oder blaugrün, unten mit grauen oder weißlichen Stomabändern; Zapfen eilänglich, 5 bis 10 cm lang, Schuppen leicht konkav, etwa 2 cm breit, Deckschuppen vorragend, bei der typischen Küstenform (var. *viridis*) anliegend, bei der Gebirgsform (var. *glauca*) zurückgeschlagen, zuerst hellgrün, zuletzt hellbraun. KHN 176 (= *P. taxifolia* [Poir.] Britt.; *P. douglasii* Carr.; *P. mucronata* Sudw.). Britisch Kolumbien bis Californien, Montana, Colorado, Texas und Mexico. 1827. Neuerdings auch in 10 Arten aufgespalten, doch von den meisten Botanikern nicht angenommen. ✶ Abb. 248, 250.

'Albospica'. Nadeln im Austrieb fast reinweiß, später hellgrün werdend. Entstanden vor 1922 bei VAN GEERT (heute Arboretum Kalmthout) in Kalmthout bei Antwerpen, Belgien. Sehr zierende Form.

'Blue Wonder' (Lombarts). Wuchs kegelförmig, bis 20 m hoch, Zweige weit ausladend; Blätter der jungen Triebe vorwärts gerichtet, 30—35 mm lang, intensiv blaugrün, an älteren Trieben dunkler. 1910 in der Baumschule P. LOMBARTS, Zundert, Holland, selektiert, 1958 benannt und eingeführt. ■

'Brevifolia'. Wuchs normal, doch sehr langsam, Zweige ansteigend; Nadeln blauweiß, rings um den Zweig gestellt. 1891.

f. **caesia** Franco. Zweige fast waagerecht abstehend; Nadeln graugrün, in der Färbung zwischen der von var. *glauca* und var. *viridis*. 1907. Sogenannte Kolumbia- oder Fraser-Form. ✶

'Elegans'. Wuchs üppig, normal aufrecht, Zweige dicht und aufwärts; Nadeln bläulichweiß. 1891.

'Fletcheri'. Zwergform, Wuchs locker kugelig, sehr schwachwüchsig, Jahrestriebe kaum 3 cm lang; Nadeln blaß gelblichgrün, unten grauweiß, scharfspitzig. KHN Taf. 115. Entstanden um 1907 bei FLETCHER & SON, Ottershaw Nurseries, Chertsey, England. ✶ Abb. 249.

'Fretsi'. Wuchs breit pyramidal, locker bezweigt, Mitteltrieb langsam wachsend, Seitenzweige weit ausladend; Nadeln dunkelgrün, unten blauweiß, sehr kurz, 8 bis 12 mm lang, nach den Triebspitzen zu kürzer werdend. KHN Taf. 114. Entstanden aus amerikanischer Saat bei FRETS & ZONEN, Boskoop. 1902. ✶

var. **glauca** Franco. Äste mehr aufrecht (nicht waagerecht!); Nadeln kürzer, bläulich, meist rings um den Trieb gestellt; Zapfen kurz, Deckschuppen abstehend (= *P. glauca* Mayr). 1909. Langsamwüchsige Gebirgsvarietät. ✶ Abb. 248.

'Glauca Pendula'. Äste herabhängend; Nadeln blaugrün. KHN Taf. 114. Entstanden bei P. SMITH in Bergedorf bei Hamburg. 1891.

'Holmstrup'. Selektion, Wuchs kegelförmig aufrecht, dicht bezweigt; Benadelung tiefgrün. Entstanden und eingeführt in der Baumschule ASGER M. JENSEN, Holmstrup, Dänemark. 1962.

Abb. 251. *Pseudotsuga menziesii* 'Pendula' im Morton Arboretum, USA

Abb. 251a. Diese prachtvolle *Pseudotsuga* steht im Park der Villa Taranto, am Lago Maggiore, N-Italien. Es ist eine Hängeform, zu 'Pendula' gehörend, aber sie sollte besser die Klonbezeichnung 'Taranto' erhalten

'Oudemansii'. Pyramidal, schlank, 5—10 m hoch, Äste fast waagerecht abstehend, kurz, Zweige kurz; Nadeln oben glänzend dunkelgrün, unten blaugrün. Entstanden im Pinetum Schovenhorst. 1940 in den Handel gebracht durch DEN OUDEN & ZOON, Boskoop.

'Pendula'. Gipfeltrieb oft hin- und hergebogen, Zweige schlaff herabhängend. 1855. Abb. 251, 251a.

'Tempelhof Compact'. Wuchs sehr gedrungen, mehr oder weniger kugelförmig, in 20 Jahren 60 cm hoch; Blätter mehr oder weniger radial stehend oder auch nur 2zeilig, kurz, 12—16 mm lang, dunkelgrün, spitz. Zufallssämling, gefunden von G. VAN ASSELT, Putten, Geldern, Holland; eingeführt 1962 durch L. KONIJN & Co.

var. **viridis** Franco. Küsten-Douglasie. Äste fast waagerecht abstehend; Nadeln rein hellgrün (= *P. taxifolia* var. *viridis* Schneid.). 1917. Sehr winterhart; auch für kältere Gebiete Deutschlands forstlich geeignet.

P. sinensis Dode. Hoher Baum, junge Zweige rotbraun, behaart, Knospen nicht harzig; Nadeln 2zeilig, 24—36 mm lang, an der Spitze gekerbt, oben gefurcht, unten mit vorspringender Mittelrippe und 2 weißen Stomabändern; Zapfen etwa 5 cm lang, mit 20 weich behaarten, dicken, holzigen Schuppen, Deckschuppen kurz, aufrecht oder zurückgeschlagen, Samen mit Flügel 20—25 mm lang. West-China, Nordost-Yunnan, auf Kalk. 1914. Sehr selten in Kultur; in Frankreich nicht hart. ∧∧∧

P. wilsoniana Hayata. Ähnlich der vorigen, Baum bis 20(—25) m hoch, junge Zweige rötlichbraun, mit zerstreuten kurzen Haaren oder kahl; Nadeln 2zeilig, bis fast 50 mm lang (die längsten der ganzen Gattung!), an der Spitze gekerbt, oben gefurcht, unten mit 2 schmalen Stomabändern; Zapfen 5—6 cm lang, 3 cm breit, Deckschuppen mit langer Mittelspitze, Seitenspitzen kurz zugespitzt, Samen mit Flügel 14 mm lang. KHN Taf. 113. Südwest-China (Mekongtal, von FORREST entdeckt und 1919 von CRAIB als *P. forrestii* beschrieben), Formosa, Mount Morrison. Soweit bekannt, nur in Frankreich (Les Barres) und an einigen Orten in England. Frostempfindlich. ∧∧?

SAXEGOTHAEA Lindl. — PATAGONISCHE EIBE — PODOCARPACEAE

Immergrüner Baum, im Habitus an *Taxus* erinnernd, Rinde graubraun, plattenartig abblätternd, Äste zu 3—4 quirlständig, weit abstehend, Spitzen überhängend; Knospen klein, kugelig; Blätter an Langtrieben spiralig, an Seitentrieben undeutlich 2zeilig; Blüten 1häusig, ♂ Blüten blattachselständig, am Grunde mit 2 Schuppenpaaren; ♀ Blüten endständig an beblätterten Zweigen, mit dachziegelig angeordneten, bläulichen Schuppen; Zapfen kugelig, etwa 1 cm dick, weichstachelig, durch die fleischig verdickten Fruchtschuppen fast beerenartig; Samen scharfkantig, hartschalig. — 1 Art in Chile.

S. conspicua Lindl. Kleiner Baum oder Strauch, ähnlich *Taxus*, Zweige überhängend; Nadeln linealisch bis lineallanzettlich, 1—2,5 cm lang, lederartig, scharfspitzig, oben mit wenig hervortretendem Mittelnerv, Basis plötzlich in einem kurzen, am Zweig herablaufenden Stiel verschmälert, Rückseite mit 2 breiten, bläulichen Stomabändern. KHN Taf. 115. Chile. Bei uns Kalthauspflanze. ✶ ∧∧∧ Abb. 252.

Abb. 252. *Saxegothaea conspicua.* a Zweig mit Früchten, etwa natürliche Größe; b Zweig, etwas vergrößert; c Frucht, vergrößert; d—f Fruchtschuppen von innen, seitlich und im Längsschnitt (nach PILGER, VEITCH)

SCIADOPITYS S. & Z. — SCHIRMTANNE — TAXODIACEAE

Immergrüner Baum, Krone schmal, pyramidal, Äste kurz und dünn, waagerecht abstehend, in der Jugend quirlig, Borke ziemlich glatt, in langen, dünnen Streifen ablösend, Knospen klein, rotbraun, graufilzig, Jungtriebe kahl, mit spiral gestellten, anfangs grünen, später hellbraunen Schuppenblättern; 2 Typen von Blättern an der Pflanze vorkommend: a) kleine Schuppenblätter, 5 mm lang, 1 mm breit, dem Trieb fest anliegend, an der Basis der Doppelnadelquirle oft zu 10—12 beisammen stehend (in Abb. 253 rechts neben „a" zu sehen), b) sogenannte Doppelnadeln, an einer Längsseite miteinander verwachsen, oben glänzendgrün, unten mattgrün mit 2 weißen Bändern, beiderseits gefurcht, zu 20—30 in Quirlen an den Triebspitzen, nach 2 Jahren abfallend; Blüten 1häusig, ♂ Blüten zu mehreren in dichten Köpfen an den Triebenden, aus spiralig gestellten Antheren mit je 2 Pollensäcken bestehend; ♀ Blüten einzeln, endständig, aus zahlreichen spiralig stehenden Fruchtschuppen bestehend, jede mit 7—9 Samenanlagen; Zapfen eilänglich, mit dicken, holzigen, breitrunden Schuppen im 2. Jahre reifend; Samen eiförmig, zusammengedrückt, ringsum geflügelt; 2 Keimblätter; $x \times 10$. — 1 Art in Ost-Asien.

Sciadopitys verticillata S. & Z. Hoher Baum, in seiner Heimat bis 40 m hoch und 3 m Stammdurchmesser, bei uns kaum 10 m hoch, Krone im Alter dünn; Doppelnadeln linealisch, stumpf ausgerandet, oben tiefgrün, unten mit 2 weißen Bändern, 8—12 cm lang; Zapfen 8—12 cm lang, aufrecht, graubraun, Rand der Schuppen abstehend oder etwas umgerollt, Samen 1,2 cm lang (deutsche Samen sind keimfähig!). Mittel-Japan. Bei uns im allgemeinen an geschützten Stellen winterhart und viele Exemplare vorhanden (Pillnitz, Weinheim, Potsdam, Kassel, Baden-Baden u. a.). Am besten auf frischem, kalkarmen, sandig-nahrhaftem Boden, auch unter Halbschatten. In Kultur 2 Typen zu finden, davon der bessere stets mit einem durchgehenden, geraden Mitteltrieb, der andere von Grund auf stets mit mehreren Trieben und nicht so schön. ✱✱ ∧ Abb. 253.

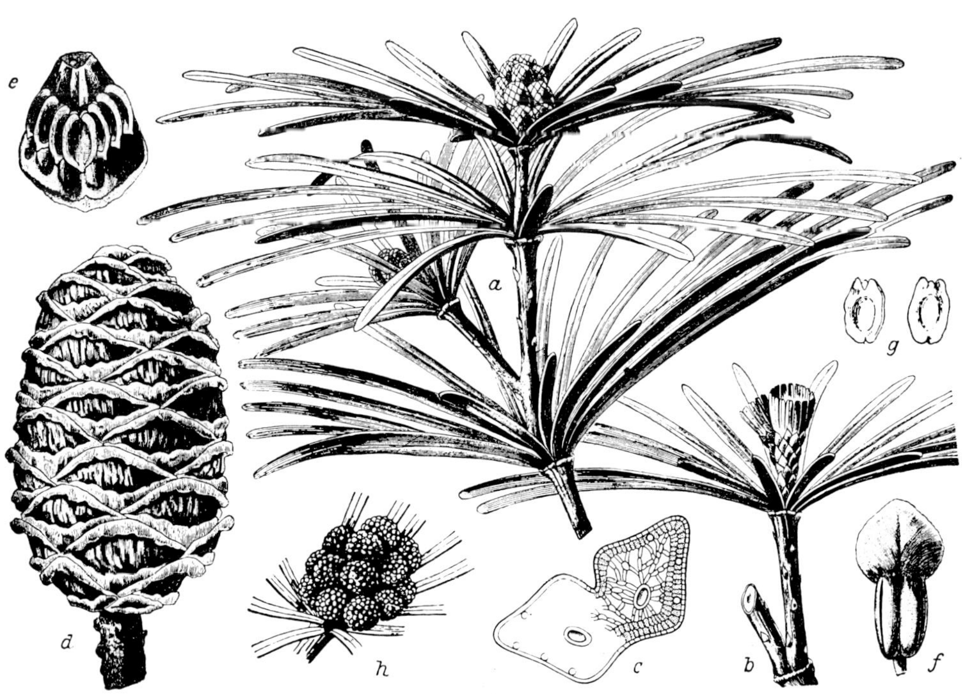

Abb. 253. *Sciadopitys verticillata.* a Zweig mit ♂ Blüten; b ♀ Blüten; c Nadelquerschnitt; d Zapfen; e Fruchtschuppe mit Samen; f Staubblatt; g Samen; h ♂ Blüten (nach BEISSNER, SHIRASAWA)

SEQUOIA Endl. — KÜSTEN-SEQUOIA — TAXODIACEAE

Hoher, immergrüner Baum; Borke 15—25 cm dick, streifig gefurcht mit faserigen Schuppen, rotbraun; Winterknospen mit einigen dachziegeligen Schuppen; Nadeln dimorph, wechselständig, an Langtrieben schuppenförmig, dann spiralig stehend, angedrückt oder etwas abstehend, mit Stomabändern auf der Bauchseite; an Seitentrieben Nadeln 2zeilig, gestielt, linealisch bis linealisch-lanzettlich, mit oder ohne einige unterbrochene Stomareihen auf der Rückseite und 2 weißen Stomabändern auf der Bauchseite; Blüten einhäusig, ♂ Blüten achselständig und endständig, mit zahlreichen, spiralig stehenden Staubblättern, ♀ Blüten endständig, mit 15—20 Schuppen, jede mit 5—7 Samenanlagen in einer Reihe; Zapfen hängend, ovoid; Schuppen schief schildförmig, abgeplattet, mit hinfälligem Spitzchen; Samen zu 2—5, nahe dem Rande der Schuppe, mit 2 schwammigen Flügeln, diese etwas schmaler als das Korn selbst, im 1. Jahre reifend; Keimblätter 2. $x = 11$. — 1 Art an der pazifischen Küste von Nord-Amerika.

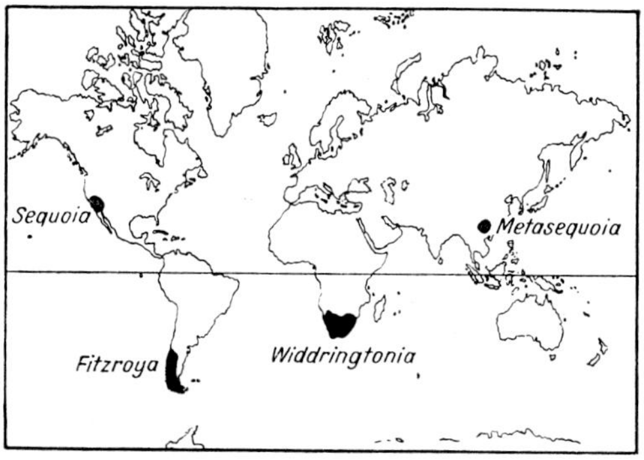

Abb. 254. Areal der Gattungen *Sequoia* (einschließlich *Sequoiadendron*), *Metasequoia*, *Fitzroya* und *Widdringtonia*

Sequoia sempervirens (Lam.) Endl. Küstensequoie. Immergrüner Baum, in seiner Heimat bis 110 m hoch werdend, mit 6—9 m Stammdurchmesser, Krone schlank pyramidal in der Jugend, Stamm gerade, Borke rissig, rot, Knos-

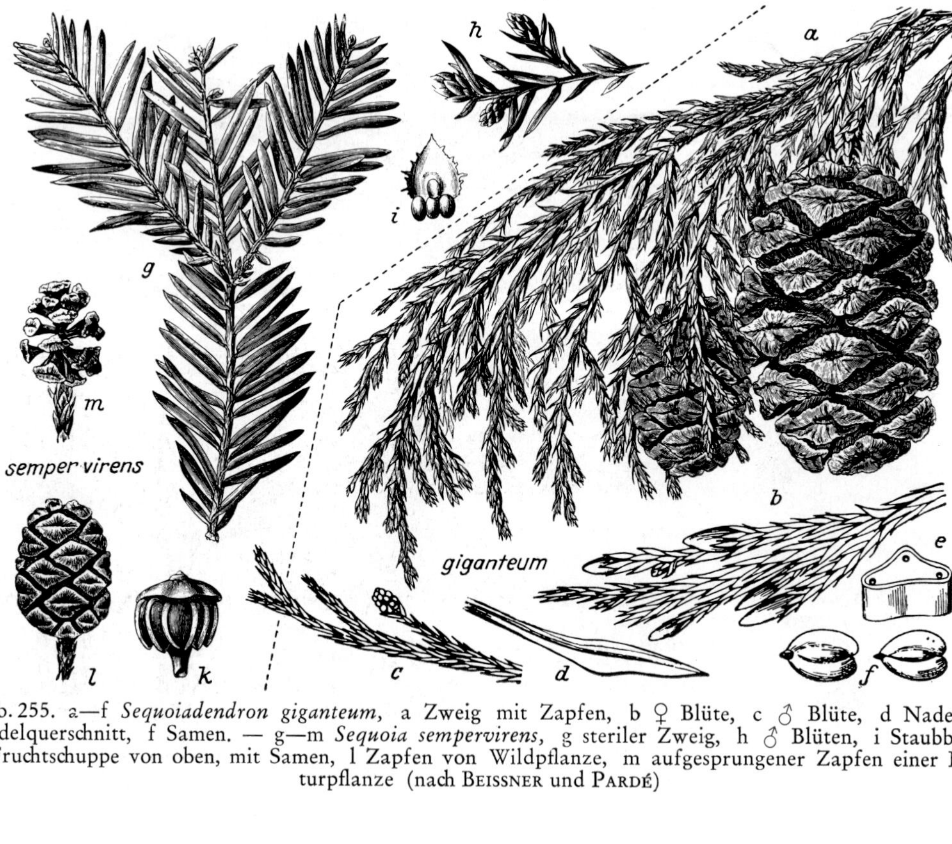

Abb. 255. a—f *Sequoiadendron giganteum*, a Zweig mit Zapfen, b ♀ Blüte, c ♂ Blüte, d Nadel, e Nadelquerschnitt, f Samen. — g—m *Sequoia sempervirens*, g steriler Zweig, h ♂ Blüten, i Staubblatt, k Fruchtschuppe von oben, mit Samen, l Zapfen von Wildpflanze, m aufgesprungener Zapfen einer Kulturpflanze (nach BEISSNER und PARDÉ)

pen mit lederartigen, spitzen Schuppen; Nadeln an Leittrieben spiralig, 6 mm lang, etwas anliegend bis abstehend, an Seitentrieben 2zeilig, linealisch, oben dunkelgrün, unten mit 2 weißen Stomabändern; Zapfen aufrecht, an kurzen Zweigen, 2—2,5 cm lang, schwarzbraun, im 1. Jahre reifend, Samen rotbraun. KHN Taf. 116 (= *Taxodium sempervirens* Lamb.). Süd-Oregon bis Californien, in Küstennähe. 1843 nach Europa eingeführt. Dieser Baum, in USA „Redwood" genannt, gehört zu den höchsten Bäumen der Erde. Bei uns nur in sehr geschützten Lagen aushaltend und gelegentlich anzutreffen. ✶ ∧∧? Abb. 255.

'Adpressa'. Zwergform, Wuchs pyramidal, Äste zahlreich, steif, Knospen und junge Triebe weiß; Nadeln sehr dicht stehend, sehr kurz, 6—8 mm lang, länglich eirund, plötzlich abgestumpft, sehr ähnlich denen von *Taxus baccata* 'Adpressa'. Vor 1867 bei André Leroy in Angers, Frankreich, in Kultur entstanden. Empfindlicher als die Art. ∧∧∧

'Glauca'. Triebe schlanker als bei der Art; Nadeln deutlich blaugrün.

'Nana Pendula'. Zwergform, Wuchs niederliegend, Äste dünn, biegsam, Jahrestriebe nur sehr kurz; Nadeln linealisch, teils spiralig, teils 2zeilig, blaugrün. KHN Taf. 115. Kew Gardens. Vor 1923.

'Pendula'. Hängeform, Stamm senkrecht, Äste bogig überhängend, Zweige zierlich abwärts hängend; Nadeln 2zeilig, normal, wie bei der Art. Bei Rovelli, Italien, 1899 aus Samen entstanden.

'Prostrata'. Zwergform, Wuchs ganz flach, Zweige dem Boden teppichartig aufliegend; Nadeln 2zeilig stehend, elliptisch, spitz, viel breiter als beim Typ. deutlich blaugrün oder graugrün (= *S. sempervirens* 'Cantab'). Vor 1953 im Botanischen Garten Cambridge, England, als Knospenmutation entstanden; heute in England bereits verbreitet und sehr schön. (Hillier). ✶

SEQUOIADENDRON Buchholz — MAMMUTBAUM — TAXODIACEAE

Hoher, immergrüner Baum, Borke schwammig, tief rissig, bis 50 cm dick; Winterknospen nackt; Nadeln spiralig stehend, angedrückt bis leicht abstehend, schuppenförmig, scharf zugespitzt, mit 2 Stomabändern auf der Oberseite; ♂ Blüten sitzend, an kurzen Seitenzweigen endstän-

Abb. 256. Sequoiadendron giganteum am heimatlichen Standort im "Whitaker Forest", Kings Canyon National Park, Californien (Foto: US Forest Service)

dig; ♀ Blüten endständig, mit 25—40 Schuppen, in einem langen, drehrunden Dorn endend, mit 3—12 oder mehr aufrechten Samenanlagen in 2 Reihen; Zapfen ellipsoid, im 2. Jahr reifend und viele Jahre sitzen bleibend, sehr holzig; Schuppen keilförmig, mit 3—9 Samen in einer oder zwei Reihen; Samen mit 2 dünnen Flügeln, diese breiter als das Korn; Keimblätter meist 4 (3—5); $\varkappa = 11$. — 1 Art in Californien.

Sequoiadendron giganteum (Lindl.) Buchholz. Mammutbaum, Riesen-*Sequoia*. In seiner Heimat 80—100 m hoher Baum, ausnahmsweise auch noch höher (bei uns bereits 25—30 m hoch, doch kaum über 100 Jahre alt), Krone pyramidal, Stamm aufrecht, säulenförmig, Borke 30 bis 60 cm dick, schwammig-rissig, hellrotbraun, Äste abwechselnd stehend, Triebe zuerst blaugrün, später rotbraun; Nadeln in 3 Längsreihen spiralig, schuppenartig bis lanzettlich, scharf zugespitzt, den Zweigen mehr oder weniger angepreßt, 3—6 mm lang, an üppigen Trieben bis 12 mm lang, beiderseits mit Spaltöffnungen; Zapfen 5 bis 8 cm lang, 3—5 cm breit, rötlichbraun, im 1. Jahr aufrecht, im 2. Jahr hängend, Samen hellgelb. KHN Taf. 116 (= *Wellingtonia gigantea* Lindl.; *Sequoia gigantea* [Lindl.] Decne.; *Sequoia wellingtonia* Seem.). Californien, an den westlichen Hängen der Sierra Nevada in 1450—200 m Höhe. 1853 nach Europa gebracht. In West-Europa und auch West-Deutschland häufig angepflanzt. Sehr schlecht verpflanzbar, auch schon als Jungpflanzen. ✱✱ ∧ Abb. 255, 256.

'Glaucum'. Nadeln mehr blaugrün, doch sonst wie der Typ.

Abb. 257. *Sequoiadendron giganteum* 'Pendulum' im Arboretum der Baumschule Boccard Frères, Genf (Foto: Archiv Gartenwelt)

'Pendulum'. Stamm zunächst senkrecht, schmal säulenförmig aufstrebend, dann Gipfel meist überhängend und wiederum aufstrebend, Zweige kurz und mähnenartig, herabhängend, sehr grotesk aussehend. KHN Farbtaf. V. In Orléans und französischen Arboreten nicht selten; soll auch in Deutschland vorhanden sein. ✱✱ Abb. 257.

'Pygmaeum'. Zwergform, Wuchs buschig, gedrungen. In Frankreich in Kultur gewonnen. Vor 1930.

TAIWANIA Hayata — TAIWANIE — TAXODIACEAE

Hoher, dichtbelaubter, immergrüner Baum, Blätter nadel- bis schuppenförmig, an *Cryptomeria* erinnernd; Blüten 1häusig, ♂ Blüten zu 5—7 an Kurztrieben endständig, ♀ Blüten klein, endständig, Schuppen der ♀ Blüten ohne erkennbare Gliederung in Fruchtschuppe und Deckschuppe; Samenanlagen 2, umgewendet; Zapfen lederartig, bleibend; Samen ringsum breit geflügelt; Keimblätter 2; $x = 11$. — 1 Art auf Formosa und in Südwest-China. (Arealkarte bei *Araucaria*).

Abb. 258. *Taiwania cryptomerioides* im Arboretum Les Barres, Frankreich

Abb. 259. *Taiwania cryptomerioides*. Links Fruchtzweig, rechts steriler Trieb (nach HAYATA)

Taiwania cryptomerioides Hayata. Baum, in seiner Heimat bis über 50 m hoch, Äste abstehend, Krone kegelförmig, mit Spaltöffnungen auf allen Seiten, den Zweigen fest anliegend; an jungen Pflanzen Nadeln schmal-linealisch-sichelförmig, seitlich zusammengedrückt, unten und oben gekielt, im Querschnitt rhombis-4kantig, etwa 1,5 cm lang, mit breiter Basis herablaufend, ausgesprochen blaugrün; Zapfen endständig, rundlich, 1—1,5 cm lang, ähnlich *Tsuga*-Zapfen, Schuppen rundlich, kurz, mit Stachelspitze, Samen 1—2 unter jeder Schuppe. KHN Taf. 117. 1904 entdeckt. Freilandpflanzen in Les Barres (6 m) und Verrières, Arboretum Vilmorin (4 m); im Botanischen Garten Bonn Kübelpflanze. In Deutschland nicht winterhart. ΛΛΛ Abb. 258, 259.

TAXODIUM Rich. — SUMPFZYPRESSE — TAXODIACEAE

Sommergrüne, hohe Bäume; Zweige als Lang- und Kurztriebe ausgebildet; Blätter nadelförmig, an Langtrieben spiralig und schuppenförmig, an Kurztrieben 2zeilig und linealisch, im Herbst mit den Kurztrieben abfallend; Knospen nur an der Spitze von Langtrieben, rundlich; Blüten 1häusig; ♂ Blüten in 7—15 cm langen, verzweigten Ständen an den Enden vorjähriger Triebe, ♀ Blüten fast kugelig; Zapfen rundlich-eiförmig, holzig, kurz gestielt, bei der Reife aufspringend; Samen zu 2 unter jeder Schuppe, ziemlich groß, unregelmäßig 3kantig, Schale verdickt; Keimblätter 5—9; $x = 11$. — 3 Arten im südlichen Nord-Amerika und Mexiko.

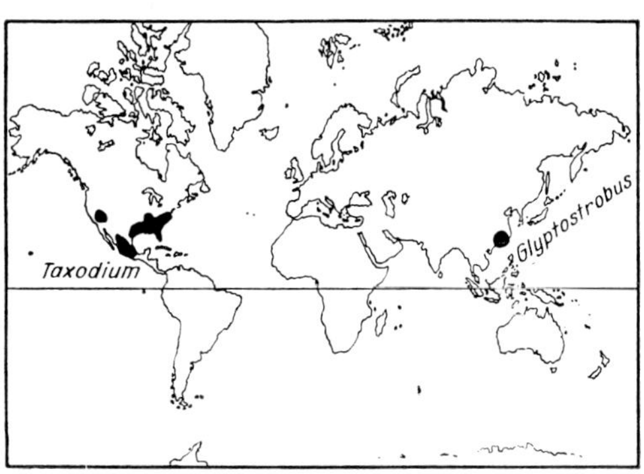

Abb. 260. Areal der Gattungen *Taxodium* und *Glyptostrobus*

Abb. 261. *Taxodium distichum* am heimatlichen Standort in einem Sumpf im Francis Marion National Forest in South Carolina; zahlreiche Atemknie im Vordergrund (Foto: US Forest Service)

Abb. 262. *Taxodium distichum* am heimatlichen Standort im Sumpfgebiet von Santee-Cooper, South Carolina (Foto: US Forest Service)

Wichtigste Merkmale der Arten

Zweigstellung	Nadeln	Vorkommen bei uns
	ascendens	
steif, aufrecht	angepreßt pfriemlich, 5—10 mm lang	selten
	distichum	
Kurztriebe waagerecht	abstehend, linealisch, 7—11 mm lang	häufig
	mucronatum	
dünn, lang herabhängend	halbimmergrün, im 2. Jahre abfallend	nicht hart!

T. ascendens Brongn. Baum, bis 25 m, Äste unregelmäßig stehend, ausgebreitet, Stamm zur Basis hin allmählich stark verdickt, Borke dick, gefurcht, Zweige steif, aufrecht; Nadeln den Zweigen angepreßt, pfriemlich, 5—10 mm lang, gekrümmt; Zapfen wie bei *T. distichum.* KHN 185. Südöstliches Nord-Amerika; sumpfige Stellen ohne Abfluß. Bei uns selten, aber hart. Abb. 263.

'Nutans'. Zweige mehr oder weniger schlaff herunterhängend. KHN Taf. 119 (= *Glyptostrobus pendulus* Endl.). In Boskoop hiermit eine Straße bepflanzt. Bei uns häufiger anzutreffen als die Art und mitunter irrtümlich als „*Glyptostrobus pensilis*" bezeichnet. Sehr schön. ∧

T. distichum (L.) Rich. 2zeilige Sumpf-Zypresse. Baum, 30—50 m hoch, Krone pyramidal oder auch breit schirmförmig, Stamm oft sehr hoch unbeastet, Borke rotbraun, dünn glatt, ältere Bäume mit knieförmigen, hohlen Auswüchsen aus den Wurzeln rings um den Stamm („Atemknie"), Triebe zuerst grün, dann braun; Nadeln der (5—10 cm langen) abfallenden Kurztriebe

Abb. 263. a—h *Taxodium distichum,* a Zweig mit Zapfen, b ♂ Blütenstand, c Staubblatt, d ♀ Blütenstand, e Fruchtblatt, f Same, bei g und h im Schnitt; i *Taxodium ascendens,* Triebstück (nach BEISSNER und SILVA TAROUCA)

Abb. 264. *Taxodium distichum* am heimatlichen Standort am Grassy Lake,, Mississippi, USA (Foto: US Forest Service)

Abb. 265. *Taxodium distichum* mit dem bei uns am häufigsten anzutreffenden Habitus; im Park Tervueren bei Brüssel

2zeilig, linealisch, 10—17 mm lang, im Herbst braun, an bleibenden Trieben spiralig und schuppenförmig; Zapfen fast sitzend, eikugelig, 2—3 cm lang. KHN Taf. 117—120. Südöstliches Nord-Amerika, Sümpfe, Flußufer. ✱✱ Abb. 261 bis 265.

'Pendens'. Baum mit pyramidaler Krone, Äste waagerecht abstehend mit überhängenden Spitzen, Zweige hängend; Nadeln wie bei der Art. Sehr schöner Baum, gut für Straßenbepflanzung in genügend feuchtem Boden.

T. mucronatum Ten. Mexikanische Sumpf-Zypresse. Hochwachsender, halbimmergrüner Baum, Äste bogenförmig geneigt, Zweige dünn und lang herabhängend; Nadeln erst im 2. Jahre mit den Kurztrieben abfallend. Mexiko, waldbildend. Muß bei uns im Gewächshaus überwintert werden. (Kew). ΛΛΛ

TAXUS L. — EIBE — TAXACEAE

Immergrüne Bäume oder Sträucher, meist dicht verzweigt, Borke rotbraun, abblätternd, Zweige lang, abstehend, Knospen klein, schuppig; Nadeln an aufrechten Trieben spiralig und abstehend, an Seitentrieben 2zeilig, mit der stielartig verschmälerten Basis am Zweig herablaufend, oben dunkelgrün, unten mit 2 grau- oder gelblichgrünen Bändern, ohne Stomata, ohne Harzkanäle; Blüten 2häusig, seltener 1häusig, achsenständig; ♂ Blüten zu 6—14 in gestielten Köpfchen; ♀ Blüten mit winzigen Schuppen, in der Achsel der obersten Schuppe 1 einzige Blüte; Samen eiförmig, leicht kantig, von einem scharlachroten, glockenförmigen, fleischigen Mantel umgeben; $x = 12$. — Je nach Auffassung 7—8 Arten oder nur eine große Art mit einer Reihe von Subspecies, die als geographische Abweichungen angesehen werden. (Arealkarte Abb. 266).

Die Nadeln enthalten das giftige Alkaloid Taxin, das vor allem für Pferde schon in geringen Mengen tödlich ist; einzig der süß-schleimige Arillus enthält kein Gift, jedoch auch der Same.

Übersicht über die Arten

Art	Nadellänge (mm)	Nadelstellung: deutlich horizontal gescheitelt	Nadelstellung: nicht horizontal gescheitelt	Knospenschuppen: gekielt, spitz	Knospenschuppen: ungekielt, stumpf
T. baccata	10—30	× —	×	—	×
T. celebica	20—40	×	—	—	×
T. brevifolia	10—16	×	—	×	—
T. canadensis	12—20	—	×	×	—
T. cuspidata	15—25	—	×	×	—

Taxus baccata L. Gemeine Eibe. Baum, 12 bis 20 m hoch, Krone eiförmig oder mehr kugelig, Zweige lang abstehend oder auch ansteigend, Borke rotbraun, Knospen mit fest anliegenden, an der Spitze abgerundeten Schuppen, junge Triebe grün; Nadeln an abstehenden Zweigen 2zeilig, an aufrechten Zweigen mehr oder weniger radial, 1—3 cm lang, linealisch, allmählich kurz zugespitzt, Basis plötzlich verschmälert in

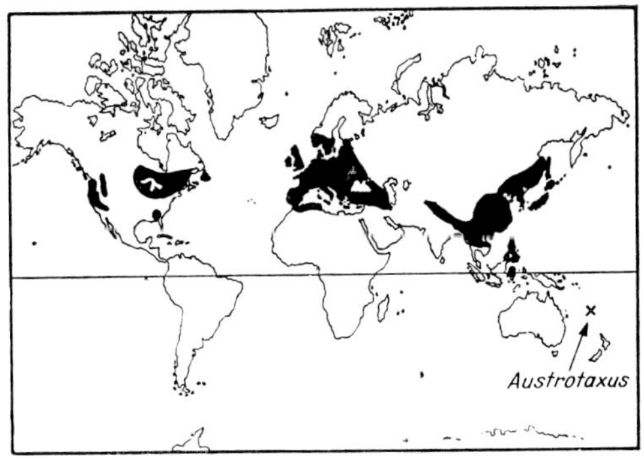

Abb. 266. Areal der Gattungen *Taxus* (schwarz) und *Austrotaxus* (×)

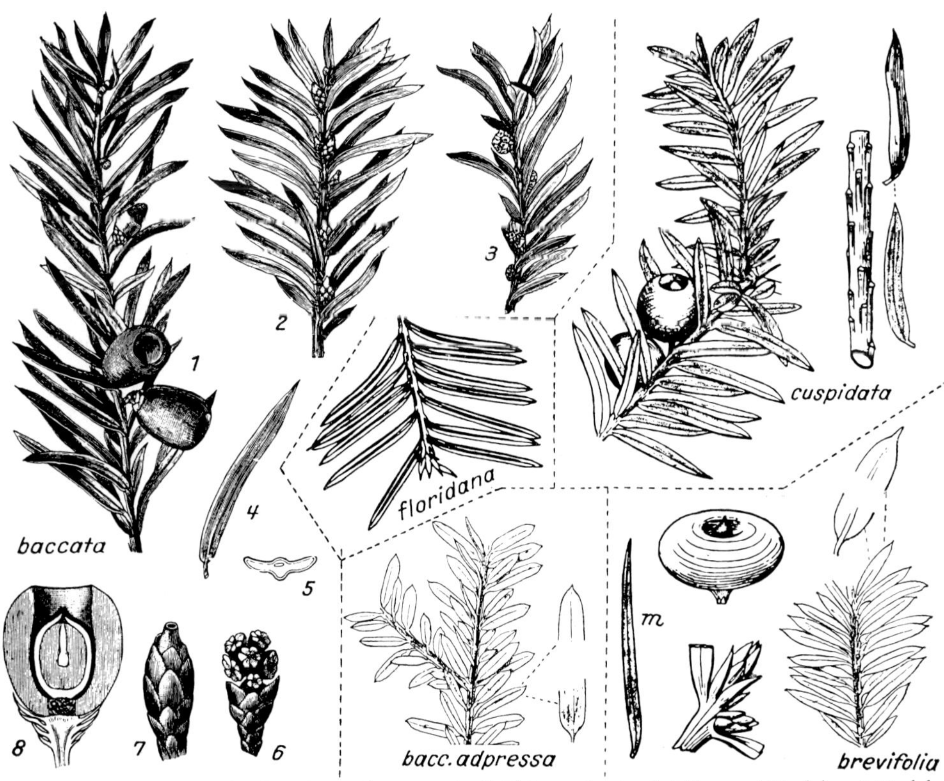

Abb. 267. *Taxus baccata,* 1 Zweig mit Früchten, 2 mit ♀ Blüten, 3 mit ♂ Blüten, 4 Nadeln, 5 Nadelquerschnitt, 6 ♂ Blüte, 7 ♀ Blüte, 8 Frucht, längs; m *Taxus wallichiana,* einzelne Nadel. Die übrigen Darstellungen sind bezeichnet (nach Beissner, Sargent, Shirasawa, Silva Tarouca)

Abb. 268. *Taxus baccata,* Fruchtzweig (Foto: Archiv)

einen kurzen Stiel; Samen 2kantig, gelegentlich auch 4kantig, 6 mm lang, olivbraun mit rotem, fleischigem Samenmantel (Arillus). KHN Taf. 121. Europa, N-Afrika, Kleinasien, Kaukasus (vgl. Arealkarte Abb. 266). Seit alter Zeit in Kultur und in vielen Gartenformen bekannt, die nicht immer leicht zu bestimmen sind. Abb. 267, 268.

Übersicht über die Gartenformen von *Taxus baccata*

A. Wuchs säulenförmig oder kegelförmig, normal kräftig (ohne Zwergformen); Nadelstellung radial;
- • Nadeln grün;
  - Säulenformen:
    'Fastigiata', 'Fastigiata Robusta', 'Fastigiata Variegata', 'Fastigiata Viridis', 'Melfard'
  - Zwischenformen:
    'Hessei', 'Imperialis', 'Neidpathensis', 'Overeynderi', 'Erecta'
  - Kegelformen:
    'Cheshuntensis', 'Raket'
- •• Nadeln gelb oder gelbgrün:
  'Fastigiata Aurea', 'Fastigiata Aureomarginata', 'Fastigiata Aureovariegata', 'Standishii'', 'Erecta Aureovariegata'

B. Wuchs ausgebreitet, normal, bei zwergigen Formen aufrecht; Nadeln radial oder gescheitelt;
- I. Zweige mehr oder weniger überhängend, an der Spitze aufwärts gebogen:
  'Dovastoniana', 'Dovastonii Aurea', 'Glauca', 'Gracilis Pendula', 'Horizontalis', 'Elegantissima', 'Jacksonii', 'Nissen's Kadett', 'Nissen's Page', 'Nissen's Präsident', 'Nissen's Regent', 'Pendula Graciosa', 'Spieckermann'
- II. Zweige weder überhängend noch an der Spitze aufwärts gebogen;
  - 1. Wuchs normal kräftig; keine Zwergformen;
    - * Nadeln bis 1 cm lang:
      'Adpressa', 'Adpressa Aurea', 'Adpressa Erecta', 'Adpressa Pyramidalis', 'Adpressa Variegata', 'Amersfoort' (Nadeln radial!)
    - ** Nadeln über 1 cm lang;
      - • Nadeln grün:
        'Linearis', 'Lutea' (Früchte gelb)

•• Nadeln gelb, gelbbunt oder weißbunt:
'Albovariegata', 'Barronii', 'Elegantissima', 'Semperaurea', 'Summergold', 'Washingtonii'

2. Zwergformen;
flach, breit:
'Cavendishii', 'Repandens'
unregelmäßig:
'Decora', 'Epacridioides', 'Ericoides', 'Nana'
kugelig:
'Compacta'

'Adpressa'. ♀; sehr abweichende, kleinblättrige Form, Wuchs breit strauchig und unregelmäßig, bis 3 m hoch und breit, Zweige kurz; Nadeln länglich-eiförmig, am Ende abgerundet, mit kurzer, aufgesetzter Spitze, 5—9 mm lang, 2—4 mm breit, oben dunkelgrün, unten etwas bläulichgrün; Samen oben 3—4-kantig oder rund. KHN 188. 1838 entstanden aus Samen bei FRANCIS DICKSON in Chester, England. Häufig; schöne, eigenartige Konifere. ** Abb. 267, 269.

Aus Samen dieser Form sind vermutlich die meisten der folgenden Unterformen entstanden.

'Adpressa Aurea'. ♀; Wuchs wie 'Adpressa', aber viel schwächer, kaum 1,5 m hoch; Nadeln der Triebspitzen goldgelb, die anderen nur gelbbunt. Vor 1885 entstanden in der HANDSWORTH NURSERY, Sheffield, England.

'Adpressa Erecta'. ♂; Wuchs strauchig, breit säulenförmig, 3—5 m hoch, Triebe aufstrebend, Seitenäste abstehend; Nadeln 1,5 cm lang, 3 mm breit, stumpflich zugespitzt, regelmäßig stehend, oben tiefgrün, unten hellgrün (= *T. baccata adpressa stricta* Carr.) Ursprung unbekannt. Vor 1867. *

'Adpressa Pyramidalis'. Wuchs ähnlich 'Adpressa Erecta', doch Triebe mehr abstehend; Nadeln nur 1 mm breit (bei 'Adpressa Erecta' 3 mm breit), sonst kaum verschieden. Entstanden von 1949 aus Saat bei C. FRETS & ZONEN in Boskoop.

'Adpressa Variegata'. Wuchs sehr verzweigt, Wipfeltriebe aufstrebend; Nadeln gelbbunt mit grünem Mittelstreifen, oft auch gelblichweiß, heller als bei 'Adpressa Aurea'.

'Albovariegata'. Nadeln gleichmäßig und beständig weißbunt.

'Amersfoort'. Kleiner Strauch, Wuchs langsam, kegelförmig oder auch breit, Äste ziemlich steif und abgespreizt, Triebe dicht stehend, kurz, braun; Nadeln kurz, eilänglich, 5—7 mm lang, 3—4 mm breit, etwas zurückgeschlagen, radial stehend, oben tiefgrün, unten heller. 1939 von der Baumschule D. B. B. VAN DEN HOORN, Boskoop, ursprünglich an das Krankenhaus in Amersfoort geliefert und dort als besondere Form entdeckt und verbreitet. Wegen der großen Unähnlichkeit mit allen übrigen *Taxus*-Formen zuerst für *Podocarpus* gehalten. Ⓢ Abb. 270.

'Barmstedter Typen'. In den Barmstedter Baumschulen, in Holstein, selektiert und vegetativ vermehrte Klone: Typ I — Wuchs breit und buschig;

Abb. 269. *Taxus baccata* 'Adpressa', fast natürliche Größe (Foto: OTTO)

Abb. 270. *Taxus baccata* 'Amersfoort' im Pinetum Blijdenstein, Hilversum, NL

Typ II — Wuchs locker aufrecht, Nadeln blaugrün; Typ III — Wuchs breit, Triebe überhängend. ■

'Barronii'. Wuchs breit pyramidal, langsamwüchsig, Gipfeltrieb stets schief und mit kräftigen, abstehenden Seitentrieben, Zweige gelb, Kurztriebe im Innern der Pflanze meist dunkelgrün; Nadeln entfernt gestellt, 2 cm lang, 2 mm breit, etwas gebogen, oben gelbgrün mit grünem Mittelstreifen, unten hellgoldgelb, Winterfärbung lebhaft goldgelb (= *T. baccata elvastonensis aurea* Hort.).

'Cavendishii'. Kriechende Zwergform, 2—2,5 m breit, 0,3—0,4 m hoch, Zweige über dem Boden ausgebreitet, Triebspitzen zur Erde zeigend, Jungtriebe breit abstehend, übergebogen; Nadeln abstehend, nach oben und vorn gerichtet, etwas sichelförmig, flach, oben tief blaugrün, unten hellgrün. Ursprung unbekannt. Vor 1932. Eine der schönsten Zwergformen.

'Cheshuntensis'. Wuchs breit aufrecht, Übergangsform zwischen der Art und 'Fastigiata', Äste aufrecht; Nadeln kleiner als bei der Art, an der Triebspitze meist kürzer, schmal, unterseits auffallend blaugrün. KHN 188. Entstanden als Sämling von 'Fastigiata' vor 1862 bei WILLIAM PAUL in Cheshunt, England.

'Compacta'. Zwergform, Wuchs kugelig, etwas über 1 m hoch und breit werdend, Äste regelmäßig abstehend, Zweige zahlreich, 4—6 cm lang, braun; Nadeln ringsum stehend, 5—10 mm lang, 1—1,5 mm breit, etwas sichelförmig, oben glänzend dunkelgrün, unten etwas heller, mit dunklem Mittelstreifen. KHN 191. 1910 durch H. DEN OUDEN & ZOON, Boskoop, eingeführt.

'Decora'. Zwergform, Wuchs aufrecht mit flachem Gipfel, Zweige kurz, überhängend, sehr dicht stehend; Nadeln etwa 30 mm lang, 3—4 mm breit, alle aufwärts gebogen, tiefgrün, stark glänzend. Sehr schöne Form, in englischen Gärten; im Botanischen Garten Dublin 1 m hoch. Ⓢ Taf. VIII.

'Dovastoniana'. ♂; Wuchs baum- oder strauchartig, Äste fast quirlig, waagerecht abstehend, Spitzen senkrecht herabhängend; Nadeln schwarzgrün, 2 bis 2,5 cm lang, 3 mm breit (= *T. dovastonii pendula* Hort.). Entstanden um 1777 bei JOHN DOVASTON in Westfelton bei Shrewsbury, England. Heute eine der dekorativsten unter allen Koniferen, sehr gut zur Einzelpflanzung. Gelegentlich ♀ Zweige (mit Früchten) an den Pflanzen vorkommend; Aussaat gibt wieder die Art. ✱✱

'Dovastonii Aureovariegata'. Wuchs schwächer als die grüne Form, doch sonst ebenso, Triebe goldgelb; Blätter oben meist gelbgrün mit gelbem Rand, unten gelbgrün (= *T. dovastonii aurea* Hort.). Vor 1930. ✱✱✱

'Elegantissima'. ♀; Wuchs kräftig, 3—5 m hoch, Äste weit ausgebreitet, dicht, kräftig, Zweige blaßgelb; Nadeln 1—1,5 cm lang, zuerst gelbstreifig, später mehr weißbunt; reichlich fruchtend. KHN 188. Vor 1891. In Kultur verhältnismäßig häufig.

'Erecta'. ♂; Wuchs breit buschig, breiter als hoch (kann bis 8 m hoch werden), Gipfel schief, Äste zahlreich, schlank, aufrecht, Zweige fein, aufstrebend; Nadeln mehr graugrün, sehr kurz und schmal. Vor 1838. Heute kaum mehr in Kultur, weil Gipfel schief und durch die viel bessere 'Overeynderi' übertroffen.

'Erecta Aureovariegata'. Wie 'Erecta', vor allem auch der Gipfel schief; Nadeln dicht stehend, gebogen und aufwärts, dünn, flach, 2—2,5 cm lang, 2 mm breit, spitz, oben grün mit gelbem Rand, unten gleichmäßig blaßgelb. Vor 1891.

'Ericoides'. Zwergform, schwachwüchsig, kaum über 0,8 m hoch, Äste dünn, kurz aufrecht und abstehend, Zweige kurz; Nadeln klein, dicht stehend, schmal, sehr spitz, fast heideartig (= *T. baccata microphylla* Hort.; *T. empetrifolia* Hort.). Vor 1855.

'Fastigiata'. Säulen-Eibe. ♀; Wuchs säulenförmig, 3 bis 5 m erreichend, zuletzt oben auseinanderfallend, Kulturpflanzen meist nur schmal kegelförmig, Äste zahlreich, steif aufrecht, kurz und dicht verzweigt; Nadeln allseitig abstehend, 2—3 cm lang, nach unten gebogen, schwarzgrün. KHN Taf. 122 (= *T. fastigiata* Lindl.; *T. hibernica* Hook.; *T. baccata stricta* Laws.). 1780 aufgefunden in 2 Exemplaren in den Bergen bei Fermanagh, unweit Florence Court, Irland. Von einer der beiden Pflanzen stammt die gesamte Nachkommenschaft in aller Welt. Aussaaten fallen nicht echt. ✱✱

ÜBERSICHT ÜBER DIE 'FASTIGIATA'-GRUPPE

Nadeln grün:
'Fastigiata', 'Fastigiata Robusta',
'Fastigiata Viridis', 'Cheshuntensis', 'Hessei',
'Melfard', 'Neidpathensis'

Nadeln reingelb:
'Fastigiata Aurea', 'Standishii'

Nadeln gelbbunt:
'Fastigiata Variegata'

'Fastigiata Aurea'. Ähnlich der normal grünen Pflanze, doch die jungen Triebe und Nadeln goldgelb. KHN Taf. 123. Ziemlich selten.

'Fastigiata Aureomarginata'. Wie die grüne Form, aber die Nadeln der jungen Triebe breit goldgelb gerandet, im Laufe des Jahres allmählich hellgrün werdend. 1880. Sehr häufig und nicht selten fälschlich als „Fastigiata Aurea" bezeichnet. ✱✱

'Fastigiata Robusta'. Wie 'Fastigiata', doch straffer säulenförmig, gröber; Nadeln länger, heller grün und mehr abgespreizt. KHN 189. Schweiz. 1940. ✱

'Fastigiata Variegata'. Wie 'Standishii', aber Nadeln zuerst weißlichbunt, später jedoch grün oder fast grün. 1881.

'Fastigiata Viridis'. Wuchs streng säulenförmig; Nadeln sehr dicht stehend, flach, dünn, 25 mm lang, weich anfühlend, oben glänzend hellgrün, unten blaßgrün. 1928 von K. WEZELENBURG, Hazerswoude, aus Samen von 'Fastigiata' erzogen.

'Glauca'. ♂; Wuchs locker aufrecht, ähnlich 'Cheshuntensis', aber größer und üppiger, Zweige zahlreich, kurz abstehend; Nadeln 1,5—2 cm lang, oft sichelförmig gebogen, oben stumpf blaugrün, unten matt blaugrün (= *T. baccata nigra* Hort.). Aus England. Vor 1867.

'Hessei'. Wuchs aufrecht, sehr dicht verzweigt; Nadeln auffallend lang und breit, 30—35 mm lang, 3,5 bis 4 mm breit (fast wie bei *Cephalotaxus*!), teilweise sichelförmig gebogen, oben tiefgrün und mit deutlicher Mittelrippe, unten heller grün. 1923 von HERM. A. HESSE als eigene Neuheit eingeführt. ✶

'Horizontalis'. Zwergform, Äste ausgebreitet, weit gestellt, an der Spitze aufgebogen, jedoch ohne deutliche Gipfeltriebe; Nadeln weitstehend, 2—3 cm lang, 4 mm breit, sichelförmig, oben dunkelgrün, unten hellgrün mit dunklerem Mittelstreifen. Vor 1850.

'Imperialis'. Wuchs aufrecht, dicht verzweigt, jedoch nicht so steif wie bei 'Fastigiata'; Nadeln 2,5—3 cm lang, 3 mm breit, dünn, etwas sichelförmig, zartgrün, unten hellgrün. Vor 1891.

'Jacksonii'. Wuchs pyramidal, doch Triebe überhängend, Zweige zahlreich, kurz, rotbraun; Nadeln breit, mehr oder weniger sichelförmig nach innen gebogen und die Gipfeltriebe dicht bedeckend (= *T. baccata pendula* Pilg.). Vor 1862 bei WILLIAM PAUL in Cheshunt, England, entstanden.

'Linearis'. Wuchs dicht und üppig, Äste aufstrebend; Nadeln bis 3 cm lang, schmal, sichelförmig, dunkel gelblichgrün. Aus der Hohen Tatra; von SPÄTH, Berlin, verbreitet. Sehr winterhart.

'Lutea'. ♀; Wuchs breit und kräftig, 3—5 m hoch; Nadeln tiefgrün; wichtigstes Merkmal sind die hellgelben (statt hochroten) Früchte. 1817 erstmals aufgefunden in Glasnevin bei Dublin, Irland.

'Melfard'. Säulenform vom 'Fastigiata'-Typ, doch Wuchs mehr gedrungen; Nadeln auch kleiner, dunkelgrün. KHN Taf. 123 (= *T. baccata* 'Melfardii'). Aus Dänemark. Wird als sehr winterfest gerühmt.

'Nana'. Zwergform, Wuchs niedrig und breit, nicht über 60 cm hoch; Nadeln klein, tiefgrün. 1855.

'Neidpathensis'. ♂; steif säulenförmig bis fast kegelförmig, an der Spitze aufgelockert und nicht geschlossen, sonst an 'Cheshuntensis' erinnernd, aber steifer. Gefunden vor 1861 in Neidpath Castle, Tweedale, Schottland.

'Nissen's Corona'. Wuchs gleichmäßig und kräftig, etwa bis 5 m breit bei nur 1 m Höhe; Benadelung hellgrün. JOH. NISSEN, Wuppertal-Aprath. 1937. ✶✶

'Nissen's Kadett'. Wuchs locker aufrecht, ohne Mitteltrieb; Äste ansteigend; Nadeln dunkelgrün, fein. KHN Taf. 128. NISSEN 1934. ✶

'Nissen's Page'. Wuchs buschig und geschlossen, aufrecht, etwas kurztriebig. NISSEN 1934. ✶

'Nissen's Präsident'. Wuchs breit ausladend, starkwüchsig, bis 5 m breit und 2 m hoch; Nadeln kräftig und tiefgrün. KHN Taf. 128. NISSEN 1934. ✶

'Nissen's Regent'. Ähnlich 'Nissen's Corona', ebenfalls bis 6 m breit, aber nur 1 m hoch, Wuchs unregelmäßig und Benadelung feiner, dunkelgrün. KHN Taf. 128. NISSEN 1934. ✶

'Overeynderi'. Wuchs breit strauchig, dicht, 3—5 m hoch, in Kultur meist pyramidal geschnitten, Äste aufstrebend, ganz regelmäßig gestellt, Zweige zahlreich; Nadeln 2 cm lang, 2 mm breit, etwas gebogen, spitz, oben tiefgrün, unten mattgrün. KHN 190 (= *T. baccata erecta overeynderi* den Ouden). Etwa 1860 entstanden als Sämling von *T. baccata* 'Fastigiata' bei C. G. OVEREYNDER in Boskoop. ✶

'Pendula Graciosa'. Hängeform, Wuchs kräftig, nur wenig bezweigt, Äste lang überhängend, Zweige kurz, gedreht, lang herabhängend; Nadeln 1,5 cm lang, 2 mm breit, dünn, weich anfühlend, oben frischgrün, unten heller (= *T. baccata pendula overeynderi* Fitschen). Noch zierlicher als 'Gracilis Pendula'.

'Raket'. Wuchs breit kegelförmig, sehr dicht bezweigt; Nadeln 15—20 mm lang, 2—2,5 mm breit, oben dunkelgrün, unten heller. Vor 1967 von HAALBOOM als Sämling selektiert. Wegen seines schmalen Wuchses für Hecken besonders geeignet.

'Repandens'. ♀; Zwergform, niederliegend, 0,5 bis 0,6 m hoch, Äste waagerecht abstehend; Nadeln 2 bis 3 cm lang, etwa 3 mm breit, sichelförmig, nach oben und vorn gerichtet, oben mit deutlich erhabener Mittellinie, glänzend dunkelgrün, unten flach, stumpfgrün. KHN Taf. 120. Vor 1916. Heute eine der verbreitetsten Formen. ✶✶

'Repandens Aurea' und **'Repens Aurea'** sind 2 Namen für die gleiche Pflanze, die hier und da zu sehen ist. Beide Namen stehen hier nur unter Vorbehalt, da die Vermutung sehr groß ist, daß es sich um nichts weiter als Vermehrung von Seitentrieben von 'Dovastonii Aurea' handelt.

'Schwarzgrün'. Wuchs gleichmäßig breitbuschig aufrecht; Nadeln besonders dunkel grün. Selektiert von HINRICH KORDES Baumschulen, Bilsen, Holstein. Besonders frosthart. Für Hecken zu empfehlen. ■

'Semperaurea'. Wuchs strauchig, breit aufrecht, mit schiefem Gipfel, bis 2 m hoch, Äste aufstrebend, Zweige zahlreich, sehr kurz, gelbbraun; Nadeln 1 bis 2 cm lang, zur Triebspitze hin allmählich kürzer werdend, etwas sichelförmig, oben beständig goldgelb, unten hellgelbgrün oder nur gelbrandig. KHN Taf. 121 (= *T. baccata erecta semperaurea* Beissn.). Vor 1908. Sehr bekannte Form, wohl die beste gelbe. ✶✶

'Spieckermann'. Wuchs breiter als hoch, ohne Mitteltrieb. Eine in den Holsteiner Baumschulen mitunter anzutreffende Selektion.

'Summergold'. Wuchs breit und flach, Zweige schräg ansteigend; Nadeln sichelförmig, 2—3 cm lang, 2 bis 3 mm breit, Rand breit gelb, im Sommer meist ganz goldgelb (= *T. baccata* 'Horizontalis Aurea'). Vor 1967 von J. V. RAVENSBERG, Hazerswoude, Holland, gefunden. Auch in vollsonniger Lage nicht von der Sonne verbrennend. ✶

'Standishii'. Wuchs wie 'Fastigiata', aber meist nicht über 2 m hoch, Triebe goldgelb; Nadeln besonders an den Triebspitzen und Jungtrieben rein goldgelb, etwa 2,5 cm lang, 3—4 mm breit (= *T. baccata hibernica standishii* Hort.). Vor 1908. Die schönste gelbe Säulen-Eibe. ✶

'Washingtonii'. ♀, in den USA jedoch überwiegend ♂; Wuchs gedrungen, rundlich, locker, 1—2 m hoch, doch viel breiter, Äste abstehend, Spitzen überhängend, Zweige unterschiedlich lang, gelbgrün; Nadeln sichelförmig, nach oben stehend, im Sommer grünlichgelb mit schmalem, gelbem Rand, im Winter mehr bronzegelb, im allgemeinen wenig intensiv gelb (= *T. canadensis washingtonii* Hort.). Vor 1891. Häufig. ✶

Abb. 271. Sehr alter *Taxus cuspidata,* Überrest eines früheren Waldes, in Yamabe, Hokkaido, Japan (Foto: NITZELIUS)

Abb. 272. *Taxus cuspidata* 'Hitii' in einem Garten in Pomfret, Connecticut, USA (Foto: R. H. KEEN)

T. brevifolia Nutt. Strauch oder Baum, 5—15 (bis 25) m hoch, sehr langsam wachsend, Krone breit kegelförmig, Borke in Stücken ablösend, Äste aufrecht abstehend, dünn, Zweige leicht überhängend, Knospenschuppen zugespitzt; Nadeln 2zeilig, 1—2 cm lang, 2 mm breit, auffallend gelbgrün (wichtiges Merkmal!), plötzlich scharf zugespitzt; Samen eiförmig, 5 mm lang, 2—4kantig, Samenmantel hochrot. KHN 192 (= *T. baccata* var. *brevifolia* Koehne). Westliche USA, von Vancouver bis Californien. Standpflanzen in Deutschland unbekannt. (Les Barres). Abb. 267.

T. canadensis Marsh. Kanadische Eibe. Niederliegender Strauch, kaum über 1 m hoch, doch 3—4 m Breite erreichend, Äste kriechend, kurz, dicht benadelt, Zweige grün, zuletzt rotbraun, Knospen gelbgrün, Schuppen gekielt und lanzettlich; Nadeln 1—2 cm lang, plötzlich kurz zugespitzt, ganz kurz gestielt, oben tief gelbgrün, unten mit 2 blaßgrünen Bändern, diese etwa so breit wie der grüne Rand, im Winter rotbraun (= *T. baccata procumbens* Loud.). Östliches Nord-Amerika, von Kanada bis Virginia. Wenig schön, braucht viel Feuchtigkeit und Schatten, aber außerordentlich winterhart. In Kultur bei uns sehr selten; deutsche Standorte nicht bekannt. (Les Barres). Ⓢ

'Pyramidalis'. Wuchs strauchig, Triebe steif aufrecht, Spitzen überhängend, Austrieb gelbgrün, im Laufe des Sommers hellgrün, im Winter braun; Nadeln an der Triebbasis 18 mm lang, 2,5 mm breit, nach der Triebspitze zu kürzer werdend. In Kultur seit 1933 bekannt.

T. celebica (Warburg) Li. Großer Strauch oder auch Baum, bis 15 m hoch, in Kultur breit und buschig, Rinde rötlich, Triebe kurz, dünn, abstehend; Nadeln leicht sichelförmig gebogen, lineal-lanzettlich, 12—27 mm lang, in Kultur bis 40 mm lang, 2—2,5 mm breit, plötzlich zugespitzt, Basis meist schief und herablaufend, oben dunkelgrün, unten hellgrün mit 2 breiten bräunlichgelben Stomabändern; Samen flach eiförmig, oft 3kantig, mit rötlichem Samenmantel. KHN 193, 197 (= *T. chinensis* Rehd. p.p.; *T. speciosa* Florin). China. Dies ist die Pflanze, die in britischen Gärten (und vielleicht auch anderswo in Europa) unter dem Namen *Taxus chinensis* in Kultur ist. ★

T. cuspidata S. & Z. Japanische Eibe. Baum, in seiner Heimat über 20 m hoch (Abb. 271), bei uns meist nur strauchig, Äste abstehend oder aufstrebend, Rinde rötlichbraun, Jahrestriebe rötlich, Knospenschuppen meist eiförmig, die unteren mehr 3eckig und gekielt; Nadeln unregelmäßig 2zeilig, 1,5—2,5 cm lang, bis 3 mm breit, plötzlich zugespitzt mit kleiner Stachelspitze, Basis plötzlich verschmälert in 1 deutlichen, gelben Stiel, oben tiefgrün, unten mit 2 gelblichen Bändern; Samen eiförmig, zusammengedrückt, leicht 3—4kantig, Samenmantel rot. KHN Taf. 124, 125 (= *T. baccata cuspidata* Carr.). Japan. Wertvoll wegen seiner sehr großen Winterhärte und tiefgrünen Benadelung. In den USA viel mehr in Kultur als in Europa, dort auch eine Menge von Gartenformen, die zum größten Teil bei uns noch nicht vorhanden sind. ** Abb. 267.

'Capitata'. ♂ und ♀; Wuchs straff kegelförmig aufrecht, ein- oder mehrstämmig, besonders raschwüchsig. Dies ist eigentlich nichts weiter als eine Bezeichnung für den baumartig wachsenden Typ, der in USA in den Baumschulen allgemein üblich ist, obwohl botanisch nicht korrekt.

'Columnaris'. Breite Säulenform, Wuchs mittelkräftig, ältere Pflanzen an der Spitze breiter als an der Basis, da unten spärlicher bezweigt; Nadeln tiefgrün (= *T. cuspidata parsonsii* Hort.). In USA entstanden.

'Densa'. ♀; Wuchs flach, sehr dicht, Zweige ausladend, im Alter von 50 Jahren bis 6 m breit, dabei aber nur 1,2 m hoch. KHN 195. In USA sehr verbreitet und niedriger als 'Nana'.

'Expansa'. Wuchs vasenförmig, also ohne Mittelstamm und mit offener Mitte, in 20 Jahren etwa 3 m hoch und ebenso breit werdend. In USA sehr verbreitet.

'Hitii'. Wird neuerdings in USA als identisch angesehen mit *T. media* 'Stovekenii'. Abb. 272.

'Minima'. Zwergigste von allen, kaum über 30 cm hoch und sehr schwach wachsend, Wuchs aufrecht, stark und unregelmäßig verzweigt, Triebe braun, Jahrestriebe nur 1—2 cm lang; Nadeln länglich-lanzettlich, 4—12 mm lang, glänzend dunkelgrün. Um 1918 gefunden von B. H. SLAVIN, Rochester, USA. Winterhart.

'Nana'. Niedriger Strauch, bis 6 m breit und dann etwa 2,5 m hoch, Äste dicht mit kurzen Zweigen besetzt; Nadeln ziemlich kurz, 2—2,5 cm lang, stumpfgrün, mehr aufrecht stehend und nicht oder nur undeutlich 2reihig angeordnet (= *T. baccata brevifolia* Hort.; *T. cuspidata compacta* Bean). Jüngere Pflanzen besonders dicht, fast halbkugelig, auch sehr gut für Schattenlagen. In den USA eine der häufigsten Koniferen. ** Abb. 273.

'Rustique'. Wuchs breit und locker, Äste lang ansteigend, dunkelbraun, gestreift; Nadeln locker stehend an den langen Trieben, 3—3,5 cm lang, 2,5 bis 3 mm breit, oben tiefgrün, unten gelblichgrün, etwas sichelförmig, an den kurzen Seitentrieben nur halb so groß. F. G. VROOM, Glimmen, Holland. 1950.

T. × hunnewelliana Rehd. (*T. cuspidata* × *T. canadensis*). Ähnlich *T. cuspidata*, doch Wuchs schlanker, raschwüchsiger, besser bezweigt; Nadeln schmaler, teilweise nach vorn gerichtet, heller grün, im Winter meist rötlich (nicht fuchsrot, wie bei *T. canadensis*), auf der Unterseite die grüne Randlinie mehr als halb so breit wie der hellgrüne Streifen. KHN 197. Um 1900. *

'Richard Horsey'. Strauch, dicht verzweigt, im Alter 8—10 m breit werdend, aber nur 1 m hoch, Hauptäste niederliegend, Nebenäste ansteigend, Jahreszu-

Abb. 273. *Taxus cuspidata* 'Nana', 11 m breit, 2,7 m hoch, in Wellesley, USA (Foto: R. H. KEEN)

wachs etwa 15—30 cm; Nadeln 10—20 mm lang, 2—2,5 mm breit, oben glänzend dunkelgrün, unten bläulich-hellgrün mit 2 graugrünen Stomabändern, 4 Jahre dauernd; Früchte 8—10 mm breit. Verbreitet 1977 durch das US NATIONAL ARBORETUM, Washington, D.C. ■

T. × media Rehd. (*T. cuspidata × T. baccata*). In der Mitte zwischen den Eltern stehend, Wuchs kräftiger als *T. baccata*, ältere Zweige olivgrün, oft oberseits rötlich, Knospenschuppen stumpf, leicht gekielt; Nadeln ähnlich *T. cuspidata*, doch deutlich 2reihig und oft waagerecht ausgebreitet, Mittelnerv mehr erhaben als bei *T. baccata*. Um 1900.

Hierzu in den USA viele Formen:

'Anthony Wayne'. Starkwüchsige Säulenform; Benadelung gelblichgrün. 1943 in den HESS NURSERIES, Wayne, N. J., USA, entstanden.

'Brownii'. Wuchs fein und dicht, fast kugelig oder etwas in die Breite gehend, etwa bis 2,5 m hoch und 3,5 m breit werdend, gut bezweigt, Triebe kurz; Nadeln tiefgrün, 15—20 mm lang, etwas sichelförmig.

'Densiformis'. ♀; Wuchs dicht und rundlich, junge Triebe im Winter grünlichbraun, sehr zahlreich; Nadeln 20—22 mm lang, 2,5 mm breit, dünn, spitz, oben hellgrün.

'Grandifolia'. Wuchs sehr gedrungen, aufrecht; Nadeln auffallend groß, bis 30 mm lang, 3 mm breit, tiefgrün. Aus USA, aber schon in Deutschland in Kultur. (zu JEDDELOH). ■

'Hatfieldii'. Hiervon in USA mehrere Typen, der ursprüngliche wächst breit kegelförmig und wird bis 4 m hoch, bei 3 m Breite, Zweige aufrecht; Nadeln

Abb. 274. *Tetraclinis articulata.* a Zweig; b etwas vergrößert; c ♂ Blütenstand; d Staubblätter; e—f Zapfen; g Same (nach BAILEY und ENGLER-PRANTL)

radial stehend, tiefgrün, gut gefärbt. Erzogen von T. D. HATFIELD, Hunnewell Pinetum, Wellesley, USA. Vor 1923. ✶

'Hicksii'. ♂ und ♀ Typen; schmale Säulenform, etwa 2—3mal höher als breit, Äste aufstrebend, lang, oft aber auch an der Spitze der Pflanze breiter als an der Basis; Nadeln an aufrechten Trieben radial, an den Seitentrieben deutlich 2zeilig, 25—30 mm lang, 3 mm breit, oben glänzend dunkelgrün mit deutlich erhabenem Mittelnerv, unten hellgrün. Bereits um 1900 entstanden in den HICKS NURSERIES. In mehreren Typen im Handel. ✶

'Hillii'. Wuchs breit kegelförmig bis mehr rundlich, bis etwa 3 m hoch, Zweige sehr dicht stehend, aufrecht, Seitentriebe kurz; Nadeln 20—22 mm lang, etwa 2,5 mm breit, spitz, oben glänzend hellgrün, unten grasgrün. Angeblich aus holländischen Pflanzen selektiert, die um 1914 an die Baumschule D. HILL & Co., USA, geliefert worden waren.

'Moon'. Wuchs mehr oder weniger aufrecht, Äste und Triebe ansteigend, sehr dicht stehend. Aus USA. ■

'Nidiformis'. ♂; Wuchs breit und niedrig, mit vertiefter Mitte, Äste und Zweige waagerecht ausgebreitet, dadurch eine „Nestform" bildend; Blätter tiefgrün. 1953 von F. G. GROOTENDORST, Boskoop, verbreitet. ■

'Sebian'. ♂; Wuchs breit und langsam, mit flachem Gipfel, in 20 Jahren etwa 1,8 m hoch und 4 m breit. In USA sehr geschätzt, durch den frühen Austrieb jedoch frostgefährdet.

'Strait Hedge'. ♀; Wuchs kräftig, mehrtriebig, sehr schmal und aufrecht, auch an der Basis stets gut verzweigt; Nadeln tiefgrün, teils radial stehend; schon als jüngere Pflanze gut fruchtend. Vorzüglich für Hecken geeignet. (MINIER). ✶ ■

'Thayerae'. ♀; sehr raschwüchsig, breit vasenförmig, Zweige weit abstehend, als 25jährige Pflanze bis 2 m hoch und 5 m breit, Äste waagerecht, etwas ansteigend, mit nur wenigen Seitentrieben, Spitzen leicht nickend; Nadeln 2zeilig und weit stehend, an starken Trieben V-förmig angeordnet, sehr schmal, 20—25 mm lang, 1,8—2 mm breit, glänzend hellgrün (= *T. cuspidata andersonii* D. Hill). Bereits 1917 im BAYARD THAYER ESTATE in South Lancaster, Massachusetts, USA, aus Samen erzogen. Heute eine sehr beliebte und weit verbreitete Form. ✶✶

'Ward'. ♀; flachkugelig wachsend, bis 2 m hoch und 6 m breit bei sehr alten Pflanzen; Nadeln sehr dicht stehend, tiefgrün, an die Nadeln von *T. cuspidata* 'Nana' erinnernd, aber schmaler.

TETRACLINIS Mast. — GLIEDERZYPRESSE — CUPRESSACEAE

Monotype Gattung, nahe verwandt mit *Callitris* und *Widdringtonia*, aber abweichend durch die *Thuja*-ähnlichen, abgeflachten Zweiglein und 4reihig angeordneten Blätter, Zapfen nur mit 4 Schuppen; im übrigen vgl. die folgende Beschreibung. (Arealkarte bei *Cunninghamia*).

Tetraclinis articulata (Vahl) Mast. Immergrüner Baum, 12—15 m hoch, Krone kegelförmig, Stamm dick, Zweige gedrungen, aufrecht, geteilt in flache Zweiglein; Bläter in Quirlen zu 4, die seitenständigen größer und die Flächenblätter teilweise überdeckend, Basis lang angewachsen, die freien Spitzen schuppenförmig, spitz; Blüten 1häusig; Zapfen endständig, einzeln, rundlich, 10—12 mm breit, mit 4 holzigen dikken, 3eckigen Schuppen, davon 2 stumpf und 2 spitz, das innere Paar am Rücken stark eingedrückt und unfruchtbar, das äußere Paar außen konkav, alle 4 Schuppen an der Spitze mit kleinen Spitzchen, Samen zu 2 oder 3 unter jeder der beiden fruchtbaren Schuppen, eiförmig, mit 2 oben breiter werdenden Samen. KHN Taf. 129 (= *Callitris quadrivalis* Vahl). Süd-Spanien, Malta, Nord-Afrika. Wichtiger Forstbaum in sehr warmen, trockenen Gebieten, bei uns nur Kalthauspflanze. In den botanischen Gärten nur selten, sehr großer Baum im Botanischen Garten Valencia, Spanien. Abb. 274.

THUJA L. — LEBENSBAUM — CUPRESSACEAE

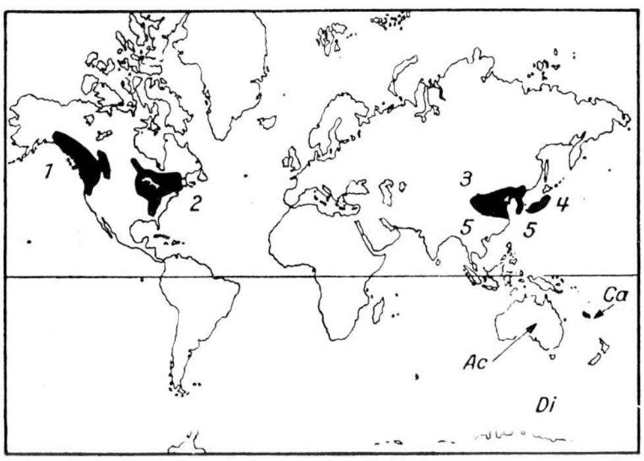

Abb. 275. Areal der Gattungen *Thuja* (1 *T. plicata*, 2 *T. occidentalis*, 3 *T. sutchuenensis*, 4 *T. standishii*, 5 *T. orientalis*), *Actinostrobus* (Ac), *Neocallitropses* (Ca) und *Diselma* (Di)

Immergrüne Bäume, seltener auch Sträucher, Borke schuppenförmig, Äste meist abstehend oder ansteigend und eine kegelförmige Krone bildend, Zweige mehr oder weniger abgeflacht; Blätter gegenständig, schuppenförmig, angedrückt, dachziegelig, sehr dicht stehend, die Blätter der Breitseiten die randständigen meist überdeckend; Blüten 1häusig; ♂ Blüten einzeln, endständig, klein, fast kugelig; ♀ Blüten eirund bis länglich, einzeln, sehr klein, mit 6—8 (bis 12) Schuppen, davon 2—6 (oder 1—3) fruchtbar; Zapfen klein, eiförmig oder länglich, Schuppen lederartig, mehr oder weniger klaffend; Samen zu 2—3 unter einer Schuppe, linsenförmig, ringsum geflügelt oder (bei *T. orientalis*) ungeflügelt; Keimblätter 2; $x = 11$. — 6 Arten in Nord-Amerika und Ost-Asien.

Übersicht über die wichtigsten Merkmale

Zweigstellung		Zweiglein		Flächenblätter an den Leittrieben		Flächenblätter an den Zweiglein		Früchte	
in senkrechter Ebene	in waagerechter Ebene	beiderseits gleich, unten nicht weiß	Ober- und Unterseite verschieden; unten weiß	mit Öldrüsen	ohne Öldrüsen	mit Furche	ohne Furche	dick und holzig	klein und lederig
T. orientalis									
×		×		×		×		×	
T. occidentalis									
	×	×		×			×		×
T. plicata									
	×		×		×		×		×
T. standishii									
	×		×		×		×		×
T. koraiensis									
	×		×	×			×		×

Thuja koraiensis Nakai. Breiter Strauch, meist Äste alle niederliegend-aufsteigend, sehr selten; Baum, bis 9 m, Wuchs locker, Rinde dünn, rotbraun, in kleinen Schuppen abblätternd, Zweige zusammengedrückt; Blätter an den Hauptzweigen 3eckig-eiförmig, gedrängt, an den stark abgeflachten Zweiglein rhombisch-3eckig, oben lebhaft grün mit deutlicher Drüse, unten weiß gezeichnet; Zapfen eiförmig-elliptisch, 8 bis 10 mm lang, braun, mit 4 Paaren Zapfenschuppen, Samen geflügelt, 4 mm lang. Korea. 1917. Sehr hübsche, ganz winterharte Art mit auffälliger Zeichnung. ✶

T. occidentalis L. Abendländischer Lebensbaum. Baum, bis 20 m hoch, Krone kegelförmig, Äste kurz, waagerecht abstehend, Rinde braun, in schmale Streifen gespalten, Zweige mit zahlreichen Zweiglein, diese zusammengedrückt, oben dunkelgrün, unten blaßgrün und ohne Zeichnung; Blätter schuppenförmig, an den Haupttrieben weitstehend und bis 4 mm lang, an Sei-

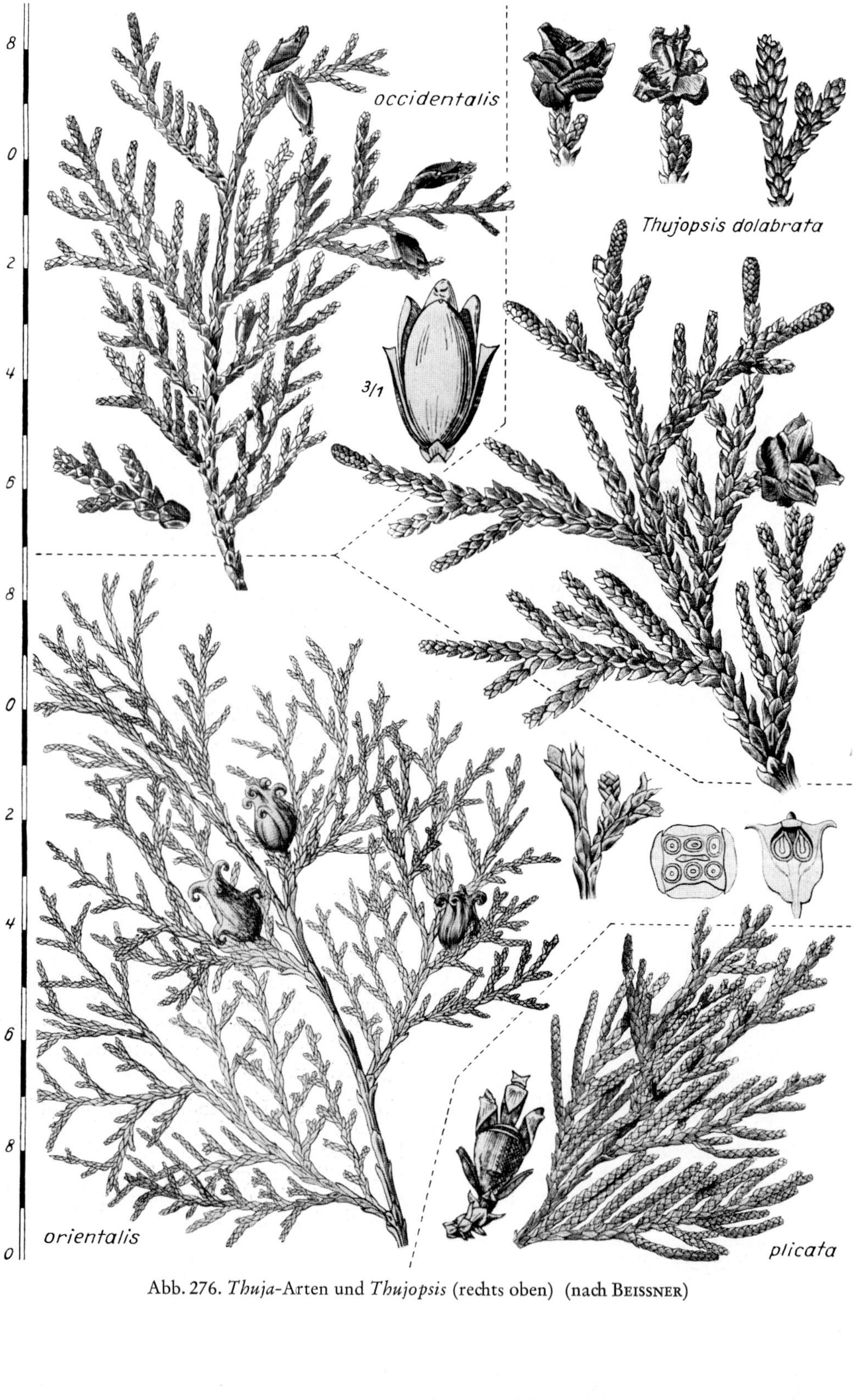

Abb. 276. *Thuja*-Arten und *Thujopsis* (rechts oben) (nach Beissner)

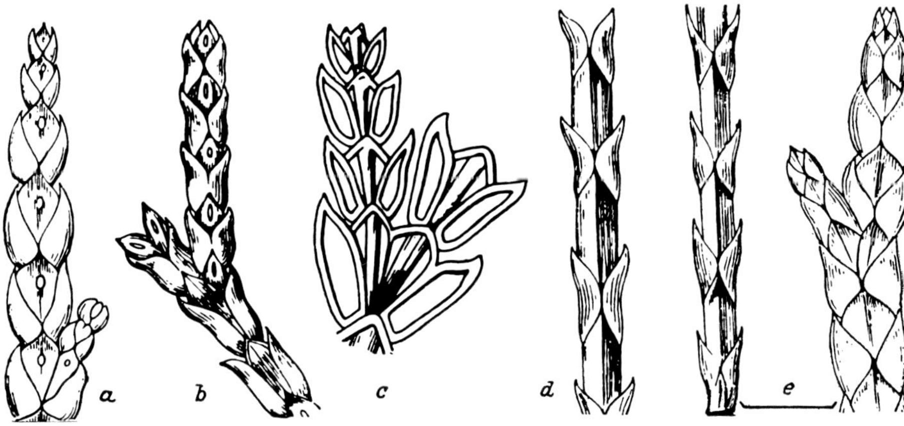

Abb. 277. Triebspitzen von *Thuja*. a *T. occidentalis*; b *T. orientalis*; c *T. standishii*; e *T. plicata*. c *Thujopsis dolabrata* (nach MAYR)

tentrieben dicht, 2,5 mm lang, eirundstumpf, Flächenblätter auf dem Rücken drüsig, Kantenblätter etwas kürzer, kahnförmig; Früchte eiförmig, hellbraun, 8 mm lang, an kurzen Zweigen, später nickend, im 1. Jahre reifend, mit 8 bis 10 Schuppen, Samen schmal ringsum geflügelt. Nördliche USA und Kanada, oft auf kalten, sumpfigen Böden. Vermutlich um 1534 nach Europa eingeführt. Abb. 276, 277.

Hierzu viele Gartenformen:

ÜBERSICHT ÜBER DIE GARTENFORMEN VON *T. occidentalis*

A. Wuchs normal aufrecht, nicht zwergig, Benadelung grün, im Winter mitunter braun werdend.
   Säulenformen:
      'Columna', 'Fastigiata' (= 'Stricta'), 'Malonyana'
   Hängeformen:
      'Pendula' (Zweige normal),
      'Filiformis' (Zweige fadenförmig)
   Monströs beastet:
      'Bodmeri', 'Douglasii Pyramidalis', 'Spiralis'
   Sonstige Formen:
      (meist schmaler oder breiter kegelförmig)
      'Elegantissima', 'Gracilis', 'Hetz Wintergreen', 'Indomitable', 'Smaragd', 'Wareana'

B. Zwergformen mit normaler, grüner, schuppenförmiger Benadelung.
   Kugel- und Eiformen:
      'Danica', 'Dumosa', 'Globosa', 'Hetz Midget', 'Hoveyi', 'Little Champion', 'Little Gem', 'Mecki', 'Recurva Nana' (im Alter kegelförmig), 'Tiny Tim', 'Umbraculifera' 'Woodwardii'
   Kegelformen:
      'Holmstrup', 'Rosenthalii'

C. Bunte Formen mit normaler schuppenförmiger Benadelung.
   Gelbe Formen:
      'Cloth of Gold', 'Europe Gold'
      'Golden Globe', 'Holmstrup Yellow', 'Lutea', 'Lutea Nana', 'Semperaurea', 'Sunkist', 'Vervaeneana', 'Wareana Lutescens'
   Weißbunte Form:
      'Meinekes Zwerg'

D. Übergangsformen mit Schuppen- und Nadelblättern:
      'Ellwangeriana', 'Ellwangeriana Aurea', 'Rheingold'

E. Formen mit nur nadelförmigen Blättern:
      'Ericoides', 'Ohlendorffii' (mit abweichenden Langtrieben!)

'Bodmeri'. Locker kegelförmig, bis 2,5 m hoch, Äste dick, unregelmäßig stehend, Zweige kurz, dicklich, monströs, 4seitig übergebogen, an alten Pflanzen häufig zahlreiche abgestorbene Zweiglein; Nadeln sehr dicht, beständig dunkelgrün, unterseits nicht weiß. KHN 202. Vor 1891. ✶

'Cloth of Gold'. Strauchig, locker, langsamwüchsig, Zweiglein leuchtend hellgelb, Zweige mehr goldgelb. 1891 von SPÄTH, Berlin, erstmalig angeboten; aus Nord-Amerika eingeführt. ✶

'Columna' (Späth). Regelmäßig schmale Säulenform, Wuchs kräftig, Spitze ziemlich stumpf, Äste und Zweige waagerecht abstehend, Zweiglein fächerförmig, glänzend dunkelgrün. 1904 von L. SPÄTH, Berlin, in den Handel gebracht. ✶✶

'Danica'. Zwergform, kugelig, etwas breiter als hoch, in 20 Jahren etwa 50 cm hoch werdend, alle Zweiglein senkrecht stehend; Benadelung frischgrün, im Winter etwas bräunlichgrün. KHN Taf. 128. 1948 von R. A. JENSEN, Orting, Dänemark, aus Samen erzogen. ✶

'Douglasii Pyramidalis'. Schmal säulenförmig, bis 15 m, Äste ganz kurz, schlaff, aufsteigend und ab-

Abb. 278. *Thuja occidentalis* 'Hoveyi' (Foto: HORSEY, Rochester Parks, USA)

Abb. 279. *Thuja occidentalis* 'Ohlendorffii' in Wisley Gardens, England

stehend, Zweige farnwedelartig verzweigt, zahlreich, kurz, moosgrün, untere Zweiglein teilweise vertrocknend und abfallend. Vor 1901 von SPÄTH aus dem Arnold Arboretum, Jamaica Plain, USA, eingeführt. Ähnlich *T. occidentalis* 'Spiralis', doch weniger gut.

'Dumosa'. Zwergform, bis 1 m hoch und breit, flachrund bis mehr oder weniger kugelig, doch etwas unregelmäßig, Bezweigung ähnlich 'Recurva Nana' (deshalb auch oft hiermit verwechselt!), aber die Triebe nicht so gleichmäßig gekrümmt, sondern teilweise auch ganz flach, am Gipfel stets viele, etwa 10—15 cm lange, senkrechte, nur ganz wenig bezweigte Triebe mit normaler *occidentalis*-Benadelung, diese weder flach noch gekrümmt. KHN Taf. 130 (= *T. occidentalis „nana“* Carr.; *T. occidentalis plicata dumosa* Hornibr.; *T. occidentalis wareana globosa* Beissn.). Häufig in den Gärten, aber oft nicht erkannt.

'Elegantissima'. Schmal kegelförmig, zierlich und dicht, bis 5 m hoch; Nadeln dicht, glänzendgrün, Spitzen bräunlich, im Winter dunkler. Vor 1930. Hübsch. Ⓢ

'Ellwangeriana'. Übergangsform, mehr oder weniger breit kegelförmig, bis 2,5 m hoch, Äste ansteigend oder aufrecht, feinfederig, Zweiglein sehr dünn, teils mit Schuppen-, teils mit Nadelblättern. Vermutlich aus Nord-Amerika. Vor 1880. Ganz hart.

'Ellwangeriana Aurea' (Späth). Wie die vorstehende, doch Wuchs langsamer und mehr kugelig; Nadeln beständig goldgelb. KHN Taf. 135. 1895 bei SPÄTH als Mutation an *T. occidentalis* 'Ellwangeriana' entstanden. Frostempfindlich. ∧

'Ericoides'. Jugendform, zwergig, buschig und rundlich oder auch breit kegelförmig, bis 1 m hoch, Äste aufrecht und abstehend, Zweige schlaff, biegsam, zahlreich, dicht, aufrecht; Nadeln alle pfriemförmig, bis 8 mm lang, allseitig abstehend, weich, oben matt gelbgrün, unten graugrün, im Winter bräunlich. KHN Taf. 131. Vor 1868 bekannt. Sehr raschwüchsig, doch auch sehr frostempfindlich. ∧∧ Ⓢ

'Europe Gold'. Wuchs kegelförmig aufrecht, etwa wie eine gelbe 'Smaragd', aber schwachwüchsig; Benadelung sehr schön goldgelb, im Winter orangegelb. Selektiert von M. SCHELTEMA, Loosdrecht, NL, eingeführt 1974 von den DARTHUIZER BOOMKWEKERIJEN, Leersum, NL. ✶ ■

'Fastigiata'. Breit säulenförmig, bis 15 m hoch, Äste aufrecht und abstehend, Zweige zahlreich, Zweiglein teils aufwärts, teils abwärts gebogen; Nadeln hellgrün. KHN Taf. 135 (= *T. occidentalis stricta* Oud.). Sehr viel angezogene, altbekannte Sorte.

'Filiformis'. Zwergform, kugelig bis breit kegelförmig, dicht, bis 1,5 m hoch, Zweige lang fadenförmig, aufrecht und überhängend; Nadeln graugrün, im Winter mehr braun. KHN 204. Vor 1909.

'Globosa'. Zwergform, kugelig, bis 2 m, ebenso breit, Äste aufrecht und ansteigend, Zweige regelmäßig; Nadeln grün, im Winter graugrün. KHN Taf. 136 (= *T. occidentalis spihlmannii* P. Smith). ✶ Abb. 280.

'Golden Globe'. Mutation an 'Woodwardii' mit zartgelber Nadelfärbung, Wuchs etwas langsamer als letztere, aber Form gut kugelig. Von F. J. GROO-

TENDORST, Boskoop, zunächst ohne Namen aus USA importiert; 1964 in den Handel gegeben.

'Gracilis'. Hochwachsend, locker, Äste lang und dünn, nach allen Seiten zierlich überhängend, Triebe ziemlich dicht stehend, dünn; Schuppen länglich, schlank, hellgrün. KHN 204. 1875. Alte englische Sorte.

'Hetz Midget'. Kugelige, sehr langsamwüchsige Zwergform, Triebe ziemlich kräftig, Jahreszuwachs nur etwa 2,5 cm; Benadelung grün. KHN Taf. 136. Um 1925 in den FAIRVIEW NURSERIES als Sämling selektiert; 1942 eingeführt.

'Hetz' Wintergreen'. Sehr raschwüchsige Kegelform, Benadelung auch im Winter schön grün bleibend. HETZ, USA. Vor 1950. ■

'Holmstrup'. Niedrige Form, Wuchs regelmäßig kegelförmig, 3—4 m hoch werdend, dicht bezweigt, Triebe etwa 2 mm dick, meist senkrecht stehend; Benadelung sehr schön grün, auch im Winter so bleibend (= *T. occidentalis holmstrupii* Jensen). Gefunden von ASGER M. JENSEN, Holmstrup, Dänemark; eingeführt 1951. Heute sehr verbreitet. ✶✶✶

'Holmstrup Yellow'. Mutation an 'Holmstrup' mit gelber Benadelung. ■

'Hoveyi'. Zwergform, eirundlich, 1—1,5 m, leicht auseinanderfallend, Äste steil aufrecht, schlaff, Zweige aufrecht, flach; Nadeln hellgrün. KHN 207. 1868. Abb. 278.

'Indomitable'. Mutation an 'Elegantissima', starkwüchsig, Zweige anstehend; Benadelung tiefgrün, doch im Winter teilweise rötlichbraun verfärbend. KHN 212. Um 1960 entstanden bei L. KONIJN & Co., Reeuwijk. Besonders winterhart.

'Little Champion'. Zwergform, in der Jugend Wuchs kräftig, bis zu einer Höhe von 50 cm, dann jedoch langsamwüchsig und kugelig werdend, Bezweigung locker aufrecht und abstehend; Nadeln grün, doch im Winter etwas bräunlich. KHN Taf. 136. Um 1935 als Sämling gefunden in der Baumschule MCCONNEL, Port Burwell, Ontario, Kanada; 1956 eingeführt.

'Little Gem'. Zwergform, flachkugelig, bis 2 m breit, nicht ganz so hoch, Äste dünn, aufrecht und ansteigend, Zweiglein kraus; Nadeln dunkelgrün, im Winter braun (= *T. occidentalis pumila* Beissn.). ✶

'Lutea'. Schlank kegelförmig, 10 m hoch, Zweige gelbbraun, Zweiglein und Nadeln goldgelb, unterseits hellgelbgrün. Vor 1900. Häufig.

'Malonyana' (Ambrozy). Ganz schmale, spitze Säulenform. KHN Taf. 135. Entstanden bei AMBROZY, Malonya, Slowakei. Heute noch bei BÖHLJE, Westerstede, in Kultur. ✶

'Mecki' (Kordes 1965). Wuchs kugelig, sehr gedrungen, schwachwüchsig, frischgrün, sehr gesund. Selektiert von HINRICH KORDES, Bilsen, Holstein. ✶ ■

'Meinekes Zwerg'. Zwergige Kugelform, in 15 Jahren etwa 60 cm hoch und breit werdend; dunkelgrün, junge Triebspitzen rahmweiß. 1956 gefunden, aber erst 1973 von K. MEINEKE, 342 Herzberg, eingeführt. Ⓢ ■

'Ohlendorffii' (Ohlendorff). Ungleichmäßig und strauchig wachsend, etwa 1 m hoch, Äste lang, aufrecht, straff, nur an der Spitze verzweigt; Jugendblätter an den Triebspitzen kreuzweise gegenständig, pfriemförmig, etwa 12 mm lang, rötlichbraun, Schuppenblätter klein, in 4 Reihen, im 2. Jahr rotbraun. KHN Taf. 130 (= *T. occidentalis spaethii* Rueppel). Bei OHLENDORFF in Hamburg vor 1887 in Kultur entstanden. Hart. Mehr interessant als schön. Ⓢ Abb. 279.

Abb. 280. *Thuja occidentalis* 'Globosa' (Foto: HORSEY, Rochester Parks, USA)

'Pendula' (Standish). Hängeform, locker aufrecht-überhängend, bis 5 m hoch, nur wenige Äste, stark abwärts gebogen, Zweige hängend; Nadeln mehr blaugrün, im Winter graugrün. Entstanden vor 1862 bei STANDISH, Bagshot, England.

'Recurva Nana'. Zwergform, breit kegelförmig, bis 2 m hoch, Äste aufrecht und abstehend, Zweigspitzen übergebogen oder gedreht; Nadeln grün, im Winter braun. KHN Taf. 136. Vor 1867. ✶

'Rheingold' (Vollert). Übergangsform, anfangs kugelig, später mehr breit, bis 1,5 m hoch, Zweige dünn, Austrieb schön rosa, Zweiglein hellgoldgelb, teils mit Nadel-, teils Schuppenblättern. KHN Taf. 127. 1904. Λ

'Rosenthalii'. Regelmäßig säulenförmig, bis 5 m, Äste dicht und regelmäßig, aufrecht, Zweige zahlreich; Nadeln glänzend dunkelgrün. Vor 1891. Eine der schönsten dunkelgrünen Sorten.

'Semperaurea'. Breit kegelförmig, bis 10 m hoch, dicht beastet, Äste abstehend, Zweige und Zweiglein dicklich, glänzendgrün, Triebspitzen goldgelb, im Winter gelbbraun (= *T. lobbii semperaurea* Hort.). Vor 1893. Häufig. ✶

'Smaragd'. Gedrungene Kegelform, locker bezweigt, Zweige mehr oder weniger in senkrechter Ebene, Zweiglein entfernt stehend, glänzend frischgrün im Sommer und Winter. KHN 203. 1935 selektiert von D. T. POULSEN, Kvistgaard, Dänemark; eingeführt

Abb. 281. *Thuja orientalis* 'Aurea Nana' in einem irischen Park

Abb. 282. *Thuja orientalis* 'Meldensis' in Wisley Gardens, England

1950. Heute eine der wichtigsten Sorten des Handels. ✶✶

'Spiralis'. Schlank kegelförmig, bis 15 m hoch, Äste auffällig schraubig stehend, Zweige etwas gedreht, kurz, Zweiglein farnartig; Nadeln blaugrün. KHN 203. Ursprung unbekannt. Vor 1932.

'Sunkist'. Wuchs kegelförmig, raschwüchsig und dicht bezweigt; Benadelung goldgelb. Vor 1960 bei GEBR. BOER in Boskoop entstanden. Wird als eine Verbesserung von *T. occidentalis* 'Lutea' gerühmt. ✶

'Tiny Tim'. Zwergform, Wuchs sehr langsam, in 8 bis 10 Jahren etwa 30 cm hoch und 40 cm breit, kugelig, sehr fein bezweigt, im Winter etwas braun. Entstanden in der LITTLE TREE FARM, London, Ontario, Kanada; eingeführt 1955 durch BULK & Co., Boskoop. Ⓢ

'Umbraculifera' (Neder). Zwergform, dicht flachrundlich, oben fast schirmförmig, abgeflacht, bis 1,5 m hoch, Äste aufrecht, Zweige gedreht, etwas überhängend; Nadeln dünn, grün, blau bereift. Entstanden vor 1891 bei CHR. NEDER in Frankfurt/M. Vielleicht die am meisten blaue aller *Thuja*-Formen. Häufig. ✶

'Vervaeneana'. Schlank kegelförmig, bis 15 m hoch, Zweiglein zahlreich, fein und leicht; Nadeln hellgelb bis hellgrün, im Winter goldbronzeartig. Vor 1862. Sehr hübsch. Ⓢ

'Wareana' (Ware). Dicht kegelförmig, bis 7 m hoch, Äste abstehend, Zweige breit fächerförmig, Zweiglein dicklich, kurz, zusammengedrückt; Nadeln graublau. KHN 202 (= *T. occidentalis robusta* Carr.). Bei TH. S. WARE in Coventry, England, entstanden. Vor 1855. Sehr bekannte Form, häufig auch aus Samen gezogen, doch nicht ganz treu fallend. Häufig. ✶

'Wareana Lutescens' (Hesse). Wie die vorige, doch weniger hoch und Nadeln hellgelb. Bei HERM. A. HESSE entstanden. Vor 1891.

'Wintergreen' → **'Hetz' Wintergreen'.**

'Woodwardii'. Zwergform, eikugelig, dicht, bis 1,5 m hoch, Äste und Zweige aufrecht; Nadeln Sommer und Winter dunkelgrün. Vor 1923.

T. orientalis L. Morgenländischer Lebensbaum. Kleiner Baum, 5—10 m hoch, oft vom Grund auf mehrstämmig und stark verzweigt, Rinde dünn, in Fasern ablösend, Krone breit kegelförmig, Äste aufstrebend, Hauptzweige rundlich, Zweiglein in senkrechter Ebene ausgebreitet, beiderseits frisch- oder gelbgrün, beiderseits gleichfarbig; Blätter fest anliegend, gerieben schwach harzduftend; Zapfen an kurzen Zweigen aufrecht, 10—15 mm lang, länglich, vor der Reife blaugrün bereift, mit 6—8 Schuppen, diese an der Spitze mit einem langen, zurückgebogenen Dorn, Samen ungeflügelt. KHN Taf. 137 (= *Biota orientalis* Endl.). China, Japan, Mandschurei, Korea. 1752. Bei uns nur in wärmeren Gebieten ganz winterhart, am besten Winterschutz geben. ✶ ∧—∧∧ Abb. 276, 277.

'Aurea'. Niedriger als die Art, doch einige Meter hoch, Wuchs sehr langsam, breit rundlich, Äste steif fächerförmig, gelbgrün, im Austrieb goldgelb. Vor 1878. Frostempfindlich, doch unter Decke aushaltend. ✶

'Aurea Nana' (Turbat). Zwergform, Wuchs ganz schwach, kaum 50 cm hoch werdend, Zweige fein und dünn; Nadeln sehr klein, im Frühjahr goldgelb, im Winter dunkelbraun. KHN Taf. 134. Von TURBAT 1939 in den Handel gebracht. ** Abb. 281.

'Blue Cone'. Wuchs kegelförmig, aufrecht, Zweiglein flach, senkrecht, mit deutlich blaugrünem Farbton. USA (Monrovia Nurseries). ■

'Conspicua'. Wuchs gedrungen breit säulenförmig, Beastung kurz, dicht, hellgrün, Triebspitzen gelb. KHN Taf. 134 (= *Biota orientalis aurea conspicua* Hort.). Vor 1930. Hauptsächlich in nordamerikanischen Baumschulen angezogen; in Europa anscheinend so gut wie unbekannt.

'Elegantissima'. Breit säulenförmig, bis 5 m hoch, Äste aufrecht, Zweiglein fächerförmig; Blätter im Frühjahr goldgelb, später grünlichgelb, im Winter braun. KHN 211.

'Magnifica'. Wuchs schmal kegelförmig, 2—3 m hoch, sehr dicht und regelmäßig bezweigt, wie 'Elegantissima', aber die jungen Triebe länger gelb bleibend, später ebenfalls gelbgrün, im Winter bräunlich. Herkunft nicht bekannt. ■

'Meldensis' (Cauchoix). Durch Stecklinge fixierte Übergangsform, Wuchs säulenförmig aufstrebend, Zweige fächerförmig, jedoch Blätter nadelförmig, kreuzweise gegenständig, spitz und steif, teilweise auch Übergänge bis zu Schuppenblättern, blaugrün (wie bei 'Juniperoides'), im Winter mehr violett, fruchtet auch. KHN Taf. 132. Erzogen aus Saat, 1852, von A. CAUCHOIX, Frankreich. Sämlinge ergeben wieder *T. orientalis*. ∧∧ Abb. 282.

'Pyramidalis Aurea'. Hochwachsende Form, in der Jugend schmal kegelförmig, als alte Pflanze jedoch an der Basis ziemlich breit, etwa ein Drittel so breit wie hoch, sehr dicht bezweigt, junge Triebe sehr lange goldgelb bleibend, später mehr grüngelb, im Winter nicht braun werdend. Aus Italien verbreitet, um 1960; erst in letzter Zeit auch in Deutschland in Kultur. (HINRICH KORDES). ** ■ Taf. VIII.

'Rosedalis Compacta' (Chenault). Jugendform, ähnlich 'Juniperoides', aber Wuchs viel feiner und schwächer, nahezu heideartig, locker, Jahrestriebe 3—9 cm lang (Triebe so dünn, daß sie nur mit einem herumgelegten Draht in Form gehalten werden können), Austrieb goldgelb, später allmählich hellblaugrün verfärbend, im Winter purpurblau. KHN Taf. 132. Entstanden vor 1923 bei L. CHENAULT, Orléans. Braucht Winterschutz. Sehr hübsch. ∧ Ⓢ

'Semperaurescens' (Lemoine). Zwergform, rundlich, dicht, Äste und Zweige dicht, aufrecht; Blätter an den Triebspitzen beständig goldgelb, übrige gelbgrün. Vor 1881 bei LEMOINE in Nancy, Frankreich, entstanden. Häufig.

'Sieboldii'. Zwergform, breit-rundlich, vom Boden an dicht verzweigt, Zweige zierlich, fein, frischgrün; Nadeln etwas mehr vom Zweig abstehend (= *T. orientalis nana* Carr.; *T. orientalis compacta* Beissn.). Kulturform aus Japan. 1847. Abb. 283.

'Stricta'. Zwergform, Zweige fadenförmig, alle aufstrebend (nicht hängend) und gebüschelt, eine rundliche Kugelform bildend; Blätter paarweise gegenständig, Spitzen frei, Basis herablaufend, grün, im Winter braun (= *T. orientalis filiformis stricta* Hornibr.). Vor 1909.

'Westmont' (Moore). Wuchs breit eiförmig, Gipfel abgerundet, schwachwüchsig, in 10 Jahren 70 cm hoch und 50 cm breit, Zweiglein teils senkrecht, teils kraus angeordnet, tiefgrün mit goldgelben Spitzen, bis zum Herbst so bleibend. US Plant Pat. 2685 der MONROVIA NURSERIES, Californien. 1966. ■

T. plicata D. Don. Riesen-Lebensbaum. In seiner Heimat 30—60 m hoher Baum. Stamm bis 4 m breit, Basis stark verbreitert, Rinde rotbraun, in dicke Streifen gespalten, Krone spitzkegelförmig, Äste zerstreut, abstehend, Zweiglein 2-zeilig, dicht abwechselnd, 2 mm breit, zusammengedrückt, oben glänzendgrün, unten bläulich weiß gezeichnet; Blätter kreuzweise gegenständig, an den Haupttrieben eiförmig, zugespitzt, gewöhnlich mit Drüsen, an Nebenzweigen kleiner, stumpfer und oft ohne Drüsen, gerieben sehr aromatisch riechend; Zapfen an kurzen Zweigen, länglich-eirund, 12 mm lang, im 1. Jahre reifend, mit 10—12 Schuppen, Samen an beiden Seiten geflügelt. KHN Taf. 129 und 137 (= *T. gigantea* Nutt.; *T. lobbii* Hort.). Westliches Nord-Amerika, Nähe von Gebirgswässern; liebt Boden- und Luftfeuchtigkeit. 1853. Bei uns nicht überall ausreichend winterhart. * (∧) Abb. 276, 277, 284.

'Atrovirens'. Wuchs wie die Art, doch Blätter besonders tief dunkelgrün (= *T. gigantea atrovirens* Gord.). Gut winterhart.

Abb. 283. *Thuja orientalis* 'Sieboldii' im Arboretum Les Barres, Frankreich

Abb. 284. *Thuja plicata*
(Foto: Arnold Arboretum, USA)

Abb. 285. *Thuja plicata* 'Hillieri'
(Foto: DE BELDER, Arboretum Kalmthout, Belgien)

'Aurescens'. Hochwachsend, wie die Art, aber die Spitzen der jungen Triebe grünlichgelb.

'Cuprea'. Zwergform, kegelförmig, Wuchs dicht und langsam, bis 1 m hoch, Zweige kurz und sehr dicht, Spitzen überhängend; Blätter nur an dem übergebogenen Teil der Zweige, gleichmäßig kupfrig- oder bronzegelb, im Sommer mehr grün. Vor 1937 in den Handel gebracht durch ROGERS & SON.

'Dura' (Timm). Schmal kegelförmig, schwachwüchsig, Zweige dicht, ansteigend, Spitzen leicht bräunlich, Zweiglein 8—10 cm lang, dunkelgrün; Nadeln kleiner als beim Typ. Gewonnen 1907 aus Saat von *T. plicata,* bei der nach einem harten Winter von 2000 Sämlingen nur die Mutterpflanze dieser Form allein übrigblieb. Von der Fa. TIMM & Co., Elmshorn (Inh. E. FRAHM), 1948 in den Handel gegeben. ✶✶

'Euchlora' (Timm). Schmal kegelförmig, Zweige kräftig, locker gestellt, Zweiglein auffallend wenig verzweigt, zahlreich, nach vorn gerichtet, 6—8 cm lang, dünn, weich, frischgrün. In einem Privatgarten in Oberbayern, 1200 m, aufgefunden und wegen großer Winterhärte von J. TIMM & Co., Elmshorn, in Vermehrung genommen, doch bisher nicht in den den Handel gebracht 1941. ✶

'Excelsa' (Timm). Locker säulenförmig, hoch werdend, Äste fast waagerecht abstehend, Triebspitzen leicht ansteigend, Zweige locker gestellt, nach der Basis wenig verzweigt, Zweiglein 8—10 cm lang; Nadeln derb, wesentlich größer als beim Typ, dicklich, glänzend dunkelgrün. 1926 auf einem Berliner Friedhof gefunden und von J. TIMM & Co., Elmshorn, in Vermehrung genommen, da sehr hart; in den Handel gebracht 1941. ✶

'Green Survival'. Wuchs kräftig, breit kegelförmig aufrecht; Benadelung frischgrün, auch im Winter so bleibend. Als unbenannter Sämling von den DARTHUIZER BOOMKWEKERIJEN, Leersum, aus Frankreich eingeführt und 1971 in den Handel gegeben. ■

'Hillieri' (Hillier). Zwergform, Busch, unregelmäßig und sehr dicht, Zweige sehr kurz, dick, steif, Zweiglein ebenso; Nadeln locker angedrückt, klein, blaugrün, im Winter bronzebraun. KHN 212. Bei HILLIER, Winchester, England, vor 1920 entstanden. Sehr eigenartig und auffallend. Abb. 285.

'Rogersii' (Rogers). Zwergform, Wuchs kegelförmig, schmal, dicht, bis 1 m hoch, Zweiglein zahlreich, kurz, an den Triebspitzen am kürzesten; Nadeln sehr klein, goldgelb. Entstanden vor 1929 bei ROGERS & SON.

'Stoneham Gold'. Zwergform, Wuchs viel stärker als 'Rogersii', im Laufe der Zeit bis 2 m hoch, gedrungen, buschig, aufrecht, Zweige breit, abgeflacht, die etwa 2,5 cm langen, vorstehenden Triebspitzen schön goldgelb oder später bronzegelb. 1948 von ROGERS & SON, Southampton, eingeführt.

'Zebrina'. Hochwachsende, breite Kegelform, 12 bis 15 m hoch, Zweige abstehend, Spitzen alter Pflanzen leicht überhängend; Belaubung zebraartig gelblich gestreift, zuletzt weißlich gestreift (= *T. plicata aureo-variegata* Oud.; *T. gigantea aureo-variegata* Beissn.). Häufig in Kultur. ✶

T. standishii (Gord.) Carr. Baum, bis 18 m hoch, Rinde rötlichbraun, dünn, in schmalen, papierartigen Streifen abblätternd, Krone breit kegelförmig, Äste unregelmäßig stehend, waagerecht abstehend oder etwas ansteigend, Zweiglein etwas dicklich, zusammengedrückt, oben grün, unten mit 3eckigen, weißlichen Flecken; Nadeln gerieben etwas unangenehm nach Fichtenharz riechend, Flächenblätter stumpflich, mit strichförmiger Drüse, Kantenblätter mit kurzer, einwärts gekrümmter Spitze; Zapfen eiförmig, hellbraun, mit 8—10 Schuppen, Samen klein, schmal geflügelt, an der Spitze nicht ausgerandet. KHN Taf. 138 (= *T. japonica* Maxim.). Zentralgebirge Japans. 1860. ✶ Abb. 277.

THUJOPSIS S. & Z. — HIBA — CUPRESSACEAE

Monotypische Gattung. Immergrüner Baum, in Kultur bei uns jedoch meist nur strauchig, Zweiglein sehr breit und flach, Blätter schuppenförmig. Blüten 1häusig; ♂ Blüten an seitlichen Zweigen endständig, einzeln, zylindrisch, mit 12—20 gegenständigen Staubblättern; ♀ Blüten einzeln, endständig, mit etwa 8—10 kreuzweise gegenständigen, dicken, fleischigen Schuppen, davon die obersten und untersten unfruchtbar; Zapfen kugelig, fast aufrecht, Schuppen 6—10, verdickt, lederig-holzig, hart, an der Spitze zurückgebogen, Samen schmal, 2flügelig, unter jeder Schuppe 4—5; Keimblätter 2. — Japan. (Arealkarte bei *Dacrydium*).

Thujopsis dolabrata S. & Z. Hiba. Kleiner Baum, bis 15 m hoch, bei uns oft nur buschiger Strauch, Stamm dünn, Zweige unregelmäßig quirlig oder zerstreut, lang ausgebreitet oder überhängend, Zweiglein alle flach und in einer Ebene, 5—6 mm breit; Blätter glänzend, oben dunkelgrün, 4—6 mm lang, unten deutlich weiß gezeichnet, Kantenblätter mit etwas einwärts gebogener Spitze; Zapfen breit eiförmig, 12 bis 15 mm, Schuppen 6—10, am Ende stark verdickt, in einen stumpfen, 3eckigen Fortsatz endigend. KHN Taf. 138 (= *T. dolabrata australis* Henry). Mittel-Japan. 1853. Der Typ ist bei uns nahezu ausschließlich in Kultur, ganz winterhart, liebt aber nicht trockene Luft. Vgl. auch var. *hondai*! ✶✶ Abb. 276, 277, 286.

var. **hondai** (Henry) Makino. Baum, bis 30 m, Zweige etwas dichter gestellt als beim Typ; Blätter klei-

Abb. 286. *Thujopsis dolabrata*, links Oberseite, rechts die weiß markierte Unterseite (Foto: Archiv)

ner und gedrängter, Kantenblätter stumpf, nicht einwärts gekrümmt; Zapfen kugelig, etwas länger, Schuppen nicht verdickt, mit sehr kurzem, einwärts gebogenem Fortsatz, Samenflügel breiter als beim Typ (= *T. hondai* Henry). Nord-Japan, in dichten Beständen. Soll härter sein als der Typ.

'Nana'. Zwergform, dicht buschig, stets ohne Mitteltrieb, Zweige feiner als beim Typ, mit ringsum stehenden, pfriemförmigen Jugendblättern. KHN 213 (= *T. dolabrata laetevirens* Mast.). 1861 von VEITCH aus Japan eingeführt. ✱

'Variegata'. Zweige weißbunt. Von FORTUNE eingeführt, 1861 bereits in Deutschland vorhanden; nicht selten in Kultur. Unschön. Ⓢ

TORREYA Arn. — NUSSEIBE — TAXACEAE

In ihrer Heimat immergrüne Bäume (bei uns nur strauchig) mit rissiger Borke und quirlständigen Ästen; Zweige fast gegenständig; Knospen mit wenigen, kreuzweise gegenständigen, abfallenden Schuppen; Nadeln der Triebe deutlich 2zeilig, 3—4 Jahre bleibend, linealisch, starr, stechend, oberseits leicht gewölbt, glänzend, unterseits mit 2, oft nur wenig auffälligen Stomabändern; Blüten 2häusig, selten 1häusig; ♂ Blüten eiförmig oder elliptisch, etwa 8 mm lang, gestielt, aus 6—8 Quirlen von je 4 Staubfäden bestehend, achselständig; ♀ Blüten sitzend, paarweise, jedoch nur 1 zur Entwicklung gelangend; Samen eiförmig, bis 5 cm lang, mit dünner, holziger Schale, umgeben von einem

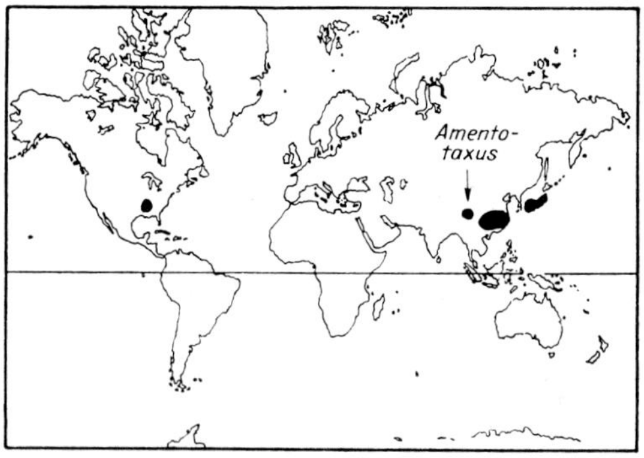

Abb. 287. Arealkarte der Gattungen *Torreya* und *Amentotaxus* (Pfeil)

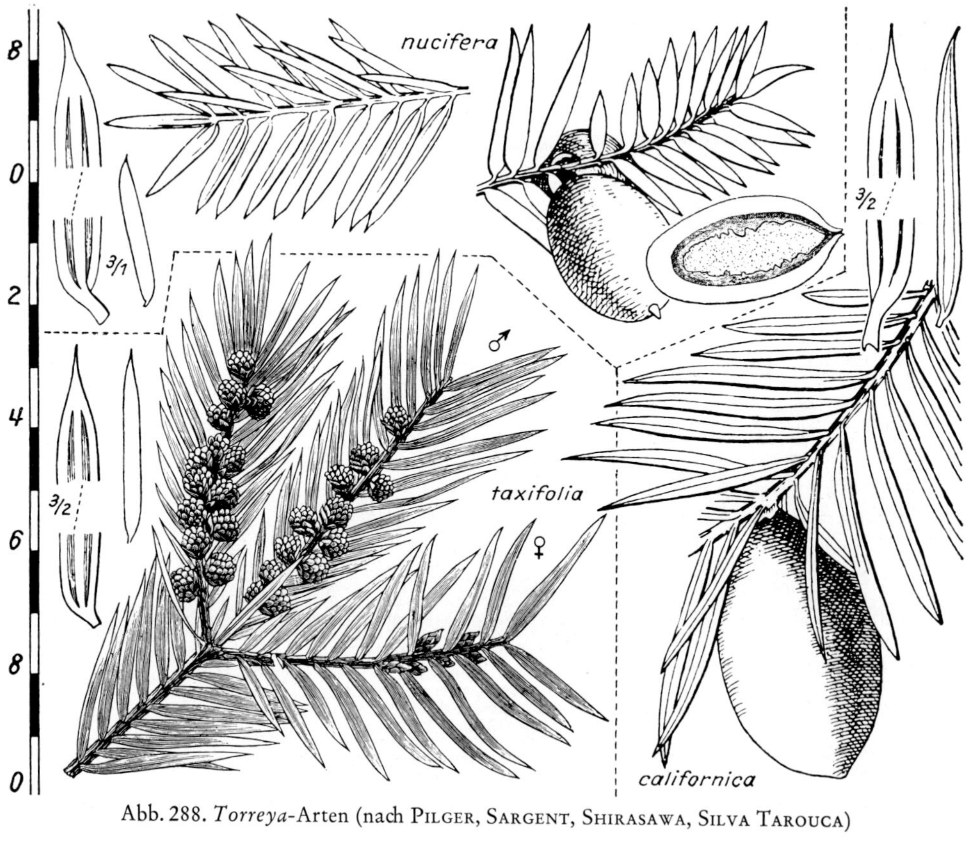

Abb. 288. *Torreya*-Arten (nach PILGER, SARGENT, SHIRASAWA, SILVA TAROUCA)

dicken, fleischigen Mantel, im 2. Jahre reifend; $x = 11$. — 6 Arten in Nord-Amerika und Ost-Asien. Arealkarte Abb. 287.

Unterscheidungsmerkmale an *Torreya*-Trieben

	californica	*nucifera*
Farbe 2jähriger Triebe	rotbraun	rotbraun
Nadeln (Länge in cm)	3—6	2—3
Geruch geriebener Nadeln	scharf aromatisch	übelriechend
Stomabänder	rotbraun tief eingedrückt, wenig sichtbar	graugelb sehr ausgeprägt

Torreya californica Torr. Baum, bis 20 m hoch (in seiner Heimat), Krone pyramidal, zuletzt rundlich, Borke graubraun, schmal längsrissig, Äste abstehend und etwas überhängend, Zweige gelbgrün; Nadeln fast 2zeilig stehend, 3—6 cm lang, 3—3,5 mm breit, lang und allmählich zugespitzt, Spitze stechend, steif, unten mit schmalen Stomabändern; Samen 2—4 cm lang, hellgrün mit purpurnen Flecken, eirund. KHN Taf. 139. Californien, Täler und Flußufer. 1851 nach Europa eingeführt. Ganze Pflanze scharf aromatisch riechend. Bei uns kaum hart. Ⓢ ∧∧ Abb. 288.

T. nucifera (L.) S. & Z. Kleiner Baum mit dichter, eiförmiger bis pyramidaler Krone (bei uns nur Strauch), Äste weit abstehend, Borke graubraun; Nadeln 2zeilig, 2—3 cm lang, etwas sichelförmig, oben glänzend dunkelgrün, unten mit 2 bräunlichen Stomabändern, Spitze dornig, geriebene Nadeln übelriechend, ebenso die eßbaren, 2,5 cm langen, sitzenden, elliptisch-länglichen, grünen Früchte mit rötlichem Anflug. KHN Taf. 139 und 140. Japan. Eingeführt nach Europa 1764. Von allen Arten die härteste, aber trotzdem empfindlich; in Westdeutschland meist gut aushaltend. ∧ Abb. 288.

'Spreadeagle'. Niedrig bleibende Form mit langen, weit ausgebreiteten Zweigen. 1970 bei HILLIER, Winchester, entstanden.

TSUGA Carr. — SCHIERLINGSTANNE — PINACEAE

Meist hohe, immergrüne Bäume, Zweige mit meist hängenden Spitzen, sehr dünn, Knospen sehr klein, Nadeln meist 2zeilig, die auf der Zweigoberseite stehenden oft viel kürzer als die seitlichen, oben meist flach und rinnig, kurz gestielt; Stiel knieförmig gebogen, dem Zweig anliegend, an der Basis etwas herablaufend. Blüten 1häusig; ♂ Blüten an vorjährigen Zweigen, achselständig, klein, fast kugelig oder zylindrisch, mit dicht beschupptem kurzen Stiel; ♀ Blüten an vorjährigen Zweigen endständig, einzeln, sehr klein, aufrecht, Deckschuppen zur Blütezeit nur wenig kürzer als die abgerundeten Fruchtschuppen, später nur noch halb oder ein Drittel so lang; Samen klein, geflügelt; Keimblätter 2; $x = 12$. — 14 Arten im gemäßigten Nord-Amerika und Ost-Asien vom Himalaja bis Japan, die meisten davon bei uns winterhart.

Nahe verwandt mit *Abies* und *Picea*, aber Nadeln kleiner, Zapfen klein, ähnlich wie bei *Larix*.

1. Sektion: **Micropeuce** (Spach) Schneid.
   Nadeln flach, oberseits rinnig, nur unterseits mit Stomabändern.
2. Sektion: **Hesperopeuce** Engelm.
   Nadeln dick, beiderseits gewölbt, auch oberseits mit Stomabändern.

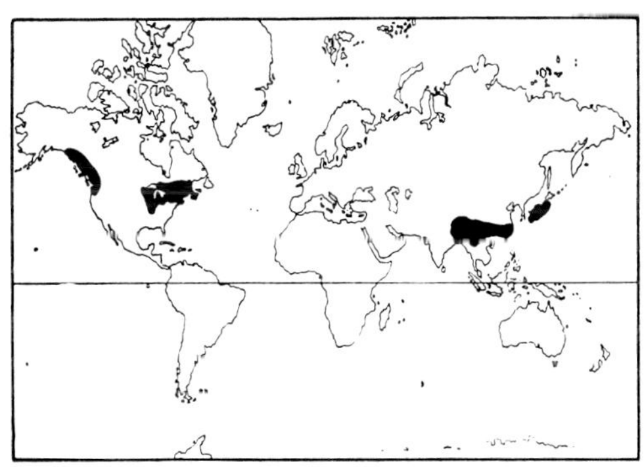

Abb. 289. Areal der Gattung *Tsuga*

Tsuga canadensis (L.) Carr. Baum, 25—30 m hoch, Stamm schlank, oft gegabelt, Rinde zuletzt bräunlich, tief gefurcht, Krone breit kegelförmig, Gipfeltrieb kurz überhängend, Äste waagerecht, Spitzen überhängend, junge Zweige gelb- bis graubraun, zottig behaart, Knospen spitz eiförmig, hellbraun; Nadeln fast regelmäßig 2zeilig, 10—18 mm lang, bis 1,5 mm breit, von der Basis zur Spitze allmählich verschmälert, fein gezähnelt, Spitze abgerundet, oben glänzend gefurcht, unten mit 2 schmalen Stomabändern zu je 5—6 Linien, Rand breit grün; Zapfen kurz gestielt, eiförmig, stumpf, 15—20 mm lang, nach dem Samenfall noch bleibend, Schuppen lederartig, rundlich, graubraun, Rand undeutlich gezähnelt, Deckschuppen klein, verborgen, Samen klein hellbraun. KHN Taf. 142, 144. Nord-Amerika, Hudson-

Die wichtigsten Merkmale der besprochenen Arten

	Jungtriebe			Nadeln						Zapfen			Bemerkungen
					Rand		Spitze						
	unbehaart	kurz behaart	lang behaart	Länge in mm	ohne Zähne	mit Zähnen	spitz	rund	kerbig	Länge in mm	sitzend	gestielt	
canadensis			×	10—18		×		×		15—20		×	verträgt tiefen Schatten
caroliniana		×		8— 1	×			×	(×)	20—35		×	sehr dicht beastet
diversifolia		×		5—15	×				×	18—20	×		dicht bezweigt
dumosa		×		15—30		×	×			18—25	×		nur für ganz mildes Klima!
heterophylla			×	6—18		×		×		20—25	×		am stärksten beastet
jeffreyi			×	10—15		×		×		10—20	×		in Kultur sehr selten
mertensiana			×	5—25	×			×		30—75	×		Nadeln beiderseits mit Stoma
sieboldii	×			6—22	×				×	20—25		×	einzige kahle Art

bay bis Carolina. 1736. Braucht feuchte, luftige Lage und versagt in heißem, trockenem Klima. ✶✶ Abb. 291, 293.

Hierzu zahlreiche Formen:

'Albospica'. Wuchs zierlich und locker, etwa 3 m, Zweigspitzen gelblichweiß; Blätter normal groß, anfangs gelblich, im 2. Jahre graugrün, später ganz grün.

'Aurea'. Wuchs gedrungen, Zweigspitzen übergebogen, goldgelb, später jedoch vergrünend.

'Bennett'. Zwergform, im Wuchs etwa wie eine *Picea abies* 'Nidiformis', Sommertriebe fast fächerförmig ausgebreitet, Jahreszuwachs nur etwa 15 cm; Nadeln 1 cm lang, meist kürzer, dicht stehend, hellgrün. Um 1920 entstanden in der Baumschule M. Bennett, Highlands, N. J., USA.

'Dwarf Whitetip'. Breit kegelförmig wachsende Zwergform, Äste zierlich, dicht stehend; Nadeln im Frühjahr und Frühsommer reinweiß, später allmählich grün werdend. Um 1890 im Morris Arboretum, USA, entstanden.

'Gracilis'. Sehr zierlich, Äste und Zweige fein übergebogen, fast hängend; Blätter nur 6—8 mm lang. In England entstanden.

'Gracilis Oldenburg'. Zwergform, Wuchs sehr langsam (in 10 Jahren etwa 25 cm hoch und 40—50 cm breit, in 75 Jahren etwa 2 m hoch), halbkugelig, zuerst mit einer nestförmigen Vertiefung in der Mitte, Triebspitzen überhängend, Triebe sehr kurz; Nadeln tiefgrün, nur 6—10 mm lang. Ursprung unbekannt, jedoch zuerst verbreitet von Heinrich Bruns, Westerstede. Dies ist die Pflanze, die in den Oldenburger Baumschulen als 'Nana Gracilis' geführt wird, aber diesen Namen nicht tragen darf, weil es schon seit 1862 in England eine 'Gracilis' gibt. ✶✶ Abb. 290.

'Hussii' (Huss). Zwergform, ganz niedrig, Äste stark verzweigt; Nadeln sehr dicht gestellt. Entstanden bei Huss, Hartford, Connecticut.

'Jeddeloh'. Zwergform, halbkugelig, mit eigentümlicher, in der Aufsicht spiraliger Zweigstellung und fast trichterförmiger Vertiefung; Nadeln derb, 8 bis 16 mm lang, 1—2 mm breit, frischgrün. KHN Taf. 145. Gefunden um 1950 von J. D. zu Jeddeloh; heute in Deutschland wohl die meistverbreitete Zwergform von *Tsuga*. Abb. 292.

'Macrophylla'. Raschwüchsig, aufrecht; Nadeln etwas größer und breiter als beim Typ. In französischen Baumschulen; bereits vor 1899.

Abb. 290. *Tsuga canadensis* 'Gracilis Oldenburg' in der Baumschule J. D. zu Jeddeloh

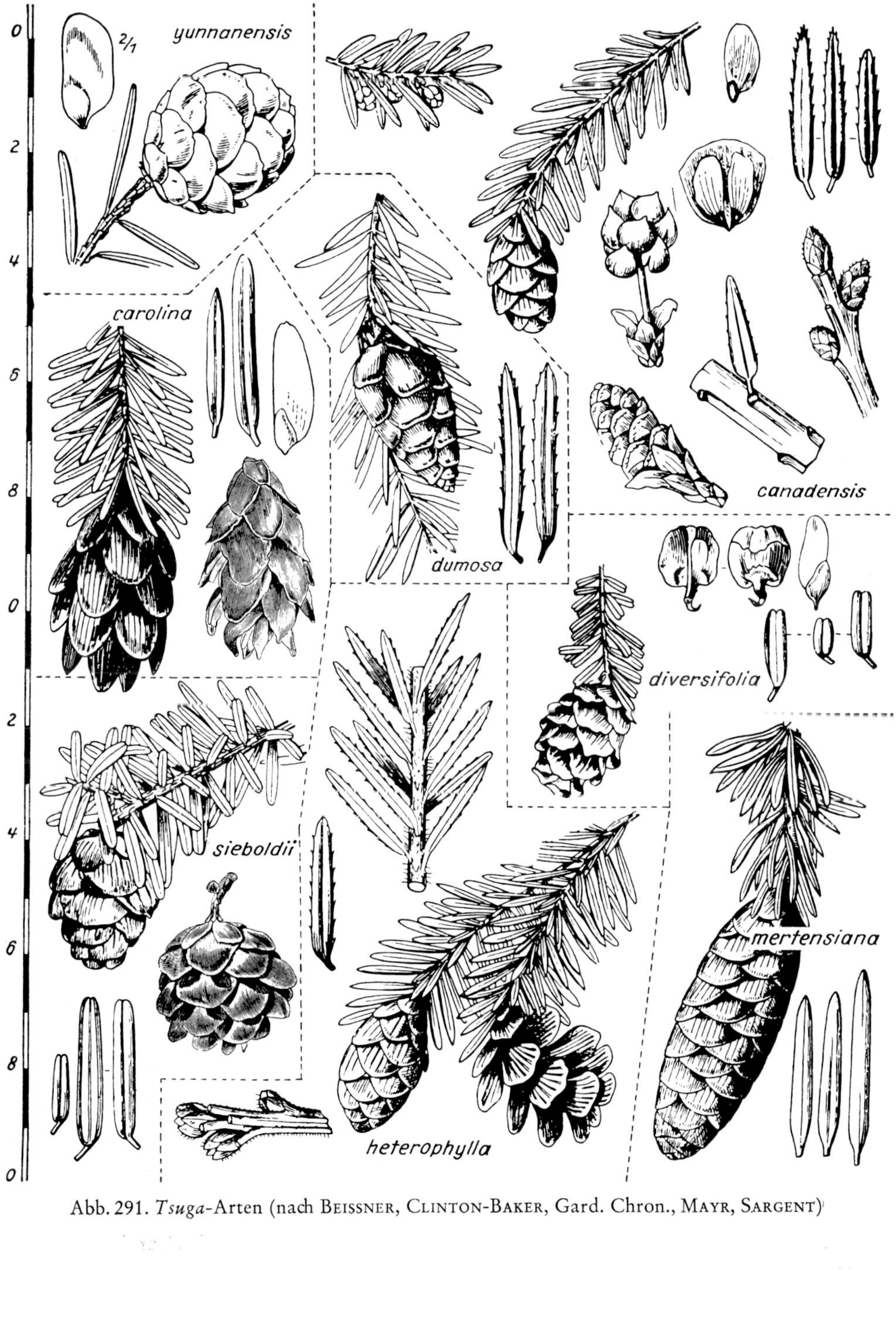

Abb. 291. *Tsuga*-Arten (nach BEISSNER, CLINTON-BAKER, Gard. Chron., MAYR, SARGENT)

Abb. 292. *Tsuga canadensis* 'Jeddeloh', 6—7 Jahre alt, in der Baumschule J. D. zu Jeddeloh

'Microphylla'. Wuchs sehr zierlich, Zweige leicht, fein; Nadeln nur 5 mm lang, 1 mm breit, Stomabänder blaugrün (= *T. canadensis parvifolia* P. Smith). Häufiger in Aussaaten beobachtet. Nicht = 'Gracilis'!

'Minima' (Hesse). Zwergform, ganz gedrungen und kugelig; Blätter viel kleiner als beim Typ. In Kultur mehrfach entstanden, auch bei HESSE-Weener. Vor 1909.

'Minuta'. Zwergform, vermutlich nicht über 50 cm, Wuchs gedrungen, etwas unregelmäßig, so breit wie hoch, Jahrestriebe kaum länger als 1 cm; Nadeln 6—10 mm lang, 1—1,5 mm breit, oben dunkelgrün, unten mit weißen Stomabändern (= *T. canadensis taxifolia* Abbot?). Aufgefunden 1927 von FRANK ABBOT in den Green Mountains, Vermont. Fällt echt aus Saat. Abb. 295.

'Nana'. Zwergform, nur bis 1 m hoch, Äste niedergedrückt, waagerecht und lang ausgebreitet, Zweige kurz, sparrig; Nadeln wie beim Typ. Bereits 1855 beschrieben. Angeblich spontan mit dem Typ auftretend.

„Nana Gracilis" → **'Gracilis Oldenburg'.**

'Parvifolia'. Zwergform, Wuchs sehr zierlich, Zweige kurztriebig; Blätter klein, 4—5 mm lang, Stomabänder wenig deutlich. In England entstanden, aber auch in Aussaaten mehrfach beobachtet.

'Pendula'. Hängeform, Wuchs breit aufrecht, mehrstämmig, Äste waagerecht abstehend, locker, unregelmäßig, nicht in einer Ebene, Spitzen weit überhängend, Jungtriebe schräg abwärts geneigt (= *T. canadensis milfordiensis* Nichols.; *T. canadensis sargentii pendula* Parsons). Die mitunter gebräuchliche Bezeichnung 'Sargentiana' oder 'Sargentii Pendula' rührt daher, daß diese Pflanze erstmalig, vor 1897, von H. W. SARGENT in den Fishkill Mountains, N. Y., aufgefunden, in Kultur genommen und unter diesem Namen verbreitet wurde (vgl. CH. S. SARGENT in Garden and Forest, 1897, 490). ✶

'Prostrata'. Niedergestreckt. Abgebildet in Hemlock Arb. Bull. 35, 1941.

T. caroliniana Engelm. Baum, bis 15 m, mitunter höher, Krone dicht, kegelförmig, Äste meist überhängend, junge Triebe hell gelbbraun, kurz behaart, Knospen rundlich-eiförmig; Nadeln linealisch, 8—18 mm lang, ohne Zähne, Spitze rund, oben glänzend dunkelgrün, unten mit 2 breiten, weißen Stomabändern, grüner Rand schmal; Zapfen kurz gestielt, eilänglich, 20—35 mm lang, Schuppen eilänglich, rundlich, dünn, außen fein behaart. KHN 221. Gebirge von Südwest-Virginia bis Georgia. 1881. ✶ Abb. 291.

Abb. 293. *Tsuga canadensis*, Zweig mit Früchten (Foto: OTTO)

Abb. 294. *Tsuga diversifolia*, Zweig, natürliche Größe (Foto: OTTO)

Abb. 295. *Tsuga canadensis* 'Minuta', 15 Jahre alt, 9 cm hoch (Foto: TEUSCHER, Montreal)

T. diversifolia (Maxim.) Mast. Bei uns nur strauchig, doch in ihrer Heimat baumartig, bis 25 m, Krone kegelförmig, Äste waagerecht abstehend, Knospen klein, kugelig bis stumpf abgerundet, fein behaart, Triebe gelbbraun bis rotbraun, kurz behaart; Nadeln sehr dicht stehend, linealisch-länglich, nach der Spitze zu leicht verbreitert, am Ende ausgerandet, 5—15 mm lang, 2,4 mm breit, oben stark glänzend dunkelgrün und gefurcht, unten mit 2 kreideweißen Stomabändern zu je 8—10 Linien; Zapfen fest sitzend, eiförmig, 20 mm lang, Schuppen eirundlich, glänzend, leicht ausgerandet. KHN Taf. 143—145 (= *T. sieboldii nana* Carr.). Japan. 1861. Vorzüglich winterhart, verträgt Halbschatten. ** Abb. 291, 293.

T. dumosa (D. Don) Eichl. Baum, in seiner Heimat sehr hoch, Äste ausgebreitet, Zweige hängend, bei uns Busch (wenn überhaupt in Kultur), junge Triebe hellbraun, kurz behaart, Knospen rundlich, behaart; Nadeln dicht, fast 2zeilig, 15—30 mm lang, vom Grunde zur Spitze allmählich verschmälert, Rand gezähnelt, oben spitz und etwas zurückgebogen, unten fast ganz silberweiß, kaum noch grün gerandet; Zapfen sitzend, eiförmig, 18—25 mm lang, Schuppen rundlich, gestreift. KHN Taf. 141 (= *T. brunoniana* [Wall.] Carr.). Himalaja, 2500 bis 3500 m, 1838. Bei uns kaum mehr aushaltend, da schon in England sehr empfindlich. *** (∧∧∧?) Abb. 291.

T. heterophylla (Raf.) Sarg. Hoher Baum, 30 bis 60 m hoch, Rinde ziemlich dick, rotbraun, Krone schmal kegelförmig, Gipfeltrieb lang aufragend, fast peitschenförmig mit kurzen, waagerecht abstehenden Ästchen, Äste waagerecht, Spitzen überhängend, Zweige erst gelbbraun, dann dunkelbraun, langzottig und bleibend behaart, Knospen rund, klein, behaart; Nadeln linealisch, Rand fein gezähnt, Spitze stumpf abgerundet und nie ausgerandet, oben glänzend dunkelgrün und gefurcht, unten mit 2 weißen Stomabändern zu je 7—8 Linien, grüner Rand nur ganz schmal; Zapfen sitzend, 20 bis 25 mm lang, länglich, Schuppen verkehrt-eiförmig, länger als breit, ganzrandig. KHN Taf. 142 (= *T. mertensiana* Ldl. u. Gord. non Carr.!). Von Alaska bis Californien in der Küstenregion. 1851. Sehr raschwüchsiger, harter und schöner Baum, aber nur für Gebiete mit hoher Luft- und Bodenfeuchtigkeit und Windschutzlage. ** Abb. 291.

'Argenteovariegata'. Triebe leicht weißbunt bepudert.

'Conica'. Zwergform, Wuchs kegelig, breit, dicht, in 25 Jahren etwa 3 m hoch, Zweige ansteigend, Spitzen überhängend; Blätter wie beim Typ. Bei M. von Gimborn, Doorn, Holland, entstanden, um 1920.

T. jeffreyi Henry (*T. heterophylla* × *T. mertensiana*). Kleiner Baum, Knospen spitz eiförmig; Nadeln nach allen Seiten von den Zweigen abstehend, ähnlich wie bei der blaunadeligen *T. mertensiana*, aber kleiner und grünlich, in der oberen Hälfte Rand meist fein gezähnt, oben flach, bis zur Mitte deutlich gefurcht, mit 1 kurzen Stomalinie nur an der Spitze, unten Stomalinien auf der ganzen Länge. KHN Taf. 141 (= *T. pattoniana* var. *jeffreyi* Henry). 1851 in Edinburgh, Schottland, entstanden, später erneut. Naturhybride, in ihrer Heimat zwischen den Eltern auftretend. Recht selten in Kultur. (Doorn, Holland; Dublin; Edinburgh).

'Kelleriis'. Selektion mit besonders schlankem Wuchs und graugrüner Benadelung. 1968 von D. T. Poulsen, Dänemark, selektiert.

T. mertensiana (Bong.) Carr. Baum, bis 30 m, in seiner Heimat gelegentlich noch höher, Krone schmal kegelförmig, Äste und Zweige dünn, und hängend, Knospen spitz eiförmig, Zweiglein rotbraun, in den beiden ersten Jahren behaart; Blätter alle rings um die Zweiglein stehend, stumpf, in der Regel blaugrün, flach, 5 bis 25 mm lang, ganzrandig; Zapfen sitzend, länglich, 3—7 cm lang, Schuppen rundlich, dünn, außen behaart, vor der Reife meist bläulichrot. KHN Taf. 141 (= *T. pattoniana* [Jeffr.] Engelm.). Süd-Alaska bis Californien, im Gebirge bis stellenweise nahe der Küste. 1854. Von allen anderen Arten leicht zu unterscheiden durch die radialen, blaugrünen bis fast silbrigblauen Nadeln. ** Abb. 291.

'Argentea'. Wuchs schwächer, Nadeln stärker silbrig, sonst wie die Art. Vor 1891. **

'Argenteovariegata'. Triebspitzen weißbunt, sonst wie die Art.

'Blue Cloud'. Wuchs mäßig stark; Nadeln intensiv blau gefärbt, Farbton wie bei *Cedrus atlantica* 'Glauca'. Aus kanadischem Saatgut erzogen und selektiert von D. T. Poulsen, Dänemark.

'Blue Star'. Auffallend blaunadelige Form. Selektiert von Konijn, vor 1965.

'Columnaris' hort. suec. Schmale Säulenform, Äste kurz, schräg abwärts gerichtet. Standpflanze im Arboretum Drafle, Schweden, 1943 10 m hoch; nicht eindeutig erkennbar, ob zu *T. mertensiana* Carr. oder zu *T. mertensiana* Lindl. & Gord. (= *T. heterophylla* Sarg.) gehörig.

'Glauca'. Wuchs sehr langsam und gedrungen; Nadeln ausgeprägt blaugrün (= *T. mertensiana glauca* Hesse 1950). **

T. sieboldii Carr. Baum, bis 30 m, Krone kegelförmig bis eiförmig, bei uns meist nur strauchig

Abb. 296. *Widdringtonia cupressoides* am heimatlichen Standort im Giants Castle Game Reserve, Drakensberg, Natal, Süd-Afrika, etwa 2000 m hoch gelegen (Foto: H. FRIEDE, Johannesburg)

oder kleiner Baum, Äste waagerecht abstehend, Zweige stets vollständig kahl, Knospen braun oder rötlichgelb, spitz, Knospenschuppen gewimpert; Blätter linealisch, 6—22 mm lang, 3 mm breit, ganzrandig, recht locker gestellt, Spitze ausgerandet, oben glänzend und hellgrün, unten mit 2 blassen Stomabändern zu je 5—8 Linien; Zapfen eiförmig, 20—25 mm lang, gestielt, Schuppen kreisrund. KHN 223 (= *T. araragi* Koehne). Süd-Japan, feuchte Bergwälder. 1850. Bei uns zwar ganz hart, aber anspruchsvoll an die Lage. ✶ Abb. 291.

WIDDRINGTONIA Endl. — CUPRESSACEAE

Immergrüne Bäume oder Sträucher, im Aussehen ähnlich *Callitris*, doch abweichend durch die kleineren und paarweise stehenden Blätter und (normal) 4schuppigen Zapfen; Blätter an jungen Pflanzen spiralig stehend, linealisch, flach, lang zugespitzt; an alten Pflanzen (ausgenommen an Langtrieben) Blätter schuppenförmig und kreuzweise gegenständig, an Langtrieben in der Regel intermediär, aber nicht selten auch Jugendblätter, Schuppenblätter und Übergänge; Blüten 1häusig; ♂ Blüten klein, einzeln endständig an Kurztrieben und sitzend, ♀ Blüten achselständig, kurz gestielt oder sitzend, meist aus 2 Schuppenpaaren bestehend, jedes an seiner Basis mit 5 oder mehr Samenanlagen; Zapfen eirund oder kugelig, aufrecht, holzig, glatt oder rauh, nach dem Entlassen der Samen noch einige Zeit haften bleibend; Samen zahlreich, eiförmig, oft gebogen, mit 2 Flügeln; Keimblätter 2. — 5 Arten in Süd- und tropischem Afrika, erstere bei uns als Kalthauspflanzen zu behandeln; in milden Gebieten Englands im Freiland aushaltend. Alle ΛΛΛ Ⓢ

Was in den botanischen Gärten in Deutschland als *Widdringtonia* in Kultur ist, war (soweit ich es sah) nie richtig; meist handelte es sich um *Thuja orientalis* oder *Cryptomeria.*

Widdringtonia cupressoides Endl. Strauch, bis 3 m hoch, Hauptäste sehr dick, 10—20 cm Durchmesser, Zweiglein gedrungen, aufrecht; Blätter an Jungpflanzen bis 15 mm lang, an alten Pflanzen sehr klein, dicht angedrückt, 3-eckig, stumpf; Zapfen mit 4 ziemlich glatten Schuppen, 15—20 mm lang und breit, die beiden äußeren Schuppen breiter als die inneren. KHN Taf. 146—148 (= *W. dracomontana* Stapf.). Süd-Afrika, Tafelberg bis Natal. Von *W. juniperiodes* zu unterscheiden durch seinen niedrigen Wuchs und glatte Zapfen. Abb. 296.

Verzeichnis der benutzten Literatur

BAILEY, L. H.: The cultivated Conifers in North America, comprising the pine family and the taxads. 404 S. New York 1933.

—: The Standard Cyclopedia of Horticulture. 3 Bde., 3639 S. New York 1950.

BAKER & SMITH: A research on the Pines of Australia. 458 S. Sydney 1910.

BEAN, W. J.: Trees and Shrubs hardy in the British Isles. 8. Aufl. (bis 1977 erschienen 3 Bände, jeder 850—900 S. Umfang). London 1970—1977. Bd. 4 soll 1978 erscheinen.

BEISSNER-FITSCHEN: Handbuch der Nadelholzkunde. 3. Aufl., 765 S. Berlin 1930.

BRICKELL, C. D.: List of dwarf and other Garden Conifers (Draft); set up by the Royal Horticultural Society. 117 S. April 1972.

CALLEN, G.: Les Conifères cultivés en Europe. 2 Bde., 903 S. Paris 1976—1977.

CHITTENDEN, F. J.: Conifers in cultivation. The Report of the Conifer Conference held by the Royal Horticultural Society 1931. 634 S. London 1932.

—: Dictionary of gardening. 4 Bde. und Suppl., 2316 S. London 1951.

DALLIMORE, W., & A. B. JACKSON: A Handbook of Coniferae. 3. ed., 686 S., 120 Abb., 39 Taf. London 1954.

Dendroflora; een uitgave van de Konigl. Vereniging voor Boskoopse Culturen. Bde. 1—14. 1964 bis 1977.

DEN OUDEN, P., & B. K. BOOM: Manual of cultivated Conifers, hardy in the cold- and warm-temperated zone. 526 S., ill. Den Haag 1965.

GAUSSEN, H.: Les Gymnospermes actuelles et fossiles. 14 Bde. 1944—1977. Der Schlußband (15) und ein Indexband sollen noch erscheinen. (Es ist das umfangreichste Werk, das je über die Koniferen geschrieben wurde, behandelt aber nicht die Cultivare.)

GLEASON, H. A.: The new Britton & Brown Illustrated Flora of the Northern United States and adjacent Canada. 2. Druck, 3 Bde., reich ill. New York 1958.

GORDON, G.: The Pinetum: being a Synopsis of all the Coniferous Plants at present known. 484 S., ohne Abb. London 1880.

HEMPEL, G., & K. WILHELM: Die Bäume und Sträucher des Waldes. Bd. 1. Die Nadelhölzer. 200 S., 118 Abb., 11 Taf. Wien 1889.

HENKEL, J. B., & W. HOCHSTETTER: Synopsis der Nadelhölzer und deren charakteristische Merkmale nebst Andeutungen über ihre Cultur und Ausdauer in Deutschlands Klima. 446 S., ohne Abb. Stuttgart 1865.

HICKEL, R.: Dendrologie forestière. 272 S. Paris 1932.

HILLIER, H. G.: Hillier's Manual of Trees and Shrubs. 576 S. Privatdruck der Fa. Hillier & Sons, Winchester, England, 1971.

HORNIBROOK, M.: Dwarf and slow growing conifers. 195 S. London 1923.

Hortus Third; a concise Dictionary of Plants cultivated in the United States and Canada. 1290 S. New York 1976.

Iconographia Cormophytorum Sinicorum. 5 Bde. 1972—1977.

KAVKA, B.: Bewertung der wichtigsten Arten von Nadelhölzern und ihre Ausnützung in der Garten- und Landschaftsarchitektur. In: Acta Pruhoniciana **10**, 1—142, 1968. In Tschechisch, mit deutscher, englischer, französischer und russischer Zusammenfassung. 95 Abb.

KENT, A. H.: Veitch's Manual of the Coniferae. 562 S., 141 Abb. London 1900.

KRÜSSMANN, G.: Handbuch der Nadelgehölze. 366 S. Berlin 1970—1972.

LEE, S.-CH.: Forest Botany of China. 991 S., 272 Abb. Shanghai 1935.

—: Supplement. 477 S. Taipei 1973.

LITTLE, E. L.: Check list of native and naturalized trees of the United States (including Alaska). Agricultural Handbook Nr. 41, 472 S. Washington 1953.

LIU, T.-s.: A Monograph of the genus *Abies*. 608 S. Taipei 1971.

MARTINEZ, M.: Los Pinos Mexicanos. 2. Aufl., 352 S., 297 Abb. Mexiko 1948.

MCMINN, E. H., & E. MAINO: An illustrated Manual of the Pacific Coast Trees. 409 S., 415 Abb. Berkeley 1935.

ORCUN, E.: Dendroloji. Bd. 1. Bornova-Izmir 1972.

PILGER, R.: Gymnospermae. In: ENGLER & PRANTL, Die Natürlichen Pflanzenfamilien, 2. Aufl., 13: 1—447, 240 Abb. Leipzig 1926.

POURTET-TURPIN: Catalogue des espèces cultivées dans l'Arboretum des Barres. In: An. Ecole Nat. Eaux et Forêts, Bd. IX, 1—254, 2. Aufl. Nancy 1954.

REHDER, A.: Bibliography of cultivated Trees and Shrubs hardy in the cooler temperate regions of the northern hemisphere. 825 S. Jamaica Plain 1949.

—: Manual of cultivated Trees and Shrubs hardy in North America. 2. Aufl., 996 S. New York 1947.

SCHENCK, C. A.: Fremdländische Wald- und Parkbäume. Bd. 2: Die Nadelhölzer. 645 S. Berlin 1939.

SCHMUCKER, TH.: Die Baumarten der nördlichen gemäßigten Zone. In: Silvae Orbis 4, 1942 (250 Karten).

SILVA TAROUCA, E., & C. SCHNEIDER: Unsere Freiland-Nadelgehölze. 2. Aufl., 315 S. Leipzig 1923.

STUDT, W.: Die heutige Verbreitung der Koniferen und die Geschichte ihrer Arealgestaltung. Mitt. Inst. Allg. Bot. VI, 167—308 (mit 32 Arealkarten). Hamburg 1926.

SUDWORTH, G. B.: Forest Trees of the Pacific Slope. U.S.D.A., Forest Service Bull. 327, 441 S., 207 Abb. Washington D.C. 1908.

VAN MELLE: The Junipers commonly included in *Juniperus chinensis*. In: Phytologia 2, 185—195. New York 1946.

—: Review of *Juniperus chinensis* et al. 108 S., 12 Taf. New York 1947.

WELCH, H. J.: Dwarf Conifers. 2nd ed., 334 S. London 1968.

WILSON, E. H.: The Conifers and Taxads of Japan. Publ. Arnold Arb. No. 8, 91 S., 51 Taf. Cambridge, Mass., USA, 1916.

—: Taxads and Conifers of Yunnan. In: Jour. Arnold Arb. 7, 37—68. Jamaica Plain, USA, 1926.

WYMAN, D.: Sorting the woody Ornamentals, a series of articles published in the American Nurseryman (hier nur der Teil mit Koniferen, erschienen von 1959—1961). Chicago.

Ferner Kataloge folgender Firmen:

Darthuizer Boomkwekerijen, Leersum, Holland (Darthuizer Vademecum 1978).
Draijer, Heemstede, Holland.
C. Esveld, Boskoop, Holland; 1978.
D. Hill Nurseries, Dundee, Illinois, USA; 1977/78.
Günther Horstmann, Schneverdingen (Sortenliste).
J. D. zu Jeddeloh, 2905 Jeddeloh in Oldenburg.
Hinrich Kordes, 2081 Bilsen, Holstein; 1978.
Monrovia Nursery, Asuza, Californien; 1977.
Plumfield Nurseries; 1977.
H. J. Welch, Devizes, Wilts., England.

Verzeichnis wichtiger Sammlungen von Nadelgehölzen (Pineta)

Dieses Verzeichnis erhebt keinerlei Anspruch auf Vollständigkeit[1].

• = vom Verfasser besuchte Sammlungen.

Deutschland

•Berlin-Dahlem
Botanischer Garten (sehr reichhaltig).

•Bonn
Botanischer Garten (Koniferensammlung, von BEISSNER begründet).

•Darmstadt
Botanischer Garten (reichhaltig).

•Dortmund
Botanischer Garten.

•Elmshorn in Holstein
Baumschulen J. Timm & Co. (eigenes Arboretum).

Grafrath bei München
Arboretum der Forstlichen Versuchs- und Forschungsanstalt München (nur forstlich wichtige Arten).

•Heltorf bei Düsseldorf
Arboretum des Grafen von Spee (sehr alte Bestände).

•Karlsruhe
Schloßgarten und andere Anlagen.

•Mainau (Insel)
Parkanlagen (sehr alte Bestände).

•München-Nymphenburg
Botanischer Garten (sehr reichhaltig).

•Oldenburg
Botanischer Garten.

•Preetz in Holstein
Arboretum Lehmkuhlen (alte Bestände).

•Schmalenbeck bei Ahrensburg in Holstein
Arboretum Tannenhöft der Bundesanstalt für Forst- und Holzwirtschaft, Abt. Forstgenetik und Holzzüchtung.

Stuttgart-Hohenheim
Exotengarten (Landesarboretum).

•Weinheim an der Bergstraße
Exotenwald des Grafen von Berkheim (32 ha große geschlossene Bestände forstlich wichtiger Arten).

Belgien

•Kalmthout bei Antwerpen
Arboretum der Gebr. de Belder (sehr alt).

•Tervueren bei Brüssel
Arboretum du Domaine (sehr alt).

ČSSR

•Pruhonice bei Prag
Arboretum.

•Mlýnany bei Slepčany (Slowakei)
Nationalpark und Naturschutzgebiet, früher Park Ambrozy-Migazzi, Malonya.

Dänemark

•Kopenhagen
Botanischer Garten; Arboretum Hoersholm; Forstbotanischer Garten Charlottenlund.

England und Schottland

Hier gibt es eine sehr große Anzahl von privaten Koniferensammlungen, vgl. den Report of the Conference of Conifers von 1930, in welchem alle wichtigen Sammlungen beschrieben werden; international bedeutend sind darüber hinaus die folgenden Sammlungen:

•Bedgebury
National Pinetum.

[1] Eine ausführlichere Liste vgl. in KRÜSSMANN, Handbuch der Nadelgehölze, S. 353—356.

•Richmond (London)
Kew Gardens (Royal Botanic Gardens).

•Wisley (südlich London)
Wisley Gardens der R.H.S., vor allem Sammlung Zwergkoniferen (Nisbeth Collection).

•Edinburgh (Schottland)
Royal Botanic Gardens (sehr reiche Sammlungen).

•Windsor
Windsor Great Park.

Finnland

Koria
Arboretum Mustila, Besitzer Tigerstedt.

Frankreich

•Angers
Arboretum La Maulévérie.

•Les Barres bei Nogent sur Vernisson
Arboretum Les Barres (wohl die größte und bedeutendste französische Sammlung).

•St. Jean-Cap Ferrat
Arboretum Les Cèdres (Besitzer Marnier).

Irland

•Birr
Birr Castle, große Sammlungen des Earl of Rosse.

•Dublin
National Botanic Gardens, Glasnevin, vor allem auch Zwergkoniferen.

Italien

•Meran (Südtirol)
Kuranlagen.

•Pallanza
Villa Taranto Gardens (reichhaltig).

Jugoslawien

Opeca, p. Vinica, pri Varaždinu (Kroatien)
Koniferenbestände in den Parkanlagen.

•Dubrovnik (Dalmatien)
Arboretum Trsteno.

Radomlje bei Ljubljana (Slowenien)
Arboretum Volčji potok.

Zagreb
Šumski vrt (= Dendrologischer Garten) der Forstlichen Fakultät der Universität.

Niederlande

•Boskoop
Proeftuin (gute Sammlung).

•Hilversum
Pinetum Blijdenstein (sehr reichhaltig).

•Putten (Gelderland)
Pinetum „Schovenhorst".

•Wageningen
Arboretum der Landwirtschaftlichen Hochschule.

Österreich

•Wien-Schönbrunn
Schloßpark.

Polen

Kornik bei Poznan
Arboretum (sehr reichhaltig).

Schweden

•Göteborg
Botanischer Garten.

Insel Hamsö, Hörnösand (Norrland)
Arboretum Drafle.

•Stockholm
Bergianska Trädgarden.

Schweiz

•Brissago (Inseln)
Botanischer Park des Kantons Tessin.

•Genf
Botanischer Garten und andere Anlagen.

•Grüningen, Zürcher Oberland
Botanischer Garten.

•Zürich
Botanischer Garten, Anlagen.

Ungarn

•Sopron
Botanischer Garten.

•Szarvas
Arboretum (reichhaltig).

•Szombathely
Kamoni Arboretum (reichhaltig).

Register der ungültigen Namen

Da die gültigen Namen alle in alphabetischer Reihenfolge geordnet sind, erübrigt es sich, diese am Schluß des Buches erneut zusammenzustellen; dieses Register enthält daher nur die Synonyme, die im Text durch *Kursivdruck* hervorgehoben und nicht alphabetisch geordnet sind. Alte, ungebräuchliche Synonyma sind nicht genannt worden.

Register der deutschen Namen